自动驾驶网络
自智时代的网络架构

主　编　党文栓
副主编　黄　河　于益俊　张　勇

Autonomous Driving Network
Network Architecture in the Era of Autonomy

人民邮电出版社
北　京

图书在版编目（CIP）数据

自动驾驶网络 ： 自智时代的网络架构 / 党文栓主编
. -- 北京 ： 人民邮电出版社, 2023.7(2024.4重印)
（自动驾驶网络系列）
ISBN 978-7-115-61570-1

Ⅰ. ①自… Ⅱ. ①党… Ⅲ. ①计算机网络—应用—自动驾驶系统 Ⅳ. ①V241.4

中国国家版本馆CIP数据核字(2023)第089739号

内 容 提 要

本书展现了智能世界中通信网络自动化、智能化的愿景，阐述了华为自动驾驶网络的发展历程、应用场景、基础理论、参考架构及相关的关键技术。本书主要介绍自动驾驶网络的顶层架构、分层架构（包括自智网络引擎、网图、AI Native网元）、关键特征（包括分布式AI、内生安全）等的架构设计，以及网络可信任AI、网络分布式AI、网络数字孪生、网络仿真、网络知识和专家经验数字化、网络人机共生、网元内生智能、网络内生安全等关键技术。本书还介绍了产业组织、标准组织的标准全景和分级评估方法，并以华为自动驾驶网络解决方案为例，阐明如何推行实践。

本书可为通信网络自动化、智能化领域的专业人士，以及科研院所相关领域的研究者提供参考。

◆ 主　　编　党文栓
副 主 编　黄　河　于益俊　张　勇
责任编辑　韦　毅
责任印制　李　东　焦志炜

◆ 人民邮电出版社出版发行　　北京市丰台区成寿寺路 11 号
邮编　100164　　电子邮件　315@ptpress.com.cn
网址　https://www.ptpress.com.cn
固安县铭成印刷有限公司印刷

◆ 开本：720×1000　1/16
印张：23.25　　2023 年 7 月第 1 版
字数：541 千字　　2024 年 4 月河北第 5 次印刷

定价：129.00 元

读者服务热线：(010)81055410　印装质量热线：(010)81055316
反盗版热线：(010)81055315
广告经营许可证：京东市监广登字 20170147 号

编 委 会

序一

自智网络作为网络技术和数字技术的交汇节点，是网络未来发展的重要方向之一，将助力网络设备、网管系统协同，提升网络智能化能力，推动赋能服务智能化，促进新型基础设施数字化、自动化、智能化升级，加快网络强国、数字中国建设。

标准是推动产业发展的关键支撑、引领技术创新的重要抓手。中国通信标准化协会作为自智网络的倡议者和推动者之一，2021年起就积极与TM Forum（TeleManagement Forum，电信管理论坛）等产业伙伴合作，共同推进自智网络的标准化工作。中国通信标准化协会已经建立了以TC7为主的标准协调机制——自智网络联席会议，以及以TC610为主的产业推动体系——自智网络工作组，二者协同配合，共同推动自智网络产业与标准的发展。

目前，我国自智网络的发展紧跟全球步伐，进入规模化试点验证和体系化现网部署阶段，形成了多组织协同制定标准、运营商加速规划部署、供应商联合案例创新的发展态势。在技术研发方面，提出了推进网络自动化、智能化的系统性方法；在标准制定方面，中国通信标准化协会完成了20余项行业标准，立项了10个研究课题；在产业推进方面，启动了“自智网络领航者计划”，中国电信运营商提出了“2025年达到自智网络L4级”的战略目标，共建自智网络融合生态。

自智网络作为网络自动化、智能化升级的演进方向，需要多种前沿技术的融合创新、协同发展，与之相关的标准化工作呈现出前沿化、跨界化、国际化等特征，在制定这些标准的过程中更需要注重时效性、协调性、有效性，要符合行业和会员需求。因此，自智网络标准体系的制定，不单单是定义某个单一的技术标准本身，而是一整套完整的体系，包含目标架构、分级标准、评估指标、运营商的运营运维实践等。在标准体系制定过程中，需要产业各方积极参与，在全产业全流程中，充分应用标准，并给予积极反馈，促进标准与实践的紧密结合，充分发挥标准推动科技创新、引领时代进步的技术支撑作用。

华为撰写的《自动驾驶网络：自智时代的网络架构》一书以从自智网络走向L5的技术视角，进行系统化的思考和分享。这些内容对产业的长期演进和发展很有价值。希望各位产业同人可以从书中汲取经验，共同探讨并规划制定与之匹配的标准体系和技术体系，充分发挥标准的创新引领作用，以标准聚集产业各方资源和力量，牵引产业沿着共同的代际进行有序演进和技术升级，共同推进自智网络的繁荣发展。

闻库，中国通信标准化协会理事长

序二

当前，5G等新一代信息技术加速创新突破，算力与网络开启深度融合，新型信息基础设施推进各行各业生产主体、生产对象、生产工具、生产方式的数字化升级再造，驱动全社会的数智化转型。自智网络为数字产业化和产业数字化提供了重要推动力。

作为“自智网络”理念的发起者与实践先行者，中国移动持续夯实网络领先优势，积极推进自智网络体系创新、能力建设与规模应用，赋能社会生产方式的变革，助力千行百业的“智改数转”。通过不懈努力，2022年，中国移动全网自智网络平均水平超过L2.8级，核心运维能力自动化率超过80%，AI运维能力超过170项，日均调用次数超过40亿。

然而，在推动自智网络发展的过程中，我们仍然面临诸多挑战。一方面是缺乏达成普遍共识的业务价值度量体系。如何度量自智网络带来的业务成效，以价值驱动数智化能力提升，一直是业界面临的难题。另一方面是技术创新有待突破。一是算网联合自智，需要基于不同业务场景的算力和流量特征，实时计算“算+网”的最佳路由，实现“算为核心”“以网强算”；二是全栈AI部署，需要协同提升网络和网管的AI能力，实现全栈智能、以智提质；三是数字孪生，需要构建物理网络的虚拟镜像，实现网络全息实时感知和时空镜像，助力智能化决策和高效率创新。

在后信息时代，全球通信产业具有广阔前景与无限可能。加快面向“连接+算力+能力”的网络数智化转型升级，需要产业各方的同心聚力和精诚合作。此次华为将自智网络领域的最新研究进展和成果与业界分享，对自智网络的学术研究、创新实践和标准定义具有重要的参考和借鉴价值。希望业界的合作伙伴协同发力，加快推动自智网络理论创新和技术创新，促进产业繁荣发展，共创数智未来！

李慧镝，中国移动集团公司副总经理

序三

华为自2017年决策开发昇腾人工智能芯片以来，一直在思考人工智能在哪些领域能实现价值。机器视觉、语音语义识别、自动驾驶当然是人工智能实现价值的领域。我也一直在参与自动驾驶的讨论，清楚产业界把汽车的自动驾驶分为L0~L5级，最终实现无人驾驶。华为深耕通信产业30多年，一直在努力帮助电信运营商提升运维效率、减少维护工作量，自然而然想到，如果把人工智能应用于网络，使网络也能实现自动驾驶，那么对运营商将带来颠覆性改变，于是就产生了“自动驾驶网络”的概念，当然这也是电信运营商网络智能化的终极目标。

我们确定努力实现自动驾驶网络的目标后，在公司成立了自动驾驶网络研究项目组，期望通过不断探索来定义自动驾驶网络及攻克所需的关键技术，并期待有开创性的成果。

本书是华为自动驾驶网络研究项目组的一些研究成果，期望能在产业界起到抛砖引玉的作用。

徐直军，华为技术有限公司副董事长、轮值董事长

引言

从1876年亚历山大•格雷厄姆•贝尔发明电话算起，通信网络的发展已经历了近一个半世纪的时间。发展到今天，一方面，通信网络已经深度融入人类社会生活、工作的方方面面，我们每时每刻都在享受着通信网络服务，以及基于通信网络衍生出来的各种互联网应用服务。通信网络除了提供语音通信、网络购物、移动支付、视频直播、在线教育、远程医疗等个人消费类服务，还成为电力、金融、制造、能源、政务、医疗、教育、交通、化工等诸多领域的信息基础设施。通信网络与人类社会的融合程度如此之深，以至于我们几乎感受不到通信网络服务的存在，或许只有在服务出现中断的时候，我们才意识到它的不可或缺。另一方面，支撑这些通信网络服务的，是一个如此复杂的网络。据不完全统计，截至2022年底，全球运营商已部署无线宏基站物理站点超过700万套，逻辑站点超过1000万套，IP核心设备超过3万套，IP汇聚设备超过20万套，IP接入设备超过100万套，OTN（Optical Transport Network，光传送网络）骨干设备超过15万套，OTN城域设备超过26万套，OTN接入设备超过7万套。特别的，如此庞大的网络系统，约80%是在过去20余年内建设起来的。以中国的移动通信网络为例，这20余年，它跨越了2G、3G、4G、5G四代移动通信技术，直到今天，这四代移动通信网络技术依然在共同服务社会。而且，整个社会对通信网络的需求升级从未停止，未来也不会停止，移动网络、光网络、数据通信网络等正在进入5.5G、F5.5G和Net5.5G的发展阶段。无论从技术跨度还是从规模跨度考量，20余年的发展实在太快，没有足够的时间停下来彻底优化，也没有足够的时间很好地消化技术变革。而快速发展的代价就是网络自身变得越来越复杂，积累下来，对运营商业务的发展形成越来越大的挑战，最为突出的表现在如下3个方面。

首先，业务敏捷和持续创新带来的挑战。网络技术快速发展，给运营商带来新一轮丰富的新业务发展机会。面向消费者的大带宽低时延XR（eXtended

Reality，扩展现实）业务、居家+公司混合办公业务、线上+线下远程教育高质量视频业务，以及面向工业领域的高可靠低时延移动专网业务，都正成为运营商的未来业务和收入增长点。适应数字时代的发展节奏，加快创新速度，快速采用新技术，快速推出新业务，在赢得新机会的竞争中胜出，已经成为很多运营商的发展战略。在新建网络上实施业务创新相对容易，而现实是通信网络同时还要支持很多复杂的历史存量业务，多代技术构成的历史遗留网络会与新建网络长期共存，如2G、3G、4G和5G网络共存。实际网络中的业务创新必然会涉及存量网络和业务的大量改动，牵一发而动全身，这不仅制约了创新的速度，也影响了创新的成功。

其次，按需实时保障用户体验带来的挑战。未来5~10年，新型智能化终端会更进一步地快速发展，无人机、VR/AR（Virtual Reality/Augmented Reality，虚拟现实/增强现实）眼镜、机器人等消费终端，以及AGV（Automated Guided Vehicle，自动导引车）、医疗设备、重型机械等数字化行业终端，对用户体验的按需实时保障提出更高要求。通信网络是个性化突出的公共基础网络，具有用户千人千面、设备千站千面的特点。同时，它还是时变的超复杂系统，即用户需求和分布持续变化，环境和设备状态持续变化，持续地升级、扩容、改造，新业务开通和变更持续进行。网络时变的复杂性可能使得一些人的体验变好的同时，另一些人的体验变差，并由此带来用户体验感知跨度大、度量难的问题。目前，只能做到后分析、平均统计的被动式响应，难以满足用户按需精准实时保障的体验诉求，更难以达到运营商期望的预测性处理和主动式响应，且需要将成本控制在可接受范围内。实现对各种类型终端和应用的精准感知，实现SLA（Service Level Agreement，服务等级协定）可保障，提升用户体验和黏性，是通信网络未来的关键创新方向。

最后，网络运维面临架构、流程和人员能力的多重挑战。过去20年，网络不断升级，但运维体系没有发生显著的变化。一方面，通信网络是基础服务，要一直支持存量旧业务，不能随意中断、中止用户服务。网络复杂度的增加带来的运维复杂度逐渐超越人的能力范畴，已经不能依靠线性地增加维护人员来应对网络维护的挑战。另一方面，多样化业务不断创新，也要求网络运维过程以及运维人员能力与之匹配，运维人员需要学习新技能，以适应网络新业务发展需要。而复杂的网络让这一学习过程变得更具挑战性，学习周期也更长。通信行业人员更迭的速度在变慢，这使人才技能空缺的挑战变得更大。同时，缺少网络业务和运维专家的主导，以单纯IT（Information Technology，信息技术）的思路应对网络运维变革和改造，难以有效把握复杂场景和业务诉求，很难取得深入和突破的效果。网络运维当前面临架构、流程和人员能力的多重挑战，成为制约网络进一步发展的重要瓶颈因素。

这些挑战并不是某一天突然出现的，整个通信行业一直在努力应对这些挑战。自2006年起，华为先后提出了基于All IP的FMC（Fixed Mobile Convergence，固定移动网络融合）架构，以及基于Single战略的一系列解决方案，旨在帮助运营商简化网络、降低OPEX（Operating Expense，运营成本）。自2011年起，华为又先后提出了基于Cloud的SoftCOM架构，以及基于All Cloud战略的一系列解决方案，旨在帮助运营商提升用户体验，实现ROADS目标，即Real-time（实时）、On-demand（按需）、All-online（全在线）、DIY（自服务）和Social（社交）。现在回顾一下，在各个阶段，这些架构性创新在应对解决通信网络的重大挑战上都发挥了积极的作用。但也要注意，当时设想的目标都还没有完全实现，仍在实现的过程中，而这也揭示了通信网络的复杂性和应对挑战的艰巨性。

AI的发展为我们解开这些难题开辟了新的路径。传统的通信网络是基于专业人员制定的规则和模型运行的，也基于这一体系不断修补，发展到今天，传统通信网络越来越难以适应网络和业务体验的复杂性、网络环境的不确定性。而AI以数据为中心的机器学习模式，是完全不同于规则系统的一种全新的思维模式，对解决复杂系统问题具有独特优势。从2017年开始，华为提出SoftCOM AI设想，旨在将AI引入通信网络；2018年提出自动驾驶网络架构理念，致力于实现“自动、自愈、自优、自治”（“四个自”）的长期愿景，使能新业务并实现极致客户体验、全自动运维、最高效资源和能源利用。“自动”即基于用户意图业务的自动部署，最终目标是业务全自动部署；“自愈”即预测预防故障并基于事件自我恢复，最终目标是全自动运维；“自优”即根据用户体验自适应调整优化，最终目标是全自动优化；“自治”即在自动、自愈、自优的基础上，实现网络功能自演进。从客户角度，主要体现为“零等待、零接触、零故障”的客户体验；从运营商规划、建设、维护等运维人员角度，主要体现为“自服务、自发放、自保障”的网络运维体验，也就是行业所称的“三零三自”。过去5年多的时间里，我们把人工智能成功应用于100多个通信网络场景，在体验保障、故障管理、网络节能等领域取得了一些突破，验证了人工智能在通信领域的独特价值。基于这些创新实践，在2022年秋，华为发布了Intelligent系列解决方案。同时我们也认识到，通信网络是一个巨大的复杂系统，存在很多独特的场景和技术挑战，如移动网络、光网络和数据通信网络的专业领域业务以及技术差异，面向地理和人口分布的广域覆盖差异，面向用户的移动性与流量变化差异。这些挑战随着时间的累积，还会进一步交叉和混合，问题解决难度进一步增大。更重要的是，通信网络是基础设施，需要始终保证全程全网的正常工作，任何局部的问题都可能引发全网故障。

我们认为，要在复杂性如此巨大的通信网络系统中真正实现人工智能的价值，解决通信网络面临的重大挑战问题，需要在AI和通信网络技术方向上持续展开跨领域的基础理论、网络架构、关键技术和算法以及商业模式的研究创新。而这些需要学术界和运营商、设备商等工业界的共同努力。我们把华为的最新研究进展整理成这本书，分享给业界，希望可以让更多学术研究者、行业专家投身这一领域，促进自动驾驶网络愿景的早日实现，从而推动通信行业的持续健康发展。

党文栓，华为技术有限公司首席战略架构师

前言

人类追求先进生产力的脚步从未停止。每一次技术革命的出现，都代表了一次生产力的发展更迭，驱动人类社会迈向新的发展阶段。三次工业革命（蒸汽机革命、电力革命和信息技术革命）在过去二百多年间实现了人类文明的三次巨大突破，当今，以AI（Artificial Intelligence，人工智能）、5G、云计算等为主导的第四次工业革命所带来的改变悄然发生，正在塑造一个万物感知、万物互联、万物智能的世界。5G、云、视频、IoT（Internet of Things，物联网）、AI等ICT（Information and Communications Technology，信息通信技术）打造的信息流正逐步成为孕育万物的基础。现在的我们，似乎已经可以隐约看到“智能世界2030”的雏形。在未来的智能世界里，空天海地一体化网络无缝覆盖，云边端融合化服务触手可及，全场景智能融入生产生活，通信网络全方位实现自治。通信网络将继续作为推动未来世界发展的主导力量之一，全面迎接智能世界的到来。

当前，随着5G的规模部署和快速商用，快速发展的数字经济打开了数字时代的大门，数字化技术的出现与迭代的速度要快过历史上任何一个时代。企业通过持续调整与变革来抢占先机。新场景、新业务和新客户不仅对“可用性、带宽、时延、可靠性”等网络性能提出倍增要求，更期望获得“在线自助订购、按需分钟级开通、差异化确定性SLA保障、数据安全的专属网络、预防性维护和极简可视管理”等全新网络特性。自智网络正是诞生于这一背景下，通过应用多种智能技术，发挥融合优势，驱动电信行业迈向自动化、智能化，它将对产业的生产方式、运营模式、思维模式和人员技能等带来全方位的深远影响。这一概念自2019年提出以来，得到了产业与标准组织、运营商、供应商等全行业伙伴的积极响应，我们一起倾力投入和全域创新，在产业愿景、目标架构和分级标准等方面达成了广泛产业共识，形成了多组织协同制定行业标准、运营商加速部署实践、供应商联合案例创新的发展态势。华为作为自智网络的倡导者和贡献者，提出自动驾驶网络战略，旨在通过联接+智能，打造一张“自动、自愈、自优、自治”的网络，通过智能原生、数据知识驱动、意图接口交互、单域自治闭环、跨域协同等技术，与运营商和企业共同构建网络“自配置、自修复、自优化”能力，从而为消费者和政企客户提供“零等待、零接触、零故障”的极致体验。本书汇集最新的网络自动化、智能化趋势和进展，并展示华为自动驾驶网络在此领域的最新理论、架构、技术、方法论等方面的成果，目的是尝试回答网络智能化演进过程中的“为什么”“做什么”“怎么做”，希望可以帮助读者对自智网络有清晰的了解，推动运营商和企业开启或加快自智网络建设。

本书首先从自智网络的提出、自动驾驶网络的诞生讲起，结合4个关键应用场景，阐述为什么要发展自智网络。

- 第1章，自动驾驶网络的诞生。介绍自动驾驶网络的诞生过程，总结现代通信网络的架构演进，以及网络自动化与智能化的驱动力、产业思路，并阐述自动驾驶网络的总体愿景、代际定义及自智网络产业的发展历程。对于理解自智网络的重要性、自智网络与自动驾驶网络的关系，这些是必要的背景知识。
- 第2章，自动驾驶网络的应用场景。介绍自动驾驶网络的4个关键应用场景，包括“天基”与“地基”联动的应急保障、全无线互联的隐形企业局域网、高安全可靠的沉浸式远程办公、确定性广域网的远程控制。

其次，以自动驾驶网络在基础理论、参考架构和关键技术3个方面的阶段性成果诠释自智网络架构与技术。

- 第3章，自动驾驶网络的基础理论。体系化总结三大基础理论，包括网络自适应控制理论、网络认知理论、用户和环境智能体模型相关理论。
- 第4章，自动驾驶网络的参考架构。系统地介绍自动驾驶网络架构，包括设计目标与原则、顶层架构、分层架构（包括自智网络引擎、网图、AI Native网元）、关键特征（包括分布式AI、内生安全）架构设计。
- 第5章，自动驾驶网络的关键技术。从背景与动机、技术洞察、关键技术方案、技术展望等多个方面系统地介绍自动驾驶网络依赖的8个关键技术，包括网络可信任AI、网络分布式AI、网络数字孪生、网络仿真、网络知识和专家经验数字化、网络人机共生、网元内生智能、网络内生安全。

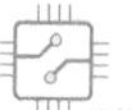

再次，通过全面介绍业界标准和自动驾驶网络的分级评估方法，以华为自动驾驶解决方案为例，阐明如何推行自智网络。

- 第6章，业界标准。介绍自智网络在产业组织、标准组织的分工和最新成果，从国际标准、国内标准、跨组织标准合作3个方面体系化地呈现自智网络标准全景。
- 第7章，自动驾驶网络的分级评估。基于分级方法论和示例，介绍如何细化定义具体的分级标准，客观、全面地量化测评各产品领域自动驾驶网络的等级水平。
- 第8章，自动驾驶网络的解决方案。介绍华为打造的系列化自动驾驶网络解决方案，涵盖无线、核心网、IP、企业园区、数据中心、全光接入、全光传送、数智化运营运维等多个领域。

最后是第9章，总结和展望。自动驾驶网络在理论、架构、技术、标准等方面取得的阶段性成果让自智网络充满想象空间，同时也存在很多不确定性，解决相关问题需要全产业共同努力、共同探索。

目录

第 1 章　自动驾驶网络的诞生 ……1

1.1　现代通信网络架构演进 ……2
1.2　网络自动化、智能化的驱动力 ……5
1.2.1　网络运营与运维效率 ……6
1.2.2　新场景与新业务 ……10
1.2.3　社会责任与可持续发展 ……12
1.3　网络自动化、智能化的产业思路 ……14
1.4　自动驾驶网络的总体愿景 ……17
1.5　自动驾驶网络的代际定义 ……23
1.6　自智网络产业的发展历程 ……27
参考文献 ……31

第 2 章　自动驾驶网络的应用场景 ……32

2.1　移动自动驾驶网络 ……32
2.1.1　“天基”与“地基”联动的应急保障 ……33
2.1.2　全无线互联的隐形企业局域网 ……37
2.2　固定自动驾驶网络 ……41
2.2.1　高安全可靠的沉浸式远程办公 ……41
2.2.2　确定性广域网的远程控制 ……44
2.3　网络技术创新 ……46
参考文献 ……47

第 3 章　自动驾驶网络的基础理论 ……48

3.1　网络自适应控制理论 ……49

3.1.1 网络自适应控制驱动力 50
3.1.2 网络自适应控制的基本理论 51
3.2 网络认知理论 58
3.2.1 网络认知是构建自动驾驶网络的基础 58
3.2.2 自动驾驶网络中的网络认知系统及其特征 59
3.2.3 自动驾驶网络中网络认知的关键要素 61
3.3 用户和环境智能体模型相关理论 73
3.3.1 建立用户和环境智能体的驱动力 73
3.3.2 用户和环境智能体的基本理论 75
3.4 理论相关实践 81
参考文献 83

第 4 章 自动驾驶网络的参考架构 86

4.1 顶层架构 86
4.2 自智网络引擎 97
4.2.1 基本概念 98
4.2.2 架构设计的关键原则 100
4.2.3 目标参考架构 101
4.2.4 模块部件 108
4.2.5 架构的关键特征 110
4.3 网图 111
4.3.1 基本概念 112
4.3.2 架构设计的关键原则 113
4.3.3 目标参考架构 117
4.3.4 模块部件 122
4.3.5 架构的关键特征 128
4.4 AI Native网元 130
4.4.1 基本概念 130
4.4.2 架构设计的关键原则 131
4.4.3 目标参考架构 133
4.4.4 模块部件 136
4.4.5 架构的关键特征 139

4.5 分布式AI......140
4.5.1 基本概念......140
4.5.2 架构设计的关键原则......143
4.5.3 目标参考架构......146
4.5.4 模块部件......149
4.5.5 架构的关键特征......150
4.6 内生安全......151
4.6.1 基本概念......151
4.6.2 关键挑战......152
4.6.3 架构设计的关键原则......152
4.6.4 目标参考架构......155
4.6.5 模块部件......157
4.6.6 架构的关键特征......159
参考文献......160

第5章 自动驾驶网络的关键技术......162

5.1 网络可信任AI......164
5.1.1 背景与动机......164
5.1.2 技术洞察......167
5.1.3 关键技术方案......168
5.1.4 技术展望......183
5.2 网络分布式AI......184
5.2.1 背景与动机......184
5.2.2 技术洞察......185
5.2.3 关键技术方案......187
5.2.4 技术展望......196
5.3 网络数字孪生......197
5.3.1 背景与动机......197
5.3.2 技术洞察......199
5.3.3 关键技术方案......200
5.3.4 技术展望......207
5.4 网络仿真......208
5.4.1 背景与动机......208

5.4.2 技术洞察 210
5.4.3 关键技术方案 213
5.4.4 技术展望 217
5.5 网络知识和专家经验数字化 219
5.5.1 背景与动机 219
5.5.2 技术洞察 220
5.5.3 关键技术方案 222
5.5.4 技术展望 235
5.6 网络人机共生 237
5.6.1 背景与动机 237
5.6.2 技术洞察 242
5.6.3 关键技术方案 246
5.6.4 技术展望 254
5.7 网元内生智能 254
5.7.1 背景与动机 254
5.7.2 技术洞察 255
5.7.3 关键技术方案 257
5.7.4 技术展望 265
5.8 网络内生安全 265
5.8.1 背景与动机 266
5.8.2 技术洞察 266
5.8.3 关键技术方案 266
5.8.4 技术展望 273
参考文献 273

第 6 章 业界标准 276

6.1 国际标准概况 277
6.1.1 通用标准 278
6.1.2 移动通信领域 290
6.1.3 传送、接入与承载领域 296
6.2 国内标准概况 298
6.2.1 通用标准 299
6.2.2 移动通信领域 301

6.2.3 传送、接入与承载领域 301
6.3 跨组织标准合作 302
参考文献 303

第 7 章 自动驾驶网络的分级评估 305

7.1 分解运维流程与运维任务 306
7.2 细化运维任务人机分工要求 310
7.3 明确评估对象的选定场景 312
7.4 等级评估方法和示例 313
参考文献 316

第 8 章 自动驾驶网络的解决方案 317

8.1 IntelligentRAN 无线自动驾驶网络 318
8.2 IntelligentCore 核心网自动驾驶网络 320
8.3 IntelligentWAN IP 自动驾驶网络 322
8.4 IntelligentCampusNetwork 企业园区自动驾驶网络 325
8.5 IntelligentFabric 数据中心自动驾驶网络 326
8.6 IntelligentFAN 全光接入自动驾驶网络 328
8.7 IntelligentOTN 全光传送自动驾驶网络 330
8.8 IntelligentServiceEngine 数智化运营运维方案 331

第 9 章 总结和展望 334

缩略语表 337

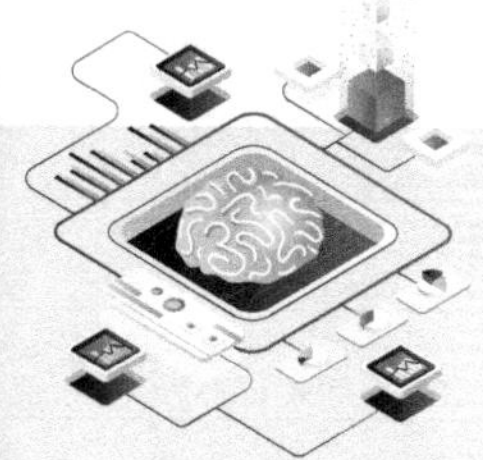

第1章 自动驾驶网络的诞生

2019年5月，TM Forum[①]联合英国电信、中国移动、法国Orange、澳大利亚Telstra、华为、爱立信6个伙伴，发布了首版自智网络产业白皮书*Autonomous Networks: Empowering Digital Transformation For The Telecoms Industry*，AN（Autonomous Networks，自智网络）理念正式被提出。该白皮书面向运营商及垂直行业CXO（Chief X Officer，首席XX官）等商业领袖、电信行业的意见领袖（包括行业协会、研究机构、高端专家、分析师等）、电信产业政策的制定者和智囊团、电信设备厂商和O/B域厂商业务负责人等，是凝聚产业共识、发布产业共识的载体，阐述了自智网络的定义、发展愿景、参考框架、L0~L5分级标准，以及单域自治、分层闭环和意图驱动等自智网络核心理念，为电信业提供运营商数字化转型的架构蓝图，给产业各方的实践与合作提供顶层架构参考。自智网络旨在融合网络技术和数字技术，助力运营商和垂直行业数字化战略转型、业务增长和运营效率提升，为垂直行业和消费者用户提供“零等待、零接触、零故障”的客户体验，为运营商和企业网络运营全生命周期打造“自服务、自发放、自保障”的网络运维体验，发挥融合优势使能网络智慧运营。华为作为通信行业的技术领导者，一直拥有对产业方向和前沿技术的敏感性。2018年9月，华为在瑞士日内瓦举办的UBBF（Ultra-Broadband Forum，全球超宽带高峰论坛）上首次提出自动驾驶网络理念，其内涵和外延与TM Forum此后提出的自智网络理念高度一致；2019年10月，华为正式将自动驾驶网络作为华为自智网络解决方案品牌名称，并面向全球发布了自动驾驶网络解决方案，成为全球首个发布自智网络解决方案的电信设备厂

① TM Forum是一个非营利的数字经济领域的国际行业协会，是拥有来自超过180个国家的900多家顶级运营商、设备商、系统集成商和咨询公司等机构的全球性联盟。TM Forum致力于帮助电信运营商和行业各方合作伙伴实现数字化转型及商业成功，为会员提供框架和标准、最佳实践、工具、研究报告、会议、培训认证等服务。

商，并开启了“自动驾驶网络”品牌的铸造之路。

1.1 现代通信网络架构演进

1876年，美国人亚历山大•格雷厄姆•贝尔（Alexander Graham Bell）发明了电话，这种靠两根导线连接送话器和受话器的简易通话装置，成为人类语音通信的开端。直到20世纪80年代，通信网络经过近百年的发展，还仅限于固定电话网络。20世纪90年代，固定电话业务逐渐趋于饱和，移动电话业务以出人意料的速度迅猛增长，彻底改变了通信业务的格局。

过去近30年，互联网打破传统电信领域的疆界，不断将IT引入CT（Communications Technology，通信技术）行业，促进通信网络的快速发展，通信网络由此经历了两次架构性调整：从传统语音和数据通信时代走向IP Native时代，再从IP Native时代走向Cloud Native时代。未来10年，随着以人工智能、数字孪生、网络安全、区块链等为代表的IT不断获得新的突破，并被应用于CT行业，通信网络架构将再次面临变革，进入AI Native时代，形成由固定宽带网络、移动宽带网络、IP网络、云计算和AI等多种技术以及产业组成的ICT基础设施。相关技术和产业各自独立发展，又相互影响、相互促进。现代通信网络架构的演进历程如图1-1所示。

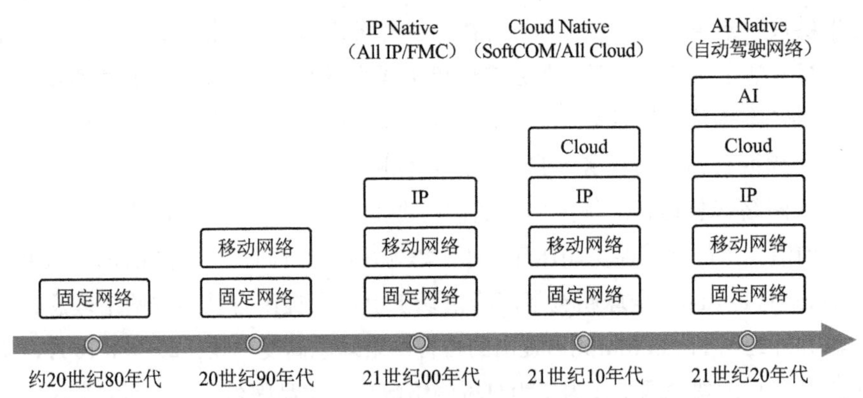

图1-1　现代通信网络架构的演进历程

2000年前后，IP技术逐渐成熟并被引入通信网络，通过光纤或者网线承载的IP网络逐渐发展为电信级IP网络。它具有组网灵活、带宽大、成本低、管理方便等特点，因此被迅速推广使用。2006年左右，IP Native成为业界的普遍共识，并主导了通信网络，成为实现万物互联的基础。基于IP Native的网络

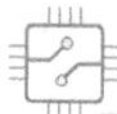

架构有如下显著优势。

◆ 实现网络互联协议的统一化，极大简化了网元对数据的传输、处理和应用，网络系统实现了信息化。

◆ 能够减少网络层次，降低网络处理复杂度。

◆ 能够提升网络性能，降低网络成本，增强网络扩展灵活性，降低网络管理复杂度。

◆ 是面向未来的技术架构，有利于网络的长期发展演进。

在IP Native时代，早期纷繁多样的网络互联协议统一到IP，网元连接效率大幅提升，网络实现融合，系统实现信息化，是一次网络级别的架构改变。源自计算互联网络的IP技术，不仅成为网络基础设施的重要组成部分，也深刻影响了固定网络和移动网络的技术架构。到21世纪前10年，华为逐渐发展成为ICT基础设施特别是网络架构演进的引领者，是同时拥有固定宽带网络、移动宽带网络和IP网络3个产业且这些产业都具有全球竞争力的公司，由此提出的基于All IP的FMC网络架构以及基于Single战略的一系列解决方案，旨在帮助运营商简化网络、降低OPEX，使华为首次获得了架构性优势。

2011年，在技术、业务、运维等多重驱动下，基于Cloud Native的云化网络架构理念在电信业首次被提出，电信业再次开启网络架构的变革之旅，通信网络进入Cloud Native时代。云化网络架构要求通信网络一方面要实现网络自身云化，另一方面要更好地支撑企业数字化转型和业务上云。首先，针对种类繁多的网络设备管理和维护成本高的问题，通信网络自身云化将多种硬件平台和软件平台升级为统一云平台，带来硬件资源池化、软件架构全分布化和运营全自动化的系统优势，使得资源可以得到最大限度的共享，同时系统具备高扩展性、高弹性和高可靠性，实现云化系统在业务部署、资源调度和故障处理场景的自动化。其次，云计算蓬勃发展，通信网络为了支持云上业务，在架构上做了很大的变革。其中包括以DC（Data Center，数据中心）为中心重构网络，DC成为网络的一部分，IT与CT深度融合，构建了软件解耦、转控分离、资源共享、弹性伸缩、统一调度的云化网络架构。云化网络架构基于Cloud Native，被认为是设备级别的改变，解决了传统通信网络中只能通过设备堆砌的方式进行网络扩容的结构性问题，初步构建了系统自动化能力。由此可见，固定宽带网络、移动宽带网络、IP网络共同构成网络基础设施，为云计算的发展奠定基础。而云计算作为一种独立产业，随着其成熟和壮大，又反向深刻影响了固定宽带网络、移动宽带网络和IP网络的发展方向。与此同时，华为发展成为同时拥有网络产业和云计算产业的技术供应商，提出基于Cloud的SoftCOM架构，进一步扩大了自身的架构性优势，并推出基于All Cloud战略的一系列解决方案，旨在帮助运营商提升用户体验，实现ROADS目标。

展望未来，必将有更多的IT被引入CT行业，对通信网络的整体或者局部发展走向产生深刻影响，而基于网络AI、数字孪生等技术的控制闭环和知识闭环，将驱动通信网络实现完全自治，从根本上解决当前网络规模和复杂性所带来的结构性问题，通信网络将进入AI Native时代。为了实现通信网络完全自治，我们倾向于认为网元设备、网管系统和运营系统要率先实现自治，进而实现整个通信系统自治；同时，网络实现完全自治将涉及众多关键理论和技术，包括网络数字孪生建模和仿真、目标驱动的自动化闭环及协同、网络自我感知能力的构建、网络环境感知和建模、网络自动/自愈/自优/自治技术、网络自适应学习和自演进等，这都需要学术界以及工业界在软件工程能力、计算平台和基础设施、基于AI的网络认知系统、系统和控制理论与应用、人机交互能力、信息安全、网络安全设计等诸多领域通力合作，以取得理论和技术的突破。在AI Native时代，未来网元和网络功能都将基于AI Native进行设计，利用AI强大的数据分析和信息提取能力，通过采集、分析海量网络数据，实现网络状态的感知和预测，并做出决策，为运营商诊断网络质量、优化业务性能、减轻运营负担、改善用户体验带来无限可能。可见，先行发展起来的网络与云计算进一步推动了AI的突破，而随着AI的突破并被引入到CT，它也将反过来影响云计算和网络的技术发展走向。2017年，华为提出SoftCOM AI设想，旨在将AI引入通信网络中，并于2018年提出自动驾驶网络架构理念，致力于帮助电信运营商实现“自动、自愈、自优、自治”的长期愿景，使能新业务并实现极致客户体验、全自动运维、最高效资源和能源利用。

回顾过去30余年并展望未来10年，网络架构演进的过程，本质上是IT的最新实践不断被引入CT，IT和CT相互影响和促进的发展过程。在IP Native时代，通信系统基于IP Native实现了信息化；在Cloud Native时代，通信系统基于Cloud Native推动了自动化；当前，AI Native正在驱动通信系统演进到更高级别的自动化和智能化，通信系统正步入AI Native时代。未来，随着固定宽带网络、移动宽带网络、IP网络、云计算、AI和产业的持续深度融合，CT和IT将发生持续的化学反应，使能ICT基础设施供应商的能力不断增强，并在支持全行业数智化转型的进程中不断做出更多、更大、更独特的贡献。华为也将凭借同时具备固定宽带网络、移动宽带网络、IP网络、云计算和AI五大产业及技术的独特优势，继续引领网络架构演进。

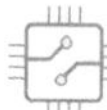

1.2　网络自动化、智能化的驱动力

20多年前，IP技术重构了通信网络转发架构；10多年前，云技术深刻影响了业务架构，包括网络拓扑、流向及核心网业务实现；未来10年，网络将大量使用AI，向AI Native演进。网络为什么需要走向自动化、智能化呢？这可以从电信网络近年来的一些主要问题说起。

运营商OPEX逐年递增。近年来电信行业的收入增长难以跑赢OPEX的增长，OPEX的占比持续保持高位，如果不对OPEX进行结构性的优化，TCO（Total Cost of Ownership，总拥有成本）可优化的空间则非常有限。如欧洲某大型运营商年报显示，2017—2021年的OPEX占收入比分别为68.4%、68.1%、66.9%、67.2%、66.6%。据不完全统计，全球前100多家电信运营商在2015—2020年间的平均营收增长低于OPEX增长，而平均OPEX占收入比接近70%。运营商必须通过提升运维效率的方式降低OPEX。

对人的依赖大。当前，运营商网络很大程度上还依赖于人的经验和技能，各运营商也存在大量运维专家的需求缺口，例如中国电信通过“腾云计划”大量培养上云专家。并且，电信网络越来越复杂，据不完全统计，70%的重大网络故障都是人为因素造成的。同时，面向未来，大量云上的实时性业务更是人的响应速度所无法企及的，必须依赖机器才能高速完成。

客户体验难以管理。电信业务体验不可视，运营流程没有基于用户体验的全生命周期管理，导致当前的用户体验管理大部分是基于投诉驱动的，其余则只能等到网络监控中心发现问题后才得以修复。以家庭宽带业务为例，有58%的体验问题都是通过投诉发现的，而大部分问题因无法被重现被搁置，这也解释了为什么运营商的家庭宽带业务离网率会比较高。

新业务挑战。随着数字化转型向社会各行各业深入发展，越来越多社会生活和商业活动正从线下转移到线上，新的数字化业务和市场遍地开花，ICT产业认为这会是新的产业突破点。例如，2B业务市场就有相当大的发展空间，智慧城市、智慧工厂、智慧医疗等诸多垂直行业目前尚处于起步阶段，在这些行业快速、批量复制差异化的网络应用，对ICT产业将是一个巨大挑战。

当前这些问题并非单点问题，运营商必须下定决心，通过系统架构性的创新来解决这些问题，而全面引入自动化、智能化的架构性变革，初步看，这是众多运营商的共识。TM Forum在2021年4月针对来自46家公司或部门的60位CSP（Communication Service Provider，通信服务提供者）调查对象的一项调查显示[1]，CSP已经普遍接受网络自动化和智能化的趋势，相关情况如下。

- 针对自动化：94%的受访者表示他们有意愿或正在推行自动化，其中

38%的人表示正在现有领域中尽可能多地推广自动化，56%的人表示其组织对自动化已有完整的愿景。由此可以看出，网络自动化的趋势已经被业界广泛认可。

◆ 针对智能化：88%的受访者表示确定或极有可能在10年内大规模部署AI运营的网络，其中54%的人表示确定会部署，34%的人表示极有可能部署。由此可以看出，AI等智能化技术已经深入人心，网络智能化在未来10年将普遍推广开来。

运营商不再只关注网络的精细化运营和高效运营（尽管这仍然很重要），而开始从商业和业务角度思考时代对电信网络的诉求。如上的问题只是表象，并不能从本质上说明网络为什么要走向自动化、智能化，这需要挖掘出背后的关键驱动因素。TM Forum在该调查报告中提出，自智网络的主要驱动因素有改善客户体验、提供新业务、提高效率/降低成本、缩短上市时间等，如图1-2所示。

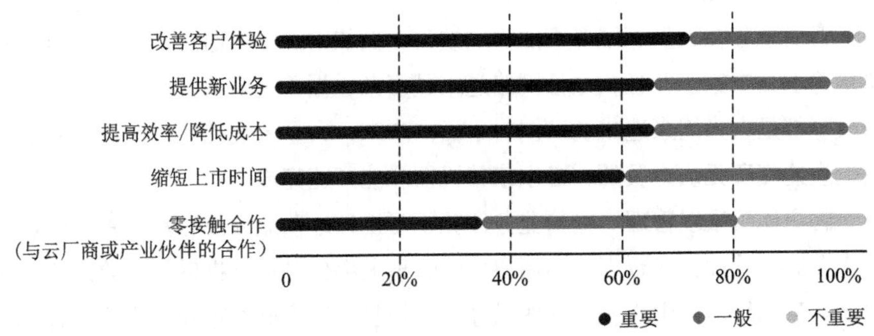

图 1-2　TM Forum 提出的自智网络的主要驱动因素

通过对这些报告结论进行更深入的探究，我们总结出了网络走向自动化、智能化的4个关键驱动力：首先是网络运营与运维效率，效率不高是导致OPEX高、运维依赖人、客户体验不佳的主要原因；其次是新场景与新业务，它是智能时代对更广泛网络应用的需要；再次是新技术，包括AI、数字孪生、安全等各方面的先进技术，正是这些技术让网络全面走向自动化、智能化成为可能，详细技术将在第5章展开介绍；最后是社会责任与可持续发展，网络作为ICT基础设施，要像水、电等基础设施那样服务于社会。

1.2.1　网络运营与运维效率

虽然电信网络在不断演进，网络运营和运维工作也跟随着调整，但是经过多年发展，当前仍然存在一些问题。高德纳（Gartner）调查报告统计的网络运维问题如图 1-3 所示。75% 的网络问题都是由最终用户感知和发现的，并通过投诉向运营商反馈问题，客户体验和满意度很难得到保证；37% 的网络故障是由网络变更造成的，当前网络结构越来越复杂，网络的运维管理已远超人的能力；运维人员 90% 的时间都用来识别故障产生的原因，运维效率低。

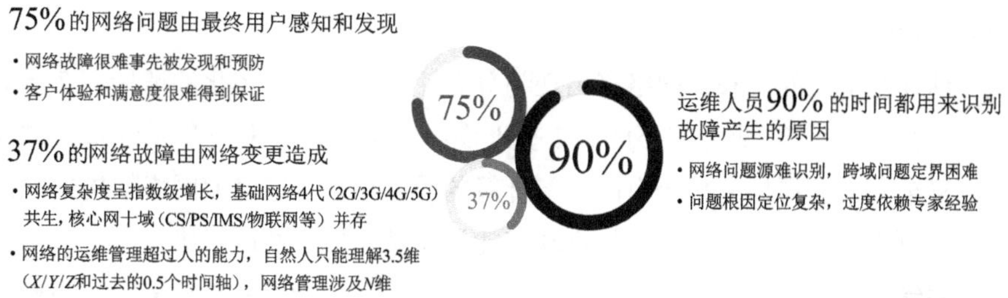

75% 的网络问题由最终用户感知和发现

- 网络故障很难事先被发现和预防
- 客户体验和满意度很难得到保证

37% 的网络故障由网络变更造成

- 网络复杂度呈指数级增长，基础网络4代（2G/3G/4G/5G）共生，核心网十域（CS/PS/IMS/物联网等）并存
- 网络的运维管理超过人的能力，自然人只能理解3.5维（X/Y/Z和过去的0.5个时间轴），网络管理涉及N维

75%

90%

37%

运维人员 90% 的时间都用来识别故障产生的原因

- 网络问题源难识别，跨域问题定界困难
- 问题根因定位复杂，过度依赖专家经验

来源：Gartner。

图 1-3 网络运维问题

电信网络运营商都想改变这些现状，而改变这些现状，首先需要深刻认识到这些问题的本质。是什么导致了这些问题呢？问题并不是单点导致的，这需要从运营商庞大的运营和运维的组织、流程与支撑平台来综合看待。

下面通过 3 个方面，逐步展开对问题及其根本原因的分析和阐述。

第一个方面，网络复杂度增加，导致运营和运维的难度呈几何级数增加，已经超越了人的能力范畴。

虽然用户在使用网络时基本是无感的，但是在网络的背后，有大量的运营、运维人力在持续不断投入。网络涉及由接入网到城域网、骨干网、核心网等相当长的链条，整个网络上业务的设计上线、开通和维护，均需要大量人力、系统协同完成。运维人员面临的困难是怎样的呢？以下从业务、网络技术、网络参与角色 3 个维度呈现电信网络的复杂性。

业务维度。电信网络具有多业务、多客户体验管理的复杂性。一张电信网络上跑着多种客户业务，例如家庭宽带、个人手机、企业专线等，不同客户的不同业务要实现自动化运行的外部约束各不相同，因此网络系统要能理解不同客户、不同业务的动机和意图。

即使对于无线网络领域，也可能有 2G/3G/4G/5G 等多代并存，各自服务着不同客户。无线网络的可调参数，在 3G、4G 时代通过“堆人”的方式还勉强能支撑，但到了 5G，其可调参数数量高达 2000 个，其维护难度已经完全非人的能力所能承受得了，必须借助系统来完成准确的参数调整工作。

在垂直行业的网络领域，各类行业客户也有不同的定制诉求，成千上万的差异化业务诉求，需要运营和运维人员同时掌握相关行业知识，这几乎是不可能完成的任务。

网络技术维度。电信网络存在多网络技术领域、超网络技术领域的复杂性。电信网络既有数据中心网络这种集中的结构化网络，也有区域分布的IP和园区网络，还有海量的末端覆盖的固定接入FTTx（Fiber To The x，光纤到x）和无线网络。

预计在不久的将来，网络将出现超分布、空天地海一体化的情形。在产业难题方面，随着5G成为重要的ICT基础设施，全球将迎来一个超分布式的大规模复杂网络，再加上超分布网络与计算的深度融合，这将使网络架构的演进和整合成为世界性难题，这也将推动产业界团结一致、共同解决。

网络参与角色维度。电信网络全生命周期的运营涉及的角色复杂，多种运营和运维角色同时接触网络，人员繁多。以某运营商为例，从网络规划建设开始，有设计人员、督导人员、施工人员、监理人员会与这张网产生联系。这些人与系统相互交互，让运营、运维关系更加复杂，也更容易出错。

所以，面对如此有难度的网络运营和运维工作，必须改变工作模式，引入自动化、智能化的技术，提升网络本身解决问题、简化问题的能力，将人从这“泥潭”中拯救出来。

第二个方面，网络规模持续增长，而人力主要投入到简单、重复的低效工作中，没有精力投入到高价值的工作（如营销策略、网络规划、风险分析、优化等）中，受OPEX限制，人力相对不足，导致只能被动应对客户投诉，无法主动运维。

GSMA（Global System for Mobile Communications Association，全球移动通信系统协会）发布的《2022中国移动经济发展》[2]报告显示，2021年全球物联网总连接数已达到151亿，预计到2025年将增至233亿。面向2030年，通信网络将从连接百亿人向连接千亿物的方向发展。随着网络规模及数据量的不断增大，故障发生频率将会更高，当前被动式、没有闭环化的运维难以满足用户对网络稳定性的诉求，且目前市场竞争激烈、获客成本攀升，容易导致用户更快流失，从而带来更严重的经济损失。如果不能扭转这种被动的局面，运营商必然陷入恶性循环的“泥潭”。

2021年在上海举办的世界移动通信大会上，中国移动副总经理李慧镝讲述道：“为了运营好全球网络规模最大、结构最复杂、设备厂商最多的移动网络，中国移动部署了5.9万名网络运维人员，年投入约1400亿元网络运维费用。面对提升网络质量和降低运营成本的双重压力，中国移动将进一步加快推进网络运维数智化转型，全面采用自动化、智能化的技术实现面向客户感知的端到端运维支撑能力，实现业务敏捷开通和网络高效运维。”

实现网络的SLA保障仍然很困难。网络拥塞导致的业务卡顿、闪断、质差随处可见，即便用户投诉后也难以精确定位和快速恢复。当前的用户体验管理都是基于投诉驱动的，75%的网络问题目前都是由最终用户感知和发现的，分析处理速度无法支撑网络故障的提前准确定位，更无法预判网络瓶颈和潜在的问题。60%运营商的运维是“黑匣子”，做不到端到端的可视，在发生网络故障或遇到瓶颈后，无法快速恢复业务或优化网络资源，无法形成端到端的闭环手段并快速解决[3]。故障很难被事前发现和预防，客户体验和满意度难以得到保障。

所以，未来的网络运营和运维必然是“主动”式的，运营商使用先进的自动化、智能化技术武装自己，主动服务好客户，掌握业务发展的主动权，让网络自身承担更多简单、重复的工作。

第三个方面，运营和运维经验不可积累和演进，主要由人工操作，不能继承或成本高，未来需要将经验数字化交由系统完成，重复使用。

当前运营商的运营和运维的经验一般是与场景强相关的，并且大量依赖人工操作，无法移植到其他类似场景，或者移植过程成本很高，且无法自动适应新情况，导致效率提升的工作需要反复做，没有完全发挥出批量快速复制的效能。

相对网络规模来说，当前电信专家资源是稀缺的。中国电信在其2021年的首次A股招股书中写道：“创新开展‘腾云计划’人才培养项目，培养1000名领军IT上云专家。大力培养‘懂行业、懂客户、懂生态、懂技术、会沟通’的产业数字化专家队伍，推选2000名领军的行业专家。”

然而通过简单“堆人”的方式“生产”专家资源越来越不现实，主要原因如下。

首先，培养一个电信专家耗时耗力，且培养模式难以大规模复制。电信专家能力模型要求门槛较高，如图1-4所示，不同的网络专业所需运维知识均不相同，每个专家除了初期学习专业运维知识外，仍需要大量实践来积累经验。单个人通过经验沉淀成为电信专家，一般需要数年时间，而所有经过初步培训的专家种子，都需要分布到不同的工作环境中，所面临的实践环境各有不同，其培养模式自然也没办法大规模复制。

其次，专家资源“陷在”网上事故的“泥潭”中，没有精力投入主动运维的研究中。一个专家处理网上事故的过程不可重复，导致专家只能处理紧急事故，没有时间开展重要而不紧急的预测、预防技术的研究，专家资源几乎全消耗在紧急事务的处理中。

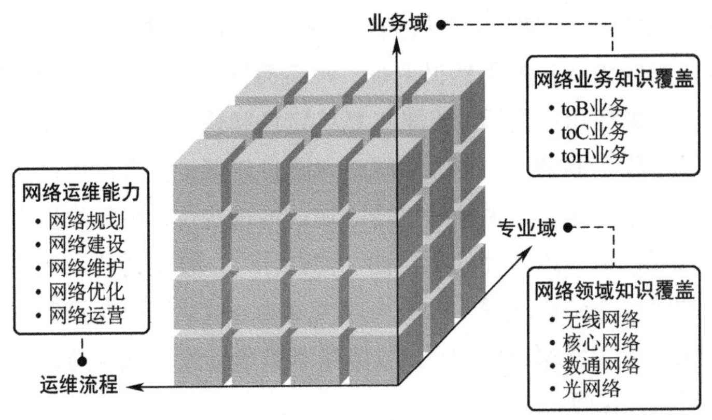

图 1-4 电信网络运维专家能力模型

最后，专家培养速度无法与网络运维人力需求匹配。随着网络结构越来越复杂，网络管理的要求已超越人的能力，培养专家的难度越来越大，周期变长，专家资源愈发稀缺，而且年轻人不太愿意干这类重复的事情。

鉴于专家资源与网络运维工作需求间的缺口越来越大，业界提出将运营和运维的专家经验数字化，作为知识库供全网范围引用，既可以避免这些宝贵的专家经验失传，也可以加速专家经验在更广范围的推广应用，提升场景规模复制的效率。专家通过学习这些汇总的经验，又可以抽象归纳出更多高级的经验，再对这些经验进行数字化，注入自智网络中，形成不断演进的良性循环。

关于网络知识和专家经验数字化的技术，是面向更高阶的智能化网络的，目前正在蓬勃发展，但也存在一些关键的技术挑战，需要不断研究和完善，具体可参考5.5节。

综上所述，当前的网络运营和运维效率，已经无法满足网络高速发展的要求，必须借助自动化、智能化的先进技术提升效率，以有限的人力来满足无限可能的业务诉求，同时提升最终用户的客户体验。

1.2.2 新场景与新业务

随着ICT的发展，科技创新和跨界融合逐渐成为全球经济的新发展模式。近几年来，全球企业加速采用5G、AI、大数据、云、边缘计算和数字孪生等前沿ICT改造各行各业。得益于这些科技因素的推动，运营商逐步发掘出了5GtoB、智能制造、智慧医疗、智慧教育等B2B2X（Business to Business to Everything）的全新市场，并有可能在这些新的市场机遇中获得至少7000亿美元的新收入[3]。面向未来，运营商通过创新商业模式和网络服务，不仅要更好地服务B2C（Business to Consumer，业务对客户）市场，更重要的是进入

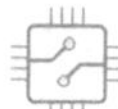

B2B2X的垂直行业，而这些垂直行业市场将是其未来创收的主要来源。代表未来发展趋势的有3类典型的新兴业务：直接服务各垂直行业的2B业务、面向个人体验的融合业务、新型的应急通信保障业务。

Keystone Strategy的报告显示，2025年运营商可参与的全球5GtoB市场规模将达到6020亿美元[4]。2B业务市场相当可观，将在智慧城市、智慧工厂、智慧医疗等诸多垂直行业发挥作用，并且对网络的"连接密度、速率、时延、可靠性、移动性、定位精度"等多项网络性能有着差异化的要求，例如无人机需要500~1000 km/h的移动性，汽车自动驾驶端到端的时延不超过5 ms且需要亚米级的定位精度，工业互联网则需要99.999%的可靠性，这些指标要求网络SLA保障更灵活、可靠。而随着网络规模的不断扩张，2B业务对网络运维能力也提出了更高的要求：面向千行百业百万级应用场景提供高度差异化的可定制连接业务；在线一站式地按需、实时、灵活进行业务订购、开通及变更；端到端确定性SLA可承诺、可保障；实现2B业务领域特征的网络知识积累，自动演进和优化网络。

另外，随着原有的2H业务、2C业务逐步与2B业务发生融合演变，使用公网的手机和家庭网络接入了更多企业类应用，远程居家办公、随处运营、线上+线下混合教育逐步成为常态，在此过程中将出现新的交互需求，比如实时视频、多对多教育、XR沉浸式体验等，由此对基础网络也提出更高的要求。运营商网络必须感知各种家庭终端的应用，实现SLA可保障，保证大上行需要，并确保网络安全可控。传统的手机网络、家庭网络只提供了基本的套餐，无法保障用户的极致体验要求，未来必须在运营和运维上加大投入，提升用户体验。对网络业务的可定制性和用户自助将是基本的自动化需求，而对网络自身的实时SLA保障、主动故障预测预防和智能质差优化，将是增加用户黏性的关键。

通信网络在抗灾救灾、重大事件等场景提供新型应急通信保障业务。新型应急通信逐渐走向卫星化、专网宽带化，使得卫星终端、专网通信终端及相关系统的需求大增。随着5G、卫星、无人机等技术的快速发展，应急通信逐步形成更加全面的能力，包括基于多技术的融合通信能力、灵活的终端/基站移动能力、更广阔的信号覆盖能力，配合智能化的搜救协同、7×24小时服务能力，提供更快速、更高效的应急保障。应急通信对网络的主要诉求有基于多技术手段的智能化协同能力、无间断的可靠服务、简易快速的规划和部署能力等。

综上所述，发展更多的应用场景，将网络延伸到千行百业、空天海陆，抓住这些新的商机，通过提升网络用户体验，收获更多的商业成功，将是运营商的根本诉求。

1.2.3 社会责任与可持续发展

在社会责任方面，以新冠疫情为代表的重大突发性事件让人们的生活、工作、学习方式产生了深刻的变化。疫情不仅对个人和家庭产生影响，同时也对各行各业产生巨大影响，这不仅是经济层面的影响，也是社会层面的影响。大量的社会运作和经济活动转移到线上，业务模式发生实质变化，各种非接触连接商业与服务加速兴起，ICT基础设施承载了比平时要多得多的经济活动及社会使命。下面从教育方式和网络运维方式两个方面的改变展开讨论。

第一个方面，教育方式发生改变，从校园走向家庭，从集中式授课转为远程授课。教育是所有人都应该享有的基本权利，在线教育是对网络覆盖与带宽的一次充分考验，大规模的网络授课让网络持续处于高峰期，经常会遇到画面卡顿、音频不同步，甚至画面长时间缓冲等问题。直播网课对网络要求较高，要想获得良好的视频交互体验效果，每个课堂需要独享20~50 Mbit/s优质、稳定的网络带宽。在线教育的连续性对网络的自动化、智能化提出如下更高的诉求。

- ◆ 面向学校、学生家庭或学生个人，能够提供自动化能力，支持学校、学生或家长快速分钟级自助开通业务。
- ◆ 面向教育视频，能够针对用户体验实时检测视频质量，秒级感知视频质量的劣化，自动调整网络带宽和路由，并能够提供面向教育应用的加速技术。
- ◆ 面向网络，能够提供云端、管道和家庭之间的端到端自动化、智能化网络保障，包括故障融合检测、秒级故障定位和分钟级故障解决。
- ◆ 面向未来的教育新体验和新场景，能够提供VR/AR沉浸式学习体验，全息数字化课堂。

第二个方面，网络运维方式的改变，从现场维护变成线上远程处理。在抗疫实践中，ICT通过空中、地下，流动的、看不见的光和电，打通生命救护的数字走廊，维持社会的基本运作。网络的稳定运行是重中之重，网络运维工程师奋战在网络的各个角落，在家庭侧，支持人们的“宅”生活、白天办公与教育、晚上娱乐的诉求；在政企侧，支持企业办公进行业务扩容、数据中心保障等活动；在疫情防控上，保障新闻发布会、防控视频会议等活动正常进行等。结合疫情的不确定性、最小化控制传播风险的诉求，当前网络的“人拉肩扛”式的运维方式已不再适用，必须做出改变。

- ◆ 运维主体从以人为主的运维转变为以机器为主的运维。

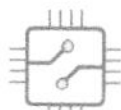

- ◆ 运维机制在处置网络故障方面，从基于长流程工单转发处理机制转变为准实时事件“零接触”处理机制。
- ◆ 在处置网络隐患方面，在周期性基于规则的巡检机制的基础上增加基于机器学习的预测性预防机制。
- ◆ 将运维知识注入、训练、监督机器，不断提升自动化、智能化能力。

在不断加速的千行百业数字化的进程中，各行各业对ICT基础设施提出了更高的诉求。疫情对网络的冲击也给全球的运营商一个新的视角，来思考和规划面向未来的网络演进。为更好地满足社会资源的高效协同和跨区域灵活调度、大范围的密集动员等需求，通过加强AI等新技术在电信网络中的应用，通信网络走向自动化、智能化，从而可以更好地应对疫情等重大事件。

在可持续发展方面，面对能源、资源、人口、全球变暖等关乎人类生死存亡的问题，气候变化和绿色低碳发展形成全球共识，2015年12月12日，197个国家共同签订《巴黎协定》，成为有史以来首个具有普遍性和法律约束力的全球气候变化协定，制定了将在21世纪全球温升限制在2℃以内、争取1.5℃的目标；在包括中国、日本、美国以及欧洲各国等经济体公布的计划路线图中，绿色发展成为与数字经济并驾齐驱的主要发力领域和全球共识。各行各业低碳发展的新诉求，给ICT提出了新的挑战及更高的能效要求，同时，ICT行业用电量估计占世界总用电量的5%~9%，排放总量占2%以上[5]。内外因素共同作用，加速推动ICT产业的节能减排，实现绿色发展。

数据中心方面，随着AI等算力密集业务场景的成熟及算力多样化持续发展，数据中心功率密度不断提升，同时存在设备种类众多、参数数量大，人工分析方法难以快速找出优化方案的问题。以制冷系统为例，一套制冷系统由64种设备组成，其中空调系统就存在1000多种参数组合。通过引入智能化方法，将大型数据中心作为一个整体，通过数据中心内的传感器收集温度、电量、泵速、耗电率、设定值等各种数据，再对这些数据做AI分析，用分析的结果调整数据中心的运行模式和控制阈值。基于AI算法的决策实现供电、服务器、负荷的协同创新，在支撑密度提升的同时，持续降低数据中心系统PUE（Power Usage Effectiveness，能源利用效率）。

通信网络方面，随着5G的应用，5G每比特能耗比4G有所下降，但吞吐量大幅提升，导致总体能耗上升，为网络运营带来巨大的成本压力，如何实现能耗与性能的最佳平衡是运营商最关心的问题之一。细分来看，在典型移动网络中，无线站点约占整网70%以上的能耗。无线站点的节能优化面临众多挑战：首先，数量众多，业务承载并不相同；其次，覆盖场景复杂多样，包括住宅区、高校、交通干道、商业区等人流密集程度不同、高峰时段不同的场景；

第三，相邻基站间互操作耦合性大，牵一发而动全身。传统以专家经验为基础的优化方式已无法满足当前网络的诉求，需要更加自动化、智能化的方法使业务需求与设备运行更加匹配。比如，当移动流量需求较低时，可暂时关闭基站的上载波频段，以降低射频及基带不必要的功耗；通过智能网络管理，可以动态调整网络以匹配波动的需求水平，将消耗的能源降到最低，在不影响网络性能及用户体验的情况下更加节能。这要求网络运营具备自适应控制技术，通过引入自动化、AI智能平台、机器人流程自动化等技术，主动预测网络能耗，实现“节能策略自动化、节能模型自演进”的能力。通过数据自采集、数据自分析、策略自下发、策略自维护，最大限度提高网络节能增益，实现能耗和KPI（Key Performance Indicator，关键性能指标）的最佳平衡。

除智能化外，通信网络自身通过“光电混合”“极简架构”等手段实现节能减排，绿色发展。“光电混合”是结构性提升设备能效的发展方向，通过网络级、设备级、芯片级的光电混合技术，可以持续提升通信设备的能效；“极简架构”打破现有的专业划分，重构网络，形成极简网络架构，降低对算力的需求，降低运维成本，从而实现网络的绿色低碳。

1.3 网络自动化、智能化的产业思路

前文对网络自动化、智能化的驱动力进行了讨论，大规模应用自动化、智能化方法可以简化网络的复杂性，同时提高网络性能、增强客户体验并最大限度地降低网络运营成本。自动化、智能化通常使用AI和ML（Machine Learning，机器学习）技术，使能网络管理和编排方法，解决网络的复杂性挑战并降低OPEX。网络自动化、智能化在产业方面有两种主流探索思路。

思路1：全栈智能化，依托网络内生智能和OSS（Operational Support System，运营支撑系统）丰富的智能应用协同构建新一代的网络。核心是“单域自治、跨域协同”，以自治域②为基础，以网络数字化转型为目标，依托网络域自下而上构建自动化、智能化能力，实现数字业务闭环的自动化智能商业、业务和资源运营，从而提供最佳的用户体验、最大的资源利用率以及全生命周期运营自动化、智能化。

2019年TM Forum成立了“自智网络项目”，其目的是构建业界领先、端到端网络自动化、智能化的方法，帮助运营商简化业务部署，推动网络Self-X

② 自治域是定义自治范围的管理域。它是实现特定网络操作自动闭环的基本单元，通过使用闭环控制机制实现自我管理。

能力（自服务、自发放、自保障）全面提升。2021年11月，TM Forum联合CCSA（China Communications Standards Association，中国通信标准化协会）、中国信息通信研究院、运营商、厂商等35家产业伙伴，共同发布《自智网络（Autonomous Network）-赋能数字化转型白皮书3.0》（简称自智网络白皮书3.0），宣布自智网络进入“规模化试点验证和体系化现网部署”阶段。典型的方案是华为的自动驾驶网络解决方案。

图1-5所示为自智网络分层参考架构。该架构通过3个层级和4个闭环配合达成目标 。

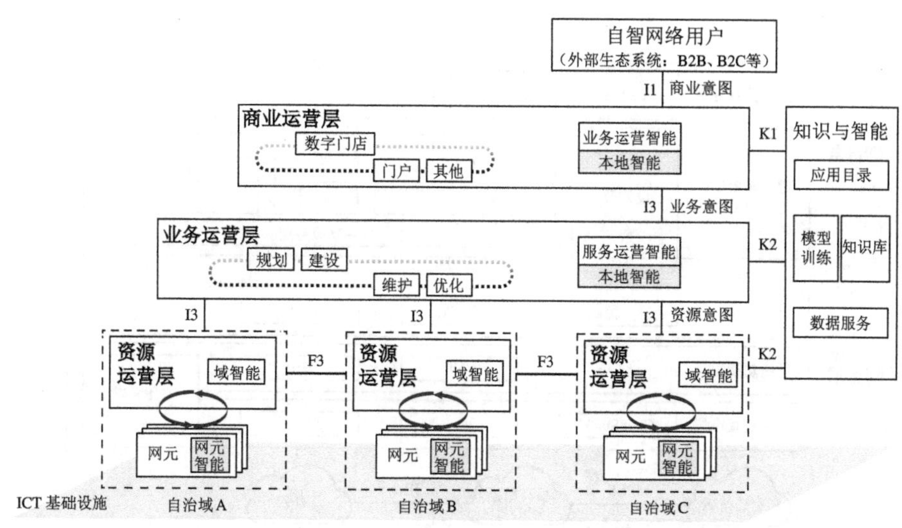

图 1-5 自智网络分层参考架构

- 3个层级包括Resource Operation Layer、Service Operation Layer和Business Operation Layer，为便于理解，本书分别用资源运营层、业务运营层和商业运营层表述。3个层级面向不同目标，通过引入AI，提供本层自动化、智能化能力，可支撑所有场景和业务需求。
- 4个闭环（资源、业务、商业、用户）实现层内或层间全生命周期交互，其中资源运营层通过专业自治域、自治域协同，实时/近实时完成资源闭环，屏蔽网络复杂性。用户闭环完成用户端到端的大闭环。3个层级间通过意图驱动式极简API（Application Program Interface，应用程序接口）进行交互，屏蔽交互复杂性。

思路2：将网络功能软件化、智能化能力构建在OSS层，依托OSS自顶向下定义通信网络整体架构，其架构如图1-6所示。典型方案是网络功能软件化+ONAP（Open Network Automation Platform，开放的网络自动化平台），在网络层，通过虚拟化方式构建网络功能，实现硬件和软件的分离；在OSS层，通过ONAP开源解决方案构建自动化平台，提供平台公共功能，包括生命周期管理、AI/ML训练和执行、安全性、数据管理、策略、分析、服务和资源编排等，OSS层中的多供应商App（Application，应用）可以使用这些功能构建自动化、智能化应用程序，运营商负责水平和垂直两个方向的集成，从而自顶向下定义和管理网络。

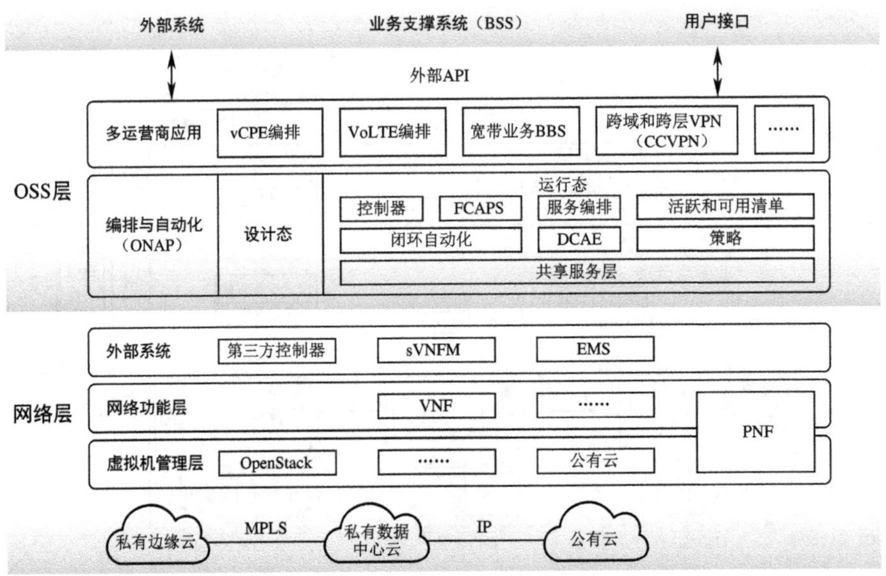

注：VNF为Virtual Network Function，虚拟网络功能；PNF为Physical Network Function，物理网络功能ONAP为Open Networking Automation Platform，开放网络自动化平台；vCPE为virtual Customer Premises Equipment，虚拟用户驻地设备；VoLTE为Voice over Long Term Evolution，长期演进语音承载；BBS为Broadband Service，宽带业务；CCVPN为Cross Domain and Cross Layer Virtual Private Network，跨域和跨层虚拟专用网；FCAPS为Fault，Configuration，Charging，Performance，Security，故障、配置、计费、性能、安全；DCAE为Data Collection，Analytics and Events，数据采集、分析与事件上报；sVNFM为specialized Virtualized Network Function Manager，专用虚拟网络功能管理。

图 1-6　网络功能软件化架构

网络自动化、智能化将大幅提升运营商的效率并使能全新的数字化业务，同时通过使能新业务，改变社会与千行百业，这已成为业界的共识。本书主要阐述思路1，围绕华为自动驾驶网络展开论述。

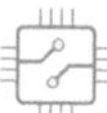

1.4　自动驾驶网络的总体愿景

在网络自动化、智能化的浪潮下，华为结合客户需求及技术发展趋势，提出自动驾驶网络总体愿景（如图1-7所示）：通过数据与知识驱动的智能极简网络，实现网络自动、自愈、自优、自治，使能新业务并实现极致客户体验、全自动运维、最高效资源和能源利用。

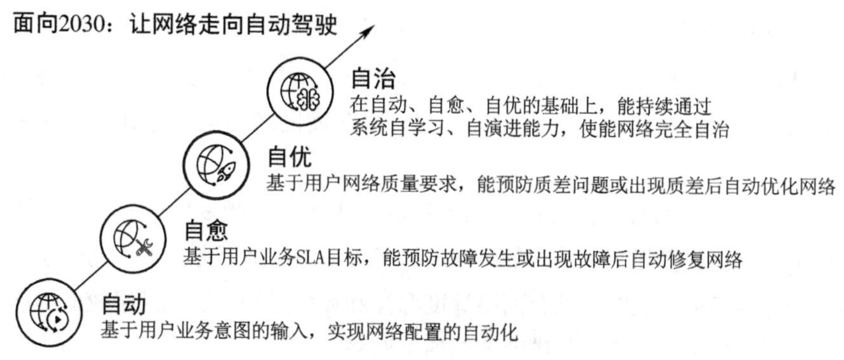

图 1-7　自动驾驶网络总体愿景

该愿景主要包括如下4个方面。

自动：基于用户意图业务的自动部署，最终目标是业务全自动部署。网络自动，是指根据用户业务意图，结合当前网络资源、状态和拓扑等信息，自动完成业务意图到网络内部业务请求的解析，同时，自动实现业务请求到各个部件的协同并完成设备命令的配置执行，最终实现用户业务意图部署的全自动化。

要达到上述目标，首先，需要瞄准用户业务意图的自动化达成，即将用户业务意图分解为网络意图，并基于网络意图设定实现目标，围绕目标，不断寻找和尝试可行方案，实现用户业务意图的持续、自动达成。其次，需要结合网络知识和经验实现高效、智能的自动闭环控制，即需要网络中的管控系统及设备单元能共享网络知识和经验，通过基于知识的交互提升通信效率，并结合知识和实时感知到的网络状态，智能完成闭环的决策和执行。

自愈：预测预防故障并基于事件自我恢复，最终目标是全自动运维。网络自愈，是指实现全场景的自动化运维，全自动识别或预测各类网络故障及其组合，自动利用可调度的网络资源和维修人力，采取适当的补救行动恢复业务，尽最大可能减少业务损失。网络故障处理模式由“被动”变为“主动”：原来网络被人指挥，现在变成网络指挥人完成硬件类故障维修，甚至软件类故障都不需要人，网络自己完成“维修”，实现自愈。

要达到上述目标，需要通过网络生存性仿真和高可用网络拓扑进行设计，使网络生存性满足要求。还需要基于用户业务SLA目标，根据网络状态进行实时调整，以便持续地满足用户业务的SLA。同时，事前自动防御故障、预测故障，事中保证故障自动修复及快速准确派单，事后在人的辅助下完善自愈过程，达成日常故障处理全自动运维、没有用户投诉的目标。

自优：根据用户体验自适应调整优化，最终目标是全自动优化。网络自优，是指根据用户指定目标，结合网络环境、资源、状态的变化，基于网络知识和内生内建的学习、优化算法，快速地对网络参数和资源配置进行各个层次的动态调整，逐步适应网络新的变化，最终使网络的运行达到预设的最优状态。

要达到上述目标，需要通过端到端的自主优化，激发网络潜能，为用户提供最佳体验；基于集中+分布的方式，高效利用网络资源，发挥网络最大潜能，降低网络维护成本；结合网络深度感知和环境感知，实现网络较低的能耗水平和碳排放水平，构建低碳节能的通信网络。

自治：在自动、自愈、自优的基础上，实现网络功能自演进。网络自治，是指让网络像人类一样，通过学习逐步建立对网络世界的正确认知，包括网络内外部环境的感知、网络知识的积累以及基于知识的推理，具备适应性决策能力，可解决复杂的不确定性问题，达到网络自己治理自己的目的。

要达到上述目标，需要构建自智网络系统的智能化底座，提供平台和框架，支撑完成控制闭环，实现自主的适应性决策，支撑自动、自愈、自优功能运转，最终使能新业务并实现极致客户体验、全自动运维、最高效资源和能源利用。还要通过建立认知闭环，支持知识注入和知识生成能力，实现系统的持续自学习、自演进，不断“反哺”到自动、自愈、自优能力中，从而使能网络完全自治。

华为联合TM Forum、GSMA及领先运营商共同研究和探索，发布自动驾驶网络白皮书和案例报告，对自动驾驶网络的目标、框架及L0~L5智能分级达成产业共识，逐步形成了自智网络的产业格局。

TM Forum从标准层面正式提出了自智网络愿景，自智网络旨在通过完全自动化的网络和ICT的智能化基础设施、敏捷运营和全场景服务，利用前沿技术实现“将复杂留给供应商，将极简带给客户”。此外，还需支持自服务、自发放、自保障的电信网络基础设施，为运营商的规划、营销、运营、管理等部门的内部用户提供便利。自智网络愿景如图1-8所示[6]。

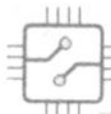

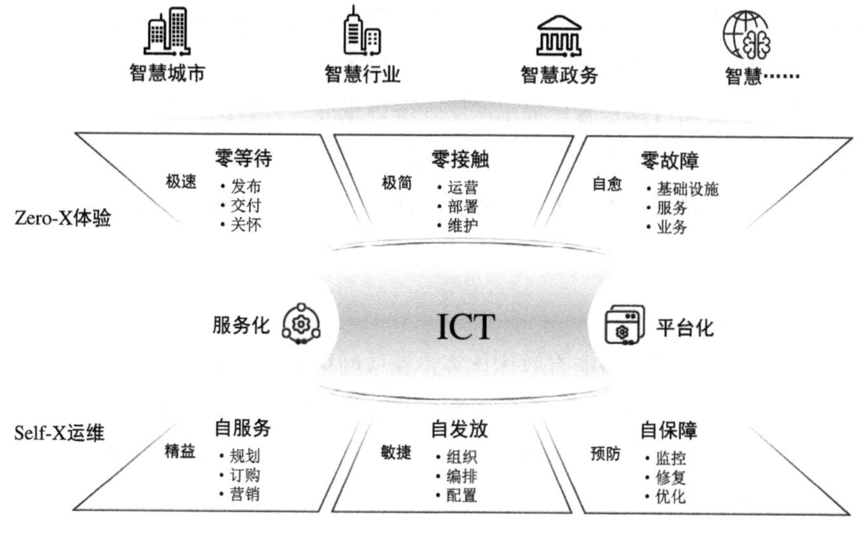

图 1-8　自智网络愿景

1. 零等待

零等待是指自智网络能有效缩短客户等待时间，避免客户诉求长时间得不到有效处理。零等待主要体现在客户从运营商处了解、获得并使用网络业务的过程中，分阶段介绍如下。

客户了解网络业务阶段：客户根据自身需要给运营商提出业务诉求，期望运营商尽快提供可行的网络业务方案，以便了解业务详情。而当前新网络业务的TTM（Time To Market，产品上市周期）长，主要问题是由于涉及多网络专业多部门协同设计和建设、流程复杂，无法快速响应，导致客户流失。此时需要网络根据业务发展趋势，提前识别扩容需求，主动扩大网络覆盖范围，并提供灵活的跨领域编排能力，支持新网络业务快速上线运营，缩短TTM，更快获取客户认可。

客户获得网络业务阶段：客户确定购买网络业务后，期望快速投入使用。而当前网络业务涉及跨地域、跨网络专业的协同交付，介入环节多，导致总体耗时较长，影响客户的使用。此时，需要网络具备自动化的闭环控制能力，根据客户业务意图，快速开通和验收，在网络预覆盖良好的情况下，实现即开即通的极致体验。针对后期网络变更，也能即变即通。

客户使用网络业务阶段：客户在使用网络业务的过程中，期望网络稳定、质量好，对网络故障、网络质量问题期望无感知或快速自动修复。而当前如果网络出现故障，大多需要客户投诉来触发，故障受理又涉及多网络专业协同诊断、分析、修复，步骤多，导致响应慢。此时，需要网络具备故障快速自愈的能力，对于物理设备问题，能主动通过冗余资源优先满足客户需求，后续尽快通知运维工程师修复物理设备，保持可持续服务的能力。

零等待的预期目标是客户提出网络业务诉求后，自智网络能在极短时间内获得可用的服务，不再像之前需要等待超长时间。网络故障能分钟级闭环处理，对于一些成熟的业务，可以达到秒级闭环处理，即开即用，极大地提升客户的服务体验。

2. 零接触

零接触是指自智网络能有效优化客户获取网络业务及保障的方式，客户不再依赖营业厅、客服及上门的运维工程师来获取网络业务及保障，可获得电商化的便利体验。零接触主要体现在客户从运营商处了解、获得并使用网络业务的过程中，分阶段介绍如下。

客户了解网络业务阶段：客户期望更便利地提出网络业务诉求，并更直观清晰地获取可选的网络业务信息。而当前新网络业务一般是客户到营业厅洽谈，由于营业厅的营业时间和营业范畴的限制，还可能需要多次前往，非常不便利。此时需要网络提供电商化的自助服务能力，能准确有效地收集客户的业务诉求，主动推荐合适的业务产品，并能够做到质量预知，给客户可承诺的保障，帮助后续业务的办理。

客户获得网络业务阶段：客户期望提出网络业务诉求后，网络业务能按要求一次性开通成功，不希望运营商不同人员反复多次沟通、上门处理。而当前网络业务一般需要人工上门处理，需要与客户多次交互，包括客户侧的资源勘测、网络安装对接、调测验收等多个环节，客户可能需要反复说明情况，多次确认和催促，并多次接待工程师上门，对客户造成不必要的困扰。此时需要网络根据业务发展趋势提前做好网络预覆盖规划，在客户提出业务开通诉求后，能一次性开通和验收，实现即开即通的极致体验。

客户使用网络业务阶段：客户在使用网络业务的过程中，期望网络故障、质量问题能自动修复，不希望运营商不同人员反复多次沟通、上门处理。而当前如果出现故障，大多需要运维工程师上门检查核对，确认问题原因后，还要再次上门修复网络，影响客户使用体验。此时需要网络具备自助维护、远程诊断、自动修复能力，对于物理设备问题，最多只需要上门一次即可解决。

零接触的预期目标是无论企业用户还是个人用户，均可以通过电商化的自助方式获取“订购/变更/维护/优化”等各种服务，极大地满足客户随时按需的服务诉求。未来提供自助的方式可以是多样化的，包括各种手机/平板类App、PC端应用或Web服务站点，甚至可以将自助界面直接延伸到客户侧的

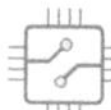

终端（如家庭调制解调器，俗称光猫）上。随着自智网络的不断演进，最终用户可以百分之百地通过自助方式获取网络服务。

3. 零故障

零故障是指自智网络能有效提升对客户业务的保障，避免业务出现故障或劣化，客户对网络故障、网络质量问题无感知或感知不明显，可获得高可靠的业务体验。零故障主要体现在客户使用网络业务的过程中，具体可分为故障前、故障中、故障后3个阶段。

故障前：在网络出现故障前，自智网络能监测到网络劣化趋势，准确推测出网络可能出现的故障及对客户业务的影响，优先采取预防措施，在预防后仍存在风险的情况下，主动告知客户风险，让客户有所准备。

故障中：当网络故障无法避免、最终发生后，自智网络优先使用倒换等快速修复手段，保障客户业务不受影响，若由于特殊原因（如多路网络同时发生硬件故障）无法通过软件配置快速修复的，能第一时间告知客户影响、处理计划及给客户的规避建议，同时调度故障处理流程完成修复。

故障后：当网络故障得到处理后，自智网络需要第一时间告知客户，并做好善后工作。

这就要求自智网络能通过加强对业务、服务和基础设施的故障预测预防、质差问题预测预防、故障自动修复，实现"主动运维"，使网络性能质量能持续满足服务承诺，主动关怀客户，使用户体验超预期。如果由于任何原因出现性能劣化，网络能自动分析并决策如何优化，保障网络质量；如果有潜在的故障风险，网络能主动实时预警风险，并自动启用预案或分析可行的方案来消除风险；即使故障发生了，网络也能自行发现、自发诊断故障并修复。

零故障的预期目标是高度保障用户的网络服务，主要通过超高的业务可用率提升用户的满意度，减少用户投诉。可以预期，将来自智网络的可靠性将提升10~100倍，业务可用率普遍可以达到99.9999%。

为了更好地支撑Zero-X体验最终落地，TM Forum在自智网络白皮书3.0中提出了自智网络需具备的Self-X运营能力，如表1–1所示。

表 1–1　自智网络需具备的 Self-X 运营能力

运营能力	说明
自服务	**自规划/能力交付：**提供网络/ICT服务规划、设计和部署的自定义能力
	自订购：提供网络/ICT业务的在线、数字化、一键式订购能力
	自营销：提供面向通用和/或个性化宣传/推广的自动化营销活动

（续表）

运营能力	说明
自发放	**自组织：** 按需实现业务/服务/资源的发放意图解析
	自管理： 按需实现业务/服务/资源的交付编排和调度
	自配置： 按需实现业务/服务/资源的交付配置和激活
自保障	**自监控/上报：** 实时、自动化持续监控和告警上报
	自修复： 实时SLA修复，如性能、可用性和安全性方面
	自优化： 实时SLA优化，如性能、可用性和安全性方面

由于以上范围涉及商业、交付等运营商企业强相关流程（例如自营销、能力交付），自监控/上报属于较成熟能力，本书暂不逐个展开介绍，而聚焦于自配置、自修复、自优化，后文中涉及的“Self-X”也默认为本书聚焦的自配置、自修复、自优化3个部分。

第一，自配置。自配置是指自智网络能对业务端到端部署、变更、升级提供自动化支撑，减少人工配置，并通过业务意图自动翻译为网络配置，在减少网络配置工作量、降低难度的同时，也减少人为失误带来的故障，提升业务开通和调整的效率。自配置主要体现为网络运维人员对网络进行日常维护、对客户业务申请进行部署实施的过程。

网络的日常维护（例如系统升级、扩容等）能由运维人员提前规划维护任务，系统根据维护要求，能提前做网络状态检查，并对维护任务进行仿真，确保流程动作无误后能自动快速实施，减少对网络业务的影响，事后能实时检测，评估维护任务的完成情况，整个过程再无须运维人员介入。对于客户业务的开通、变更诉求，将不再完全由客服和运维人员主导，自智网络可以自动受理客户自助发起的业务申请，并能保证业务自动成功开通、变更。

自配置的预期目标是自智网络能在运维人员不干预的情况下自动受理所有业务申请，使业务自助开通率趋近100%，并能通过规划全自动维护任务的方式，主动完成所有日常运维活动。

第二，自修复。自修复是指自智网络能在业务保障过程中进行自动化故障处理，实现故障预测预防和快速修复，保障业务高可靠运行。根据处理能力的不同，故障可分为软件类故障和硬件类故障。对于软件类故障，自智网络能自动通过软件参数调整、重置、倒换等方式自愈；对于硬件类故障，自智网络能辅助现场工程师实现问题的快速修复。自修复主要体现为网络运维人员对网络进行故障处理的过程。

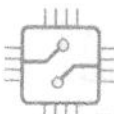

网络运维人员不再时刻监控网络故障情况，只需要提前规划好各类故障的原则性策略，后期可以由自智网络自动完成对故障的监控、预防、修复等动作。针对业务纷繁复杂的故障，能寻找故障发生的规律和根因，预测预防故障发生，并自动规避故障，实现故障自动修复。

自修复的预期目标是当新业务运行一段时间后，自智网络能根据故障发生规律，不断积累故障预测预防和自动修复的知识，针对软件类故障，实现接近100%的故障自动修复率，针对硬件类故障，能辅助网络运维人员完成修复，极大缓解网络运维人员应对故障的压力。

第三，自优化。自优化是从业务质量角度进行持续的自动化优化过程，通过感知整网的业务质量情况，调整网络参数，最终满足网络优化的需求，使网络效能得到最大程度的发挥，主要体现为网络运维人员对网络进行质量优化的过程。

采用传统网络运维方式，通常在业务出现质量劣化时系统无法实时感知，而发现问题后，运维人员需要较长时间才能介入，自智网络需要从根本上解决这些问题。未来，网络运维人员不再时刻监控网络质量情况，只需要通过提前确定网络质量优化的策略性目标，即可由自智网络对业务和网络质量实现自行优化。通过对网络性能指标的实时监控，分析指标的变化趋势，结合网络质量问题出现的规律和相关运维知识，可以预测出网络即将出现质量劣化的风险，通过仿真确定可行的调优方案，自动启动优化任务，即可确保网络始终处于最优状态。

自优化的预期目标是通过网络自身的感知、智能预测和自动调优能力，实现全自动优化。自智网络需要提高对业务劣化趋势的预测，尽量提前预防劣化出现。当出现业务劣化后，自智网络能自动进行优化，无须运维人员介入，其自动优化率将逐步逼近100%。

1.5　自动驾驶网络的代际定义

达成华为自动驾驶网络“自动、自愈、自优、自治”的总体愿景，并支撑自智网络产业实现“Zero-X和Self-X”的产业目标，需要产业各方不懈努力和协同，对网络融合感知、人机智能化协同和决策、意图驱动闭环等诸多难点不断进行关键技术突破，这是一个长期演进的过程。为了更好地支撑自智网络产业长期可持续发展，需要对自动驾驶网络进行代际划分和定义，并在业界范围内对自智网络的代际演进形成统一认识、统一标准、统一目标。

华为自动驾驶网络本质上是一个非常复杂的自动化系统，而自动化系统的演进过程，简单地说，就是用“系统自动化能力”来代替“人工操作”的过程。自动驾驶网络的自动化特征，就是在尽可能少的人工干预下，满足网络运营商对网络运维管理的各种需求，如故障处理、质量优化、业务开通等。

早在2000年，美国乔治•梅森大学工程心理学教授雷杰•帕拉休拉曼（R. Parasuraman）就提出了对自动化系统进行等级划分的理论基础[7]，主要包括以下3个核心观点。

第一个核心观点是自动化系统中的各个任务，建议按“信息获得”“信息分析”“决策和动作选择”“动作执行”4个阶段进行任务分类。

第二个核心观点是针对以上每个阶段的任务，从“全人工”到“全系统”的自动化演进方向，基于人机分工，从低到高划分若干个连续等级，而不是从全人工直接跳变到全系统。

第三个核心观点是在一个特定的自动化系统中，对于不同阶段下的任务，其自动化能力和要求存在差异性，也就是说，不同阶段的任务在自动化系统演进过程中，其自动化水平可能存在差异，比如“信息获得”任务已经自动化，“决策和动作选择”任务还处在人工或半自动化水平。

其中，针对“决策和动作选择”阶段任务，帕拉休拉曼教授给出了从完全人工决策到机器完全自主决策的自动化分级示例，如图1-9所示。

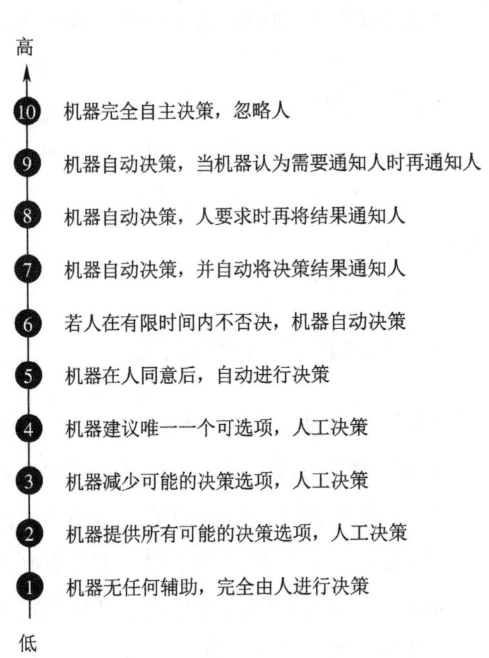

图1-9 “决策和动作选择”的自动化分级示例

目前各行业自动化系统也结合本行业特点细化定义了代际和分级标准，如IEC（International Electrotechnical Commission，国际电工委员会）定义了关于ATO（Automatic Train Operation，自动列车运行装置）的自动化代际分级定义（IEC 62290-1），SAE International（国际自动机工程师学会）定义了关于汽车自动驾驶的代际分级定义（SAE J3016-2021）等。

这些代际分级定义的思路是高度一致的，均将自动化系统分解为通用的任务活动（如在ATO中，通用任务包括列车启动、列车停止、开关车门等；在汽车自动驾驶中，通用任务包括加减速、转向、环境监测、紧急情况决策和处理等），并从“人（如司机等）”到“系统”的演进方向进行代际划分，同时考虑了不同任务活动的自动化水平在代际演进过程中的差异，与帕拉休拉曼教授提出的自动化系统分级理念非常匹配。

参考以上自动化系统分级理论和业界主流分级实践，经过自智网络产业界各方充分讨论，自智网络代际定义如图1-10（引用自TM Forum标准IG1218[8]）所示。

自智网络等级	L0：人工运维	L1：辅助运维	L2：部分自智网络	L3：条件自智网络	L4：高度自智网络	L5：完全自智网络
执行	P	P/S	S	S	S	S
感知	P	P/S	P/S	S	S	S
分析	P	P	P/S	P/S	S	S
决策	P	P	P	P/S	S	S
意图/体验	P	P	P	P	P/S	S
适用性	N/A	选定场景				所有场景
P 人（人工）　S 系统（自主）						

图 1-10　自智网络代际定义

在TM Forum的自智网络分级代际定义中可以得出如下信息。

将自智网络划分为L0~L5这6个代际，L0最低，L5最高。自智网络相关任务活动抽象总结为“意图/体验”“感知”“分析”“决策”“执行”5类认知闭环活动[即I-AADE（Awareness、Analysis、Decision、Execution，感知、分析、决策、执行）闭环]，每类活动基于人机分工，从P（人工）→P/S（系统半自动）→S（系统全自动）的演进方向进行划分。

不同认知活动的自动化演进节奏存在差异。例如，执行活动一般是确定的、偏客观的，其技术难度相对较低，在L2达到全自动；决策活动一般是不确定的、偏主观的，依赖AI等智能化技术，技术难度相对较高，在L4达到全自动。

在适用性方面，L1~L4针对的是选定场景，L5针对的是所有场景，即L1~L4等级的达成是限制在选定的有限场景下，而达成L5需要在所有的场景下，即不限制场景。

华为自动驾驶网络的代际遵从TM Forum自智网络代际划分和定义，关于TM Forum自智网络L0~L5代际的详细解读，可参考TM Forum标准IG1218[4]文档，本书不赘述。

除了以上基于认知活动+人机分工来划分自动驾驶网络代际的方法，在华为实践自智网络的过程中，也存在基于成效指标或技术特征来划分代际的观点。

基于成效指标进行代际划分是基于指标的取值来划分代际（如××指标下降50%就是L3），这种方式缺乏技术驱动或演进路径，无法有效牵引短板分析和自动化能力提升，如通过投入更多的人力也可以缩短MTTR（Mean Time to Repair，平均修复时间）指标，但违背了自动驾驶网络的理念和初衷。同时成效指标的选取、计算、目标值等与具体的实施产品、具体的业务和场景强相关，很难在公司范围内形成一个统一的、通用的代际共识。成效指标更适用于华为对自动驾驶网络的预期成效进行目标定义和等级提升后的自动化效果进行评估，而不建议直接通过成效指标来划分自动驾驶网络代际。

基于技术特征进行代际划分是基于使用了哪些关键技术（如数字孪生技术、网络仿真、AI知识推理技术等）来划分代际，这种方式是从“如何实现自动驾驶网络”的技术视角来进行代际划分的，需要对自动驾驶网络的内部实现方案和技术有较多的了解，评估举证较困难。这种方式要求达成某个等级，必须使用某些技术来实现自动化，不利于各产品领域进行技术开放创新、寻求新技术的探索和突破。另外，自动驾驶网络存在很多场景，有些场景确实需要使用比较复杂的技术来实现，而有些场景相对简单，不需要复杂的技术也可以实现全自动化，如果严格按技术特征来划分代际，这些简单场景就无法达到高阶等级。通过外部可感知的人机分工方式来划分代际更加合理，因为技术和实现方案只是等级提升的手段而不是目的，所谓“不管黑猫白猫，抓到老鼠就是好猫”。技术特征可以用于指导系统如何实现自动驾驶网络，作为华为各产品领域在系统自动化、智能化能力建设过程中的重要参考。

本节介绍的代际定义是当前华为自动驾驶网络的通用抽象总结，是自动驾驶网络向自动、自愈、自优、自治演进的总体分级框架。在华为各产品领域实际落地过程中，为了对各领域进行细粒度的分级评估，还需要基于此框架细化定义具体的分级标准和评估方法，具体参见第7章。

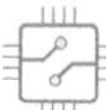

1.6　自智网络产业的发展历程

自 TM Forum 于 2019 年提出 "Autonomous Networks"（简称 AN），历经 3 年，自智网络理念和产业愿景已在行业达成共识。运营商纷纷开始制定自智网络阶段目标和长期战略，并积极开展实践。此外，产业各方正在积极探索 L3 和 L4 标准，共同推进标准体系的成熟。

综合业界在自智网络领域的探索与实践情况、自智网络的等级划分、技术发展预期等因素，自智网络的发展可以划分为 4 个阶段：产业形成期、L3 发展期、L4 发展期、L5 发展期，如图 1–11 所示。

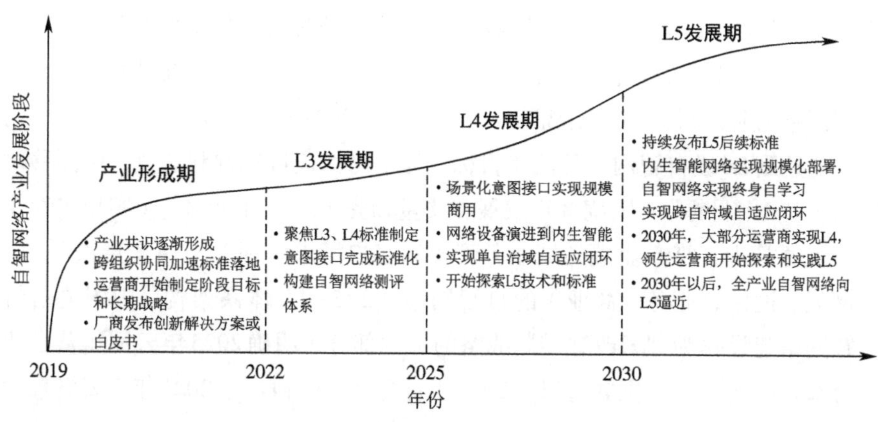

图 1–11　自智网络产业发展历程

1. 产业形成期

产业共识逐渐形成。行业领先的运营商、供应商围绕"目标架构、分级标准、评价体系和运营实践"4 个要素开展工作，TM Forum、CCSA、3GPP（3rd Generation Partnership Project，第三代合作伙伴计划）、ETSI（European Telecommunications Standards Institute，欧洲电信标准组织）等九大产业和标准组织纷纷启动标准或研究立项，并建立了跨标准组织 AN 技术协同平台（AN Multi-SDO），加速行业标准落地。2022 年 9 月，TM Forum 与产业伙伴共同发布了自智网络白皮书 4.0，其中参与的产业伙伴由原来的 6 家迅速增长到 54 家。同时，CCSA、中国信息通信研究院与 TM Forum 将 AN 译为"自智网络"，倡议"通过打造自动化、智能化的网络，牵引网络服务迈向新台阶，促进网络向融合化、智能化、绿色化发展"。

跨组织协同加速标准落地。TM Forum 提出的"三零三自"、三层四闭环目标架构、L0~L5分级标准以及“单域自治－跨域协同、意图化交互”等核心理念在产业取得广泛共识后，3GPP、ETSI、IETF（Internet Engineering Task Force，因特网工程任务组）、CCSA等标准组织也纷纷启动各专业领域的自智网络标准立项，并借助AN Multi-SDO开展协作配合，使得自智网络标准体系逐渐完善，初步形成了“需求用例＋参考架构＋分级标准＋技术规范”“通用标准＋多专业标准”的标准体系，为提升产业协同效率、繁荣产业生态奠定了基础。其中，华为在TM Forum、3GPP、ETSI、IETF共担任14个高端标准职位，并积极贡献、推进30多项标准立项，共同加速标准的成熟与产业发展。

运营商开始制定阶段目标和长期战略。根据TM Forum《2021年度自智网络发展调研报告》，约88%的被访者表示肯定或非常可能会在未来10年大范围部署自智网络，最主要的驱动因素是“改善客户体验、提供新业务、提效降本、缩短上市时间、零接触合作”。除此之外，全球领先运营商已纷纷制定了自智网络的阶段目标和长期战略。中国移动在2021年初明确提出2025年全网全专业达到L4级自智网络的战略目标。为了确保该目标顺利达成，中国移动提出了“2个目标”（围绕客户发展和质量领先）、“3个闭环”（实现单专业网络资源管理、跨专业端到端业务管理和客户需求管理）、“4个层次”（协同网元、网络、业务、商业）的自智网络“2-3-4”体系架构。中国电信将自智网络建设作为“云改数转”战略的关键部分，明确2025年云网运营自智能力基本达到L4。中国联通以“2023年自智网络达到L3、2025年主要场景达到L4”为目标，通过顶层目标规划与多项技术融合创新，牵引网络智能化、数字化升级。海外领先运营商，如Vodafone，将ZTO（Zero-touch Operation）定义为集团“Tech 2025”战略方向之一，提出到2025年故障自动化、配置自动化、可预测性维护领域要达到L4。MTN集团为了更好地落实“Ambition 2025”战略，提出了2025年实现自智网络L4的目标，计划构建包括“自智网络蓝图、敏捷DevOps（Development & Operations，开发和运维）环境、高性能网络、创新价值用例”等自智网络框架。AIS公司提出基于TM Forum架构，2025年无线客户投诉、事件管理领域达到L4的目标。

厂商发布创新解决方案或白皮书。为支撑运营商开展自智网络的探索与实践，厂商纷纷从基础研究、技术架构、产品、解决方案多个层面布局自智网络的研发工作，并向业界发布其最新研究成果。如2019年10月，华为发布自动驾驶网络解决方案，是全球首个发布自智网络解决方案的厂商；2020年11月，爱立信发布意图网络研究报告“Cognitive processes for adaptive intent-based networking”；2021年12月，清华大学智能产业研究院、亚信科技、中国移动、中国电信、英特尔联合发布《通信人工智能赋能自智网络》白皮书，提出人工

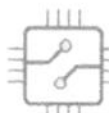

智能、网络数字孪生等将成为驱动自智网络发展演进的关键技术。

综上所述，在华为与产业各方的共同努力下，自智网络产业已逐渐形成。然而，自智网络从理念到实现，还需要推进产业各方开展更广泛和深入的合作，牵引产业按照代际有序演进。从TM Forum 2021年的调研报告《自智网络：商业和运营驱动》可了解到，大多数的运营商希望未来3年引入L3级自智网络能力。因此，2022—2025年将是L3级自智网络蓬勃发展的时期。

2. L3发展期

L3发展期是自智网络标准体系建设的关键阶段，各标准组织聚焦于制定和完善L3、L4标准。而2025年是自智网络达到L4的关键里程碑，意味着自治域能够达到基于意图的闭环自智能力。意图接口作为自智网络达到L4的关键接口能力，将会成为2022—2024年的标准化重点，同时意图驱动的闭环自治技术、分布式AI等也会成为标准化的热点。

聚焦L3、L4标准制定，并遵循“先完善通用标准，再制定细分领域标准”的原则。L3发展期的标准建设将起到承上启下的作用，一方面需要向前推进L3标准建设，另一方面也要为L4发展做好铺垫。在产业形成期，由标准组织构建的“通用标准+多专业标准”的标准体系，由分级标准、评价体系、架构、接口、关键技术5个部分组成。而TM Forum发布的通用架构和通用分级标准作为通用标准的一部分，还需要各标准组织进一步完成细分领域标准的制定，同时遵循“先完善通用标准，再制定细分领域标准”的原则，持续推进和完善标准体系的建设。2022年，部分标准组织已取得了较好的进展。例如，CCSA建立了与TM Forum、ETSI等国际标准组织的合作机制，而AN Multi-SDO在2021年形成的合作意向基础上，于2022年开始深入探讨具体的技术合作内容。

意图接口完成标准化，作为自智网络达到L4的关键接口能力，是标准工作的重点之一。自智网络的演进将不断引入新的自动化与智能化能力，也需要新的接口能够与周边协同更高效、支持更高等级自智网络的部署，使能运营商提质增效、敏捷创新。而产业提出意图接口，正是为了支撑运营商的上述诉求，其标准化也将成为这一阶段标准工作的重点之一。2022年，华为与产业各方包括MTN、AIS、VDF、VNPT、Telenor、TIM、Orange、中国信息通信研究院、爱立信、Intraway、CloudBlue等15个单位，基于TM Forum提供的Catalyst平台，以“意图驱动的自智网络”为主题组建催化剂项目组，共同探讨和定义意图接口框架，并基于各领域的价值案例进行分场景定义接口。该项目的有益尝试将极大促进意图接口走向标准化。伴随着意图接口的标准化进程，各组织之间的意图接口互通性测试也会逐步开展。

构建自智网络评测体系，促进产业良性发展。当前自智网络还面临着“产业协同不充分、代际演进不统一、商业价值不突显”等发展难题，在向L4目标演进发展的过程中面临着更大的机遇和挑战。在这个背景下，中国信息通信研究院于2022年上半年发布了自智网络领航者计划，与产业伙伴共同应对以上挑战。该计划旨在牵引用户需求和产业标准，引导垂直行业和公众用户根据生产经营场景选择最合适的业务和服务，引领自智网络全产业伙伴按照统一分级标准共同研究和构建高等级的自智网络，牵引运营商、软硬件厂商的服务能力，网元设备、产品/解决方案的能力提升，推动产业快速、良性发展。该计划主要包括伙伴计划和评测认证计划两部分：伙伴计划主要是招募实验室伙伴共建产业生态，建成多场景、端到端测试验证环境；评测认证计划将开展面向解决方案和网络对外服务两大能力的评测，一方面评测厂商解决方案的自智能力，作为电信运营商采购活动的参考，另一方面评测运营商为其用户提供服务的能力，作为用户选择运营商的参考。

3. L4发展期

到2025年，随着全球数字经济规模的不断扩大，新技术的运用、联网设备的激增、企业转型与社会变化等都有可能超过当下的预测和预期。GSMA预测，2025年全球物联网连接总数将达到246亿，其中85.7亿是移动连接，18亿是5G连接。与此同时，运营商可参与的5GtoB市场空间将逐步扩大，而基于2B业务要求敏捷创新的强大驱动力，运营商对自智网络的诉求也将持续强化，全球自智网络建设将迈向成熟期。自智网络产业主要出现几个方面的变化：场景化意图接口实现规模商用；网络设备演进到内生智能，自智网络逐步达到L4级，即实现单自治域自适应闭环；人机关系实现人机协作，网络以机器为中心，机器动态生成流程，指挥人配合其开展工作；产业各方开始探索L5自智网络，并发布L5的早期标准。

4. L5发展期

到了2030年左右，通信网络将经过L4的升级换代，网络自动化与智能化能力得到跨越式发展，产业开始深入探索L5自智网络。预计这个阶段6G（6th-generation Mobile Communications Technology，第六代移动通信技术）、F6G将规模商用，网络连接数、带宽、时延、安全等能力的极大增强将进一步促进业务创新，运营商的业务发展重心将进入以2B为主、2C和2H持续发展的阶段。由于快速发展的行业2B业务具有多样性和差异化诉求，要求网络持续提升自动化与智能化能力，运营商对自智网络的诉求空前强烈。自智网络产业发展将出现以下几个趋势。

 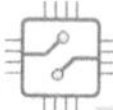

- ◆ 内生智能将取得突破性进展，内生智能网络实现规模化部署，自智网络实现终身自学习。基于内生智能的网络功能和网络运维将全面部署商用，通信网络实现跨自治域自适应闭环。
- ◆ 人机关系将持续加强并彻底发生改变，由早期“以人主导”走向“机器主导+人辅助”，人机成为“队友”，最后迈向人机共生，人类与机器相互学习。
- ◆ 在标准方面，自智网络的L5标准趋于成熟。
- ◆ 全产业自智网络向L5逼近。

展望未来，通信网络作为电信运营商的基础生产力，构建自智网络、迈向超自动化已成为运营商抓住万物智联时代发展红利的必然选择。然而，通向自智网络将是一个长期的旅程，是电信行业的“诗和远方”，需要产业各方共同努力，坚定前行。华为愿和全行业伙伴一起，构建开放生态，打造“自动、自愈、自优、自治”的自动驾驶网络，加速迈向立体超宽、确定性体验、智能原生、绿色低碳的通信网络。

参考文献

[1] TM Forum. Autonomous networks: business and operational drivers[R/OL]. (2021-05-06) [2022-09-15].

[2] GSMA. The mobile economy 2022[R/OL]. (2020-02-28) [2022-07-14].

[3] Ericsson. Our latest 5G business potential report：set your compass now[R/OL]. (2019-10-15) [2022-09-15].

[4] 陈晓晟. 运营商5G to B市场超六千亿美金“冲锋号”已经吹响[N/OL]. 澎湃网, (2020-10-30) [2022-09-15].

[5] European Commission. Shapping Europe's Digital Future.[R/OL]. (2020-02-19) [2022-09-15].

[6] TM Forum. Autonomous networks：empowering digital transformation-from strategy to implementation[R/OL]. (2021-09-20) [2022-09-15].

[7] PARASURAMAN R，SHERIDAN T B，WICKENS C D. A model for types and levels of human interaction with automation[J]. IEEE Transactions on Systems, Man, and Cybemetrics-Part A: Systems and Humans, 2000, 33(3): 286-297.

[8] TM Forum. Autonomous networks business requirements and framework[R/OL]. (2021-11-22) [2022-09-15]. IG1218.

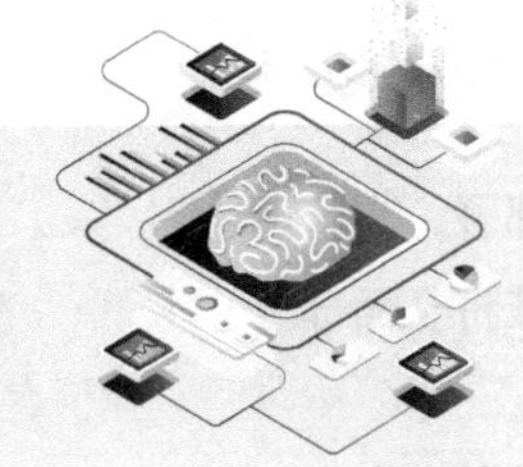

第2章 自动驾驶网络的应用场景

回首通信网络过去的30年，从早期的电报、语音、短信，到如今全球互联网将46亿人和200亿终端连接在一起，视频聊天、网络购物、电子支付，甚至连最基本的吃饭排队都发生了翻天覆地的变化，各类新兴的应用层出不穷，网络已经彻底改变了人们的生活与工作方式。站在过去看现在，仿佛在看一幕幕精彩的科幻大片，一切都远超人们的预期，即便是极具想象力的作家，都如同管中窥豹，不得万一。

如今站在下一个10年的起点，人们隐约看到一些未来智能世界的雏形。网络连接数及带宽将大幅增长，万物互联将迈向万物智联，全球连接数预计将突破2000亿；人均月无线蜂窝网络流量增长40倍，达600 GB；千兆及以上家庭宽带用户渗透率增长50倍，占宽带用户渗透率的比例超55%，月均网络流量增长8倍，达1.3 TB；企业网络接入、家庭宽带接入、个人无线接入将进入万兆时代。为满足人类对美好生活的追求与向往，需要不断突破立体超宽、确定性体验、智能原生、安全可信、通感整合、绿色低碳等关键技术。尤其是人工智能，在过去10年已经取得了一些突破性进展，各类应用已经渗透到几乎所有人的衣、食、住、行中，接下来的10年将进一步由消费领域进入生产领域，人工智能将改变网络的使用、运营、运维方式。

本章从网络应用的角度，探索一些面向未来的典型应用场景，尝试描绘10年后高质量网络对人们的工作、生活、娱乐、健康等方面带来的改变，识别它们对自动驾驶网络的自动化、智能化要求。随着科技和产业发展的一日千里，更多的应用场景将会涌现，期待和业界一起去挖掘和探索，不断牵引自动驾驶网络的能力构建，开启自动驾驶网络的无限可能。

2.1 移动自动驾驶网络

移动网络完全消除了有线网络的局限性，实现了信息的无线传输，使人

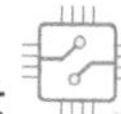

们更自由地使用网络，4G/5G/6G、Wi-Fi 6/7等移动技术向前演进，持续构建高速率、大容量、低时延、高可靠的网络能力，移动技术必然会在更多的2C/2B/2H等应用场景中发挥重要的作用。本节介绍两个对未来移动网络有挑战性的场景——"天基"与"地基"联动的应急保障、全无线互联的隐形企业局域网，并通过洞察用户的需求，识别对自动驾驶网络的要求。

2.1.1　"天基"与"地基"联动的应急保障

中国某运营商近10年来，累计完成应急通信保障41 523次，累计出动应急通信保障人员超过416万人次，平均每天通信保障10次、出动保障人员1000人次，通信保障（包括已知大型集会和突发事件）成本巨大。

对于突发事件保障，以2021年"7・20"水灾为例，累计出动应急人员3.03万人次、应急车辆8237台次、发电油机8018台次、卫星电话148部。其中，通信行业仅4天时间就累计出动应急人员1.17万人次、应急车辆4607台次、发电油机6302台次。将主城区基站通信恢复至灾前水平最快仍然用时4天。

应急保障的复杂度与巨大投入也引起了通信专家的讨论，综合各方意见，他们主要提出了3个建议。第一，无线化。相比较而言，固网设施更容易受到灾害影响，并且在出现紧急情况时部署不便，因此无线化（包括地面各类无线网络、卫星网络等）是更有效的方式。第二，层次化。即对不同层级人员，提供不同应急方案；对不同类型的网络、设备，有不同的应用场景。第三，民用化。也就是说，尽量实现所有应急网络、设备在非应急状态下也有用途，例如1400 MHz的应急通信网络日常可作为城市物联网；应急广播日常可作为村村通广播；基站无人机在更换模块后可作为通用无人机使用。

近年来，卫星通信的民用化趋势在不断加速，例如，通过北斗卫星可实现应急短信报文的发送，但要实现大规模的语音、视频等，还需要综合考虑成本因素。同时由于应急场景网络资源不足等成本问题，未来应急保障建议重点发展地面基站+临时基站（无人机、应急保障车等）+卫星的"'天基'+'地基'"的无线化组合，针对不同的用户及使用场景，提供层次化、差异化的服务，优先保障高优先级用户的需要。

无线通信网络不但要兼顾公众通信和应急通信，还应该进一步提高应急通信的保障效率。一方面，通过提升无线通信网络的自动化、智能化水平，提升网络应对各类已知或突发大事件的弹性；另一方面，通过进一步提升网络的利用率和能效，降低网络OPEX和应急通信保障成本。自动驾驶网络发展到L5时，应急通信和大事件保障的人员预计可减少90%。

1. 场景说明

应急通信和大事件保障的场景主要分为已知大型集会、未知突发事件或自然灾害两大类。已知大型集会包含大型赛事、国际会议、节假日景区、大型音乐会、春运等。未知突发事件或自然灾害包含大型交通事故、地震、火灾、恐怖事件等。不论是人员偶发的聚集，还是灾害导致的地面通信设备损坏、中断，应急通信与保障的本质问题都是如何在重要的时刻快速解决网络资源不足的问题。

目前常见的通信保障手段包括卫星通信、应急通信车、无人机应急通信等。

卫星通信一般是在Ka/Ku波段下，借助地球无线电通信站，利用卫星作为中继，实现多个地球站/终端之间的通信。由于终端设备较贵、通信费用高，在发生重大灾害或突发事件时，不可能保证每个部门或个人都能通过卫星电话与外界联络，局限性较大，卫星通信终端通常配备在远洋航船上。

应急通信车是最常见的应急通信设备，它就像一个移动的基站，主要用来解决大型活动的通信容量问题，已广泛部署在全国各地，但其受路况等因素影响较大且覆盖范围较小。

无人机应急通信，按照无人机分类，主要包括大型中高空长航时无人机基站（即回传式大型无人机）、中低空螺旋翼无人机基站和系留式小型无人机基站。其中，大型中高空长航时无人机基站具有应用灵活、适应性强、覆盖面广等显著优点，不仅能解决地形、气候、自然灾害等对设施建设限制的问题，同时还能进一步提高应急通信保障响应速度。以翼龙无人机为例，采用4G/5G通信技术，通过卫星传输，在海拔4300 m的空中持续盘旋，信号连续覆盖面积超过50 km^2，续航时间长达8 h。中低空螺旋翼无人机尽管数量众多，但由于大都采用电池供电，续航时间十分有限（一般搭载约1 kg任务载荷的情况下，滞空时间还不到1 h），即使可以采用多架无人机轮流工作的方式，保障性也将大打折扣。系留式小型无人机作为应急通信基站，具有快速部署、轻便灵活、起降环境要求低等特点，能实现数十平方千米范围内的快速、可靠、廉价的宽带通信，但仍然受到地面保障车移动范围的约束，灵活性远低于大型中高空长航时无人机基站。

针对有着高时效诉求的应急场景，“天基”+“地基”的无线化所具备的移动性具有天然优势，但仍有较多问题需要解决。我国预计将分阶段建设空天地一体化网络，夯实“地基”，拓展“天基”，具体分为以下3个阶段。

第一阶段，互联互通，打通卫星网络与地面核心网的互联壁垒，实现天地

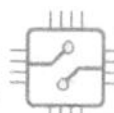

一体的全面网络覆盖，发展卫星互联网业务。

第二阶段，混合接入体制，打造安全可信的融合星地网络，为用户提供可以随时接入的多模融合网络。通过异系统的互通和双模终端操作，实现“天基”和“地基”的结合，当没有地面网络的时候，可以自动切换到空基网，有地面网络的时候优选地面网。这一目标预计将在2025年前后实现。

第三阶段，统一组网系统，提供全球时空连续通信、高可靠安全通信、区域大容量通信，完成天地一体网络构建。这一目标预计将在2030年左右实现，也是6G完成“空地一张网”的目标时间。同时，空天地一体化需要全产业链努力，从应用、终端到芯片都需要系统性规划。

2. 场景示例

现阶段的应急保障需要提前一周左右申请，并由领域专家根据申请的要求提前准备网络配置，这对已知的保障场景基本可以满足其要求，但对未知、突发的应急事件则显得有些滞后。随着信息互联能力的提高，人们对应急保障的响应要求也越来越高，在应急保障中，自动驾驶网络能够通过自动化、智能化的调度，做出最佳的应对策略，保障网络的可用性。

示例1，未知小范围话务突发高负载场景。大容量规划的交通枢纽上海浦东机场，日常根据话务变化自适应节能；机场安检入口由于突发安全事件，安检要求提高，人群聚集，秒级响应弹性应对，场内无人通信保障车自主扩容，现场用户网络使用体验仍能保证最优，可在第一时间获得最新的准确通知与信息，现场秩序井然。同时，总体网络能效持续保持最优。

示例2，已知大事件保障场景。北京鸟巢计划举办大型演唱会，工程师提前1天向自动驾驶网络管控单元注入保障要求（如演唱会地点、人流预测），管理系统自主结合地理信息完成保障扩容规划方案推荐；演唱会前地面应急保障车、无人机到达位置，完成自主开通、调优，并根据话务变化逐步增加网络容量，使得能效最优。现场数万人的语音、短信、视频通话都能正常进行，可在第一时间与家人、朋友分享喜悦；购买VIP套票的用户，能够使用附带的实时高清XR等高附加值网络服务（普票客户可按需购买），不论从哪个角度，歌手都仿佛就在眼前，还能进行实时的异地歌迷互动。

示例3，未知大范围突发高负载场景。某高流量高速公路段发生大型交通事故，导致大面积道路拥堵，突发通信拥塞。周边基站基于网络话务渐变检测，实时完成自适应RF协同调整，提升该路段网络容量；同时，通信无人机到达问题路段，自适应组网扩容。现场普通人员具备基础的通信能力，能够完成报警、报平安，赴现场处理的警察、医护人员、救护车具有最高网络使用优先级，能够在第一时间进行语音、视频的传输，保障生命的救援指挥。

示例4，未知大范围突发网络异常场景。突发高强度地震，导致交通、通信中断；同时，人员拥塞在局部区域（如应急指挥中心、灾害避难场所、高速公路沿线、铁路沿线等）。故障秒级自主隔离，应急通信等高优先级业务自动切换到备站点（如空地联动，空基、星基站点应急调配）、网络级自动补偿，保障核心业务不中断。自动驾驶网络管控单元完成自主通信恢复规划。基础的语音、短信、定位服务自主恢复并完成扩容硬件部署（如地面应急车、空基、星基站点联动部署、自动开通），网络随动优化，网络体验恢复至灾前水平。

3. 自动驾驶网络要求

（1）网络架构

应急保障需要非地面网络和地面网络共管，在地面网络不可用时，能够无缝、快速切换为非地面网络。这对网络架构提出了如下关键的挑战。

第一，异构网络的实时自治与协同。卫星网络、无线网、核心网、固定网络在应急场景下，需要实时评估自身的状态，优先在单领域内实现自治闭环，在仍无法满足要求时，需要实时在异构的动态网络间完成协同。这不仅要求在单领域内实现自动驾驶网络能力，还要求不同领域的自动驾驶网络之间能高效配合与协同，并保证时效性。

第二，智能化的分层软硬件能力。应急场景下对时效要求极高，必须从软件、硬件（包括芯片）层面都具备实时的智能感知、分析、决策、执行的能力，达成自动、自愈、自优的目标。

第三，按需提供差异化服务的框架。应急场景下不同的用户需要不同的网络能力，尤其是在资源有限的情况下，涉及生命安全与社会责任的通信必须具备最高的优先级，异构网络需要从应用、服务、设备、芯片、协议等整体架构上规划分级的模式。

（2）硬件挑战

波长频段方面，综合卫星通信频段、5G/6G通信频段，未来融合网络的核心频段可能采用毫米波的低频段，需要解决站点密度大、损耗高等技术难题。

接入能力方面，无线的优势是终端设备接入位置灵活多变，而难点也在于此，无线设备必须能够随话务变化，网络容量自适应变化，实现秒级甚至毫秒级话务检测和响应。

设备功耗方面，随着终端数量的大幅增长，以及毫米波段的商用，无线设备的部署密度也越来越高，为更高效利用能源，同时又不影响终端的使用，未来的无线需要具备智能、动态的功率调整模式。

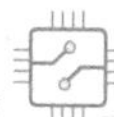

（3）软件挑战

自配置方面，自动完成空中基站远程部署。需要完成动态的空中组网和地空组网，对网络单元的自动检测和配置自适应生成，以及无线传输链路的自主开通等。

自修复方面，在故障发生后、系统需要自修复前，为保证调整的可靠性，往往需要对自修复方案进行仿真。由于移动网络的仿真面临复杂的地理环境、大规模的电磁计算，在线化、实时化的仿真能力需要在未来实现技术突破。核心网一旦产生影响业务可用性的严重故障，需要通过自动化的容灾治理能力，实现故障的快速判断以及自动倒换评估及仿真，避免出现当前人工方式进行大规模容灾倒换的判断信息不足、倒换操作复杂、过程信息零散等痛点，实现容灾治理的例行化、机制化、自动化。

自优化方面，空天地一体化实时能效/体验优化，时间要求达到分钟级甚至秒级。系统如何有效完成状态感知（交互的实时性要求亚秒级）、多维度数据进行综合分析（计算架构要求秒级）、自主决策最优策略，都将是技术难题。

2.1.2　全无线互联的隐形企业局域网

4G/5G高速通信网络服务、高性能智能手机的普及，正快速影响、改变着人们的生活和工作。在企业中，仍然存在通过双绞线来连接以太网的桌面电话、工作站和打印机等的情况，有线通信方式还有它的一席之地。在笔记本计算机、平板计算机和手机等自带设备上进行移动办公，能实现企业园区内外随时随地多方协同、员工更好地贴近客户、应对紧急事件下的居家办公等。移动办公将会成为人们的习惯甚至是文化，这个趋势将会掀起一场企业网络革命，最终无线技术会完全替代有线技术在企业网络中的地位。

企业局域网的未来是一个无形的全无线互联网络，给企业用户和访问这个空间的用户提供无形的安全保护和无线互联。这种新型的网络会消除物理空间（包括办公室、会议室、建筑物和园区网络）对员工的束缚，同时可以监控和管理企业网络中的基础设施与进程，并且能够自动根据各个应用和设备的需求来定制服务。

1. 场景说明

掀起全无线互联局域网的革命，只有通过无线通信技术取得突破才能成功，需要把多种技术（如 Wi-Fi 热点、蜂窝 3G/4G/5G 等）、多种频谱（如免授权频谱、蜂窝频谱和共享频谱）的无线电接入方式结合起来，对接入技术实现抽象化，让设备之间不再通过单一的热点或蜂窝接入，而是通过企业无线网进行接入。这种技术具有高度的灵活性，因为网络可以根据设备支持的技术以及应用的需求来为用户提供服务，所以这种灵活性可以起到平衡资源的作用，并且确保各个用户对资源的占用是公平的。兼容的设备可以随时通过不同的接入技术连接到分布式接入节点或者并置的接入节点。这些设备发出的数据流可以通过多条平行的路径进行发送，并且其上下行数据路径未必完全相同。为确保移动性，网络控制器会动态增加和减少可用的连接，并更新路由指令，这样就不会出现当用户移动进入一个新的 IP 网络时，因需要获得一个新的 IP 地址而导致原无线局域网的会话连接中断、业务中断的问题。建立连接不再只是某种接入技术的连接状态，QoS（Quality of Service，服务质量）也会建立在聚合链路的基础上，而不再只针对某一种连接技术。因此，这种技术可以打造出一个“无蜂窝”且“忽略具体无线技术”的 VPWN（Virtual Private Wireless Network，虚拟专用无线网络）。

当前，用户开始连接企业网络，需要执行选择接入技术、选择接入点和执行企业安全认证等交互配置动作，而且在使用网络的过程中发生中断、切换时，用户还需重新执行配置动作，这非常烦琐和低效；在未来，不再需要这些配置动作，整个接入方式全自动，既方便又透明，节省时间，从而提高生产效率。当用户离开企业并连接到外部网络时，出于安全的考量，现在的流量是不能直接从外部网络路由到企业应用的，同时数据穿越的公共网络也无法提供QoS服务；在未来，将会自动通过建立跨局域网和广域网的安全、有QoS保证的网络连接，让用户能安全、随时随地接入企业应用，实现办公效率的提高。

这次技术变革会催生出一个新的运营商—— IBO（In-Building Operator，楼内运营商）。IBO可以以无线局域网供应商的身份来提供企业服务，对园区Wi-Fi热点和蜂窝等无线资源进行统一管理和运营。IBO通过和广域网运营商合作来分享频谱资产的使用权，无论用户身处企业内部还是企业之外，都可提供无缝连接。移动接入很快将会成为整合的局域网与广域信息网络服务的一部分。现有的广域网运营商可以向用户收取楼内网络接入费用，而不需要为建设这个网络支付成本，不过它们要允许用户在楼内使用其频谱。广域网运营商可以选择成为IBO[1]。

2. 场景示例

未来全无线互联局域网可实现网络超大容量、无缝的局域网和广域网之间移动不中断的连续性、便捷和安全连接的能力，给用户提供用户无感知、极致园区办公体验的专用无线局域网。

示例1，园区偶发流量高负载场景。园区举办论坛，大量参会者涌入园

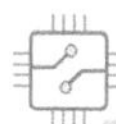

区，使用园区Wi-Fi热点进行线上自媒体直播，网络出现流量高负载现象。实时感知网络质量出现波动，把重要的客户会议业务流量毫秒级切换到蜂窝网络，避免SLA下降，过程中业务无损；在用户无感知的情况下，毫秒级重新分配调度全网业务流量路径，实现全网网络流量大吞吐和业务高质量。

示例2，在视频会议过程中离开企业园区场景。员工在参加重要客户视频会议讨论的过程中，由于会议延迟，员工用手机接入会议，并坐商务车离开园区，赶往客户办公室进行商务谈判。根据用户的手机网络接入位置的变换，实时感知用户可能会离开企业园区，即时在蜂窝网络建立另外一条连接路径，数据在Wi-Fi热点和蜂窝连接上并行发送及接收。当感知园区Wi-Fi热点信号减弱时，毫秒级将业务数据主连接从园区局域网切换到外部的蜂窝网络，保证视频会议不中断，用户无感知。

示例3，企业园区外访问企业保密资产场景。员工乘坐商务车赶往公司参加与客户的商务谈判，在路上想查看公司配置库上的客户报价等保密资料，用手机访问公司网络。用户可免选择接入技术和接入点等配置、免安全认证自动完成网络鉴权，网络自动建立加密通道，将数据包路由到企业网关，再到达企业配置管理应用。行驶过程中，即使碰上蜂窝网络发生偶发中断，用户也无须重新执行配置和鉴权等操作。当车辆驶入企业园区后，在员工无感知、业务无损的情况下，自动把加密连接切换到企业无线局域网。

3. 自动驾驶网络要求

未来全无线互联的局域网，需要构建融合多种无线技术和多种频谱资源的全自动化、智能化管理及运营，替换单一的有线技术。

自修复与自优化：实时感知全局域网的网络状态，基于目标优化、在线调度网络资源，实现全局域网流量大吞吐和业务高质量。

动态地组织企业内部的无线资源，实时感知网络状态和用户的位置，考虑业务的延迟和可靠性等需求，并结合园区用户或者建筑物的分布模型以及园区对接的蜂窝网络的分布和网络质量，对网络质量实时持续地跟踪评估。当业务网络质量出现波动或预测出网络质量存在下降的风险后，基于网络吞吐实况和SLA优化目标生成优化计划，在用户无感知的情况下，毫秒级重新分配调度业务流量路径，并实时跟踪学习目标优化的执行效果，自动完成优化模型的自演进，持续实现网络流量大吞吐和业务高质量。

自配置：免配置免安全鉴权的“零操作”安全服务，自动建立跨局域网和广域网的安全网络连接。

未来的企业局域网会通过无须任何用户交互的“零接触”方式，来支持从企业内部或外部访问企业的网络应用和服务。VPN（Virtual Private Network，虚拟专用网）的安装和连接的建立、安全码的输入以及接入技术和接入点的选择都会自动完成。

网络控制器通过扩展实现软件定义的VPN，移动设备只需配备一个简单的由网络控制器控制的交换元件（PE-F），不用每个移动设备都安装和管理IPsec客户端（操作非常复杂，更何况很多的物联网设备无法支持这样的功能）。如图2-1所示，网络控制器负责自动配置流表、建立隧道，确保IP数据包能够直接安全路由给企业数据中心的应用服务器。鉴于相同的策略可以应用于所有去往同一个数据中心的应用程序数据流，不需要为每个应用程序分别建立单独的隧道[1]。

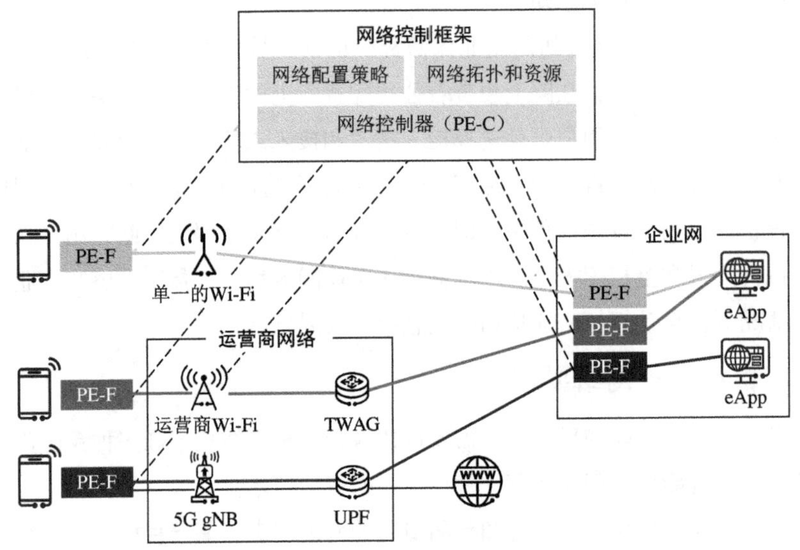

注：TWAG即Trusted WLAN Access Gateway，可信WLAN接入网关；UPF即User Plane Function，用户面功能。

图2-1　网络控制-VPN服务

融合运营：实现无线多技术和多频谱资源的融合运营，IBO提升企业内部运营效率。

IBO成为企业用来连接的中枢，会负责管理企业内的网络接入，提供增值应用，并且可以管理多个企业。相比当前由企业、IT供应商和多家广域网参与的多供应商模式，IBO不仅简化了各个机构之间的关系，消除了针对漫游的多方协商，还在支持自带设备的同时，为企业提供了公共网络接入服务。移动运营商部署的专用节点会被淘汰，无线局域网解决方案则会得到大幅简化。

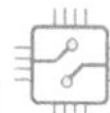

2.2　固定自动驾驶网络

经过数十年的网络基础设施建设，基于光缆、电缆连接的固定网络已经实现了全世界互联互通，这得益于传输介质的可靠性。固定网络传输带宽大、品质可靠，在云、专线、专网、家庭宽带等各种场景中一直都发挥着核心作用。本节介绍两个对未来固定网络有挑战性的场景，即高安全可靠的沉浸式远程办公和确定性广域网的远程控制，并通过洞察用户的需求，识别对自动驾驶网络的要求。

2.2.1　高安全可靠的沉浸式远程办公

在不远的将来，受交通、生活方式的影响，沉浸式居家办公将会成为一部分公司和员工的选择。亚马逊、微软、谷歌和苹果等互联网公司已经推出了混合办公模式，将远程居家办公的选项变成了常态化机制。根据中国2021年第七次人口普查数据，全国共有家庭户4.9亿，即使只有1/10的家庭有居家办公需求，也有近5000万的规模，市场空间巨大。沉浸式居家办公的用户对网络实时性、稳定性、安全性等要求高，也更愿意为更优质的服务买单，运营商需要从“卖网络连接”转变为“卖服务（连接+沉浸式终端+体验保障）”，这将为运营商带来全新的收入上升空间。

1. 场景说明

随着区块链、网络通信、显示和交互技术的发展，元宇宙应用逐步成熟，未来社会逐步向360° 沉浸式VR/AR/全息体验、分辨率极高、视频帧率接近人类感知极限方向发展，未来生活（游戏、购物、办公、教育等）会逐步由现实世界转移到元宇宙上来，在家沉浸式办公是未来的主流办公模式，具有广泛的应用前景。光通信一直都具有时延低、硬隔离、带宽大的特征，对于有着高安全可靠要求的远程办公，未来的全光网络有着无可比拟的优势。

未来的全光网络，用户与用户之间信号的传输与交换全部采用光波技术，即数据从源节点到目的节点的传输过程都在光域内进行。全光网络可使通信网具有更强的可管理性、灵活性、透明性，与传统通信网和现行的光通信系统相比，它具有如下优点。

- 全光网络能够提供巨大的带宽。因为全光网络对信号的交换都在光域内进行，所以可最大限度地利用光纤的传输容量。
- 全光网络具有传输透明性。因为采用光路交换，以波长来选择路由，因此对传输码率、数据格式以及调制方式具有透明性，即对信号形式无限制，允许采用不同的速率和协议。

- 全光网络具有良好的兼容性。它不仅可以与现有的网络兼容，而且可以支持未来的宽带综合业务数据网以及网络升级，它比铜线或无线网络具有更高的处理速度和更低的误码率。
- 全光网络具备可扩展性，新节点的加入并不会影响原来的网络结构和原有各节点设备。
- 全光网络具有可重构性，可以根据通信容量的需求，动态地改变网络结构，可对光波长的连接进行恢复、建立、拆除。
- 全光网络中采用了较多无源器件，省去了庞大的电光、光电转换设备，结构简单，便于维护，可大幅度提升网络整体的交换速度，提高可靠性。

2. 场景示例

小明和A公司签署居家办公合同，工作时间通过家庭宽带网络接入公司元宇宙的虚拟办公室上班，可以像现实中一样，在虚拟会议室开会，在虚拟办公室办公，与同事面对面交谈。为达成如图2-2所示的效果，临场感是关键，看到对方脸部表情和肢体语言，和真人交流场景一样。此外，小明在元宇宙中的各种工作交付件（如文档、代码等）都直接输出到A公司在元宇宙的服务器，就像在真实办公室一样，满足公司的信息安全要求。

图 2-2　沉浸式远程办公

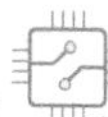

在场景中，用户基于360°沉浸式VR/AR进行沉浸式远程办公，这个过程对通信网络有着极高的性能要求。光网络在传输时延、带宽上有较大的优势，但要想满足如表2-1所示的严格的指标要求，还需要动态创建符合带宽、时延要求的全光网络虚拟专线的能力，以及智能化进行带宽保障、故障快速检测及修复的自智能力。

表 2-1　XR 网络时延及带宽要求

典型场景	网络时延	带宽
XR（音频、视频）	10 ms	约1 Gbit/s
XR（位置传感）	5 ms	约1 Mbit/s
XR（触感）	5 ms	约2 Mbit/s

3. 自动驾驶网络要求

自动驾驶网络通过网络级实时建模和感知，实现动态和提前预判网络质量，多目标优化和调度网络资源，实现端到端业务SLA可保障，满足沉浸式远程办公对通信网络低时延、高可靠和大吞吐量等方面的极高诉求，预计将从如下3个方面进行研究。

第一，自配置与自优化。基于用户模型和实时网络级状态，动态预测和全局资源利用率寻优，动态调整网络，实现网络资源最佳利用。

针对用户使用网络的时间、流量特征，把不同时间段、不同特征的用户分组接入相同的OLT（Optical Line Terminal，光线路终端），能实现网络资源的最佳利用。例如，把居家办公的用户和上班族组合，区别对待住宅区和商业区，在保障业务的前提下，更高效地利用网络资源。这需要针对整个网络构建以下的核心特性。

- ◆ 网络级业务建模：网络级ODN（Optical Distribution Network，光分配网）建模，应用流量建模。
- ◆ 网络动态预测：根据时空序列宏观流量、微秒级应用流量刻画进行预测。
- ◆ 网络优化决策：整数规划建模，多目标强化学习迭代，实现全局资源寻优。
- ◆ 网络动态调整：基于优化策略，对网络资源进行最佳动态调整。

第二，自配置与自修复。预判切片网络质量的波动，基于多目标优化动态调整切片，实现网络的低时延、高可靠。

- 池化网络架构：多级池化弹性灵活网络架构。
- 切片资源使用情况实时采样：对PON（Passive Optical Network，无源光网络）/Wi-Fi MAC（Media Access Control，媒体接入控制）、NP（Network Processor，网络处理器）+TM（Terminal Multiplexer，终端复用器）等设备进行毫秒级采样。
- 切片资源动态调整：提前预判切片网络质量的波动，基于多目标（如时延、利用率等）、多级资源池化优化进行调度，确保网络的低时延和高可靠，同时有效提升切片容量，实现资源的最大利用。

第三，自修复与自优化。Wi-Fi SLA实时可视，网元智能多目标寻优、多目标调优决策，实现SLA可承诺。

- 业务SLA可视化：毫秒级采集和感知业务时延、丢包、速率等指标。
- Wi-Fi品质可视化：毫秒级采集和感知Wi-Fi时延、漫游、速率等指标。
- 嵌入式业务建模：毫秒级采样STA（Static Timing Analysis，静态时序分析）、空口数据（占空比、信道、频宽、功率）、干扰矩阵等，开展实时Wi-Fi仿真。
- 嵌入式智能：网元智能模型自适应、自学习、自演进，提前预测SLA波动，实现实时SLA多目标寻优、多目标调优决策。

2.2.2 确定性广域网的远程控制

传统的运营商IP网络提供的主要是基于统计复用的连通服务，仅能提供面向逐包的、基于差分服务的质量保障，很难提供逐流的、基于综合服务的质量保障。未来的广域网需要具备时间、资源、路径3个维度的确定性才能更好满足要求。

1. 场景说明

一方面，从5G面向垂直行业的URLLC（Ultra-Reliable Low-Latency Communication，超可靠低时延通信）业务开始提出需要实现“端到端”低时延保障的需求。另一方面，以工业互联网为代表的产业数字化转型发展，促使更多的企业业务上云，这些业务在时延、抖动和可靠性方面提出更为严苛的要求，传统“统计复用、尽力而为”的IP网络无法满足这些要求。在面向未来网络演进中，确定性网络需要从如下3个方面进行探索。

第一，时间确定性。通过转发架构与调度算法的创新，提供通信节点时延、抖动、丢包的确定性。

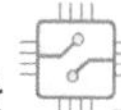

第二，资源确定性。通过带宽复用、隔离技术的创新，保障承载业务所需的必要带宽的确定性。

第三，路径确定性。根据确定性需求约束进行端到端路径计算与编排，保证端到端确定性体验。

2. 场景示例

示例1，远程驾驶。某未来企业提供远程驾驶服务，可远程通过广域网与边缘无线网络配合，提供包括酒后代驾、自动泊（取）车、远程陪驾、应急救援等一系列服务。

某车主计划酒后使用自动驾驶功能，按法律要求申请提供远程代驾安全员服务。公司系统结合申请人的实时地理位置以及目标位置，找出时延最短的分支机构指派安全代驾人员，通过VR装置，实时监控汽车驾驶情况，在碰到自动驾驶无法解决的复杂路况时通过远程虚拟操作实时接管汽车。

美国麻省理工学院计算机科学与人工智能实验室（CSAIL）的博士后本杰明•沃尔夫（Benjamin Wolfe）发表在《实验心理学杂志:综合》（*Journal of Experimental Psychology: General*）上的一项新研究成果表明，年轻驾驶者在通过视频发现及避免危险的反应速度更快。年龄较大的驾驶者（55~69岁）需要403 ms来检测视频中的危险，而选择如何避免危险则需要605 ms。年轻的驾驶者（20~25岁）只需要220 ms就可以检测到视频中的危险，只需要388 ms就可以选择避险方式。考虑到车速100 km/h的情况下，每秒车辆将移动27.8 m，再综合考虑不同年龄的人群以及车辆性能，网络指令下达的时间需要控制在5 ms以内，可靠性不低于99.9999%，这样才能更好保证远程驾驶的安全性。

在优质确定性网络的保证下，实时回传的高清影像以及虚拟操作指令对车辆实现毫秒级的有效控制，远程代驾人员碰到突发状况能做出正确的反应，顺利将车主送达目的地。

示例2，远程医疗。某病人病情突然恶化，经会诊必须马上手术才能挽救性命，但最熟悉其病情的主治医生恰好在500 km外出差。经综合评估，医院决定采用远程手术的方式，由主治医生在异地医院通过虚拟手术台实施远程手术。在操作指令5 ms以内响应的网络保证下，手术操作流畅性得以提高，医生可以有时间处理突发事件，更好地保障手术的安全性，远程手术和现场手术的手术时间、出血量以及并发症发生率几乎达到一致。

3. 自动驾驶网络的要求

以5种典型的确定性网络为例定义服务质量要求，包括端到端时延、抖动、带宽和可靠性，具体如表2-2所示。

表 2-2　5 种典型的确定性网络应用场景的服务质量要求

应用场景	端到端时延	抖动	带宽	可靠性
远程控制	5 ms	—	10 Mbit/s	99.9999%
离散自动运动控制	1 ms	1 ms	1 Mbit/s	99.9999%
离散自动化	10 ms	1 ms	10 Mbit/s	99.99%
过程自动化远程控制	50 ms	20 ms	1~100 Mbit/s	99.9999%
过程自动化监控	50 ms	20 ms	1 Mbit/s	99.999999%

上述示例的远程控制场景都具有随机性的特征，需要网络根据业务诉求动态进行网络创建及管理，同时需要网络具备足够的自动化能力，以实时创建能满足时延、带宽等质量要求的网络路由。

自配置方面，要求分钟级完成与无线、核心网协同，具有超低时延、高质量专线，确保远程控制的可靠性。对于远程控制的业务，需要实时监测网络状态，在可能出现风险前预备好备用的网络路由。

自修复与自优化方面，由于确定性网络服务质量要求高，需要实时评估网络的状态，对于网络中可能发生的故障，需要具备预测以及自动修复的能力。

2.3　网络技术创新

在电信领域，光、无线、IP等各种硬件技术仍在不断演进与发展，同时软件技术结合虚拟化、容器化、Web化等也在运维管理、使用体验方面取得了长足的进步，这些能力是自动驾驶网络演进与发展的重要基石。在此基础之上，自动驾驶网络最核心的跨代特征是在硬件、软件层面引入AI能力，AI与电信硬件、软件有效结合起来，在保障能提供给用户毫秒级时延、Gbit/s级带宽、99.9999%可靠性等优质的网络能力的同时，真正促使电信网络走向智能化，使得网络真正具备自适应的“智慧”。

综合上述典型的应用场景来看，自动驾驶网络技术创新主要体现在单领域、跨领域、全局安全方面。

单领域聚焦于硬件、软件层引入AI带来的自适应能力，这是现阶段研究的重点，网络技术创新主要围绕以下3个要点进行。

- “自配置”支撑网络连接的自动创建、变更。在工业互联、应急保障、远程急救、网算协同等业务快速发生变化时，能由系统自动按需

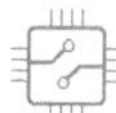

完成网络的配置。

- “自修复”支撑网络故障时自主修复。未来网络在生产效率、人身安全方面将更为重要，必须由“尽力而为”向“业务保证”转变，发生故障时能在第一时间自修复，避免影响业务将会成为基本诉求。
- “自优化”结合历史运维数据的深度分析，对可能出现的故障、劣化进行提前优化与更新。与自修复相比，未来网络更进一步的要求是能提前预测，在故障发生前能自主优化各项参数，若实在无法优化，可提前通知用户介入，从根本上避免故障的发生。

跨领域重点是从单点技术到跨技术协同，从垂直行业到跨行业融合。无线、云核、数通、光跨领域的数据共享与网络自动化协作，实现空天地网络一体化管理；网络与算力通过自动协同，也必将实现资源最优的利用。

全局安全在工业生产、远程办公、个人健康等方面都将是最基本的要求，在未来网络高度自动化、智能化的情况下，安全也必须走向自动化、智能化，构筑科学的多层自主防护体系属于第一优先级。

总体来看，在未来网络的效率要求以及运营运维管理的复杂度上，人工已经无法满足要求，必须由系统软硬件结合人工智能实现全自动化、智能化。现有的网络架构、技术能力暂时满足不了这些关键诉求，还需要在基础理论、系统架构、关键技术上有重大的突破，才能真正支撑这些价值场景的商业应用。

参考文献

[1] 马库斯•韦尔登. 下一代网络[M]. 宋飞，徐恪，钱蔓藜，等，译. 北京：人民邮电出版社，2019.

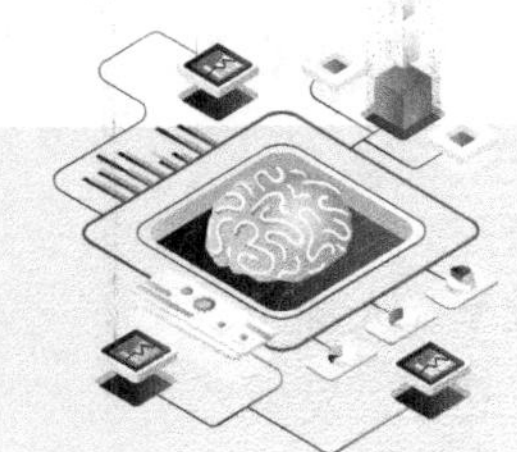

第3章 自动驾驶网络的基础理论

为了实现自动驾驶网络“四个自”愿景，要求通信网络逐步走向自动化、智能化，能够自主应对网络用户和设备数量快速增长、网络环境不确定性和不可预测性带来的巨大挑战。同时，通信网络作为关系国计民生的基础设施，对安全性、可靠性也有着非常高的要求。

自动驾驶网络的一个核心诉求是自主性，其目标是最大限度提高通信网络系统的智能化程度，尽可能减少人工干预。这一愿景对构建复杂开放、可信赖的自治系统的能力带来了很大的挑战。从理论角度看，当前还缺乏一个严密的自治系统通用语义架构。自主性应体现在系统提供的功能上，而不是系统所使用的特定技术，比如机器学习对自主性至关重要，但它只能满足自主系统设计的一小部分能力需求。自动驾驶网络的另一个核心诉求是利用及产生知识，系统、动态地适应环境变化，具备自学习自演进能力[1]。

要使能通信网络新业务并实现极致用户体验，就需要理解个体或群体用户的属性，用户在特定情境、任务下的意图，通过端、管、边、云多种硬件和软件提供服务。当多类设备、多个终端、多重网络、海量应用服务于一个用户或一个群体时，需要形成用户智能体并明确信息与信任边界，基于智能体建立用户、情境、任务、意图的模型以及用户智能体与其他智能体的协同机制。通信网络的数据和计算分布到世界的每一个角落，环境中的设备数量及信息密度可能很大，需要建立环境智能体，并为多个用户与多重设备提供公共能力，分层离散划分并标识空间，建立空间的静态、准动态、动态属性，实现环境智能体与其他智能体间的分享与协同。

自动驾驶网络是一种广义的智能系统，构建可信赖和最佳的自动驾驶网络远远超出了当前普遍理解的人工智能范畴。为了构筑自动驾驶网络系统自主性、自学习、自演进以及面向人和环境的核心能力，当前仍然缺乏坚实的理论基础。因此，需要建立一个相对完善的理论体系，以理论为基础，指导自动驾驶网络系统架构和关键技术的探索。自动驾驶网络理论体系跨越了多

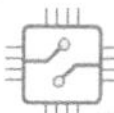

个领域学科，涉及控制理论、认知智能理论和用户环境理论，以及相应的工程技术，如系统工程、自动化、人工智能、软/硬件工程、计算模拟、算法等。学术界和工业界经过100多年的发展，已有较为系统的研究和积累，如图3-1所示。

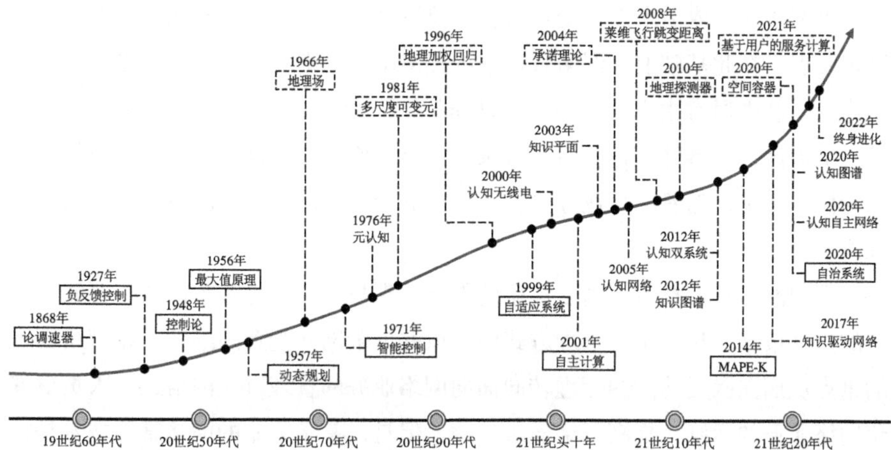

注：虚线框中的表示网络与环境模型理论，实线框中的表示网络自适应控制理论，未加框的则表示网络认知智能理论。

图 3-1　自动驾驶网络相关的基础理论发展历程

当前自动驾驶网络的基础理论尚未完善。面向未来，需要在如下几个方面形成理论上的突破，支撑通信网络走向自治。

- 网络自适应控制理论：可靠的自动化闭环控制、适应性决策能力，解决环境不确定性和不可预测问题。
- 网络认知理论：让网络具备像人类一样的推理和决策能力，可自学习、自演进。
- 网络与环境模型理论：与网络系统相关的内外部环境、用户等，在系统中建立相应的智能体模型，解决用户体验和服务问题。

3.1　网络自适应控制理论

网络自适应控制是指在通信网络的使用过程中，针对网络自身变化、环境变化或一些未知的不确定变化，网络或设备管理系统能够自动适应并正确处理这些变化。这个过程涉及控制理论、软件工程、自治系统等领域的科学问题和理论发展。

3.1.1 网络自适应控制驱动力

驱动力之一：随着网络功能和业务场景的不断增加，要求网络变得更智能并减少人工介入。

传统的网络管理系统是面向网元设备的管理系统，对每个网元进行人工配置，当网络环境或需求发生变化时，需要运维人员更改当前网元的配置，使其满足要求。在此基础上，网络管理系统提出基于规则机制减少人工维护网络的工作量。规则通常由事件、条件和动作3个要素组成。规则机制定义了何时触发一个事件，当事件被触发后，对条件进行评价，如果条件满足，则执行相应的动作。但是，随着网络业务流程复杂度的增加，简单规则已不能适应网络运维诉求。

新的网络管理技术即基于策略的网络管理技术，通过集中创建、存储和分布的实现策略，从传统的管理方式中抽取并屏蔽网元配置的细节，将网络管理的重点从面向网元功能的管理转向面向网络业务的管理，让网络运维人员更聚焦网络业务的运维，提高网络运维效率。但是，基于策略的网络管理技术是根据已经配置的策略自动控制网络的运行，当网络环境出现新的变化或用户需求发生改变，超出已有策略覆盖范围时，基于策略的网络管理系统就无能为力了，不能根据当前的运行情况自动地管理网络。

在未来的自动驾驶网络中，自动驾驶网络的关键目标是减少用户的参与。在基于策略的网络管理技术中，讨论的策略驱动操作允许将大多数标准和重复的执行任务留给自动化系统。但是，这始终需要网络专家监督，以捕捉自动化系统需要他们直接参与的特殊情况。自动驾驶网络中用户输入的是意图，意图是传达期望的内容要素。它允许自治系统知道要求、目标和约束，这些要求、目标和约束是所有行动的基础。意图是确定决策和优化行动优先级的基础。意图决定客户的需求和服务提供者的合同义务。它能够不断探索潜在的解决方案选项并评估驱动策略，以便找到提供最佳可用业务结果的解决方案。意图不包含特定节点的配置或信息，它可能包含与具有特定角色的节点（例如边缘交换机）或运行特定功能的节点有关的信息。同时，意图不体现网络内部的实现技术。

因此，在通信网络运行环境中，对系统外部输入的意图以及系统内部设定的目标，自治系统需要基于给定的意图或目标，通过系统分析、映射、协同和执行等系列过程，最终达成系统的目标要求。

驱动力之二：网络运行环境不断复杂化，要求网络能够自动适应不确定因素。

不确定是指任何偏离网络系统确定性知识而导致无法实现的情况。在实际

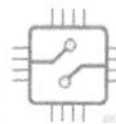

运行的通信网络环境中，面临系统自身运行时各种不确定因素，比如软硬件异常导致功能不能正常执行，外部环境变化导致系统运行超越系统预设的能力范围等。各种复杂环境变化和不确定因素都是自治系统需要面对和解决的问题。比如光纤链路抖动产生误码的问题，在某运营商现网发现网络交换机接收端频繁闪断，客户视频业务出现异常。很多运维专家分析后都一筹莫展，不知道问题的根本原因是什么，最后发现原来网络中有很多光纤是挂在树上的，有猴子经常在光纤上荡秋千，使得光纤链路抖动，从而产生误码，频繁触发切换，导致系统繁忙，引发客户业务出现质量劣化问题。正常场景下，光纤都是埋在地下的，位置固定，不会晃动，但如果光纤被挂在树上，必然会产生频繁晃动。由此例可知，由于网络系统的复杂性，无法提前预知所有的问题场景。

因此，自治系统接收和感知的信息，包括外部系统意图输入、系统内部运行的状态变化、系统外部环境感知，都将存在各种未知变化和未知因素的影响，这就要求自动驾驶网络系统能够依据网络内、外部环境和系统运行状态，基于自适应控制方法来控制系统行为，实现可持续达成外部输入或系统内部的目标，最终实现系统自治。

3.1.2　网络自适应控制的基本理论

网络自适应控制理论是基于控制理论、自适应系统和约瑟夫•希发基思（Joseph Sifakis）自治系统理论的发展，结合通信网络原理和应用而产生的。它将在通信网络运行过程中应对网络自身变化、环境变化以及一些未知的不确定变化，从而实现自适应控制网络。

1. 控制理论的发展

20世纪30~50年代，经典控制理论形成了相对完整的理论体系。它是以传递函数为基础的一种控制理论，控制对象通常是单输入单输出、线性定常系统，主要分析方法有时域分析法、频域分析法和根轨迹法，使用的数学工具主要有微分方程、拉氏变换和复变函数等，控制策略主要是反馈控制、比例积分微分控制等。

20世纪60~70年代，现代控制理论是建立在状态空间上的一种分析方法，利用现代数学方法和计算机来分析综合复杂控制系统的新理论。它的控制对象适用于多输入多输出、时变的或非线性系统，控制系统可以是连续控制系统，也可以是离散或数字控制系统。它的主要分析方法是时域法，建立在状态空间基础上，不用传递函数，而是使用状态向量方程，从而简化数学表达方法。现代控制理论使用的数学工具主要有线性代数的矩阵理论等，控制策略有极点配置、状态反馈、输出反馈等。

20世纪70年代至今，智能控制理论是一种能更好地模仿人类智能的、非传统的控制方法，它采用的理论方法主要来自自动控制理论、人工智能和运筹学等学科分支，使控制系统的设计不完全依赖于被控制对象的数学模型。它的控制对象可以是非线性、时变性、不确定性的复杂控制系统，使用的数学工具主要有模糊数学、运筹学等。

2. 自适应系统在控制理论中的应用

在自适应系统发展的过程中，2004年提出的自适应系统架构为自适应系统的系统工程奠定了基础。2010年提出的不确定性下的保证，可解决不确定性的问题，但为保证一个系统符合其适应目标而采取的解决办法被证明是复杂的。基于架构的适应和不确定性下的保证，在2014年产生了以应用控制理论为基础的自适应系统发展的驱动力，它的重点是利用控制理论的数学基础来实现自适应系统，实现和分析在不确定性下运行的软件系统。

十多年前，基于控制理论的不同控制解决方案已经广泛应用于解决计算系统的各种问题，包括网络协议、数据中心和云场景。但是，这些工作的重点主要是控制计算系统的底层资源，如CPU（Central Processing Unit，中央处理器）、存储和带宽。在计算技术堆栈的更高层次上，应用控制理论适应软件是一个更复杂的问题，主要原因包括软件质量要求的多样性、复杂软件之间的相互作用，以及软件通常具有非线性行为，难以对软件进行准确建模，难以从传感器获得测量值并通过执行器对系统进行控制。

针对上述问题，基于控制理论的自适应系统的解决方案就是自动构建软件系统的动态模型，将控制器用于管理系统的质量要求，同时保留控制理论指导系统控制的能力。在自动构建的基于控制的软件自适应解决方案中使用的基本控制策略是反馈控制。反馈控制测量系统输出，调整系统来满足所需的输出响应要求。应用基于控制的软件自适应包括3种方法：第一种方法是使用比例积分控制策略处理单一的设定点目标，为控制系统软件自适应的自动化构建奠定基础；第二种方法在第一种方法的基础上进行扩展，并处理多个目标，包括优化目标；第三种方法是应用模型预测控制，在多个目标的前瞻性范围内做出最佳控制决策。

3. 约瑟夫·希发基思的自治系统理论

（1）现有技术限制

面对未来自治系统的关键诉求，现有技术条件面临一些限制[1]。首先，基础设施和系统的可信性不满足要求，例如无法保证通信安全；其次，不可能保证通信中的响应时间，而及时性是自治反应系统的重要因素；最后，混合关键系统的集成很难实现，因为关键系统和尽力而为系统是遵循两种完全不同的设计范式开发的。同时，新方法和实践层出不穷[1]。当前广泛使用学习使能的部件，比如基于人工智能的端到端解决方案，打破了传统的关键系统工程实践；当前关键软件是通过更新定制的，比如某些汽车软件可能每月更新一次。

（2）当前面临的挑战

系统工程迎来了从不可进化的自动化系统向未来可演进、可进化的自治系统转变的转折点[1]，同时面临一些挑战。首先，需要一个通用的参考语义模型，它可以作为评估系统自治的基础，而不只是一个以“自”为前缀的术语列表，例如自修复、自优化、自保护、自感知、自组织等。其次，需要明确：增强系统自治性的技术解决方案是什么？对于每一个技术增强，隐含的技术难题和风险是什么？最后，迫切需要为下一代自治系统的发展奠定共同的工程基础，工程基础需要解决一些基本问题。比如在“混合”设计流程中集成基于模型和数据驱动的技术，以便权衡可信性和性能；对系统在其物理环境中进行真实建模和模拟；将经验的验证和证据的验证结合起来，以评估可信性和性能。

（3）自治系统参考模型

约瑟夫•希发基思在文献[2]中定义了自治系统参考模型，如图3-2所示，包含5个关键特征[3, 4]：感知、映像、目标管理、生成计划和自学习，具体含义如下。

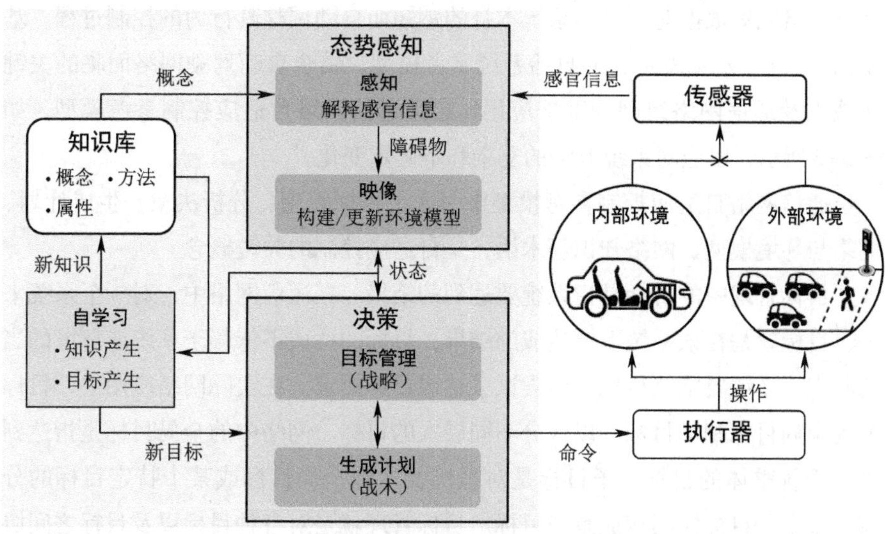

图 3-2　自治系统参考模型

- ◆ 感知是输入刺激、解释其基本含义、消除复杂输入中的歧义和模糊性、产生相关信息所需的功能。除了来自其他系统的数据外，感知通常还使用多模态输入信息，如视觉、声音、热、触摸、雷达等，系统将接收到的信息进行合并。
- ◆ 映像是指使用感知功能提供的信息，创建和不断更新表示系统环境及其状态的模型，该模型将用于后续的决策。
- ◆ 目标管理是指从目标集当中选择与当前情况相符的目标。
- ◆ 生成计划是指计算一个与系统状态约束相关并满足实现目标管理需求而产生的目标集的计划，该计划的生成是系统响应当前环境状态的行动。
- ◆ 自学习包含知识产生和目标产生两个方面。随着时间的推移，它根据系统及其环境的演变状态，通过学习和推理，动态调整系统的目标以及目标的规划进程。

其中，感知和映像两个功能组合起来表示系统内外部环境状态。目标管理和生成计划两个功能构成系统的自适应决策过程，决策需要考虑多个可能发生冲突的目标和环境的当前状态。

4. 网络自适应控制理论

正如前文所述，自动驾驶网络系统以意图、目标来管理网络，网络系统和环境复杂多变，自动驾驶网络系统要求从设备网元、网络管控单元到上层管控系统，都要具备动态灵活应对这些复杂和不确定变化的能力。网络自适应控制就是网络能够根据对环境和系统本身的感知而自动调整其行为的控制过程。基于约瑟夫•希发基思定义的自治系统参考模型，结合自动驾驶网络面临的关键挑战以及通信网络组网和部署应用，定义通信网络自适应控制参考模型，如图3–3所示，以应对系统方法的复杂和不确定变化。

通信网络自适应控制参考模型中引入了目标管理、分析决策、生成计划、网络与环境模型、网络知识等术语，是自适应控制的关键概念。

目标管理中的目标是指系统要达到的结果。在通信网络中，对一个系统来说，目标就是在该系统下要达成的结果，目标的达成不依赖于系统或环境的当前状态，系统要围绕目标不断尝试去达成目标要求。在实际网络应用中，目标分为全局目标和子目标，以区分不同层次的目标。网络中的全局目标是指达到网络系统整体的目标。子目标是对系统要达到全局目标或某个特定目标的分解，多个子目标协同达成系统目标。目标管理就是对各种目标以及目标之间协同的统一处理。

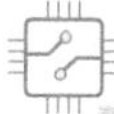

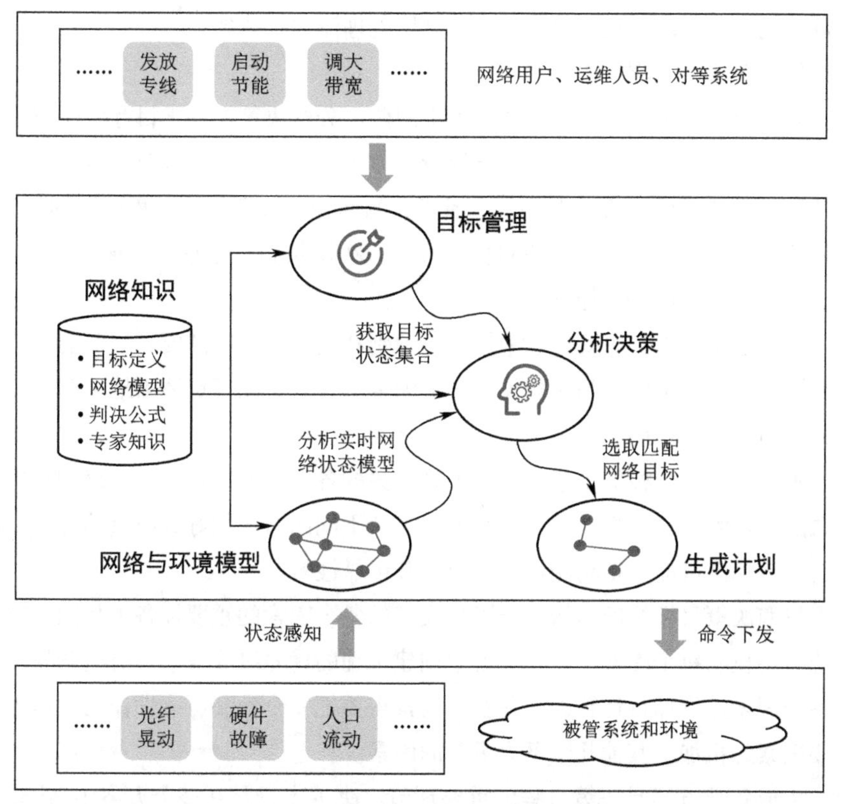

图 3-3　通信网络自适应控制参考模型

分析决策包含分析和决策两个过程。分析是指基于当前网络与环境运行时的状态数据（包括使用过去记录网络与环境状态的数据），综合分析达成系统给定目标的可行解的过程。分析得到的可行解可能不存在，有一个、多个或很多个，分析求解的复杂度与目标定义、网络拓扑、业务规模和网络大小等多个因素相关。决策是指对于分析求解的结果，通过验证评估，选择目标最优匹配的结果。决策过程受到目标约束（包括多个目标的约束）以及不同目标之间的冲突影响。

生成计划是指系统计算一个与系统和环境状态约束相关并能满足所给定目标要求的可执行命令集。

网络与环境模型是指基于网络自身特征、物理网络构件和周边相关环境而建立的数据模型。它通过采集被管对象的网络和环境状态，在线获取数据。

网络知识是指在通信网络中被计算机技术有效使用并执行的数据集合。网络知识包括通信网络自身知识，也包括使用网络的专家知识。

通信网络自适应参考模型包含基于目标的分析决策、基于目标的自动执行和自验证应对不确定性的关键过程，具体处理流程描述如下。

（1）基于目标的分析决策

为了应对网络的复杂变化和不确定因素，分析决策要基于目标做适应性的决策。决策是从一组备选方案中选择行动方案的过程。决策涉及与偏好、不确定性和其他“最优”或“理性”选择相关的问题。决策主要过程可以划分为6个步骤：问题定义、确定决策目标标准、权衡决策目标标准、生成备选方案、评估备选方案、选择最佳方案。

问题定义是指在决策过程中首先要识别和定义问题，需要对当前的状态有充分的了解，并确定与问题相关的各个因素。这样有助于更清晰地了解所需要决策的内容，也有助于在多个备选方案之间进行选择。

确定决策目标标准是指获取与决策相关的各个因素，将决策系统和其他相关联的因素纳入流程中。这个过程可能涉及不同因素的偏好或权重的考虑。确定的一些标准可能包括功能性、安全性和可靠性等。

权衡决策目标标准是指由于影响决策的各个因素的重要性各不相同，决策系统需要权衡每个因素，以在决策中创建正确的优先级或权重。有些场景可能对各个因素进行加权计算，而另一些场景需要把安全性和可靠性作为要考虑的重要因素，再加上其他几个不太重要的因素。

生成备选方案是决策过程的重要环节。决策本身是在多个方案中做选择，很少只有一种选择。同一个决策问题应尽可能多地生成不同的备选方案。系统可以根据分析、资源限制或时间限制缩小可选范围。生成备选方案的常见方法有决策矩阵、决策树等。

评估备选方案是为后续选择最佳方案服务的。决策成功并准确地定义问题并产生备选方案后，就可以对每个备选方案进行分析和评估。这通常涉及对诸如时间、成本、各种网络指标等定量数据的综合分析评估。

选择最佳方案是在仔细评估备选方案后，决策系统必须选择一个解决方案。决策系统应该清楚地做出选择，以避免混淆或不确定。解决方案可能是最初列出的特定选项之一，或者是这些选项中某个的改编版本，或者是来自多个建议的不同方面的组合。

在目标分析决策过程中，确定和权衡决策目标的标准是基础，生成、评估和选择可行方案是分析决策的关键要点。

（2）基于目标的自动执行

在不考虑技术细节实现的情况下，图3-3说明了在给定环境和目标时，系统如何自动执行的过程。例如，建设一条企业专线，要求其可用率指标达到99.99%。专线可用率涉及专线路径上的设备、光纤、保护等可用率因素。设

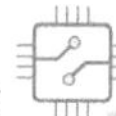

备可用率涉及光模块、输入输出单板、交叉单板等各个部件的可用率。光纤可用率涉及光纤自身可用率以及光纤受物理环境影响下的可用率。保护类型包括业务通道的1+1/1:1、端口之间的1+1/1:1、单板之间1+1/1:*N*、光纤链路的1+1等。目标管理利用网络知识库获取专线可用率目标并分解为设备、光纤、保护等因素。目标管理将专线可用率目标分解后的要求发给分析决策。分析决策通过网络与环境模型获取设备、光纤和保护等数据，按照设备、光纤和保护计算对应可用率，同时根据专线路径计算端到端专线可用率目标。基于现有网络资源和拓扑关系，生成满足可用率99.99%目标要求的专线路径，并通过多次迭代评估与验证，从中选择一条匹配目标要求的专线路径，并基于网络被管对象生成可执行计划，从而完成目标的自动执行。

在网络应用中，系统内的目标可能有多个，目标之间可能存在显性冲突和隐性冲突。对于显性冲突，系统应该主动提示，由用户介入进行调整。对于隐性冲突，系统需要通过分析从决策到生成计划的过程中校验目标之间是否存在冲突，若存在冲突，则需要迭代选择其他备选方案，若最终目标仍然无法达成，则显示目标未达成，后续系统需要自动持续尝试是否存在可行的方案达成目标。

在网络应用中，系统内的目标需要由多个被管对象来协同实现，此时，需要基于多个被管对象进行目标分解。有些目标分解是线性分配过程，按照被管对象的个数，可以简单完成目标的分解。有些目标分解是非线性分配过程（比如目标是光信噪比，被控对象是光网络中的光网元），则需要借助网络知识，结合网络和环境的数据状态，选取最满足目标要求的可执行计划。此时需要在多个被管对象之间进行多次迭代，最终选中最适合目标要求的可执行计划。

在目标自动执行的过程中，目标的分解、目标冲突和协同，以及对可执行计划的决策是该过程的关键要点。

（3）自验证应对不确定

网络自适应的复杂性与网络系统所在环境的不确定性直接相关。不确定的来源是多种多样的，包括随时间变化的网络流量、移动引起的动态变化、突发事件以及故障和网络攻击等关键事件。当系统碰到不确定事件时，目标管理要根据感知的网络和环境数据状态产生新的目标，以应对涉及的知识不完善和缺乏可预测性的情况。系统基于新目标，按照已有的目标自动执行过程以及已有的网络知识来解决不确定问题。

对于新产生的目标，在自适应控制过程中，需要充分利用网络和环境数据模型的在线数据，经过不断迭代评估与验证，寻求匹配新目标的要求。对于评估或验证不通过的目标，系统需要动态调整产生新的目标，如此循环，找到应对当前不确定事件的可执行计划，实现系统的目标。

正如3.1.1节中提到的网络动态变化的场景，某运营商的光纤挂在树上，猴子在光纤上荡秋千，导致光纤链路抖动，频繁产生误码，触发业务路径倒换和重路由。基于自适应控制模型，通过在线收集和感知整个网络光纤链路质量状态，分析光纤链路出现误码的规律和光纤拓扑分布，识别网络光纤部署的环境模型属于不固定且放置在地面上，结合光纤部署的范围，生成该网络业务重路由的新策略，即误码触发重路由的确认时间自动延长。这样可以避免业务路径重路由到新路径后，新路径上光纤又由于晃动而产生误码，再触发重路由，形成反复重路由，而对业务质量产生更大影响。通过自动延长误码触发重路由确认时间，来解决光纤不定期晃动导致反复重路由的问题，从而提高业务质量的稳定性和网络系统的可靠性。

在自验证应对不确定性的过程中，网络知识、新目标生成、在线评估与验证是该过程的关键要点。

综上所述，未来自动驾驶网络的发展和研究过程中，面对用户和运维人员对网络的动态请求，以及网络环境不断产生未知或不确定的事件，自动驾驶网络系统必须基于系统目标动态适应和不断验证迭代，围绕目标要求持续达成和保持目标。

3.2 网络认知理论

网络认知是解决在通信网络演进过程中网络静态规则、确定性约束与网络复杂性、动态性之间不匹配的有效手段，这涉及网络认知系统、人工智能等领域一些根本性的科学问题和理论基础。

3.2.1 网络认知是构建自动驾驶网络的基础

新冠疫情在全球的暴发，使得人们比以往任何时候都更加依赖通信网络来支撑工作和生活。网络必须满足更大容量、更高速率、更广覆盖、更多元化业务、更快速响应、更合理资源分配的应用需求。面对这些应用诉求，网络运营商要求网络操作快速、简单，提出了零接触网络管理和运营的愿景。与此同时，不断进行的网络发展和演进也面临着如下一系列的问题和挑战。

网络内外环境的高动态性。网络需越来越多地充分感知内外部环境的变化来动态地改善网络配置，而不能仅仅基于当前的静态自动化规则和确定性因素，从而能更好地满足最终用户需求。

运维的复杂性。面对异构网络、不同代际和层级的设备、多地域的协同以及针对网络服务更为严格的多样性需求所带来的运维复杂性，网络运维管理在

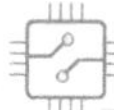

流程协同、信息甄别和自动化执行效率等方面均需要持续提升。

运维知识与经验的积累。当前网络运维需要大量的人力来进行维护，严重依赖人和专家经验，而这些专家经验并没有数字化，无法给机器提供稳定有规律的输入数据，机器无法利用这些经验和知识做出可信任的决策。

可信任的AI仍面临挑战。AI已在通信网络的细分领域开展诸多应用，但是AI并不是万能的，构建可管、可控、可信的数据安全治理技术支撑体系仍面临诸多挑战。

为了应对这些挑战，使网络从静态工作模式发展到动态自适应工作模式，从单一封闭式网络发展到异构融合网络，未来的自动驾驶网络必须具备认知能力，即具备对网络环境、用户意图、系统自身等的高度感知能力，并在感知的基础上，以一定的度量准则进行自主的决策控制，借助网络重构和系统重构的手段达到自适应的目的。

认知是自动驾驶网络系统和设备最重要的能力之一，这种认知能力将分布在自动驾驶网络管控单元和网元AI Native上，形成一种分布式的认知架构。具备认知能力的自动驾驶网络管控单元和网元AI Native能够从它们与环境的互动和经验中进行自学习，可以适应和理解复杂性，处理不确定性，并产生假设和合理的论断，提出建议和行动。

3.2.2　自动驾驶网络中的网络认知系统及其特征

2002年诺贝尔经济学奖获得者丹尼尔•卡尼曼（Daniel Kahneman）在其著作《思考，快与慢》[5]中阐述了关于思维与决策的观点，他用系统1和系统2来解释人类大脑进行决策的两套机制。其中系统1的运行是快速且无意识的，完全处于自主控制状态，其显著特点是短时间内的思维变动；系统2的运行通常与行为、选择和专注等主观体验相关联，其所有行动都需要集中注意力进行复杂的逻辑推理。

对应到通信网络中，包括SDN（Software Defined Network，软件定义网络）和NFV（Network Functions Virtualization，网络功能虚拟化）在内的当前通信网络解决的是网络自动化、智能化问题。网络在定义好的参数或预定义的约束下运行，针对特定问题或一组问题，引入诸如深度学习、知识图谱等AI进行问题求解，如在故障发现、诊断等场景中，各种机器学习技术已经被证明是自动解决网络问题的有效方法。但当出现未预见的变化时，系统无法进行进一步的逻辑分析和推理，人必须介入进行干预，因此从网络中的智能本质上看，这是丹尼尔•卡尼曼对认知所定义的一种快思考过程，属于系统1的范畴。

未来的自动驾驶网络追求的是自治能力，即超越定义明确的参数或预定义的约束，表现出系统/网络的独立性，设计目标是自适应，很少或根本不需要人工干预。电信网络是不断变化的环境，由新技术和服务以及各种复杂的流量模式组成。未来网络正常运行必须拥有自治能力，能自主适应未知的挑战，而不仅仅是自动化的能力；同时必须学会在不被明确告知其目的的情况下自主学习新的知识技术，学会应用现有技术来解决不断变化的问题，并能够进行有效的知识管理。从这个意义上说，自动驾驶网络具备丹尼尔•卡尼曼对认知所定义的快思考和慢思考过程，是一种更完整的认知过程，属于系统1+系统2的范畴。

认知网络概念提出已有多年时间，但到目前为止业界并没有形成一个统一的定义。早期约瑟夫•米托拉（Joseph Mitola）提出的认知无线电[6]针对物理层进行动态、实时地配置调整。2003年，美国麻省理工学院的大卫•D.克拉克（David D. Clark）教授首次提出在通信网络中引入知识平面的概念[7]，通过知识平面为网络的其他单元提供服务和建议。2005年，美国弗吉尼亚理工大学的瑞安•W.托马斯（Ryan W. Thomas）在其博士论文中[8]对认知网络给出了一个更为广泛的定义，强调了网络整体目标及端到端目标，通过适当的学习机制，利用感知的网络和环境信息，可实时动态地调整网络配置，智能地适应环境变化并能指导未来的自主决策。托马斯的定义也并不完整，因为缺乏知识及知识的构建过程，而知识的自主构建是自动驾驶网络认知的重要组成部分。

网络认知是认知科学以及认知计算在通信网络中的应用和延伸。在自动驾驶网络中，网络认知可以在没有人类干预或与人类共生协调的情况下发挥作用，用于实现从反应性、命令性和适应性智能到自主及认知智能的复杂认知能力，即通过在线自学习和自演进，具备发现和产生新知识的能力。网络认知的核心是学习能力，需要与内外复杂动态环境进行交互、感知，支持本地决策、跨域协同决策以及主动预测推理。

自动驾驶网络中的网络认知能力是通过网络认知系统实现的。网络认知系统通过与人类交互，充分理解人类的高层目标，并利用感知到的网络状态和网络环境实时信息，基于用户高层目标以及网络端到端目标，采用学习和推理等智能判断方法，做出可信任、可解释的决策，使网络在资源配置、服务质量和安全等方面获得自主管理。

根据上述定义，在自动驾驶网络中设计和实现网络认知系统是一个复杂而庞大的工程，该系统需要具备如下几种能力。

多域感知：推理能力是网络认知系统的核心能力，网络认知系统能够自我感知自己的行为和周围环境，包括用户、运维人员、网络域和网络环境，并用行为反映出所感知的内容。

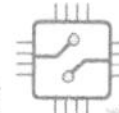

人机交互：网络认知系统能够表达自己并能自然地理解人类给出的模糊指令，实现人与机器的协作配合，支撑人类决策。

自学习：学习能力使网络认知系统具有进步的可能，网络认知系统从其以往的经验中学习，以提高网络系统的自适应能力。

推理和决策：是网络认知系统的基本能力，网络认知系统通过使用适当的知识表示对网络中所发生的情况进行一定的推理，以便预测某些异常行为在未来所带来的损失，并对进一步的调整给出可信的决策建议。

自演进：软件系统不断适应环境和需求变化的过程，强调新旧共存、适应变化、持续成长，是网络认知系统的一种基本能力。

网络数字专家：是面向网络认知系统基本的关键特征之一，具备类人的推理和决策能力，推理和决策过程可信任；可以替代人类的网络专家进行常规和适应性的决策，适应网络的复杂环境，以应对突发的不确定性问题。

3.2.3　自动驾驶网络中网络认知的关键要素

从图3-4所示的自动驾驶网络认知系统的基本工作原理中可以看出，自动驾驶网络认知系统通过网络数字专家与人类交互，其最终目标是达成人机共生和协作；通过认知快系统快速响应外部状态变化，并基于认知慢系统进行复杂的计算和决策；知识表示和推理则构成认知系统的基础；通过终身自学习自主应对网络各种复杂的内外动态环境；自智系统本身也需要不断演化以适应各种动态需求，这需要自演进能力的支撑。综上所述，网络数字专家、快慢认知双系统、知识表示和推理、网络终身自学习、系统自演进是未来自动驾驶网络认知系统的关键要素。

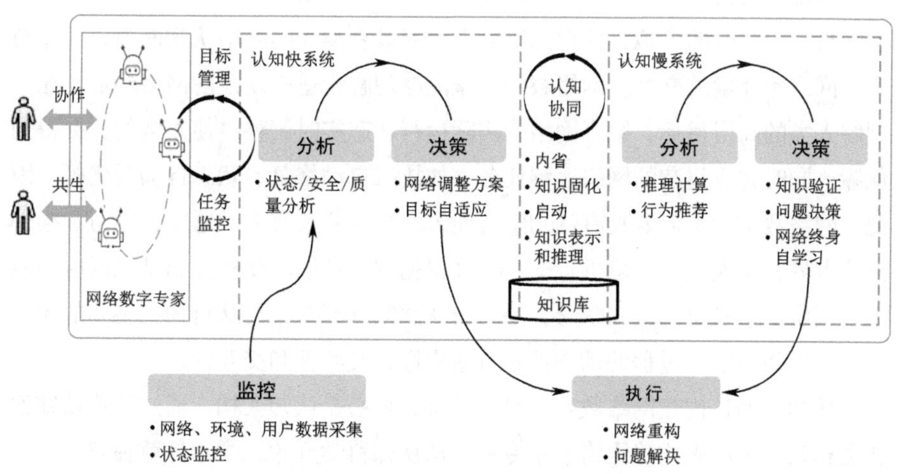

图 3-4　自动驾驶网络认知系统的基本工作原理

网络数字专家：能在与网络内外环境、人类的交互中学习，形成类人的高层认知，进而具备自主处理任务的能力，是一种高等级的智能体。在自动驾驶网络中，网络数字专家主要完成网络高层目标管理和任务监控。

快慢认知双系统：网络认知的闭环控制，其中认知快系统闭环形成网络自治能力，认知慢系统闭环实现网络逻辑推理的能力。

知识表示和推理：是网络认知和系统演进的基础，自动驾驶网络中的知识包括网络知识和系统知识。

网络终身自学习：知识更新和新知识形成，用以处理网络内外环境的不确定性。

系统自演进：系统自演进以适应不断变化的环境和需求。

上述每个要素都面临着一些关键科学技术问题，设计和实现自动驾驶网络认知系统绕不开这些科学技术问题，需要有相应的基础理论来支撑。

1. 网络数字专家

人工智能的发展分为计算智能、感知智能以及认知智能3个阶段。在计算智能和感知智能领域，当前的AI已经具备了超越人类的能力。未来自动驾驶网络中的网络数字专家面向的是认知智能领域，具有类人的高层认知，能在复杂的网络环境中执行非特定任务。网络数字专家主要是基于认知计算理论发展，使用人类思维的理论和模型，在计算机系统上模拟人类的思维，以创造出能像人类思维那样的认知、假设，并能理解事物的高等级智能体。

网络数字专家强调对网络、环境、网络操作者的理解和交互，通过认知与学习，使得网络数字专家能够像人脑一样学习、思考、决策并实现期望的行为。与传统机器学习技术相比，认知学习强调对人脑与人体（手、眼、体）的感知与行为共融的模拟，使得网络数字专家具有类人的高层认知能力，通过与人、网络和环境的交互，网络数字专家能够理解和适应复杂的网络环境，充分理解人类的高层目标，结合网络的实际运行状态实时调整，使人类的目标得到保障，同时完成复杂的网络运维任务，如故障自动修复、状态自动调优等。因此，网络数字专家需要具有认知学习能力，也需要具有主动感知、学习和推理网络世界，与人类、环境进行交互，并根据网络环境的变化做出动态反应的能力。网络数字专家的认知学习，是一个从感知到行为，再从行为到感知的闭环过程，更强调学习过程的动态性、自适应性、健壮性和交互性。

认知模型是构建网络数字专家的基础，核心是认知架构，通过使用认知架构创建认知模型来构建网络数字专家。从认知科学开始，学术界就在辩论人类认知的本质是符号型的还是分布式的，这使得认知架构（包括认知计算的架

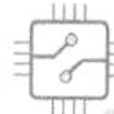

构）有3个主要类别：认知主义、联结主义和混合型。

认知主义就是符号主义，认为知识表示是认知的核心，认知就是处理符号，推理就是采用启发式知识以及启发式搜索对问题进行求解的过程，而推理又可以用某些形式化的语言来描述。

联结主义的架构类似于大脑中的神经元和突触，由大量的同质单元和它们之间加权连接组成。联结主义的主要任务是调整神经元之间连接的权重，直到通过梯度下降等技术达到最优。与符号主义采用的知识表示方法不同，联结主义采用分布式方法来表示知识，知识分布在整个网络中，因而对数据噪声、损坏和信息过载等健壮性更强。

符号主义和联结主义的认知过程都有其优缺点和局限性，不可能存在一种在任何问题和领域当中都统一适用的认知方法，而人类的认知过程往往是结合了演绎和归纳的混合过程，这本身也暗指符号式的演绎推理和联结式的归纳推理都是构成认知的模式，不应存在严格的区分。这也应当是新一代认知计算或人工智能的研究范畴和演进思路，如张钹院士提出的第三代人工智能的三空间融合模型[9]，即融合单空间和双空间两种模型，其中单空间模型是以深度学习为基础，将所有的处理都放在亚符号（向量）空间，双空间模型则模仿了大脑的工作机制。

网络数字专家另外一个关键基础是知识的学习和积累。知识的学习是一种在线学习过程，能在与网络内外环境和人类的交互过程中学习到新的知识和经验；而积累过程需要有类人的长短时记忆结构，并解决短时记忆到长时记忆的转化问题。

未来自动驾驶网络中构建网络数字专家还存在着诸多的理论挑战，包括：认知模型的自主学习，特别是开放式的自主学习场景；通用的多模态认知模型；具备反馈能力的自主纠错机制，避免错误知识的传播；大规模数据的高性能计算理论和实现技术。

人工智能中的自然语言处理和具身智能也是实现网络数字专家的关键。网络数字专家会与各种各样的环境和人类践行交互，自然语言处理是关键，而自然语言的复杂性、多样性和歧义性使得自然语言处理任务非常困难。自然语言处理的最终目标是让认知虚拟员工能准确地理解人类语言，并自然地与人类进行交互。具有人工代理的具身智能通过与周围环境的互动进行学习，包括进行多模态交互，可以实现更进一步的智能，如在决策过程中，通过学习人类的肢体、动作、表情等判断人类的偏好，可进一步提升决策效率。

总之，人类所展示的认知属性，一定也是自动驾驶网络中未来网络数字专家的重要发展方向。

2. 快慢认知双系统理论

认知科学的主要目标就是理解和解释认知的基本过程，这通常是人类认知，研究目的就是建立一种可以在人工智能中复制的认知模型。

人工智能理论和技术的进步虽然带来了很多成功的应用，但这些成功目前通常都集中在有限的能力和目标上，对数据分布要求具备IID（Independent Identically Distributed，独立同分布）的假设，而且往往需要大量数据和算力支持。与人类相比，当前的人工智能理论和技术仍缺乏人类所拥有的一些能力，如适应性、可推广性、常识和因果推理、可解释性等。

在思维与决策心理学研究中，人类在不同问题情境下所表现出的不同逻辑认知加工机制问题，始终是研究者关注的重点。3.2.2节中提到的丹尼尔•卡尼曼的双系统理论假设人类的思想是由两个相互作用的过程产生的：直观的、不精确的、快速和往往是无意识的决策过程（系统1，快思考）以及需要逻辑和理性的思考才能做出复杂的决策过程（系统2，慢思考）。系统1主要以直觉而不是深思熟虑为指导，它为非常简单的问题快速提供了的答案，这样的答案有时是错误的，通常没有解释。当问题对系统1来说太复杂或是一个新的问题时，由系统2处理，系统2通常不单独工作，它往往也会得到系统1的支持。通过这种复杂的内部机制，人类可以在不同的抽象层次上推理，适应新的环境，从特定的经验中概括，在其他问题中重用他们的技能。

系统1对网络预设的模型、约束和逻辑能实现快速的控制闭环，通过感知→分析→决策→执行过程完成网络自适应控制系统对应的功能，由于感知→分析→决策→执行本身就是一种认知过程，因此从本质上说，系统1就是3.1节中提到的自适应控制系统。

受双系统理论的启发，如何基于双系统理论实现系统2，从而进行更高层次的机器智能构建，是当前人工智能领域的前沿问题。系统2需要重点关注OOD（Out-of-Distribution，分布外）问题，即那些出现次数非常少、在数据中没怎么出现分布的问题。包括图灵奖获得者本吉奥（Y. Bengio）在内的诸多专家也在探讨系统2的实现机理[11]，深度学习可能是一个解决之道。深度学习通过结合元学习、知识表示学习以及意识先验改进DNN（Deep Neural Networks，深度神经网络），进一步发展符号推理能力，进而能对OOD问题带来更强的泛化能力，而这些OOD问题正是传统机器学习所无法解决的难题。

在网络认知系统中引入双系统理论的另外一个关键问题是系统1和系统2之间的交互问题，即系统1和系统2如何配合进行逻辑推理来解决复杂问题。

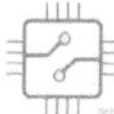

目前学术界的观点认为，元认知可能在其中发挥着重要的作用。

元认知即认知的认知，这一概念最初是1976年由美国发展心理学家J.弗拉维尔（J. Flavell）提出的[12]，指的是个人对自己认知活动的认识（监控）与调节（控制）过程，是人类适应新环境和新任务的一种能力。元认知对智能体具有重要的意义，它通过调节系统1中直觉的、快速的反应与系统2中监督的、更慎重的反应来连接两个系统。在学习阶段，它能够帮助智能体了解自己的优势和缺点，并灵活安排如何更有针对性地学习或训练；在决策过程中，元认知对自己和他人的状态做出评估并决定自己的行为，能够在信心不足（即置信度水平比较低）时帮助智能体给出的方案增加计算资源或求助更高等级的智能体协助决策，以免错误的决策造成大的损失。IBM及学术界的一些科学家引入元认知来解决系统1和系统2之间协同交互的问题[13]，但目前还处于初始阶段。

基于双系统理论的自动驾驶网络认知结构仍然是一个开放的挑战，存在着诸多需要解决的理论问题，主要包括[14]：机器智能除系统1和系统2之外，是否还包含其他系统；Hybrid的系统1和系统2的质量评估指标；机器的意识/内省定义、能力水平；系统1和系统2的治理，即协同、唤起等机制；知识的抽象、泛化；机器智能中的伦理推理方法；多智能体之间的相互学习、推理等。

双系统认知理论同样可以用于指导未来自动驾驶网络认知系统的构建，而基于双系统理论的自动驾驶网络认知系统可以实现适应性更强、健壮性更强、可解释的网络认知，具备类人的认知能力，可以真正实现自动驾驶网络所倡导的愿景。但同时也要看到这方面面临巨大的挑战，道路仍然漫长。

3. 知识表示和推理

自动驾驶网络认知的目标是让网络具备认知智能，使得网络能够像人一样进行思考，知识表示和推理是实现这一目标的基础。

知识表示就是对知识的一种描述，或者说是对知识的一种约定，一种计算机可以接受的用于描述知识的数据结构。

根据弗里登伯格（J. Friedenberg）和西尔弗曼（G. Silverman）的观点[10]，人类的知识可以用4类方法来表示：概念、命题、规则和类比。概念表示领域中感兴趣的对象，如人、地方和事件，自然语言中的词是关于概念的一个好例子；命题是关于该领域的陈述，如“认知计算是计算机科学的一个新兴领域”这句话就是一个命题；规则规定了命题之间的关系，它能从现有信息中推断出新的信息；类比是两个事物之间的比较，通常基于它们的结构进行类比。

从认知科学开始就有对知识表示的研究，传统的知识表示方法主要有语义网络、产生式规则、框架系统、逻辑表示法等。语义网络诞生于20世纪60年代，它对现实世界进行了一定的抽象，是一种通过概念及其语义关系来表达知识的一种网络图，即带标识的有向图；产生式规则通过规则进行知识表示，也称为IF-THEN表示，表示一种条件–结果形式，专家库和模糊逻辑都属于这一类；框架系统表示法类似模板，它认为人们对现实世界中各种事物的认识都是以一种框架的结构存储在记忆中，当面临新的情况时，从记忆中搜索类似的框架，形成对当前事物的认识；逻辑表示法即一阶谓词法，通过谓词表示动作的主体、客体，是一种叙述性知识表示法。

本体论原是哲学的一个分支，研究客观事物存在的本质，能够以一种显式、形式化的方式来表示语义。从20世纪90年代开始，本体论被广泛用于知识表示领域，构成了领域中术语、概念以及它们之间关系的正式规范。本体论促进了领域知识的重用，并能对领域知识进行分析。

20世纪末，语义网发展起来，它是为了使网络上的数据变得机器可读而提出的一个通用框架，语义就是用更丰富的方式来表示数据背后的含义，让机器能够理解数据，而Web则希望这些数据能相互连接，组成一个庞大的信息网络。语义网的核心是RDF（Resource Description Framework，资源描述框架）、RDFS（Resource Description Framework Schema，资源描述框架模式）/OWL（Web Ontology Language，Web本体语言）、本体以及可信等。

谷歌在2012年提出了知识图谱的概念并将其成功应用于搜索引擎。知识图谱以结构化的形式描述客观世界中的概念、实体及其关系，将互联网的信息表达成更接近人类认知世界的形式，提供了一种更好地组织、管理和理解互联网海量信息的能力。知识图谱本质上还是一种大规模的语义网络，通过有向图进行知识表达。

上述介绍的知识表示方法基本上都属于传统的符号表示方法。随着以深度学习为代表的表示学习的发展，面向知识图谱中实体和关系的表示学习也取得了重要的进展，形成了知识表示的另一类方法，即分布式表示法。两种知识表示方法的区别如图3–5所示。

知识表示学习基于分布式表示的思想，将实体和关系映射为稠密的低维向量，实现了对实体和关系的分布式表示，可以高效地对实体和关系进行计算，缓解知识稀疏，提高计算的精确性，有助于实现知识融合。知识表示学习主要包括：基于翻译的表示学习，通过将实体和关系嵌入低维向量空间，以得到实体和关系语义信息的表示，如Trans系列模型；基于信息融合的表示学习，即通过融合多源异质信息实现知识表示，如DKRL（Description-Embodied

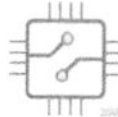

Knowledge Representation Learning，描述–体现知识表示学习）等；基于关系路径的表示学习，即通过考虑多步关系路径来反映实体间的语义关系，如 PTransE（Path-based TransE）等。分布式表示能显著提高计算效率，缓解数据稀疏问题，但也带来了解释困难的问题。

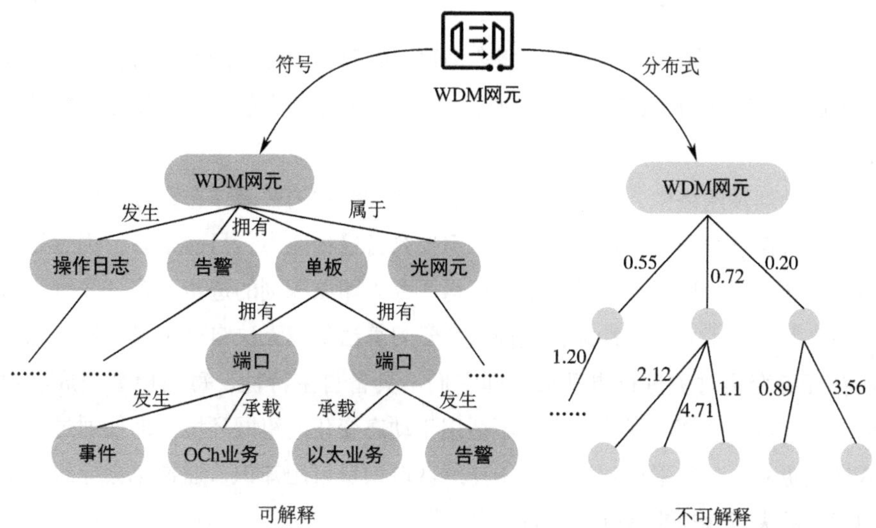

注：WDM 为 Wave-Division Multiplexing，波分复用。

图 3–5　两种知识表示方法的区别

知识推理是利用已知的知识推出新知识的过程，主要用于知识补全、知识纠错、推理问答等，知识推理根据方法可分为传统的知识推理和面向知识图谱的知识推理。

传统的知识推理包括演绎推理、归纳推理和默认推理等。演绎推理是从一般到个别的推理过程；归纳推理是从足够多的事例中归纳出一般性结论的推理过程；默认推理是在知识不完全的情况下，通过假设某些条件已经具备而进行的推理。

面向知识图谱的知识推理可以分为基于逻辑规则的知识图谱推理、基于嵌入表示的知识图谱推理和基于神经网络的知识图谱推理。其中，基于逻辑规则的知识图谱推理是指通过在知识图谱上运用简单规则及特征，推理得到新的知识，其又可进一步分为基于逻辑的推理、基于统计的推理和基于图结构的推理。基于嵌入表示的知识图谱推理是知识向量表示的推理，可进一步分为张量分解法、距离模型和语义匹配模型等。基于神经网络的知识图谱推理则是利用神经网络对非线性复杂关系的建模能力，深入学习图谱结构特征和语义特征，最终实现对图谱缺失关系的有效预测。

未来认知计算中的知识系统需要智能体不停地与外界进行交互反馈来迭代并进行推理，这是一种具身交互式的认知过程，需支持多模态的知识表示和推理，这些方面仍需要进行深入的理论探索和研究。

4. 终身自学习理论

人类在其一生中具备不断获得、微调和转移知识和技能的能力，这是一种持续的自学习能力，这种能力有助于人类感知能力的发展以及长期记忆的巩固和恢复。

自动驾驶网络中，持续的自学习能力对网络中的智能体在实际网络运行过程中进行信息交互和处理至关重要，但要具备这种能力，目前来看，仍然是网络认知领域的长期挑战。机器学习取得了令人印象深刻的进步，在一些特定的领域已经超过了人类的性能，然而这些学习算法仍然无法自己定义目标，也无法在任务变化时去进行自适应，即它们不具备自主特性。每当模型完成学习后，它在实际使用时保持不变，不适用于动态变化的组网环境。即使通过增量式模型更新，从非平稳数据分布中持续获取增量可用知识，通常也会导致已学习任务的灾难性遗忘或受到干扰。

自动驾驶网络应对的是动态和开放的网络环境，需要具备终身自学习的能力，通过不断自主地学习新事物以便良好地运作。

网络终身自学习是一种能够存储学习过的任务知识，并能利用从旧任务中学习到的知识快速迁移学习新任务的机器学习解决方案。在自学习过程中，网络认知系统的知识越来越丰富，学习能力越来越强。

与传统的机器学习相比较，网络终身自学习具备自主性、自适应性以及自我评估和自我决策等几个特征。

自主性。自主性是真正强大的自学习算法的重要衡量标准。人类有一个记忆系统，如果需要，一个记忆可以补偿或训练另一个记忆。自动驾驶网络中的认知系统也应当可以决定何时启动学习，如何利用已有的旧知识而不是简单地重复学习。自主性强调自学习的持续性，通过持续的自学习将主流深度学习的范式转变成动态针对多项任务的过程，无须从头开始进行再训练，从而减少遗忘，快速进行知识的有效迁移。

自适应性。人类学习并掌握了与自身及与外部环境交互的规则，但并不认为这些规则是一成不变的，不确定性体现在基于这些规则对未来进行预测时，预测结果的不确定性以及预测过程的非平稳性（即规则不断变化）。在自动驾驶网络的认知系统中，可以通过标准的概率模型来解决前者的不确定性问题，但动态环境中的非平稳性尚存在很大的提升空间。自治系统中的自学习要能够检测不确定性并相应地自适应，对这类不确定性问题给出解释：不确定性是因为数据噪声问题，还是规则发生了变化。如果是后者，自学习机制需要通过学习来修改已有规则的属性，甚至需要学习并掌握一个新的规则。

自我评估和自我决策。人类能够从内部和外部环境线索中自己定义自己的目标，并能够自我评估以适应学习行为。自学习过程是一个持续的过程，先前学习到的知识中可能会存在错误，而错误的知识会传播，影响到新学习的知识，进而引起越来越多的错误，这需要自学习机制对知识有自我评估的能力。自动驾驶网络中，不同的智能体除了需要具备感知能力以实现智能协作外，同样需要具备对知识的评估和决策的能力，这包括对新学习知识的评估，以及在网络内外环境存在不确定性时，如何知道一条知识或规则是否适用于当前的任务。

网络终身自学习的工作原理如图3-6所示。

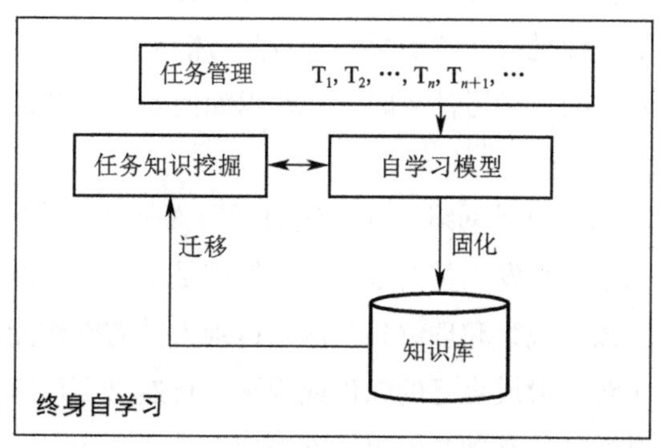

图 3-6　网络终身自学习的工作原理

其中，任务管理接收和管理要完成的任务，结合学习性能和效率来安排任务的学习顺序，并将新的学习任务交给自学习模型；任务知识挖掘从知识库中选择对新模型学习有用的知识进行迁移，以辅助自学习模型进行新知识的学习；自学习模型负责对新任务的快速学习，利用挖掘到的辅助知识来学习新任务。学习到的知识通过固化，将工作记忆转为长期记忆整合进知识库，使知识库中的知识不断得到更新。固化过程涉及知识的评估和验证，以保证知识的正确性。

未来的自动驾驶网络中，网络将从其与环境的经验和观察以及与人类的互动中不断进行大规模的学习，从而形成网络的认知能力，来自适应网络内外动态环境带来的不确定性。通过自学习机制来构建网络认知能力是一个长期的过程，目前来看，在理论方面也存在着诸多的挑战。

首先是知识的评估，即如何保证知识的正确性和适用性。如同人类的自学习机制，在自动驾驶网络的认知系统中，自学习过程是一个在已有知识基础上的迭代过程，如何知道已有知识的正确性对认知系统的正确构建至关重要，错误的知识带来的危害是很大的，会造成网络无法正常运行。人类的认知系统在意识到出错后，可以进行回溯和修复。自动驾驶网络的自学习机制也应该具备同样的机制。此外，当网络出现新的不确定性时，如何判断已有的知识或规则是否适用新的场景，同样很关键。学术界有一些初步的尝试，但仍然比较初级，还有很长的路要走。

其次是基于元知识的自学习。人类具有触类旁通的能力，而当前的机器学习，包括有监督、无监督、强化学习等，主要是针对特定类型任务的学习，如故障根因分析等，利用过去的知识更为容易。在未来的自动驾驶网络认知系统中，可能会面临不同任务之间的自学习场景，类型类似的任务之间需要建立连接，将已有的知识从一种任务类型转移到另外一种任务类型，形成类人的触类旁通，这可能需要一种类似元知识学习的自学习能力，即基于知识的知识来学习。当涉及不同领域的自学习任务时，元知识如何表达、构建和推理，这方面的理论挑战巨大。

交互式自学习同样也是网络认知系统自学习面临的一个非常重要的挑战。单纯依靠网络认知系统开发人员向系统注入知识是远远不够的，自动驾驶网络认知系统需具备感知、观察和理解日常网络运维人员的操作能力，通过学习成功或失败的操作实践，形成自己的知识或规则。自然语言理解、知识表示和推理是这种交互式自学习的基础，但仍有许多理论挑战。

到目前为止，认知系统的自学习机制仍是一个广阔的开放研究领域，虽然业界有一些努力和尝试，如DARPA（Defense Advanced Research Projects Agency，美国国防部高级研究计划局）的L2M（Lifelong Learning Machines，终身机器学习）项目等，但在自动驾驶网络中引入这些特征仍需要在理论上进行研究和有所突破。

5.软件自适应演进理论

自动驾驶网络系统需要具备自适应演进能力，主要有以下3个方面的原因。

第一，它是超级复杂的系统。电信行业在自动驾驶网络系统的部署规模持续扩大，系统复杂性不断增加，系统内部模块多，会出现大量内在冲突，无法按照预期精准地交互。这些因素最终会引起系统复杂性的质变。

第二，它是持续迭代的系统。自动驾驶网络系统需要持续地开发、部署、

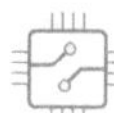

更新、调整，过程长达数年甚至数十年。在漫长的生命周期过程中，系统持续会有新模块上线、旧模块更新，不同模块之间新的互联关系等演化。这个持续不断的演化过程，很多时候需要在系统运行时进行。

第三，网络内外环境与需求不断变更。这使得自动驾驶网络系统面临诸多的不确定性，这些不确定性的来源包括场景不确定性、环境和系统的动态变化性、效果的不确定性。自动驾驶网络系统需具备自适应演进能力来适应这些不确定性。

对于系统自适应演进，目前尚未见有统一的定义。我们认为系统自适应演进是网络认知系统的一个能力属性，同时也是一个过程，即软件系统自适应演进具有典型的动态性和目的性特征，是一种在受到环境变化、需求变化、各种不确定性的扰动下，系统能自我调整、动态地逼近自适应目标的能力。

自动驾驶网络中的自适应演进以系统知识为核心，由系统运行时监控、数据汇聚与态势评估、演进行为适应性决策、在线调整4个环节组成，呈螺旋演进的形态，如图3-7所示。系统知识包括系统不确定性度量、规则、推理等模型以及不确定性的分类、特征等领域知识，用于支撑演进闭环中的每一个环节。

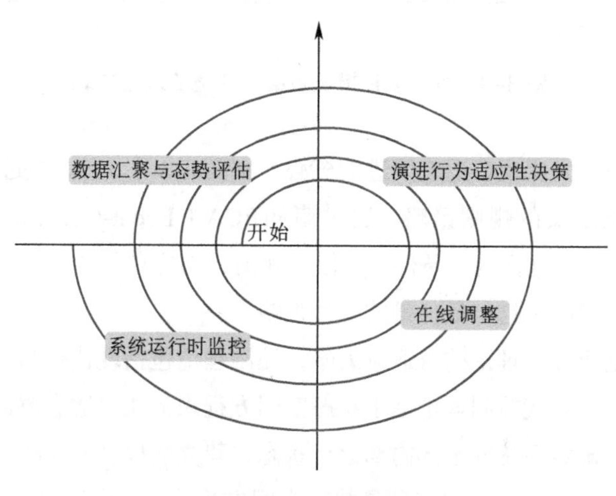

图 3-7　自适应演进

自动驾驶网络中网络认知系统可以通过对系统的参数、行为、结构的调整3种不同的模式来实现自适应演进能力。

调参模式通过操控和改变软件系统内部的状态变量来影响软件性能，或者将原有模型替换为新模型，同时模型接口保持不变，以此影响软件性能。它是一种基于软件模块“用进废退”的模式，这种模式在构造和实现方面相对简单。

调行为模式通过改变或替换软件系统内部的方法调用来影响软件的运行行为，图3-8示出了基于不同软件模块进行重组来实现软件系统演进的方法。相对调参模式，这种模式对自治系统影响的粒度和力度都更大。

调结构模式最为复杂，要求系统具备构件化架构，并结合推理计算生成目标系统的配置，经过验证后进行系统结构重构。这种模式涉及软件体系结构约束等元素的演化，目前还有待深入研究。

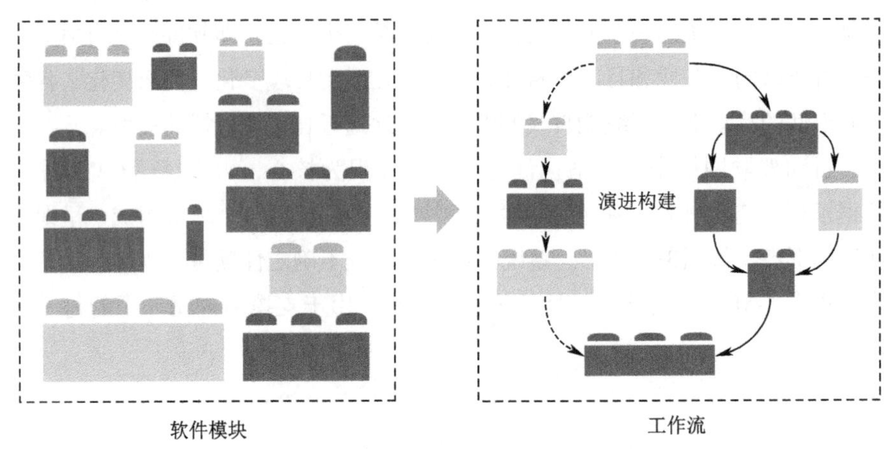

图 3-8　基于软件模块重组的自适应演进方式

自适应策略是实现自适应演进的核心，主要有以下3种方式进行构造。

第一，预定义的规则策略，通过诸如ECA（Event-Condition-Action，事件-条件-动作）这样的“条件-动作”规则，构造在某种“条件”下采取某种“动作”的策略，这是最朴素的一种策略。

第二，基于控制理论的自适应策略，控制理论包括现代控制理论和智能控制理论。其中，现代控制理论基于状态空间方程来描述自适应逻辑和被控软件对象，能同时确定系统的全部内部运行状态，建立的模型能反映系统的全部独立变量的变化。存在的主要问题是状态空间方程的建立困难以及计算复杂性。利用能够模拟人类思维方式的智能控制理论，无须建立被控软件系统的精确数学模型，就能在较大程度上屏蔽软件系统自身的复杂性。

第三，基于人工智能的策略，这是近年来在此领域的研究热点。通过机器学习等人工智能方法构建软件系统的自适应策略，其原理是将软件系统自适应行为转换为分类、回归、聚类、决策等机器学习擅长的问题，利用强化学习、贝叶斯网络等机器学习技术，获取自适应策略。这样，即使在缺少领域知识的

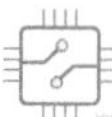

情况下也能进行不确定性分析，学习满足性能要求的自适应策略。

自适应演进系统解决的是系统面临的不确定性问题，理论上不确定性可分为两类[15]：数据不确定性或随机不确定性（Aleatoric Uncertainty），是由随机性引起的；模型不确定性或认知不确定性（Epistemic Uncertainty），通常是由缺乏知识等信息引起的。

针对这两类不确定性，通常采用概率论、模糊集等理论来进行不确定性的描述、度量和推理。概率论是表示不确定性最广泛使用的方法，基于大量同类随机现象的统计规律，对随机现象的结果可能性做出科学客观的判断，并对其可能性的大小做出数量上的描述，进而进行不确定性推理和决策；模糊集属于智能控制理论，是一种刻画事物模糊性和不确定性的理论，具有计算结果清晰、可操作性强的特点，对具有大量模糊性及不确定性特征的系统有着良好的处理效果。

未来自动驾驶网络中的自适应演进系统会具备自适应性的在线学习技术等AI能力，基于对以往的经验知识进行累积和学习，形成不确定性知识库，这样能更加自主、灵活地应对复杂多变的动态组网环境和需求，实现面向网络、系统的自治。

3.3 用户和环境智能体模型相关理论

随着网络与用户、环境的深度融合，其组成的整体已具备复杂系统的典型特征。将用户和环境视为自然内聚形成智能体，可以使能架构极简与灵活；可将需求与问题重复发生作为低成本的改进目标；聚焦于用户及其所处环境，可保证服务质量和体验，并抓住持续为用户提供服务的机会，从而实现自动驾驶网络极简架构、极低成本、极高质量和极优体验。本节将介绍用户和环境智能体的模型。

3.3.1 建立用户和环境智能体的驱动力

1. 为什么引入智能体的概念

智能体基于数字孪生描述反复出现的需求与问题并提供解决方案，用智能体能多次使用该方案不再需要重复地做同样的工作，且能适应环境的变化。我们将自治系统定义为一组智能体，通过这些智能体的相互作用关系或依赖性形成一个整体，有明确的边界，具有自组织、涌现、非线性、自适应和反馈循环等典型特征。自治系统不受外界指令控制，具备开放性，可持续与外界完成人员、物质、能量和信息的交换；系统有相对稳定的状态，同时可发生状态跃迁。很多情况用网络模型来表达自治系统，其节点代表实体，连接代表相互作用，在自治系统中，这些实体更多地以智能体的形式出现。智能体处于环境之中，并且随环境做出反应，它随时可以感测环境并执行相应的动作，同时逐渐建立自己的活动规划以应对未来可能感测到的环境变化。智能体交互是基于知识的社会过程，智能体能够判断交互的上下文环境，也能启动在设计阶段没有预见的交互。多个智能体按照一定的组织关系和组织结构构成自治系统，自治系统确定了智能体间的关系和智能体交互的上下文环境。自动驾驶网络就是这样的一个自智系统，组成它的不仅有网络设备，还有接受服务的用户，以及他们所处的环境。

2. 为什么要建立用户和环境的智能体

人在分层次空间容器中活动，在不同空间容器间的活动及数据处理量极不均衡，在少量小尺度空间中花费大量时间，产生大量数据量，在特定的小尺度空间上，多样、实时数据将爆炸式增长，因此，数据处理是依人的活动，层次分明、重点突出，有规律地分布且不均衡。人的活动超过93%是可以预测的[16]，模式则为有限的17种[17]，高频驻留点是相对固定或有极强规律性的——让我们有可能根据信息处理的时空分布，驱动中心化架构走向以用户为中心，端优先、云原生、连接智能的架构。

人类活动分层空间规律是可预测的且在某些空间高度集中，由商业价值驱动能够依频次、时间、信息量、可控制变量来以容器方式离散地标识出这些高价值空间；全局、唯一、立体、跨尺度、二进制的时空基准有利于标识、索引和计算。人的高频活动点、设备信息处理参考点、信息密集分布点可作为关键空间锚点，可通过空间锚点建立全局和局部坐标体系的关联。这些空间锚点有明确的全局位置，形成多信息在空间上的关联点，可实现多设备、多参与主体共享在不同时间段持久化。

自动驾驶网络的主体是具备自治属性的网络设备智能体，它们需要不断感知外部环境信息和用户特征信息。当特定空间中的用户、业务和设备的密度超过某一临界值时，这些网络设备都各自通过自身的传感器获得外部环境的信息，通过用户画像获得用户特征，这是一种低效的方法。此时，建立环境智能体和用户智能体作为所有设备和业务系统的环境信息以及用户信息的公共来源，这些智能体和设备交互取代设备各自感知环境和用户的过程，从而提升整体系统的效率和最终的业务效果。

要实现自动驾驶网络自动、自愈、自优、自治的目标，需要引入环境和用

户智能体，将网络能力开放融入每个人、每个家庭、每个组织等个体或群体用户无所不在的数据处理中；将网络能力开放融入分层的物理环境（如城市、园区、建筑、楼层、房间直至高频驻留点）中；将网络能力开放融入跨越端、管、边、云的服务化架构中，与用户、环境形成一个自治系统，进而实现自学习、自演进的能力。

3.3.2　用户和环境智能体的基本理论

1. 智能体理论进展

20世纪80年代，克里斯托弗•亚历山大（Christopher Alexander）在《秩序的本质》中描述了生命结构的形式特征，即具备分级的尺度、强中心、明确边界、交错重复、正空间、良好的形态、局部对称、强连接与缓冲并存、对比反差、梯度变化、粗糙性、留白、简洁的内在、非独立的环境等特征，这不仅为系统的面向对象建模带来了系列准则，也为智能体的设计带来了参考。

亚历山大设计了建筑模式语言，强调每种模式都能描述环境中反复出现的问题，描述问题的解决方案，用这种模式能上百万次地使用这个方案，而不再重复同样的方式。亚历山大在建筑领域的模式语言由如下要素构成：模式名称（标题）、内部优先级、图片、上下文、问题、作用力、解决方案、上下文结果。赫尔穆特•莱特纳（Helmut Leitner）综合各领域研究对模式语言的表达总结如图3-9所示，他倡导根据不同领域的需要利用好各自的模式。

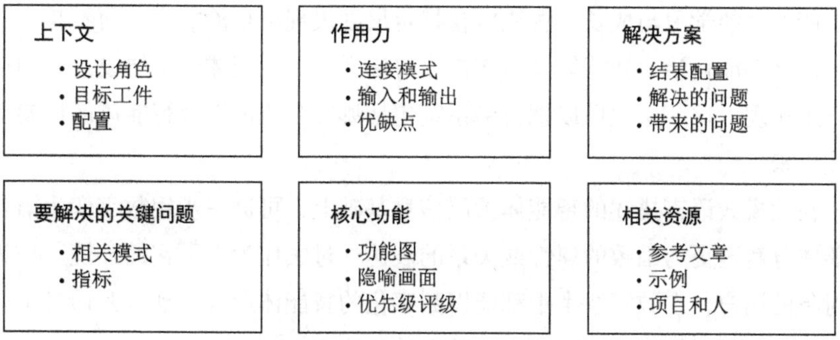

上下文 • 设计角色 • 目标工件 • 配置	作用力 • 连接模式 • 输入和输出 • 优缺点	解决方案 • 结果配置 • 解决的问题 • 带来的问题
要解决的关键问题 • 相关模式 • 指标	核心功能 • 功能图 • 隐喻画面 • 优先级评级	相关资源 • 参考文章 • 示例 • 项目和人

图 3-9　模式语言表达 [18]

进一步地，有学者[19, 20]在模式表达的基础上总结了基于数字孪生的智能体特征，如表3-1所示。

表 3-1　基于数字孪生的智能体特征

特征	说明
身份标识	能被明显辨识的、具有确定边界和接口的问题求解实体
反应－感知与行动	位于特定的环境中，通过传感器接收与环境状态有关的输入，通过效应器作用于环境
目标导向	在系统中承担具体的问题求解角色，以完成明确或隐含表示的设计目标
自治	具有控制自己内部状态和行为的自治性
时间连续性	在智能体平台/系统中连续运行的实体
学习与自适应	有为完成设计目标而灵活求解问题的能力，表现为对环境变化的反应性和择机选择新目标并自行实施的主动性
知识进化	从与环境或其他智能体交互反馈中迭代更新自身知识，实现知识进化与自我完善

马克•伯吉斯（Mark Burgess）于2004年提出承诺理论，用形式化的理论论证自治系统由智能体构成，智能体作为一种具有自治属性的对象，根据自身的能力做出承诺并遵守承诺，对方接受承诺后，会评估承诺的履行情况，维持彼此的信任；智能体之间通过承诺及评估的方式相互作用并最终达成协作。这些协作的智能体构成了更大的智能体，形成了新的能力，同样也具有对外的承诺，具备自治的属性，并最终形成整个自治系统。承诺理论有一套被称为承诺代数的记号系统，以便我们可以应用承诺理论进行严谨的系统设计。

人、机器、环境在内的智能体都是相对独立且有自治能力的实体，其可以被唯一标识或分类分组。智能体可以做出和接受承诺，在其承诺范围内完成相应功能，并能学习与成长。智能体在特定尺度表现出自治能力，而不是在所有时空尺度都能自治，智能体及承诺构成自治系统。智能体的顶层设计可用模式语言来实现，这一层次可以把自治系统包括哪些智能体以及智能体的概要信息描述出来。

在此模式语言描述的智能体顶层信息基础上，可进一步用数字孪生语言将智能体分解至更为细致的属性或关系的表达。过去作为上下文的环境、作为服务对象的用户，在数字孪生中都能以数字化的智能体形式出现，并通过承诺的方式相互作用，构成基于数字孪生的自治系统。

2. 用户智能体

用户智能体是具有自治属性的个体或群体用户的数字化实体，有明确标识，具备孪生能力承载用户属性，在特定的环境上下文中感知用户情境、识别任务，代表用户发出意图并感知服务体验，并通过自学习进一步理解用户属

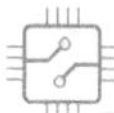

性、情境、任务、意图及体验，主动为用户提供更好的服务。

用户智能体在业界的相关研究如图3–10所示，其中有两位学者的研究成果直接指导了自动驾驶网络中的用户智能体的建模。恩兹利（Endsley）情境意识分为3个水平。第一水平为线索知觉，是情境意识中最基础的环节；第二水平为理解，即对不同信息进行整合及做出有关目标的决策，处于第二水平的人能从第一水平获得的线索处得到与操作相关的来自主客观方面的重要信息；第三水平为预测，即预测未来情境事件的能力，是情境意识的最高水平。STU（Situation-Task-User，情境–任务–用户）理论是葛列众教授在恩兹利情境意识基础上提出的心理学理论，创造性地引入了任务分析，并将原情境清晰地拆分成情境（专用于描述环境）和用户（专用于描述用户），不仅大大地丰富了情境理论的内涵，而且使原理论更易于理解和实际应用。

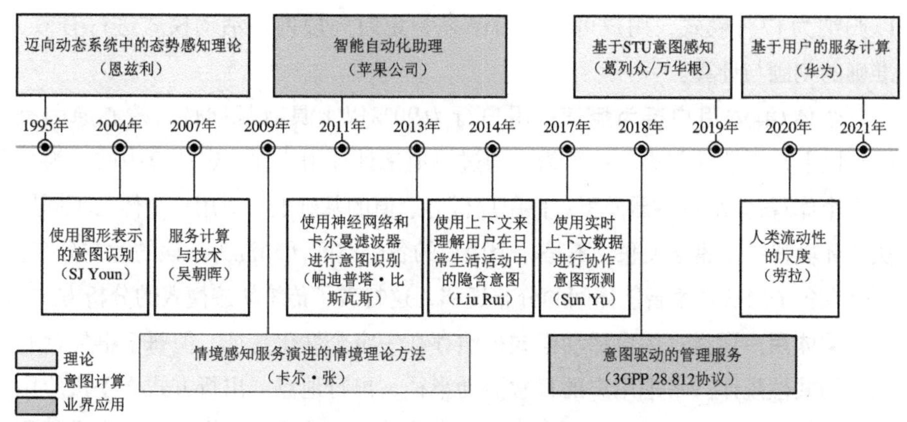

图 3–10　用户智能体在业界的相关研究

用户相关的信息均可以通过UST（User-Situation-Task，用户–情境–任务）模型来表达与计算。结合ICT的应用场景，在借鉴业界研究的基础上，设计出自动驾驶网络中基于UST模型的用户智能体，如图3–11所示，用户部分包括个体用户标识、个体用户活动模式、个体用户行为熵值、个体用户容器模型；情境部分包括对基于情境（分段时间、分层空间与锚点、特定环境）的感知、个体理解、个体计算；任务主要是建立与ICT之间的关联，通过UST模型来表达与计算用户意图。

个体用户标识：参考埃里克森（Erikson）提出的人生八阶理论，基于人的心理特征，叠加职业维度来对用户进行标识，基本决定了用户在大粒度时间段的活动模式、行为熵值、用户容器模型，如成年期的职场用户的工作生活基本是办公室和家两点一线的。

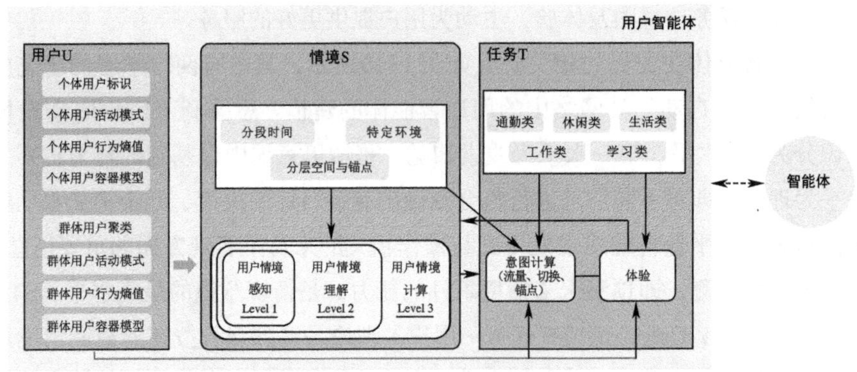

图 3-11　UST 模型

个体/群体用户活动模式：用户活动模式具有一定的规律，用户的活动可以归纳为17种模式，用户可以对自己在特定时间段内的活动模式进行有效、准确的刻画与计算。

个体/群体用户行为熵值：用户行为90%以上具有规律性，核心原因是90%以上是周期性的重复性行为，通过熵值来计算用户在特定情境中的行为。

个体/群体用户容器模型：在用户行为熵值的基础上，对用户个体与不同层次的环境智能体建立关联，不是一个用户的各个空间活动混为一谈的时空分布，而是在各个层次环境智能体间的分布迁移，这打破了传统轨迹模式的分析方式。

群体用户聚类：用户活动模式虽然存在一定个性化特征，但每个群体都有相当的共性规律。考虑用户的日常活动半径、出行地点、出行方式、手机应用及流量使用等特征，可以从用户移动性和移动流量使用两个维度对用户进行群体聚类，便于将移动范围、出行方式、移动终端使用方面均存在一致性的用户聚类，归于同一个群体。

3. 环境智能体

环境智能体是具有自治属性的时空对象，相对独立、边界清晰、有明确标识，内部具备认知结构承载其稳定的静态属性，学习准动态的业务时空规律，使能基于业务目标的动态实时处理，可分层构建且只在特定的时空尺度具备自治特征。环境智能体具备开放性，可持续地与业务系统及外界完成信息交换。

在自动驾驶网络的研究中，环境智能体能够为理解业务的商业价值、用户的业务行为特点提供自组织运作的分层组织单元，具备层次化的空间结构、空间的网格表达、设备与空间关系等静态信息，可通过终端、网络、摄像机、雷达等多类感知设备，实时感知用户的分布流动规律及相匹配的通信、空调、供暖、交通等业务需求，感知并测量电磁分布、空间热分布、交通车流状态等基

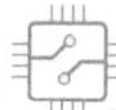

于时空的供给情况服务水平，基于环境智能体综合输出至网络、暖通空调、交通调度等体系。环境智能体具备自学习、自适应能力，具备知识模块，在语义表达、模式提取、范式归纳方面有收敛作用，能够对已建立模型的静态、准动态、动态信息完成学习和增强，对于已掌握的知识和模块，将适应性地降低数据测量强度，从而在系统的规划、建设、维护、优化、调度过程中，以用户体验为目标，实现最佳的资源与能源利用。它对网络（如策略制定、室内外网络规划、空间覆盖仿真、室内外网络互操作、用户体验测量、网络切换参数调整等）起到支撑作用，对基于群体意图的物联网设备闭环优化等应用场景也有重要支撑作用，如空调末端可根据人员空间分布及空间热分布进行动态调整。层次化的环境智能体承载的信息及对应的应用场景如表 3–2 所示。

表 3–2　层次化的环境智能体承载的信息及对应的应用场景

环境智能体	信息			应用场景
	静态	准动态	动态	
TAZ/BAZ[注]	TAZ/BAZ 区域范围； TAZ/BAZ 类型	TAZ/BAZ 间群体分布/迁徙规律； TAZ/BAZ 级网络流量/话务分布规律	TAZ/BAZ 间群体实时分布/迁移规律； TAZ/BAZ 级网络实时流量/话务分布规律	价值区域发现，支撑网络发展策略制定与网络规划
建筑	建筑形状； 建筑结构； 建筑材质； 建筑标识/网格码； 建筑本体； 建筑类型；	建筑间群体分布/迁徙规律； 建筑级网络流量/话务分布规律	建筑间群体实时分布/迁移规律； 建筑级网络实时流量/话务分布规律	室内外网络互操作优化（邻区优化）； 无线网络室分规划； 无线网络设计、覆盖仿真
室内空间	室内空间结构； 室内空间通道； 楼层/房间标识； 楼层/房间网格码； 室内空间本体； 室内空间功能布局	室内群体分布/迁徙规律； 室内 5G 和 Wi-Fi 电磁覆盖分布规律； 室内网络流量/话务分布规律	室内实时群体分布/迁徙规律； 室内实时网络流量/话务分布规律； 室内实时网络体验	无线室分网络设计、优化（小区拆分扩容、覆盖干扰优化）； 基于群体意图的 IoT 设备闭环优化； 室内空间（工位）使用率分析
锚点	锚点的标识及网格码； 设备/设施/工位等； 设备/设施/工位本体； 设备/设施/工位等锚点的分布	个体行为/分布/迁徙模式； 锚点 5G & Wi-Fi 电磁信号强度； 锚点网络流量/话务分布规律	个体位置/活动行为； 基于锚点的实时网络流量/话务分布/网络体验； 设备/设施/工位等锚点的工况	基于个体意图的用户通信体验优化； 基于个体意图的园区 IoT 设备闭环优化； 基站能耗优化

注：TAZ 为 Traffic Autonomous Zone，流量自治域；BAZ 为 Business Autonomous Zone，商业自治域。

环境建模越来越重视环境作为独立智能体所起到的关键作用，如分层信息提炼、模式归纳等。基于环境分层空间的业务分布、业务流量表达具有高度的收敛性，其主要建模方法可分为机理模型和数据驱动两大类。相比于已被多个行业广泛应用的数据驱动的机器学习方法，这里重点介绍环境建模的机理模型，如图3–12所示。

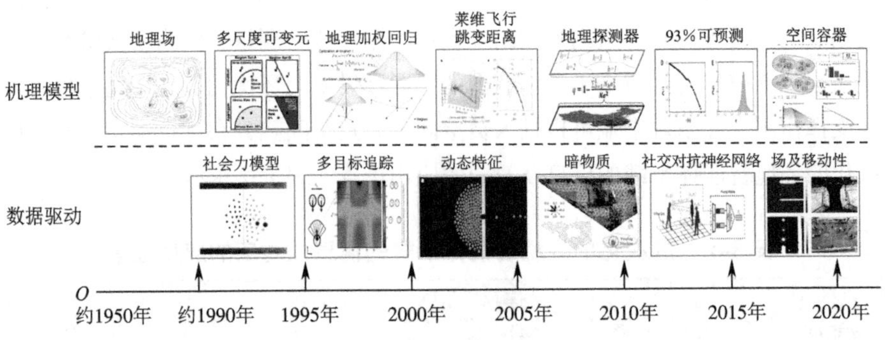

图 3–12　环境建模理论脉络

分析时空数据可以在每个时间断面运用机器学习方法，如随机森林、粒子群、长短期记忆等，然后将各时间断面的空间统计结果连接起来，观测其随时间变化的规律；也可以运用自组织特征映射神经网络、经验正交函数等降维方法提取时空数据的浓缩信息。另外，专用于时空计算分析的方法还包括：贝叶斯最大熵模型，主要用于时空插值；贝叶斯层次模型，主要用于时空趋势和因子分析。相对于一般的数据方法，空间总体或空间数据具有三大独特性质：空间自相关性、空间异质性和可变面元问题。空间相关性意味着样本数据是非独立的；空间异质性意味着样本数据是非同质的；可变面元问题表示属性值随空间的不同划分而变化。基于该特征，衍生出克里金、时空加权回归等方法。传统的异质性研究主要集中在空间维度，包括全局自相关指数和局部自相关指数的应用。全局自相关指数通过比较邻近空间位置观察值的相似程度来度量空间异质性。相对于全局自相关，局部自相关统计量的研究意义在于，当不存在全局空间自相关时，寻找可能被掩盖的局部空间自相关的现象；当存在全局空间自相关时，分析其空间异质性并确定异质值或强影响点的位置。传统的异质性评价指标主要基于单变量分析，而随着时空大数据的发展，如何同时考虑与时间和空间维交叉的多变量数据异质性逐渐受到重视。由此，以时空加权回归模型为代表的时空异质性研究近年来已在学术界引起高度关注。

空间自相关性和空间异质性是空间数据的两大特性，也是空间数据的两大信息资源，可以挖掘利用，以认识其背后的过程机理。现代空间统计学是围绕

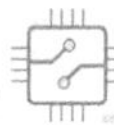

空间自相关展开的。空间异质性一般用类型量表示，表现为类层内方差小于类层间方差。地理探测器是度量、挖掘和利用空间异质性的新工具，其理论核心是通过空间异质性来探测因变量与自变量之间空间分布格局的一致性，据此度量自变量对因变量的解释度。

环境作为一个独立的智能体，在影响人的行为建模中被广泛使用。但仅在位置信息可被广泛感知之后系统性的研究才得以展开。其中以冈萨雷斯（González）等在2008年首次发表于《自然》的对个体行为建模的论著为重要奠基之作。其后两年，巴拉巴西（Barabási）与宋超明（音同）发表于《科学》的文章指出93%的移动可以被预测，开启了基于环境的移动性建模研究。近年来的研究显示，环境的诸多特征在人的移动性以及行为建模中起到的作用愈发重要。如图3–13所示，亚历山德雷蒂（Alessandretti）等指出分层空间容器对人类活动的约束和收敛作用。

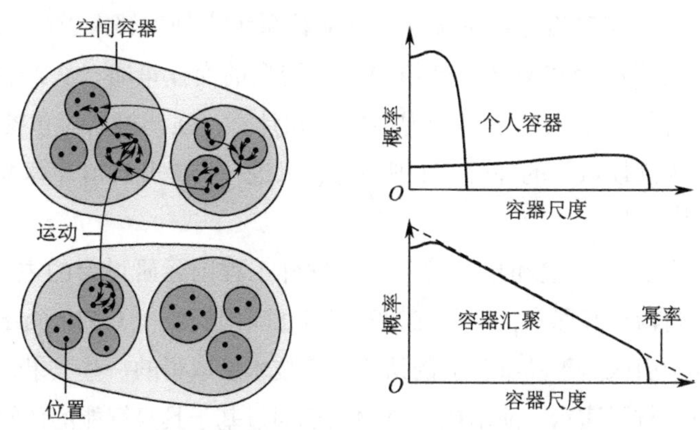

来源：人移动性的标度（亚历山德雷蒂等，《自然》，2020年）[21]。

图 3–13　分层空间容器及其特征

3.4　理论相关实践

自动驾驶网络基础理论需要通信领域及周边产业持续的积极探索与实践，与此同时，我们也欣喜地看到，当前学术界和工业界在不同领域已经取得了很好的进展。

1. 自适应控制在航空航天中的实践

飞行体控制表面的偏转所产生的力矩是速度、高度和功角的函数，因此，飞行过程中其传递函数始终在发生很大的变化，线性控制系统无法获得令人满意的结果。随着飞机性能的不断提升，尤其是宇宙飞船的出现，航天航空领域对自适应控制的研究也在不断加深。

美国国家航空航天局的普拉莫德•古普塔（Pramod Gupta）等经过研究认为，必须对基于神经网络的自适应控制器性能进行适当的监测和评估，才能将其安全可靠地用于现代巡航导弹控制，并给出了利用贝叶斯方法的查证和确认方法，及其在美国国家航空航天局的智能飞行控制系统中的模拟结果。

美国辛辛那提大学的加里•L.斯莱特（Gary L. Slater）利用自适应方法，大大改善了飞机在起飞阶段的爬升性能预测，即根据测试和计算的能量比率自适应调整飞行器推力依赖度，这样有利于飞机在爬升过程中与空中的其他飞行器合流。

2. IBM从自治计算到认知计算的实践

为了解决人与自治计算系统互动从而让系统充分理解人类的高层目标等问题，同时为了配合IBM向认知解决方案转型的商业策略，从2015年开始，IBM在自治计算中引入基于具身智能的认知计算，强调机器对包括非结构化数据在内的大规模数据的理解、推理能力，以进一步提升自治计算系统的分析决策能力。

在2021年的自适应和自我管理系统软件工程国际研讨会的主题演讲中，曾牵头撰写自治计算愿景文章的IBM科学家J.O.凯法特（J.O.Kephart）介绍了在自治计算中引入基于具身智能的认知计算技术所取得的一些成果，并在数据中心场景下进行了演示。演示中，自治系统通过基于具身智能的认知计算与人类进行交互问答，辅助人类进行优化决策。在决策过程中，认知计算系统也可以通过肢体、动作、表情等学习人类的偏好，提高决策效率。

IBM的基于自治计算+基于具身智能的认知计算是解决如何表征用户高层目标的一种解决之道和方向，其距离成熟仍有较长的路要走，特别是在通信网络中如何应用仍需要进行深入的探索。

在IBM之后，业界也尝试将自治计算的理念引入管理更为复杂、规模更加庞大的ICT网络中，如2006年Motorola联合学术界推出的FOCALE（Foundation, Observation, Comparison, Action and Learning Environment，基础、观测、比较、行动和学习环境）架构、ETSI在2013年推出的GANA（Generic Autonomic Network Architecture，通用自治网络架构）等，思路都是将IBM的MAPE-K（Monitor-Analyze-Plan-Execute over a shared Knowledge，基于共享知识的监控－分析－计划－执行）架构概念引入通信网络中，但在当时来看，这

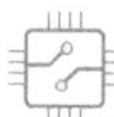

样的观念相对超前，只是在学术界进行了较多的研究，而工业界并没有跟进。

目前ICT领域正在推广的自动驾驶网络，其愿景是通过认知闭环、控制闭环来实现基于目标的单域自治和跨域协同，同时提供网络自学习、自演进的自治特征。包括IBM在内的业界在自治和认知领域之前的探索，都可以为自动驾驶网络提供很好的参考和借鉴。

3. 用户智能体和环境智能体的实践

启发用户智能体和环境智能体设计的模式语言，除了亚历山大及其后继者在建筑领域广泛使用外，在游戏软件领域，由肯特•贝克（Kent Beck）发展后用于游戏的场景建模；在计算机应用领域，埃里克•加马（Erich Gamma）受亚历山大的启发，将模式语言思想用于面向对象编程的设计模式。

形式化表达智能体及自治系统的承诺理论在ICT领域被广泛采用。承诺理论的创始人马克•伯吉斯是配置系统CFEngine的缔造者，最先将承诺理论用于计算机网络的配置管理。承诺理论还被用于计算容器管理系统Kubernetes的设计。

华为公司在环境智能体的应用上有广泛的实践，TAZ被用于电信运营基础网格划分、热点识别以及基于时空特性的移网节能等方面。此外，TAZ也被成功应用于门店选址、重大事件保障等方面。空间分层的理论在电信行业被用于无线网络的覆盖分析和预测。这个理论来源于地理统计领域，已有广泛的应用，如社会经济要素（如人口、植被、作物等）统计分析、土地利用和城市结构分析、交通分析、大气污染、重大事件保障等方方面面。

用户智能体相关理论中核心的意图感知理论已被应用在很多不同的场景，如金融商业、机器人、运动健康与康复、交通、对话与搜索、人机交互、军事、大数据、工业应用等。这里举一个典型的例子，部分具备自动驾驶功能的汽车利用外部可感知的交通数据识别驾驶意图，并预测高速公路变道等驾驶行为。

参考文献

[1] HAREL D, MARRON A, SIFAKIS J. Creating a foundation for next-generation autonomous systems[J]. IEEE Design & Test, 2022, 39 (1): 49−56.

[2] JOSEPH SIFAKIS. Understanding and changing the world: from information to knowledge and intelligence[M]. Singapore: Springer Nature Singapore, 2022.

[3] BOREALE M, CORRADINI F, LORETI M, et al. Models, languages, and tools for

concurrent and distributed programming[M]. Aarau: Springer Cham, 2019.

[4] HAREL D, MARRON A, SIFAKIS J. Autonomics: in search of a foundation for next generation autonomous systems[J]. Proceedings of the National Academy of Sciences, 2020, 117 (30):17491−17498.

[5] KAHNEMAN D. Thinking, fast and slow[M]. New York: Macmillan, 2012.

[6] MITOLA J, MAGUIRE G Q. Cognitive radio: making software radios more personal[J]. IEEE Personal Communications, 1999, 6 (4):13−18.

[7] CLARK D D, PARTRIDGE C, RAMMING J C, et al. A knowledge plane for the Internet[C]//Proceedings of the 2003 conference on Applications, technologies, architectures, and protocols for computer communications, 2003: 3−10.

[8] THOMAS W. Cognitive networks[D]. Virginia: Virginia Polytechnic Institute and State University, 2007.

[9] 张钹, 朱军, 苏航. 迈向第三代人工智能[J]. 中国科学：信息科学, 2020, 50 (9):1281−1302.

[10] FRIEDENBERG J, SILVERMAN G. Cognitive science: an introduction to the study of mind[M]. 3rd ed. SAGE Publications, Thousand Oaks, CA, 2015.

[11] BENGIO Y. From system 1 deep learning to system 2 deep learning[C]//Neural Information Processing Systems, 2019.

[12] FLAVELL J. Metacognitive aspects of problem solving[M]. In Resnick L B (Ed.), The nature of intelligence. Wiley, 1976.

[13] GANAPINI M B, et al. Thinking fast and slow in AI: the role of metacognition[J]. arXiv preprint arXiv: 2110.01834, 2021.

[14] BOOCH G, FABIANO F, HORESH L, et al. Thinking fast and slow in AI[C]// Proceedings of the AAAI Conference on Artificial Intelligence. 2021, 35 (17): 15042−15046.

[15] AUGHENBAUGH J M. Managing uncertainty in engineering design using imprecise probabilities and principles of information economics[D]. Georgia: Georgia Institute of Technology, 2006.

[16] SONG C, QU Z, BLUMM N, et al. Limits of predictability in human mobility[J]. Science, 2010, 327 (5968): 1018−1021.

[17] SCHNEIDER C M, BELIK V, COURONNE T, et al. Unravelling daily human mobility motifs[C]// IEEE/ACM International Conference on Advances in Social Networks Analysis & Mining. IEEE, 2013.

[18] 张健. Agent角色模型与多agent系统构造方法研究[D]. 济南：山东大学, 2012.

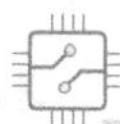

[19] FRANKLIN S, GRAESSER A, J. JÖRG, et al. Is it an agent, or just a program?: a taxonomy for autonomous agents[J]. International Workshop on Agent Theories, Architectures, and Languages, Lecture Notes in Computer Science, 1996(1193):21−35.

[20] ALEXANDER C, ISHIKAWA S, SILVERSTEIN M. A pattern language: towns, buildings, construction[M]. Oxford University Press, 1977.

[21] ALESSANDRETTI L, ASLAK U, LEHMANN S. The scales of human mobility[J]. Nature, 2020(587):402−407.

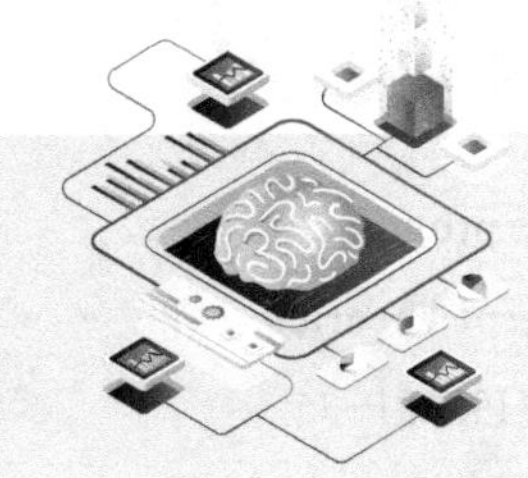

第4章

自动驾驶网络的参考架构

电信领域的标准组织针对自智网络或者网络自动化、智能化定义了一些参考架构，比如TM Forum的“IG1251 Autonomous Networks Reference Architecture v1.0.0[1]”，ETSI的“Zero-touch network and Service Management (ZSM);Reference Architecture”。

本章描述的自动驾驶网络参考架构，可以作为运营商搭建自动驾驶网络、供应商实现自动驾驶网络部件的设计参考。

自动驾驶网络架构的范围包括运营商拥有的通信网络以及支持网络运维的软件系统和云端服务。

4.1 顶层架构

自动驾驶网络的愿景可以分解为如下的架构目标。

- 自动，基于用户意图业务的自动部署，最终目标是业务全自动部署。
- 自愈，预测预防故障并基于事件自我恢复，最终目标是全自动运维。
- 自优，根据用户体验自适应调整优化，最终目标是全自动优化。
- 自治，在自动、自愈、自优的基础上，网络功能自适应、自学习、自演进。

自动驾驶网络的架构设计原则可以分为6个通用设计原则和5组专项设计原则。

1. 通用设计原则

（1）分层自治闭环

对于行业和客户视角的宏观分层原则，TM Forum、ETSI ZSM等已形成共识，分为资源运营层、业务运营层、商业运营层。

ICT基础设施智能化数据处理量未来将暴涨千倍以上，网络状态感知的粒

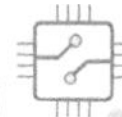

度更细（从管道到会话）、采样频度更高（从当前的小时级/分钟级采集到秒级/毫秒级采集），面对不同业务处理时延要求（从天级到毫秒级），这都要求自治闭环做到分层就近闭环。

（2）允许持续学习和进化

智能化ICT基础设施的每一层，包括商业层、业务层、资源层等，都应当具备持续学习和进化能力，可以做出决策和控制复杂的情况，而不依赖于预先确定的程序。

这种学习和进化从部署及使用的那一刻就开始了，贯穿机器的整个生命期，称为终身学习与进化。

系统需要从人类专家的网络操作中学习专家知识来服务决策，从环境状态变化中学习环境模型并适应环境，借助最终用户体验来改进网络运营。这要求系统具备快速局部学习和优化能力、抽象学习和自进化能力、基因突变式的创新突破能力。

（3）使用基于数据+模型的混合架构

自主决策“可信赖”是ICT基础设施全面智能化的基本前提和架构设计基础。在通信和工业领域，ICT计算/存储/网络是关键基础设施，智能化必须以“可信赖”为基本前提，要具备可解释性、可预测性。传统的黑盒化智能方法和过程，只能在局部用于提升感知和分析的效率，不适用于自主决策和控制。对于关键业务，必须采用可信赖的自主决策方法。

基于模型的架构，在研发阶段/基础设施设计阶段，建立基于数学公式或可计算函数的可保证、可信任的模型，逻辑过程合理，决策结果可预测。

基于数据+模型的混合自适应架构，在感知和分析等环节，使用高效率的基于数据的方法，提高感知和问题识别效率；在决策和执行过程中，则基于模型方法，确保逻辑合理和结果可预测。同时，针对复杂的环境变化、最终用户的变化等难以预测、不确定性问题，通过基于目标的自适应闭环方式，寻找最优或接近最优的问题解决方法。

（4）允许人机间使用人机共生模式的任务协作

ICT基础设施智能化的理想人机分工模式是“人机共生”。人类负责创造性和智慧性活动，如定义新业务、设定目标、制定假设、确定标准、进行评估等。ICT基础设施则负责常规的工作，包括任务分解和执行，并为人类的各种活动和决策提供辅助。人与机器之间的合作方式从人在环内转向人在环外。

人机之间要能够交互学习。人教机器，即机器通过学习专家任务和结果，获取专家经验，提高机器智能水平；机器教人，即机器提供仿真、孪生环境，使人在模拟环境中进行类现场式学习。

（5）允许机机间使用分布式智能分担负载

机机群体智能协作，类似自然界的蚁群、蜂群效应，一群自治域或智能化的网络设备，相互交互并与它们的环境进行交互，完成全局“智能化”行为。它的基本特点有：去中心化，强健壮性；可扩展性强，易于增加新的个体；个体简单，每个智能体能力或行为规则简单；自组织性，通过简单的个体交互过程突出智能，可在适当的进化机制引导下发挥作用。

自动驾驶网络分层群体智能协作可以是网元设备间的智能协作或者自治域间的智能协作。

（6）允许任何情况下人工接管系统

作为应对灾难、故障、系统无法覆盖场景的逃生通道，人类可以在任何时刻主动干预和接管ICT基础设施，并享有绝对的高优先权。

系统遇到超出预期的意外事件时，可以向人类发出接管请求，由人类实施接管活动。

2. 专项设计原则

（1）提升业务敏捷能力

这组设计原则用于指导实现网络业务运营敏捷性，提高业务运营效率。

- ◆ 持续、在线评估每个业务的目标满足度。评估业务目标满足度触发实时故障闭环；评估潜在风险，提供优化建议；定量评估目标满足度低的关键业务，识别新业务机会点。
- ◆ 主动预测业务和容量诉求，提前规划和部署，达到客户诉求与网络资源和业务供给能力的合理平衡。
- ◆ 定期核对和修订业务的资源占用，保持数据和物理系统一致。对各种类型的资源占用，包括物理管道/纤缆/端口、逻辑IP地址/域名/号段/通信端口等，应当提供核对和修订数据的手段。
- ◆ 定期进行业务择优&进化。识别重要的、受客户欢迎的、处于订阅上升期的业务；淘汰客户很少关注和订阅的业务；优化和改进业务目标满足度低的业务；定义和上线新业务形态以满足新诉求。

（2）提升运营与运维效率

这组设计原则用于指导提升网络资源运营与运维效率。

- ◆ 持续分析资源和业务的性能及状态，提前预测，而不是被动等待劣化事件报告。
- ◆ 主动检查和纠正人为操作错误。在复杂的网络扩容改造、应急业务恢复、故障修复等活动中，人工操作可能难以避免，需要避免人因错误

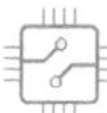

导致严重的网络事故。

◆ 定期模拟生产和故障事件，主动检查和确认网络应对能力与设计预期的差距，提前发现和修正网络设计限制、使用不当等问题和风险，避免生产故障。这种模拟、检查、风险识别、应对和修正活动，应当允许被自动化和智能化地重复执行，且尽可能使用真实的网络状态和环境数据。

◆ 从所有资源和业务故障中学习。ICT网络不但要具备资源和业务故障的快速感知、快速业务恢复能力，还需要具备针对故障的持续学习和进化能力。智能化地定期总结历史故障的规律，改进预测、检测和故障处理方法。定期分析和识别网络流量拥塞类、环境类故障（针对已知不可预测/不确定性故障），从人类专家的分析和处理经验中学习跨网络节点综合分析和应对处理知识，提升故障自主处理比例。定期分析和识别未知网络故障（针对未知故障），提供智能化现场信息采集和分析手段，辅助人类专家分析和解决问题。

◆ 分享运营和运维经验、知识，制定运营和运维规则，能提高整体运维水平，减少操作失误导致系统出故障的可能性。

◆ 定期评估资源和业务TCO，从网络整体顶层设计的视角，通过自动化和智能化等手段，控制TCO尤其是OPEX的增长。

（3）保障网络系统可靠性

这组设计原则用于指导保障网络系统可靠性。

◆ 划分大小合理的自治域，控制故障的影响范围。

◆ 智能地从故障中自动恢复。持续、自动化地针对资源和业务，监控各种关键性能指标和状态，在超出阈值门限时触发自动恢复。

◆ 提前预测或主动识别故障。相对于事后修复行动的方式，提前预测或主动识别故障能预先采取对策，有效地控制风险，提升系统的可靠性。

◆ 模拟和验证故障应对方案的有效性。在网络规划和业务定义时，对可能出现的故障提供应对方案，并模拟和验证其有效性。

◆ 定期演练或测试故障处理过程。提前演练或模拟任何可能发生的故障，观察网络的反应，判断网络的可靠性和容错能力，验证各种预期策略的有效性；同时，发现网络中未预料到的短板和弱点，帮助提升系统可靠性。故障演练需要遵循常态化（定期）、标准化（最小场景和应对手段）和智能化（基于架构和业务推荐）原则。

◆ 预留冗余资源应对多点故障。冗余是提升网络可靠性的核心原则。

ICT网络设备节点多、运行环境复杂，多点故障发生概率大，需要从拓扑组网、业务路由、设备间链路、设备硬件多个层面进行冗余设计，提升对抗故障的能力，提升系统可靠性。

（4）实现可持续发展与绿色节能

这组设计原则用于指导自动驾驶网络实现可持续发展和绿色节能。

◆ 持续评估和分析资源消耗、排放量。针对网络的资源和业务，分场景建立不同的资源和业务对应的排放计算模型，持续收集、分析对应的排放数据，建立关键绩效指标。同时，对未来的排放数据和变化趋势进行预测，评估提高网络效率的同时减少环境影响的改进措施。对排放量数据的分析和评估要覆盖网络全生命周期，不但覆盖设备购买和使用过程的影响，还包括设备最终退役和报废所产生的影响。

◆ 制定整体可持续目标。针对整个网络，制定可持续发展与绿色节能目标，并持续规划、提供必要的资源，保障可持续目标达成。

◆ 动态更新资源消耗和排放策略及方法。基于业务负载在地域、时间、用户等多个维度的差异性，智能化、动态地调整网络设备和业务的节能策略，在用户体验不下降、业务无损伤的情况下，减少网络设备的排放。在规划、建设新的网络时，保持设计的灵活性，以便快速采用新的、更高效的设备和软件产品。

◆ 减少下游客户升级、切换的成本和资源消耗。

◆ 充分利用冗余资源。利用冗余资源承载一些优先级低的非关键业务，尽可能最大化这些冗余资源的利用效率。

（5）实现持续学习和进化

这组设计原则用于指导自动驾驶网络实现持续学习和进化。

◆ 使用分层的持续学习架构。ICT网络的商业层、业务层和资源层提供的能力不同，收集、处理的数据不同，对学习和进化的频度以及实时性要求也不一样，需要有针对性地分别采用不同的学习架构。

◆ 从人类专家的操作历史中学习。提炼出数字化领域专家经验和知识，进一步辅助决策或代替人做出决策。

◆ 使用边界有限的、快速自适应式的进化架构。通过设定有限边界，将知识计算和提取的求解空间控制在有限范围内，持续学习、知识的验证才变得可行。优先采用局部自优化式学习和进化模式，快速响应环境变化。

◆ 允许类基因突变的变革式进化架构。依托智能体种群，通过自然选

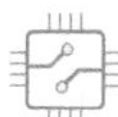

择、适者生存机制，最终实现创新式学习和进化。这种方法理论和架构还在早期研究阶段，需要持续跟踪。

- ◆ 允许修正并回退错误或低效的进化。对于可能出现的错误进化方向，或者低效的进化，系统要允许修正并回退。
- ◆ 定期评估学习和进化的效果。确定是否可以将学习和进化从孪生验证环境转入产品环境使用。

3. 顶层架构逻辑视图

业界现有的自智网络参考架构是2021年TM Forum发布的IG1251 Autonomous Networks Reference Architecture v1.0.0。

本书给出新的自动驾驶网络系统上下文和顶层架构，并且细化了自治域的定义，如图4-1所示。与TM Forum规定自智网络的范围略有不同，华为自动驾驶网络解决方案关注OSS层及之下的部分。

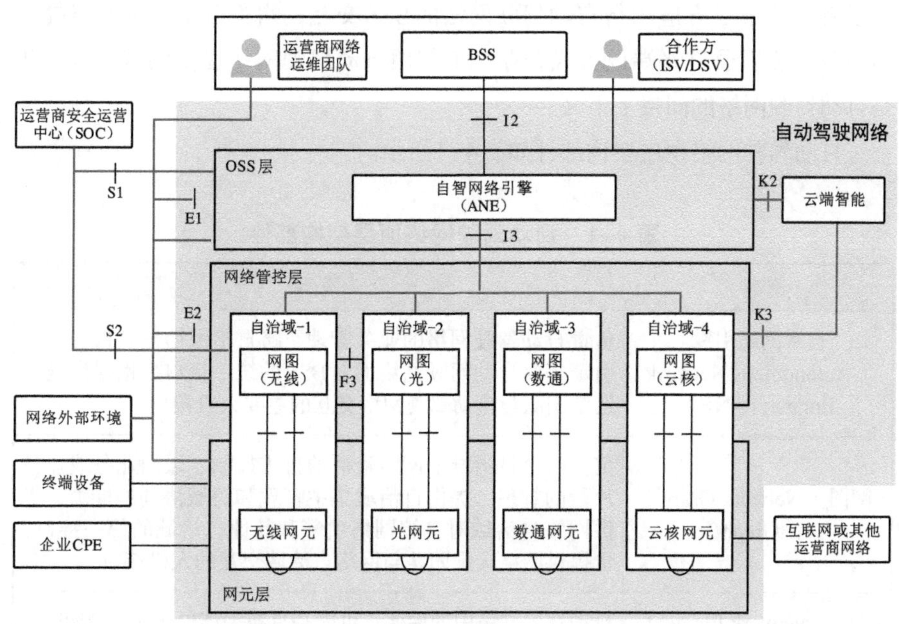

图 4-1　自动驾驶网络系统上下文和顶层架构

运营商自动驾驶网络的上下文说明如下。

- ◆ 网络运维团队，如运营商的运维人员、网络规划设计人员、外包维护团队等，这些人通过用户界面访问自动驾驶网络。
- ◆ 业务支撑系统（Business Support System，BSS），为网络客户提供网络业务的计费、结算、账务、客服、营业等，BSS通过机机接口与自动驾驶网络对接。

- ◆ 合作方（Partner），包括ISV（Integration Service Vendor，集成服务供应商）和DSV（Delivery Service Vendor，交付服务供应商），这些供应商负责系统集成和交付部署。
- ◆ 直接连接到通信网络的客户侧设备，如移动终端、企业CPE（Customer Premises Equipment，用户驻地设备）等。
- ◆ 互联网或其他运营商的网络，与运营商网络互联互通。
- ◆ 网络外部环境，如机房、塔架、供电、散热、无线信道范围内的建筑、植被以及天气等。
- ◆ 与自动驾驶网络对接的其他软件系统，如运营商的SOC（Security Operation Center，安全运营中心）提供用户集中授权、认证和审计、系统安全漏洞管理等功能，这类部件是可选的。

运营商的最终客户，如企业用户、个人用户、家庭用户等，通过Web界面或者一些第三方应用与自动驾驶网络的BSS交互，购买自动驾驶网络提供的服务，然后通过终端设备或企业CPE使用自动驾驶网络提供的服务。这些是自动驾驶网络的间接上下文。

自动驾驶网络顶层架构部件如表4-1所示。

表4-1 自动驾驶网络顶层架构部件

部件	说明
自智网络引擎（Autonomous Network Engine，ANE）	负责自动驾驶网络的业务管理、跨自治域协同。自智网络引擎提供自动驾驶网络面对BSS的统一接口，也提供网络运维团队与自动驾驶网络交互的主要人机接口
网图（Network Graph，NetGraph）	负责某个自治域的网络资源的自主控制、域内业务或业务片段的管理，提供自治域集中管理和跨域协同的能力，提供网络自治域对自智网络引擎和其他自治域的统一接口，也提供网络运维团队与网络自治域交互的人机接口
网元（Network Element，NE）	自动驾驶网络中的网元，可能是具备智能原生（AI Native）能力的智能化网元，也可能是未智能化的网元
云端智能	提供自动驾驶网络的知识管理能力，包括离线的知识训练、验证和发布等能力。这些知识可能来自网络设备供应商、软件供应商或运营商自己，所以可以有多个云端智能

本书认为自治域是包括实现特定网络操作闭环的自动驾驶网络子网和软件系统（如网图）。自动驾驶网络可以划分为多个自治域，可以按照技术域、供

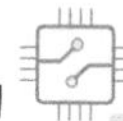

应商、行政区域等因素划分。自治域可以嵌套，可将自智网络引擎管理的自动驾驶网络看作一个大的自治域。

自动驾驶网络顶层架构接口参考点的说明如表4-2所示。

表 4-2　自动驾驶网络顶层架构接口参考点

接口参考点类型	说明
I接口	上下层自治代理之间的接口，包括自动驾驶网络客户应用于BSS之间的接口、BSS与ANE之间的接口（图4-1中的I2）、ANE与网图之间的接口（图4-1中的I3），网图与网元之间的接口。自动驾驶网络代理之间可以使用意图接口，也可以使用传统的API
F接口	同级自治域之间的接口，由网图提供给同级的网图（图4-1中的F3），F接口可以复用I接口
K接口	知识接口，位于云端智能与ANE、网图、智能化网元等自动驾驶网络代理之间（图4-1中的K2、K3），为自动驾驶网络代理提供知识训练和知识更新
S接口	安全接口，位于SOC和ANE、网图之间（图4-1中的S1、S2），为自动驾驶网络提供用户集中授权、认证和审计、系统安全漏洞管理等功能。这个接口是可选的
E接口	自智网络引擎和网图为运维专家提供的人机交互接口（图4-1中的E1、E2）

4. 顶层架构特征

自动驾驶网络顶层架构具备如下特征。

（1）分层自治闭环

围绕目标自治闭环（目标达成、持续评估迭代）。自治闭环方法过程和特点为：状态监控和分析（长中短期，如业务流量状态、节能状态、业务SLA目标和节能目标等达成情况）→机器自主决策（如决定启动某个区域的基站夜间节能模式）→目标分解和执行（确定具体基站是否启动节能，以及进入何种节能模式）→目标达成结果和影响评估（节能效果，对不同业务的影响，如逐个小区的2C业务平均带宽、关键2B业务、端到端时延等SLA指标变化等）→对客户的影响（可接受，不可接受）→持续迭代调优。

分层如下。

- 资源运营层（Resource Operation）：网元+单领域网图形成资源运营层自治域，面向基础设施，负责实时/近实时资源供给和保障。
- 业务运营层（Service Operation）：面向最终用户，负责面向用户的业务使能、体验保障等。

- 商业运营层（Business Operation）：面向商业使能，负责商品管理、订购、计费、帮助台等。

根据业务处理时延要求就近闭环，包括：网元就近处理（亚秒级至毫秒级，如业务&设备高可靠切换，用户移动性等）；单自治域就近处理（分钟级至秒级，如重路由、业务迁移、网络级关联分析等）；全网处理（天级至小时级，如容量规划、站点搬迁等）。

（2）分布式数字孪生

分层建立数字孪生体是ICT基础设施走向智能化的一个基础：资源运营层、业务运营层和商业运营层，按照分层自治闭环原则，分层建立各自的数字孪生体，与真实的物理世界持续保持状态一致。

数字孪生体提供如下功能。

- 为同层的ICT基础设施的丰富应用（包括研发设计环境应用、现场业务设计应用）提供最基础的、归一化的原子化数据和状态服务，并提供针对数据和状态的重放能力。
- 数字化记录物理世界，可反复重放携带时间标记的资源/业务/商业数据及其状态变化数据，可反复重放历史数据，使得仿真、决策过程的训练、验证更贴近真实世界。
- 在数字世界中，人工或者智能化创造训练数据：人工创造实际物理世界中几乎不可能或者极难捕捉到的边缘场景数据，提升仿真和训练的全面性。
- 数据与功能解耦：ICT基础设施丰富多彩的应用基于抽象后的数字孪生体进行构建，减少对物理世界差异化的适配复杂性；分割数据孪生体、应用的变化点，减少系统复杂性；减少应用之间的耦合点。
- 以虚控实：通过访问和操作虚拟空间的数字孪生体，达到间接访问、操作物理空间的ICT基础设施和业务目的，屏蔽厂商、软硬件版本差异性。

数字孪生体提供的数据类型包括基础数据（如环境、资源、业务、商业产品等）、运行数据（如资源和业务状态数据，故障/性能/日志，分析、预测结果，规划、建设、维护数据）、商业数据（如计费和订购等）。

（3）分布式知识、训练和推理

参考架构中，通过云端智能、云地协同和联邦学习相互配合实现知识的发布、共享、推理和训练。

云端智能：提供AI模型和知识以及数据集的发布及共享能力，主要由AI

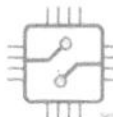

应用管理、数据服务、AI训练服务、知识服务、AI协同服务构成。自动驾驶网络云端智能是跨域知识与AI模型的共享中心，它与BSS/OSS/自治域知识中心形成跨域协同和单域自治的分布式AI。

云地协同：知识和模型传递，AI能力控制协同，解决算力、数据量平衡和数据孤岛问题；AI模型能在不同的网络层级流动，可在不同的异构环境执行；AI适应不同的设备环境，满足资源有限的场景；支持AI实时响应，满足低时延的场景。

联邦学习：各方数据都保留在本地，不泄露隐私，也不违反法规（各数据持有方之间网络隔离）。在联邦学习的体系下，各个参与者的身份和地位相同（各参与者在网络结构中是对等的）。联邦学习建模的效果和将整个数据集放在一处建模的效果相同，或相差不大（各参与者只与单个模型交互，就像各自私有的模型一样）。各个参与者联合数据建立虚拟的共有模型和共同获益的体系。

（4）终身学习与自进化

分层建立知识平面使得ICT基础设施越来越“聪明”，是其走向智能化的标志和另一个基础：ICT基础设施的智能化不是一次性的，而是在使用过程中不断自我学习和自我调优、进化，获得与真实物理环境、业务场景越来越匹配的知识和认知能力，即新知识。这些新知识经过筛选和确认后，将被应用于下一步的自治闭环控制中，使得ICT基础设施越来越智能化，自治闭环效率也更高，甚至自身的学习能力也不断提升。

终身学习与进化：机器终身自学习，针对环境、状态、机器人行为和结果的持续学习，持续优化自身知识和模型，快速适应环境。这种学习和进化从部署及使用的那一刻开始，贯穿整个生命周期。

进化方法：机器终身进行自身参数的快速调优、基于功能块的组合进化和自然选择式演化。

终身学习与自进化的最终目标是类人化认知，包括：可信赖，基于因果关系的逻辑推理、逻辑归纳和演绎；具备基本认知（常识、价值评估），中长期要具备高层认知，如感受、需求、自我意识、联想、网络知识精炼（提取抽象知识）。

（5）人机协作共生

1998年，卡斯帕罗夫（Kasparov）举办了全球第一届“半人马象棋赛”（Centaur Chess），“人类+AI”这一“半人马”组合结合人的大局观和AI的推演计算优势，击败了人类选手，同时也击败了纯计算机选手。实践证明，人机协同形成的“半人马模式”，能够产生1+1>2的效果。而人机协作共生是人与智能机器合作的高级形态。人机协作共生包括如下要点。

- ◆ 人机任务协作从人在环内转向人在环外。机器承接原来由人承担的简单、重复执行的任务，人转向那些关键的创造性任务，如定义系统目标、制定策略、规划、设计、新业务定义和开发等。从人操作机器完成任务转向人指挥机器完成任务，机器成为任务执行主体，人通过目标、策略、接管等方式，影响基础设施运行，且只在必要的情况下才接管和干预机器运行。机器需具备按需发起动态工作任务的能力，目的是应对不确定和不可预测任务，如网络拥塞、频繁故障点。未来的理想状态是：在后端，人负责指定目标和策略的意图；在前端，机器负责分解目标，指导现场人员和机器协作执行任务。
- ◆ 紧急情况下，人可以接管和控制机器，可以对关键任务进行干预。
- ◆ 人机之间可以交互学习，实现人教机器和机器教人。

（6）机机群体协作

群体智能源于对以蚂蚁、蜜蜂等为代表的社会性昆虫的群体行为的研究，最早被用在细胞机器人系统的描述中。它的控制是分布式的，不存在中心控制。群体具有自组织性，群体智能具备如下特征。

- ◆ 通过并行化提高性能：群体智能系统非常适合并行化，因为群成员根据各自的规则在单独的基础上运行，并且可以同时在不同的位置执行不同的操作。
- ◆ 任务赋能：智能体组可以完成单个智能体不可能完成或完成困难的某些任务。例如，重物的集体运输、动态目标跟踪、协同环境监控、大面积自主监控。
- ◆ 可扩展性：将新智能体纳入一个群体不需要重新对整个群体编程。
- ◆ 分布式感知和行动：在大型搜索空间中部署的一组简单互联的移动智能体比单个复杂智能体具有更大的探索能力和更广泛的感知范围。
- ◆ 稳定性和容错性：由于群体智能的去中心化和自组织性质，单个单元的故障不会影响给定任务的完成。如果一个或几个个体失败或退出任务，群体可以通过重新分配隐式任务来适应种群规模的变化，而无须任何外部操作。

自动驾驶网络中典型的群体智能应用有网元间智能协作和自治域间智能协作。

网元间智能协作具有实时性/近实时性、智能化协议、语义化接口或意图协作接口，可互相传递状态、语义或知识，多系统、多领域协作完成任务，如面向MBB（Mobile Broadband，移动宽带）端到端组网的业务开通、流量控制、业务保护、容灾协作等。

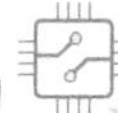

自治域间智能协作指面向多领域、多厂商的业务开通，网络级质量感知和保障等。由一个自治域发起，自治域间横向协作，共同完成一项任务，例如，在 1 s 内实时开通端到端的 XR 业务，从终端侧发起，经过 RAN（Radio Access Network，无线电接入网）→承载网→核心网→云端，各自治域横向驱动完成端到端通道建立。

（7）网络内生安全

网络内生安全涉及以下几个方面。

- ◆ 自防御：自动驾驶网络采用内生安全的理念，自身构建防御能力，主要涉及的安全技术包括系统安全防护、身份认证与访问控制、安全隔离、数据安全保护、AI 安全。
- ◆ 自检测：为了保护系统的安全，网元与网图都具备必需的安全防护能力，可以提供安全的运行环境，但不能完全防御各类攻击行为，需要结合安全检测技术，实时检测攻击，及时发现安全风险。
- ◆ 自恢复：网络安全事件自响应、自闭环是网络安全自治的目标，实现该目标的关键技术是 SOAR（Security Orchestration, Automation and Response，安全编排、自动化与响应），SOAR 可以将不同系统或一个系统中不同组件的安全能力通过剧本，按照一定的逻辑关系整合到一起，用以实现某个或某类威胁事件的自动化处置闭环。
- ◆ 动态信任：网络已经开始从有边界向无边界发展，传统“基于边界”的防御理念已经过时，基于零信任的网络安全防护理念逐渐得到业界的认可。零信任的核心就是“持续验证，永不信任”，对通信的对端，不管是自然人、设备还是某个系统，默认都不信任，需要持续对其进行风险评估，基于评估的结果进行动态策略控制，从而保证整个网络的安全。

4.2　自智网络引擎

与汽车自动驾驶希望创建人的生活、工作之外的第三空间一样，网络自动驾驶的目标也是希望通过不断提升网络自动化能力，快速适配当前万物互联背景下的各种创新业务，为运营商创新商业场景提供支持。网络作为核心和底层架构，自动化的价值和挑战都不言而喻。

自智网络引擎作为与网络商业对接的部分，直接面向客户提供网络价值变现。自智网络引擎的核心目标是在网络运营效能提升的同时，通过统一商业、业务和网络的底层语言，突破网络到商业影响分析的底层算法，构建环境、网络、知识的多孪生体，形成业务到网络的双向、实时、定量的映射模型，将资源变现成能力、将能力经营成价值、将支撑体系变革为交易体系，快速满足商业/业务的诉求。

4.2.1 基本概念

运营商网络从上到下主要分为4层，分别是用户和环境层、业务质量层、网络状态层以及网元层。

用户和环境层是电信网络的最终用户和用户所处的环境，诸如居住、购物、医疗、工业园区等区域。用户在不同的环境下对网络有不同的需求，不同用户在相同环境下对网络的需求不同，不同区域在不同的时间对网络的需求也不同。如何标准化划分用户环境区域，如何精准识别用户和用户所处的环境，如何精准匹配用户在不同环境、不同时间下的需求，是这一层需要解决的关键问题。

业务质量层是网络对外呈现的业务能力，如带宽、时延、速率、时延等，是用户能感知的网络业务指标，这些指标直接与用户体验和用户签署的SLA相关。例如，视频业务类的用户会与运营商签订对带宽、速率、时延等指标的SLA条款，这些指标与用户的视频业务体验直接相关。面向用户提供确定性的业务保障和高质量的体验是这一层的重点。

网络状态层面向网元层提供网络的状态、配置、管理和控制等能力。如何实时处理海量的网络告警、快速进行根因分析定位、实时解决网络故障等是这一层重点关注的问题。

网元层包含网络物理设备和虚拟设备，是网络的基本组成部分。

4层网络分别由用户需求/体验闭环、业务质量闭环和网络故障闭环这3个闭环衔接，实现用户需求的端到端闭环。用户需求/体验闭环负责实现商业价值，基于商业网格的网络能力自动匹配用户需求，实现用户意图的自动闭环。业务质量闭环负责业务质量保证，提供基于确定性SLA的业务质量（如时延、抖动、带宽）保障。网络故障闭环负责网络状态保障，能够提前预测隐患、提前修复、自动检测故障、自动修复、预测网络性能和智能调优。自智网络引擎的目标就是实现这3个闭环的高效达成。自动驾驶网络图层与业务闭环如图4-2所示。

针对网络的“四层三闭环”，自智网络引擎提出了BAZ、SRCON（Simulation Reality of Communication Networks，通信网络仿真现实）、EDNS（Expected Demand Not Satisfied，用户网络服务不满足度）和超自动化等一系列概念，通过这些新概念，可以快速理解和展开自智网络引擎。

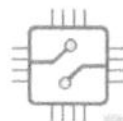

BAZ是指电信运营商按照地理位置、行政区域，依托城市和通信大数据，对流量、用户特征、时空特征等网络业务实际运行特征进行综合考量，按照区域网络业务特征进行全球标准的地理位置的精细化网格（最小网格可精确到1.5 cm）划分，自动识别居住、购物、医疗、园区等区域并划分网格，然后按照不同网格进行针对性的商业和业务的设计和推广，提升区域商业价值。例如针对CBD（Central Business District，中央商务区）的大型商超和居民区，网络流量特征差异明显，并具有明显的互为补偿关系。合理地对区域进行网格划分，可以有效地进行资源配置，促进业务发展。通过对BAZ进行合理、自动划分，针对高价值BAZ实现自动驾驶L5，无论从价值还是可行性上看，都是最优的选择。

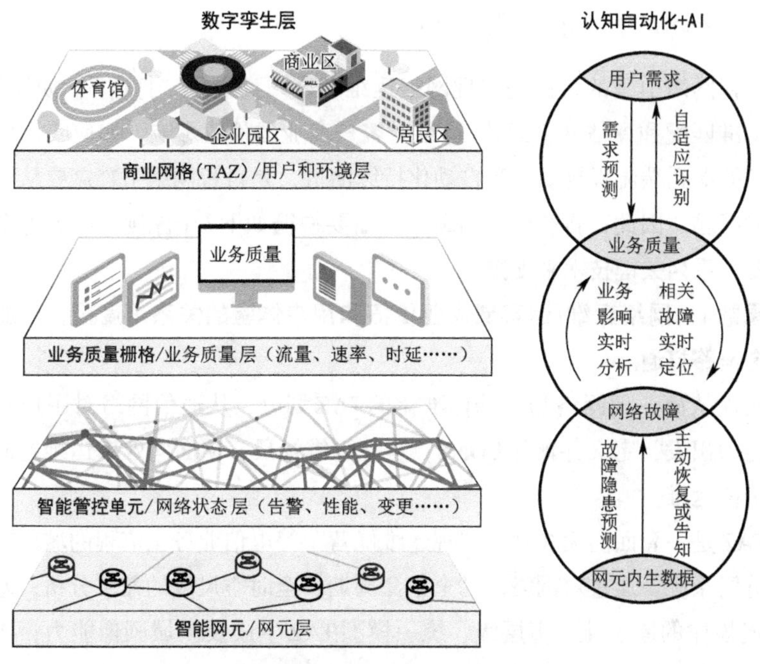

图 4-2 自动驾驶网络图层与业务闭环

SRCON是通过建立网络层级统计数学模型，实现对网络结构及策略优化的模拟现实“仿真”，解决现实环境难感知、复杂网络建模等难题。

EDNS是指从系统整体性和用户需求角度评价网络可靠性，从通信网络对用户提供的服务能力出发，对用户网络服务不满足度进行定义和评估。参考电力系统的用户用电不满足模型—— AENS（Average Energy Not Supplied，平均停电缺供电量），构建系统及用户服务不满足度模型，对用户网络服务不满足度进行建模和度量，形成统一的运维标尺。

超自动化（Hyper-Automation）由Gartner在2020年提出，它是一种规范的业务驱动方法，目标是自动化组织中一切可实现自动化的东西。业界通常的做法是通过构建组织数字孪生来支撑企业从自动化走向超自动化。超自动化不是一种新技术，而是一个技术合集，包括RPA（Robotic Process Automation，机器人流程自动化）、低代码开发平台和流程挖掘等一系列技术。通过超自动化的技术组合，可以基于组织数字孪生，快速识别、审查尽可能多的业务和IT流程并实现自动化，最终实现运营商的业务自治。

通过自智网络引擎，运营商将实现商业重塑，从最早的以行政区域、地理栅格到精细化、标准化划分的BAZ，网络运营/运维从粗放的、大众化的和尽力而为的，走向精细的、个性化的和确定性保障的，支撑运营商数字化和转型。

4.2.2 架构设计的关键原则

自智网络引擎的目标是实现网络运维和客户商业的“打通”。如何打通，如何精准匹配和评估网络运营/运维对客户商业的价值影响，如何实现用户商业闭环的端到端流程自动化和自动化持续演进，是自智网络引擎需要从架构上考虑的问题。因此，自智网络引擎架构需要遵循如下3个原则，同时每个原则都需要一系列关键技术来支撑。

原则1：网络运维/运营域商业价值和用户体验的关系可度量，商业到网络的全链路打通。

构建从商业到网络端到端标准化的TAZ划分，从通信网络对用户提供的服务能力出发，定义并评估EDNS，建立运维标尺，从面向效率运维走向面向商业价值运维。

TAZ是一套面向无线网络“规建维优营”等电信业务全流程的城市空间网格化分区系统。通过对网络活动全生命周期、全时空尺度的需求分析，基于分级人流规律的原子化、多层级、统一模型TAZ生成及区域画像能力，构建一网统管的数字网格化技术。

借鉴电力系统用户用电不满足模型，基于分布式系统服务可靠性模型，系统地构建EDNS模型，通过模型实现量化网络质量对用户的最终影响。

原则2：知识和数据混合驱动，网络状态-业务-用户具备定量化关联。

构建跨层跨域网络状态模型，构建网络状态到业务质量的投影，建立网络状态-业务-用户的定量化关联模型，关联网络与商业，从面向网络效能优化走向面向用户的价值创造。

建立网络状态-业务-用户的定量化关联模型，首先需要构建网络状态-业务的全息模型，需要对复杂网络系统实现统计级模拟，统计特征与真实网络一致，网络状态可模拟，用户体验可预测。同时需要构建跨层跨域网络状态模型，即以通信协议机理为框架，构建贝叶斯深度学习网络，学习网络状态对业务质量的影响模型。还需要构建电信领域的知识持续积累和优化模型，以及电信运维领域大模型，将复杂问题处理知识注入知识图谱大模型，以构建电信知识孪生。

原则3：运营/运维自动化具备自迭代、自演进能力。

构建面向电信网络运营/运维的组织数字孪生模型，用数字模型表示网络运营/运维组织的构造、运营和发展，打通人、业务和流程，实现自动化能力的自发现、自评估和自优化，支撑运营商运营/运维自动化持续迭代演进。组织数字孪生是运营商企业数字化转型和实现超自动化的前提，组织数字孪生模型技术通过构建组织的动态软件模型，基于运营和上下文数据来整合组织运营的业务模型，并与当前状态相连接，响应变化、部署资源并提供预期的客户价值。同时，通过基于组织数字孪生的业务仿真验证技术，进行业务仿真验证、流程挖掘和任务挖掘。

4.2.3　目标参考架构

自智网络引擎的目标参考架构由商业自治中心、领域知识中心、数字孪生中心、网络协同中心、人机协同中心、应用开发中心、安全管理中心7个部分构成，如图4–3所示，形成商网自治环、知识自闭环和网络协同环三大闭环。

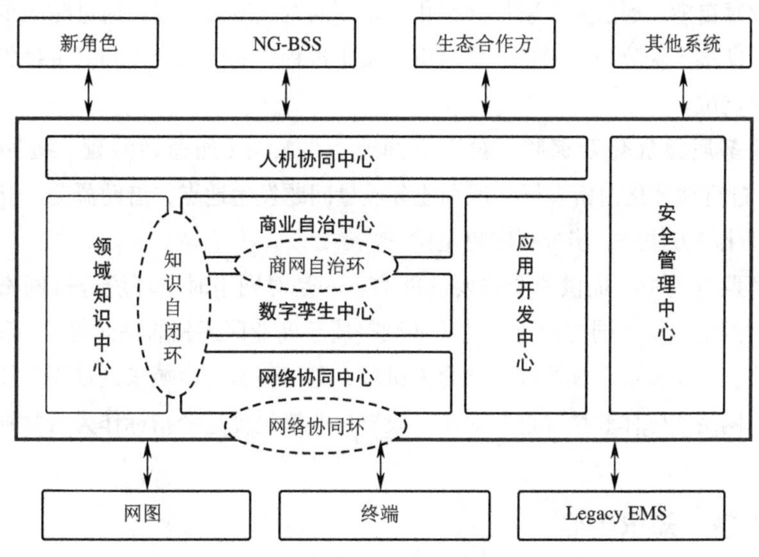

图 4–3　自智网络引擎的目标参考架构

1. 商业自治中心

商业自治中心通过承接上层系统的业务意图（如用户的体验等），基于商业网格，对用户体验的需求进行自适应的量化识别，结合成本、效率进行考虑，建立商业自治目标。

基于统一的商业网格对话务（包括数据和语音）、用户、终端、收入、投诉和覆盖等多个维度的数据进行网格化分析，典型的应用场景如下。

网络健康度评估优化。利用网络中海量的测量报告，基于站点拓扑位置、终端上报的AGPS（Assisted Global Positioning System，辅助全球定位系统）等信息，开展地理化高精度定位，准确识别出呼叫或者问题发生的位置，并通过网格汇聚对每一个地点的网络性能进行快速和准确评估，网格化直观展现网络覆盖、语音数据话务、异常事件、用户、业务KQI（Key Quality Indicator，关键质量指标）分布，对网络健康程度开展综合分析，加速网络优化的精细化。

网络覆盖优化。一方面可以快速发现网络中不同频段、不同频点、不同小区发生弱覆盖、覆盖空洞和越区覆盖问题，进而进一步发现更深层次的问题，及时指导工程师开展射频优化；另一方面还可以周期性开展网络覆盖评估，比如优化前后覆盖效果对比、及时识别覆盖变化情况，避免误优化。

用户体验优化。通过话务网格化，可以准确识别网络中话务热点的具体位置，同时可以识别网络中低速率区域，保障客户满意度；通过用户通话过程中的移动位置地理化打点，识别通话过程中的信号质量、异常信息，模拟路测，及时解决用户投诉等场景问题。

故障自愈。通过异常事件网格化，识别问题点所处位置，通过时间维度钻取，借助接入释放小区信息、异常事件发生过程中的信令流程和测量报告，开展快速定位。

业务质量优化及保障。对于不同业务的KQI（如通话时延、缓冲次数等），进行地理化栅格表征，识别业务质量问题发生地点，借助覆盖、异常事件地理化等方法进一步分析定界定位。

商业自治中心提供两个主要的能力。一是对网络时空环境进行网格化剖分，对网格赋予不同的商业属性（如网格属于商业区还是居民区等），形成商业网格。二是商业目标管理，结合人机环，基于流量自治域来设置用户体验目标，与网络实际体验情况进行对比，设置体验满足度这个指标作为目标管理的基础。

2. 领域知识中心

运维领域的知识可以分为两大类，一类是传统给人用的知识，如案例、规

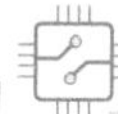

则、策略；另一类是给机器用的知识，如模型、标注、特征。知识的来源可以是各种人的运维经验的积累，也可以是机器在人使用机器进行交付的过程中学习到的经验。

领域知识中心提供单域集中、跨域分布式的混合知识管理架构，可构建图谱、AI模型、规则、策略、运维经验等全域知识库，从自治决策、流程作业等处自动回收知识，通过多智能体间、外部集中知识中心、网图间进行知识协同，面向机器、面向人提供知识服务。

领域知识中心提供的主要能力包括全域知识库、知识回收、知识协同管理和知识服务。全域知识库提供领域内各类知识资产库，知识库根据不同的知识类别，会使用图数据库、文件等不同的存储方式；知识回收提供从自治决策、流程作业等处自动回收知识，形成知识的闭环；知识协同管理与网图/网元间的知识进行协同；知识服务提供面向机器和面向人的不同知识服务。

3. 数字孪生中心

自智网络引擎希望通过打通商业、业务和网络间的动态变化关系，使系统具备动网可控、网络现象可快速追溯等能力。自智网络引擎通过数字孪生中心提供的三大数字孪生体，形成系统级的网络数字映像，以支撑这一目标的达成。三大数字孪生体是商业目标孪生体、业务服务孪生体和网络基础信息孪生体。

商业目标孪生体。通过将时空进行网格化划分，对网格的商业属性、环境特征、人的活动规律进行识别，对具有相似属性的时空网格进行汇聚，形成一个个最小的商业目标控制单元，这个单元就是商业目标孪生体。通过商业目标孪生体，在不同的商业目标孪生体实例上，可以根据目标孪生体的特征将客户的业务意图分解，形成差异化的业务诉求。

业务服务孪生体。网络提供服务的好坏有主观的打分评价，也有客观的质量指标度量。不管是主观的打分还是客观的指标度量，都只是对结果的反映。面向L5的自动驾驶网络，既需要知道结果，也需要清晰地洞察造成这些业务结果的网络原因，并构建出两者清晰的关系，从而驱动业务需求到网络需求的闭环。业务服务孪生体希望通过网络提供的不同业务服务、网络状态、业务质量进行模型描述和评估，并找到它们之间的关系，如图4-4所示。

网络基础信息孪生体。该孪生体需要对整个网络的设备、设备间的拓扑连接进行描述，形成物理网络的虚拟镜像，基于这个镜像可以对无线覆盖、网络配置等进行模拟仿真，识别、调整对网络的影响。网络基础信息孪生体由单域网元信息、跨域连接信息等内容构成。

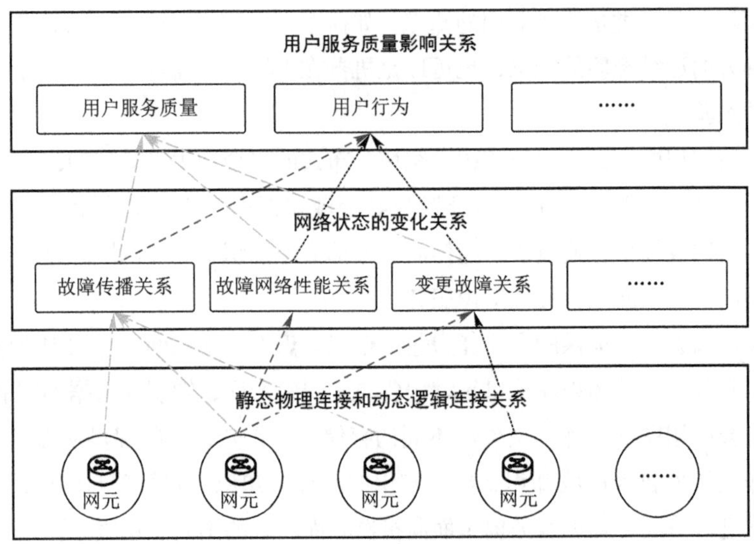

图 4-4　业务服务、网络状态和业务质量映射

数字孪生体在逻辑上可以分为3个部分，即物理实体、孪生体和规划体。物理实体代表真实的物理世界，孪生体是物理实体在数字世界的镜像，孪生体提供与物理实体的单向实时映射，即物理实体向孪生体的映射。规划体是数字世界中孪生体的副本，自智网络引擎中对网络的调整不直接作用在孪生体上，而是作用在规划体上，通过对规划体上的网络变更的模拟、仿真，可以在变更实际影响到网络之前获知变更对网络的影响是否符合预期，在变更下发前不影响孪生体。

数字孪生中心通过网络变更下发前的网络、业务仿真和迭代优化，形成集中式的内闭环；通过与网图的协同，完成变更对网络服务或配置的应用、反馈和优化，形成分布式的外闭环。

数字孪生中心提供的主要能力包括全域数字孪生映像、数字孪生仿真和数字孪生服务。

- 全域数字孪生映像，通过对设备、站点、网络、网络服务、网络用户、用户体验、业务质量、网络流量、网络能耗、商业自治域等进行数字孪生建模来形成。数字孪生映像通过按需、实时的数据采集，在减少采集数据量的情况下，尽可能保证物理实体和孪生体之间的一致性。
- 数字孪生仿真，基于全域数字孪生，在自智网络引擎内完成变更下发前的网络/业务仿真和迭代优化，形成集中式的内闭环DTN（Digital Twin Network，数字孪生网络）。
- 数字孪生服务，基于全域数字孪生体提供系统认知、系统诊断、系统

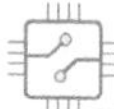

预测和辅助决策等服务。系统认知一方面是指数字孪生体能够真实描述及呈现物理实体的状态，另一方面指数字孪生体除具备感知及运算能力外，还具备自主分析决策能力，后者属于更高层级的功能，是智能化系统发展的目标与趋势。系统诊断是指数字孪生体实时监测系统，能够判断即将发生的不稳定状态，即“先觉”。系统预测是指数字孪生体能够根据系统运行数据，对物理实体未来的状态进行预测，即“先知”。辅助决策是指能够根据数字孪生体所呈现、诊断及预测的结果，为系统运行过程中各项决策提供参考。

4. 网络协同中心

自智网络引擎通过网络协同中心与网图、终端、存量EMS（Element Management System，网元管理系统）进行交互，实现跨域意图与单域自治间协同。

网络协同中心对内将网络的网络影响事件、网络变更等传递给数字孪生中心、商业自治中心等系统，对外通过意图接口实现与网图的业务意图交互，提供精简控制命令接口保障应急使用，同时提供超自动化框架能力。

5. 人机协同中心

自动驾驶网络本质上就是自智代理（机器）逐步承接运营/运维日常工作的过程，随着机器能力的逐步提升，机器的角色逐渐从助手、助理向管家、独立经理人的角色转换。在很长一段时间内，自动驾驶网络都将是人机协同的状态，如何有效协同，如何帮助机器逐渐走向独立自主并且可控，如何把当前系统中主要由人使用的知识变成机器使用的知识，是人机协同中心需要解决的关键问题。人机协同中心主要的能力就是面向流程人员，提供人机协同交互界面，构建面向运营/运维的组织数字孪生，持续评估和优化人机自动化水平，实现最终的超自动化。

人机协同关注的首要问题是人与计算机之间的关系问题，从最初的人与物理系统交互到人与数字系统交互，再到人与智能系统协同，如图4-5所示。

人机协同闭环推动传统的自动化闭环模式逐步向超自动化闭环模式转变，传统由专家/项目驱动的流程、交互等自动化闭环优化模式逐渐向基于组织孪生（模型驱动）的组织级自动化效能评估、优化模式演进。自动化优化不再局限于流程的和交互的效能评估，而是将自动化能力直接与业务目标关联，基于业务意图/目标（可分解、可评估）的自实现（从传统的编码实现到低码实现，再到最终的无码实现），具备系统自评估（自动化效能评估模型）和自优化（基于组织KPI分解的目标驱动）能力。

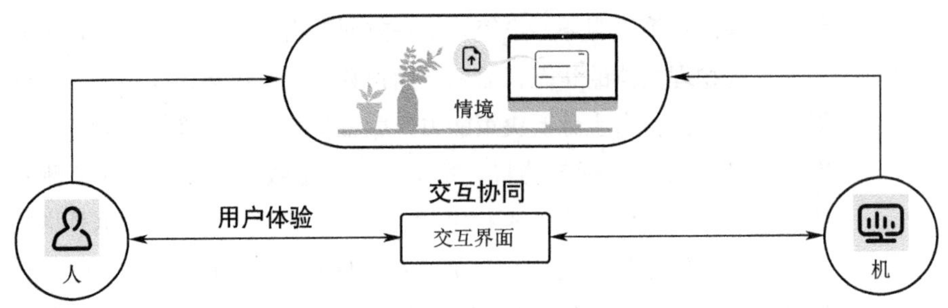

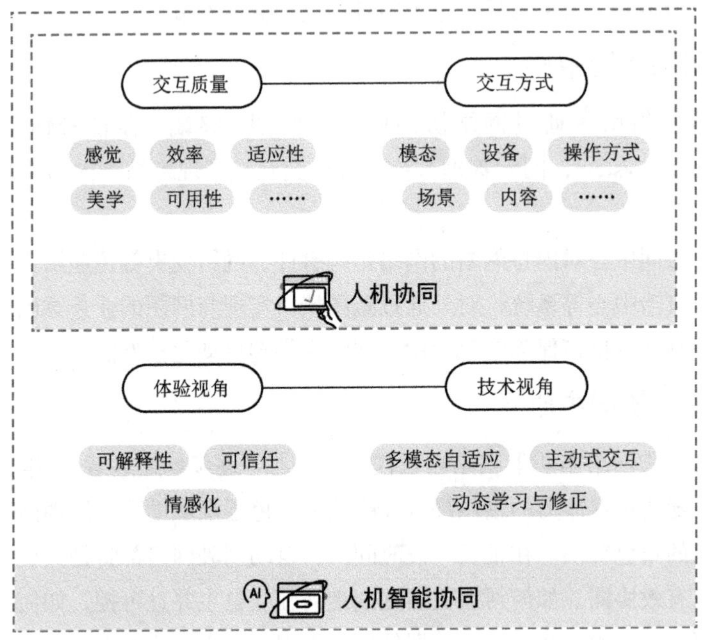

图 4-5 人机协同

人机交互中心提供的主要能力包括：意图管理，即商业意图解析，分解为业务意图和业务层变换目标；基于自然语言交互的运维ChatOps，提供ChatOps能力；组织数字孪生，提供业务运营/运维中人的行为和流程的建模，为预测问题和需重点关注的领域提供输入。

6. 应用开发中心

以往，运营商在OSS建设上普遍采取套件+定制开发模式。在当前业务日新月异的竞争环境下，这种模式很难满足业务敏捷的诉求，主要体现在下面几个方面。

需求响应周期长。传统套件大多采用单体架构设计，当增加新功能时，需要在各功能模块间协同开发、配套发布，版本周期通常长达3个月、半年，甚

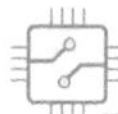

至一年，无法快速响应市场变化。

需求传递链条长。传统模式下，客户需求需要通过运营商业务部门、IT管理部门、软件供应商需求团队、软件供应商开发团队等众多传递环节，经过层层传递后，一方面传递效率低，另一方面需求容易失真，导致上线后的功能往往不完全匹配业务要求，甚至造成返工，影响业务上线。

需求定制技术门槛和成本高。完成需求定制通常需要非常了解产品，同时由具备Java/C等开发背景的程序员进行开发，运营商业务人员或系统管理人员无法直接进行业务开发和优化，运营商只能依赖ISV（Independent Software Vendor，独立软件供应商）。

随着网络自治程度的逐级提升、平台的演进，未来的网络运维人员将从传统的网络维护角色转变为自动化专家、数据分析师、AI专家等新角色。为了满足业务敏捷的诉求，业务交付模式也将从供应商定制交付转变为提供低码平台开发能力，构建"敏捷团队+资产库+平台"的新服务交付模式。

应用开发中心提供低码开发能力，以拖拽和类自然语言的方式，快速构造流程、界面、数据、AI等应用服务能力，所见即所得；多领域资产，可快速复用；基于平台自定义扩展能力，轻松应对现网复杂业务特点和快速业务定制；运行态和开发态分离。

7. 安全管理中心

安全管理中心提供自智网络引擎系统安全策略集中管控管理，包括网络安全、平台安全、应用安全和数据安全。网络安全包括安全域划分、防火墙隔离、远程维护安全、入侵检测等安全方案，通过安全组网技术对运维网络提供防护；平台安全包括系统加固、安全补丁、防病毒3类防护手段，通过提升操作系统和数据库的安全级别，为业务应用提供安全可靠的平台；应用安全包括传输安全、用户管理、会话管理、日志管理、安全告警和安全监控等方案，这些安全策略针对具体的业务应用；数据安全包括提供隐私保护生命周期管理方案，通过最小化采集、匿名化、加密、授权等技术和管理手段，在严格保护用户隐私的同时，获取用户数据的最大价值，提供敏感数据保护能力，包括数据隔离、数据权限控制、加解密和密钥管理能力。

安全管理中心对网络设备以及通信、应用所使用的操作系统、数据库、中间件容器、服务和接口、数据全生命周期提供安全保护，同时通过管理手段对系统维护、运作活动进行监管和保障，确保系统安全的连续性。

4.2.4 模块部件

对自智网络引擎的架构进行进一步的分解，可以得到图4-6所示的主要模块部件。

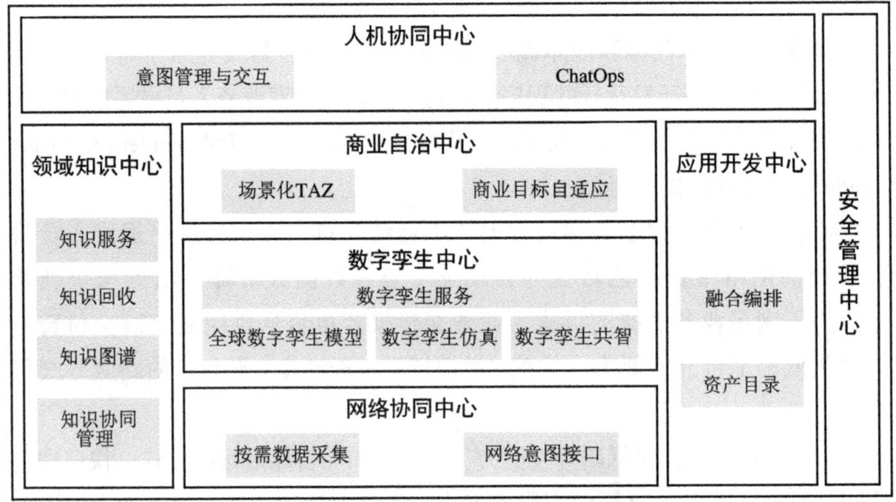

图4-6 自智网络引擎主要模块部件

1. 人机协同中心

人机协同中心主要包括意图管理与交互和ChatOps两个功能模块，提供如下功能。

- 意图的识别：系统对外存在多种交互途径，如人机接口、机机接口等，通过这些接口可以提供基于自然语言的交互，也可以提供基于API的结构化描述，意图的识别就是将不同接口的意图创建者提供的对系统的期望转换成系统能够识别的意图模型。
- 意图的评估：意图的评估包括意图达成预估、意图冲突检测和风险评估等处理。如果意图评估模块预计该意图无法达成，或与已激活意图存在冲突，或执行该意图会带来系统重大风险，则需要向意图的创建者反馈意图创建或激活失败。意图的评估在创建意图或激活意图时进行。
- 意图的执行：意图的执行是在意图生命周期中对意图达成进行持续监控的过程，是包含感知、分析、决策、执行的闭环。感知是对系统现状数据的获取过程，数据可以通过系统的全域数字孪生体获取；分析是基于意图模型，对系统的现状数据进行评估的过程，对系统的分析

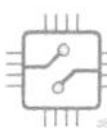

包括识别系统现状数据是否满足意图的目标、不满足意图目标的是否满足意图执行的前提条件、当前条件下意图分解后有哪些可能的策略等；决策是对意图分解出的可能的执行策略进行仿真评估、选择最优策略的过程；执行是将选择的意图执行策略转换为对系统的配置变更或网络意图的过程。

- 聊天室：ChatOps的运维交互都在聊天室中进行，用户通过命令式或自然语言方式与系统进行交互，系统通过对命令进行匹配或对自然语言进行分词、识别等处理，识别出用户的意图，再将这些意图分发给对应的机器人进行处理，机器人的处理结果通过消息的形式在聊天室中展现。
- 机器人：机器人连接系统提供的各种服务，并以聊天对象在聊天室中呈现。用户通过与机器人的交互实现对系统功能的各种调用，完成对系统的运维。

2. 商业自治中心

商业自治中心主要包括场景化TAZ和商业目标自适应管理模块，提供如下功能。

- TAZ生成服务：根据市政路网等数据对地理空间进行识别和划分，对相似功能区域进行合并形成居民区、商业区等不同类别的TAZ；以GeoSOT（Geographical coordinates Subdividing Grid with One Dimension Integral Coding on 2^n-Tree）技术为基础对TAZ进行编码；识别这些区域的流量特征，如用户数量、迁移规律等。
- 场景化TAZ：TAZ生成服务生成的TAZ是基本的TAZ，不同的业务场景将对这些TAZ进行进一步的汇聚，形成具有鲜明业务特征的区域，业务目标最后基于这些区域进行分解。场景化TAZ主要提供对这些区域的汇聚等管理功能。
- 商业目标自适应：供应商业目标到场景TAZ的分解和TAZ目标的分析、评估、执行、验证的闭环控制过程。

3. 数字孪生中心

数字孪生中心主要包括全球数字孪生模型、数字孪生仿真、数字孪生服务等模块，提供如下功能。

- 全域数字孪生管理：基于统一的数字孪生建模语言，对设备、站点、网络、流量、用户、用户体验、网络质量、能耗等进行数字孪生建模，形成对人、机器、环境的镜像刻画。基于这些孪生体识别网络质量与用户体验之间的关系。

- 数字孪生仿真：根据业务提供的仿真模型，在全域数字孪生体上对业务的策略方案进行仿真验证，在还未真正下发到网络之前验证确定业务方案的效果，寻找最佳的业务方案且在这个过程中不影响现网的设备运行。
- 孪生系统协同：提供与其他系统外的智能体的协同，如孪生城市的协同。
- 孪生服务：具体介绍请参见4.2.3节。

4. 领域知识中心

领域知识中心主要包括知识服务、知识回收、知识图谱和知识协同管理等模块，提供的功能，请参见4.2.3节。

5. 网络协同中心

网络协同中心主要包括按需数据采集和网络意图接口模块，提供如下功能。

- 数据按需采集：提供按需、实时的数据采集能力，确保孪生体能够以最小的代价与物理实体保持一致。
- 网络意图接口管理：提供与网图的网络意图接口，网络的变更也可及时通过接口反馈到自智网络引擎。

6. 应用开发中心

应用开发中心主要包括融合编排和资产目录模块，提供如下功能。

- 资产管理：对系统提供的孪生体、知识等，按照统一的规范进行资产化管理。
- 融合编排：基于资产提供数据编排、流程编排、作业编排等不同的编排能力，支撑运营商人员转型后使用新的作业模式。

7. 安全管理中心

安全管理中心提供的功能，请参见4.2.3节。

4.2.5 架构的关键特征

综上所述，我们定义了架构原则，并基于架构原则推导出目标参考架构，本节将架构的关键特征总结为7个“重塑”。

体系重塑：以“3P（People、Process、Platform）+2T（Theory、Technology）”重塑新的运维体系，驱动组织、流程和人员的转型。

商业重塑：网络运维从以网络为中心向以商业价值为中心转变。通过网络

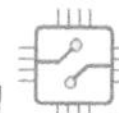

效率、性能的提升，驱动业务质量和客户体验的提升，业务质量和体验的提升支撑客户的商业成功。

流程重塑：通过对组织、流程的建模以及超自动化技术优化流程和组织，达到更少的人工干预、更短的流程等待时间，使能流程智能自动化。

理论重塑：通过以满足用户体验需求为目标的网络可靠性评估方法（可靠性理论EDNS），准确测量运维系统的可靠性，客观反映网络的各种实际故障和性能问题，真实反映网络中用户对网络服务的感知，帮助网络各域的问题定位，并在问题闭环后，有效提升用户体验。

知识重塑：未来的知识服务既要向人提供知识服务，也要向机器提供知识服务。知识的来源包括各种专家运维经验、规则、策略，也有系统从自治决策、流程作业等处回收的知识，还可以在不同的孪生体之间进行知识的协同，最终提升决策的智能化。

仿真技术重塑：TAZ建模是指按照地理位置、行政区域，依托城市和通信大数据，对网络业务实际运行特征（如流量、用户特征、时空特征等）进行综合考量，对区域进行全球标准的地理位置的精细化网格划分，自动识别居住、购物、医疗、园区等区域并划分网格。SRCON仿真指利用脱敏的基站信道测量数据以及可选的DT（Digital Twin，数字孪生）或OTT（Over The Top，超值应用）服务来设计模型，以及基于机器学习模型的复杂网络模型模拟4G/5G的无线随机行为，以实现有效的网络性能优化。

通过使用精准TAZ建模技术、SRCON技术，自动识别区域的业务特征，并将环境、用户等要素融入仿真过程，实现对通信网络的业务质量和用户使用体验的更精确仿真，为对网络的自动化调整提供决策支撑。

人员技能重塑：包括业务交付模式的转变和人员角色、技能的转变。传统的供应商提供定制功能的交付模式越来越满足不了业务的快速交付要求，催生了“敏捷团队+资产库+平台”的新服务交付模式。在新的交付模式下，供应商通过提供支持低码开发的业务平台，将积累的网络交付和运维能力与经验以资产的形式沉淀到平台中。在新的交付模式下，未来的网络运维人员将从传统的网络维护角色转变为自动化专家、数据分析师、AI专家等新角色。

4.3　网图

网图是下一代OMC（Operation and Maintenance Center，操作维护中心），与网元一起组成自治域。网图对内协同所有网元管理自治域，对外代表自治域开放自治能力，屏蔽网元和组网的复杂性。

4.3.1 基本概念

网图作为自治域中主要承接和呈现自治域级自智能力的核心部件，是围绕如下基本概念来阐述能力和架构的。

1. 网络自治域

网络自治域是电信网络中一种子网的划分方式。网络自治域的核心特征是针对该子网中业务开通、故障修复、网络优化等场景，提供具备自动化闭环、自适应、自学习的能力。这种能力以子网的粒度统一呈现，由网图代表子网进行承载。一个自治域中包括多个网元，但每个自治域有且只有一个网图。

在实际的电信网中，自治域是根据运营商的管控要求进行划分的。比如某省在面向普通消费者的电信网络管控场景下，可以分别按专业划分成无线接入自治域、核心网自治域、传输自治域、数通自治域；在面向企业用户的电信网络管控场景下，也可以按企业用户划分，比如企业级自治域，该域中可以同时包括无线接入、核心网、数通等多专业业务。

2. 自适应

自适应分为网络环境自适应和自治目标自适应。

网络环境自适应：指在新的网络环境下，网图能自行根据环境特点制订网络的调整计划，以满足业务对自治域网络的要求。

比如在未来，无人机有可能成为跨地域沟通和交流的终端，需要随时提供高清晰、无中断的视频获取和传送能力。无人机在飞越不同的无线信息覆盖区域时，为了保障无人机高带宽、低时延的传输通道，需要网图和网元协同，自动根据网络的情况调整无线网、传输网、核心网等各个领域的网络资源配置，以保障端到端传输通道的质量。这种在不同的网络情况下，自动根据业务诉求进行最优化的网络资源分配和使用，不需要人提前规划的能力，就是一种自适应的能力。

又如在未来，无线接入点广泛分布，数量巨大导致能耗巨大。如果自治域能根据用户的精确位置和业务要求，精确调整无线接入点的信号发射器方向和信号强弱，甚至自动根据用户进出覆盖区域的情况启动/关停无线接入设备，从而取得显著的节能效果。这也是一种自适应能力。

自治目标自适应：指在已经可以满足的目标的基础上增加新的要求时，网络能根据目标的特征，利用已有的知识，通过知识推理，自行制订网络调整计划，以满足新的目标对自治域网络的要求。比如无线网络原来预置的自治目标中，或者是满足5G用户的下行带宽要求，或者是满足5G用户的能耗目标要

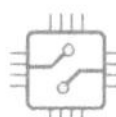

求，如果要同时满足下行带宽和能耗目标要求，在现有的技术条件下，只能通过网元或网图版本升级的方式才能达成。而自治目标自适应使网络可以根据已有的知识和数据，通过知识推理，自动制订网络调整计划，同时达成上下行带宽保障和节能的目标。

3. 自学习

自学习是指在对网络有新的需求时，网图能自行通过知识挖掘和推理，获得新的网络调整计划，以满足业务对自治域网络的要求。

比如对于某无线接入自治域，原能力目标是保证高带宽。如果新需求是在高带宽的目标中增加低时延的目标，但系统中没有现成的知识可以支持这个目标，就需要进行知识挖掘，找到可以同时满足新目标的新的网络调整计划，并将通过验证后的新计划存储起来供下次使用。这种知识挖掘、验证、应用的过程就形成了自学习的功能。

4. 准实时

在管控领域，管控处理能力按处理时长分为实时、准实时和非实时3个概念。时长小于100 ms的称为实时，时长为100 ms ~ 30 s的称为准实时，时长大于30 s的称为非实时。在自治域中，网图对于自治域的管控能力处理时延，要从传统EMS的分钟级演进到亚秒级/秒级，具体的处理时延要求与具体的自治域业务相关。网图处理时长除了要求达成非实时要求，还要求达成准实时要求。

4.3.2 架构设计的关键原则

在传统的网络管理过程中，做决策和操作的人是核心要素，架构设计都是围绕着以人为中心的闭环流程开展的。比如在网络发生故障时，一般是先由运维人员分析网络数据，判断出网络故障的原因和影响范围后，再由运维人员根据自己头脑中的知识，制定出用于恢复业务的手段，最后由运维人员执行运维操作，并根据网络数据判断业务是否成功恢复，如果未恢复，则重复执行以上操作流程，直至业务恢复。在这个过程中，可以明显地看到数据采集→分析→决策→执行→数据采集→分析这样一个典型的以人为中心的控制闭环流程。这个闭环流程的触发点是数据的获取。

同样在传统的网络管理过程中，对于人的持续学习能力也有较高的要求。在遇到新问题时，需要执行的是新问题→知识学习→知识应用→知识评估→知识优化→新问题的过程，这也是一个典型的以人为中心的学习闭环流程。这个流程的触发点是知识的老化。

所以作为自治域网络管控的核心部件，网图的定位就是代替人实现如上的控制闭环流程和学习闭环流程。网图的整体架构设计思路，就是实现通过数据驱动的自动化控制闭环，以及通过知识驱动的自动化学习闭环。同时为了保证这两个闭环能力可扩展，需要闭环能拆离出轻便的框架或平台，以满足不断增强的业务诉求。

基于以上思路，网图设计的关键原则如下。

1. 控制自闭环

控制自闭环，是指控制闭环流中的各个环节（数据采集、分析、决策、验证、执行）在被编排以后能自动化执行，以达成期望目标。

控制自闭环需要具备如下关键能力。

（1）流程的自编排能力

闭环流程是为期望的目标服务的，目标和用户要求不同，闭环流程可能是有差异的。比如在不同故障的自愈流程中，有的可能要增加仿真验证过程，有的可能不需要；又如在业务开通流程中，要求先决策执行，然后才能启动采集和分析，而在网络优化流程中，则要求先启动采集分析，然后再决策执行等。

自编排能力要求将数据采集、分析、决策、验证、执行的流程以及流程中断条件均自行定义出来。中断条件可以是期望目标已达成，也可以是长期达成不了后申请人工介入，还可以是人工主动中断。

（2）流程的自执行能力

闭环流程除了可以是人工触发（比如业务开通），还要求支持多种自动化触发能力，既可以是网络状态变更自动触发（比如故障告警），还可以是网络性能劣化自动触发（比如业务过载）。

触发后的闭环流程则按编排好的逻辑自动执行，逐次调用数据采集、分析、决策、验证、执行环节，直到满足中断条件。

自执行能力要求支持多个闭环流程并行执行。

2. 基于网络数字孪生

当网图通过控制自闭环来管控网络时，必须让网图能通过数字化的方式描述和理解网络，这就是网络数字孪生[2]。网络数字孪生是网图架构设计的关键原则之一。

网络数字孪生需要具备如下关键能力。

（1）网络信息建模

网络数字孪生要求对网络中的设备和业务进行精准的信息建模，比如设备的几何形状、物理特征、业务属性、业务状态、连接关系等，把现实中的物理

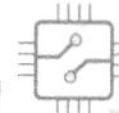

网络映射成虚拟化的数字网络。所有的网图业务均基于网络数字孪生信息模型来感知网络。

（2）网络行为建模

网络数字孪生还要求对网络中设备的行为进行精准的行为建模，比如设备在不同数据输入后的输出、针对设备的不同操作给出的不同反馈或状态变化等，把现实中的物理网络行为映射成虚拟数字网络的行为。所有的网图业务均基于网络数字孪生行为模型来理解网络行为。

虚拟数字网络实际上是由多层次、多种类的网络数字孪生体组成的，包括设备级孪生体、网络级孪生体、业务级孪生体、连接级孪生体等。

在初期，网图业务直接操作物理网络，物理网络的变更需要实时/准实时地同步到虚拟数字网络中。在目标架构中，网图业务只需要操作虚拟数字网络。虚拟数字网络接管对物理网络的控制能力，自行实时/准实时同步操作物理网络。

在控制自闭环中，数据的获取、分析都是基于虚拟数字网络信息来进行的，网络的操作都是基于虚拟数字网络行为来进行的。

3. 知识驱动

所谓知识驱动，就是指将文档、人脑、代码中的知识剥离出后，让网图的软件通过读取和分析知识的方式来实现原有的业务能力。知识将以数字化的形态放置于网图中。

在知识驱动的系统架构中，通过在网图中注入新的知识，来提升/变更软件的数据采集、分析、决策、仿真和执行的业务逻辑。

新的知识，既可以是有经验的运维专家注入的，也可以通过机器学习[3]来获得。知识驱动是实现网图自适应、自学习的必然途径。

4. 知识自闭环

在知识驱动的系统架构中，既可以通过增加知识的方式来提升处理能力，也可以通过优化知识的方式来改进处理能力。除了必要的通过人来增加/优化知识，我们还希望网图系统能自动增加/优化知识，这就称为知识自闭环。

为了达成这个目标，知识自闭环有几条途径，说明如下。

第一，要求各业务在使用知识后对知识的使用效果进行评估[4]。网图能动态地评估知识的质量，并在下一次业务使用知识时，支持业务择优使用知识，形成知识的使用→评估→再使用→再评估的闭环。

第二，要求在新环境下发现知识质量问题时，形成知识挖掘→知识验证→

知识使用→评估→再挖掘的闭环。

第三，要求在新目标下发现无可用知识时[5]，形成知识挖掘→知识验证→知识使用→评估→再挖掘的闭环。

人工注入的知识决定了知识驱动能力的下限；通过知识自闭环来优化/新生成的知识，决定了知识驱动能力的上限。

5. 准实时

自治业务中，有一些场景需要非常快速地完成自动化闭环。比如针对现在的重点视频会议，以及未来XR业务，往往需要在故障发生时秒级端到端完成故障分析、恢复策略决策、策略执行。所以在整体架构设计中，要考虑提供如下能力。

- 亚秒级采集：能按需启动高频采集，同时兼顾数据的精度和采集成本[6]。
- 亚秒级感知：能按业务目标结果要求来感知网络状态，提供亚秒级的分析能力和秒级的预测能力。
- 亚秒级决策：能通过高性能知识检索、知识预发现、预推理、预准备来提升决策的效率。
- 亚秒级执行：简化网络与网元的接口，可通过意图接口减少交互次数。

6. 跨域灵活组装

在未来自治域范围，既可能是2C，也可能是2B。对于2C，往往是按业务类型建设自治域，比如无线自治域、光传输自治域等；对于2B，往往是按用户建设跨多个业务领域的自治域，比如无线+数通+光传输+核心网的企业级自治域。这就要求网络具备按需灵活组合不同业务域的能力，要求在基础平台/框架的基础上，通过扩展App/插件的形式来提供新的业务能力。

7. 自闭环过程可信

在人从控制闭环和知识闭环中剥离以后，对人的信任就会转化成为机器可信的要求。对于机器可信，首先要求是闭环过程可信，其中，控制闭环过程可信要求控制闭环可解释、可回溯；知识闭环过程可信要求知识闭环过程可解释、可回溯，并能提供知识的验证、评估能力。

8. 持续在线仿真

在机器负责决策以后，如何让决策后的计划在执行后确实达成目标且不引入新问题，则成了一个重点能力要求。对此，我们在架构中引入持续在线

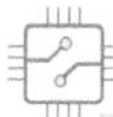

仿真。

持续在线仿真支持从虚拟数字网络中隔离出验证环境进行新计划的验证，只有验证通过的计划才会到物理网络上实施。持续在线仿真是现网解决方案无法提供的能力：通过隔离的虚拟数字环境进行验证，并基于现网实时的数据做仿真和创新验证；可支持目标达成预评估、新挖掘的知识验证、上线前的调试，并创造新的升级/演进模式。

4.3.3　目标参考架构

1. 整体架构

基于以上架构设计原则，网图的目标参考架构分为系统和模块两层，如图4-7所示。系统中包括多个模块，模块之间存在能力调用和信息传递。

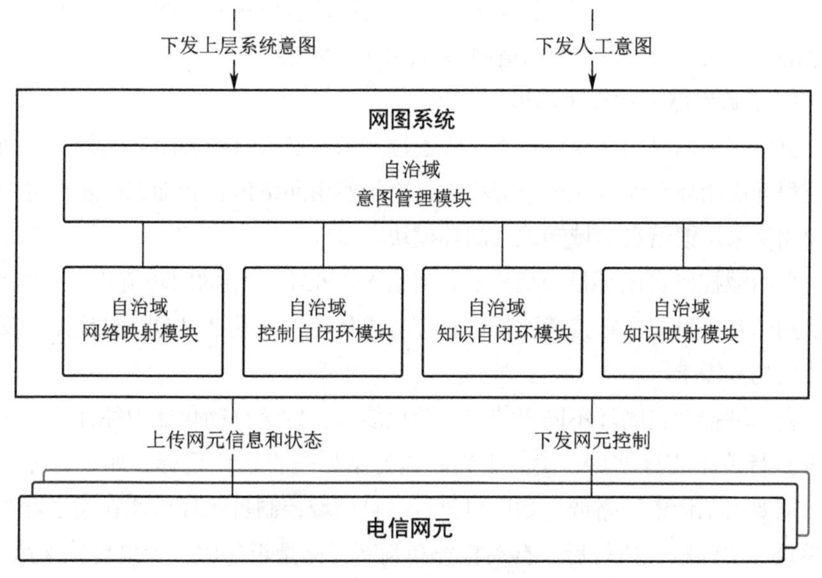

图 4-7　网图的目标参考架构

网图可以划分成如下几个逻辑模块：自治域意图管理模块、自治域网络映射模块、自治域控制自闭环模块、自治域知识自闭环模块、自治域知识映射模块。

（1）自治域意图管理模块

自治域意图管理模块作为网图对外呈现自治能力的重要部件，负责根据网络信息和知识，将外部对网络自治域的业务意图请求转换成机器可以识别和处理的目标以及闭环处理流程[7]，再将目标和处理流程交给自治域控制自闭环模块，最终其按闭环处理流程完成采集、感知、决策、仿真、执行动作。控制自闭环还会将最终的目标达成情况汇总后提供给自治域意图管理模块，最后由其模块转换成意图达成情况。

（2）自治域网络映射模块

自治域网络映射模块是实际物理网络的代理。在网图中，自治域网络映射模块就代表真实的物理网络，网图中的其他模块只需要访问自治域网络映射模块即能获取需要的网络信息或操作网络，不再与物理网络直接交互。

自治域网络映射模块利用数字孪生技术来描述网络状态信息和行为，也即围绕着“网络数字孪生体”[8]，采用针对多层次、多种类的网络对象进行数字孪生体建模的手段，在网图系统中构建起虚拟数字网络。网图中各个模块通过理解虚拟数字网络来理解真实物理网络。虚拟数字网络变化，就意味着真实的物理网络有对应的变化。各个模块操作虚拟数字网络，就意味着真实的物理网络被操作了。基于数字孪生技术的自治域网络映射模块是让网图理解现实物理网络的基本条件[9]，是实现电信网络自治的基本条件。

（3）自治域控制自闭环模块

自治域控制自闭环模块负责接收通过意图下发的目标和闭环流程，自动地按流程开展闭环动作。在这个流程中，除了使用网络信息和知识，还要将知识的使用结果反馈给自治域知识自闭环模块。

自治域控制自闭环模块要求提供符合MAPE-K模型的闭环流程运行能力，使能网图基于目标自行持续运行，直接达成目标，以满足自愈、自优需要反复迭代的场景需求。

自治域控制自闭环不同于传统自动化能力。传统自动化能力往往是一次性触发执行策略或计划后，由人工判断执行结果是否达成目标，如果目标未达成，需要人工调整策略或计划后再执行。自治域控制自闭环模块在通过意图管理模块一次性触发执行后，自动检查和判断目标是否达成，如果目标未达成，则根据网络信息和知识自动寻求新的执行计划后再执行，经过多次迭代直至达成目标。在这个自动化控制流程中，默认是不需要人参与的，除非在自治域意图管理模块编排控制闭环流程时定义了需要人介入的步骤和条件，才会按需要求人的参与。

（4）自治域知识自闭环模块

自治域知识自闭环模块负责根据控制自闭环反馈知识的使用情况，对知识的置信度和老化度进行评估，同时负责发起知识的挖掘和推理、验证、老化清理动作。只有当自治域控制自闭环模块向自治域知识自闭环模块反馈知识的使用结果，后者根据反馈情况修改/调整知识质量或挖掘新知识后，在下一次从

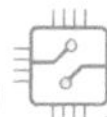

知识映射模块检索知识用于业务处理时，让自治域控制自闭环模块能筛选出更有价值的知识时，才能进一步提升控制闭环的准确性。只要在控制自闭环和知识自闭环间形成了这种协作，就能让自治系统表现得越来越智能[10]。

自治域知识自闭环模块代表了网图的自适应、自学习能力。提供知识自闭环模块，在控制自闭环和知识自闭环之间形成协作，是网图具备自适应、自学习能力的典型特征。

（5）自治域知识映射模块

在未来的架构中，必须考虑知识是需要不断增长和优化的。但在现有的管控系统中，知识要么是静态的表示（比如某些模型或指导手册），要么是在代码中直接承载，现有架构难以满足知识的在线自动增长和优化的需求。所以，将知识从代码、模型、手册中剥离出来，形成数字化的知识，就是必然选择。

在网图架构中，需要提供专门的自治域知识映射模块，负责对自治域管控所需的知识进行数字化存储和检索。网图内其他模块（意图管理、网络映射、控制自闭环、知识自闭环）需要的知识均从知识映射模块获取。

2. 主要功能

基于以上整体架构，本节主要描述自治域在自动开通、故障自愈、网络自优、网络自治几方面的主要功能。

（1）自动开通

自动开通包括两方面，一方面指对网络的建设过程，另一方面指对承载于网络之上的业务开通过程。

对于网络的建设过程，自动开通将真正实现网络建设的即插即用。网图接收到网络建设的需求以后，自行基于网络建设目标规划网络建设所需的网络资源操作和网元配置操作。在检测到硬件上电以后，能自行根据规划的网络资源操作和网元配置操作，分配资源、加载软件、配置数据并进行基本的网络能力检测。在这个过程中，对人的要求只是输入网络建设意图，硬件安装人员进行硬件安装及上电，从而真正做到即插即用。

对于网络业务开通过程，自动开通方式也将产生重大变化，打破业务域和运营商之间的屏障。当各个自治域的业务开通请求既可以是来自上层OSS/BSS下发的业务开通需求，又可以是相邻自治域申请的业务开通需求时，在跨业务域、跨运营商之间就形成一种新的业务敏捷开通模式。这种模式可以绕开传统流程上必需的复杂跨业务域、跨运营商协作流程，从真正意义上实现端到端的业务自动开通。

在这个自动开通过程中，网图接收到业务开通的需求以后，将有如下重点变化。

- ◆ 取消人工规划过程，网络自行基于业务目标，规划业务开通所需的网络资源操作和网元配置操作。
- ◆ 取消使用测试床进行人工验证过程，基于数字化网络信息，自行对网络资源操作结果和网元配置操作结果进行仿真验证。
- ◆ 取消人工拨测过程，网络在自动执行网络资源操作和网元配置操作以后，自行监控和检测业务开通结果，确保业务开通目标达成。

基于如上一系列的变化，业务开通过程中不需要人工操作，各种业务的开通效率可以广泛提升到秒级，并且可以真正支持未来用户按需开通业务的诉求，让电信服务变成一种真正意义上可以随时获取的服务。

（2）故障自愈

故障自愈是指基于指定的网络/业务SLA保障要求，持续基于网络信息进行故障的检测和预测。当预测到故障即将发生时，需要调整网络资源或网元配置进行故障规避，防止未来的业务受损；当检测到故障已经发生时，调整网络资源或网元配置，尽快恢复业务。

未来的XR业务中，用户将无法接受SLA质量长时间降低。在可视化的全息通信、视频会议、游戏等注重体验的场景中，秒级恢复业务SLA将成为刚需。

为了持续满足如上的SLA保障要求，在例行的保障过程中，运维人员将成为观察者并承担最后的应急处置职责。

在这个自动保障的过程中，将有如下重点变化。

- ◆ 业务的SLA随业务开通后自行进入保障过程，不需要人工指定SLA保障目标。
- ◆ 取消人工告警驱动的故障工单处理流程，对需要秒级恢复的业务SLA，采集的数据频率将从分钟级/秒级演进到亚秒级，对异常的识别能力也将从分钟级演进到秒级，效率从分钟级提升到秒级。
- ◆ 取消人工故障定界定位的过程，网图基于数字化网络信息，自行对故障根因进行仿真。
- ◆ 取消人工规划恢复操作过程，网图在自行基于目标SLA和当前异常，规划业务恢复所需的网络资源操作和网元配置操作。
- ◆ 取消使用测试床进行人工验证的过程，网图自行对网络资源操作结果和网元配置操作结果进行仿真验证。
- ◆ 取消人工拨测过程，网图在自动执行网络资源操作和网元配置操作

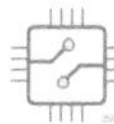

后，自行监控和检测业务开通结果，确保业务恢复目标达成。

◆ 取消运维人员值守过程，网图自动执行业务修复操作，直到业务成功恢复。

基于如上一系列的变化，故障修复过程中不需要人工操作，关键业务的SLA恢复效率可以广泛提高到秒级，让电信服务变成一种真正意义上质量可以承诺的服务。

（3）网络自优

网络自优是指基于指定的网络/业务SLA优化要求，持续调整网络资源或网元配置以达成SLA目标要求。自优是一个持续迭代的过程，即使优化目标已达成，为了防止目标劣化，也要持续监控SLA并在SLA偏离后自动进行再优化。

在未来复杂的网络和业务环境下，网络既要满足SLA的需求，也要满足安全需求，还要满足能耗需求，如果继续采用现有的人工优化模式，工作量巨大。由于现在人工控制的优化流程时延长，优化结果往往不能匹配快速变化的网络和业务情况。

为了高效、持续满足网络优化的需求，在例行的网络优化过程中，网络优化人员将成为观察者并承担最后的应急处置职责。

在这个自动优化的过程中，将有如下重点变化。

◆ 取消数据准备过程，基于数字化网络信息直接开展分析和规划活动，将数据准备过程从天级提升到秒级。

◆ 取消人工规划过程，网络优化人员只需要指定优化目标，网图即可自行规划业务优化所需的网络资源操作和网元配置操作。

◆ 取消人工验证过程，网图自行对网络资源操作结果和网元配置操作结果进行仿真验证。

◆ 取消人工配置过程，网图自动执行网络资源操作和网元配置操作。

◆ 取消人员值守过程，网图自动执行业务优化操作，直到业务优化成功。

基于如上一系列的变化，网络优化过程中只需要人工指定优化目标，目标达成不需要人工操作，网络优化从周级例行人工任务变成持续监控随时优化任务。

（4）网络自治

在未来复杂的网络和业务环境下，业务快速演进、网络快速变化，导致不同的网络逐渐呈现出对网络和业务管控的不同偏好，所以供应商交付的能力也需要快速适应变化和偏好，否则难以匹配网络和业务。当前部分运营商希望通过对软件自身提供DevOps的能力来提升需求的响应速度。但受限于固有的设备开发、入网测试、上线流程，电信网络能力的敏捷发布困难重重。

为了解决这个问题，未来思路是通过知识的自动化更新来应对不同网络和业务的变化及偏好。为什么知识自动化更新就能实现如上问题的突破？因为软件的本质是将各种知识通过软件代码转化为系统能力。软件能力的提升，就是将新知识转化为软件新代码的过程。所以只要将易变的知识从软件代码中剥离出来，就能实现通过更新知识提升软件能力的目的。

网络自治是指在网图发布时会先预置自治域管控相关的知识。随着网图开展如上的自动、自愈和自优的工作，网图持续使用知识，并对知识的使用效果进行评估。根据评估的结果会发现：知识需要调整优先级，此时网图可以自动完成知识优先级的调整，实现知识的优胜劣汰；知识需要补充，此时网络可以自动根据知识和信息挖掘新知识，实现知识的补齐。

在网络自治的过程中，将有如下重点变化。

- 知识作为关键资产，进行数字化的描述和存储，并随网图交付。
- 随网图交付的知识优先级可以动态变化，可随使用结果持续调整优先级。
- 网图中会自动增加新知识。

基于如上一系列的变化，网图能力提升从必需的人工软件升级过程演变为持续的知识自动更新过程。

4.3.4 模块部件

1. 自治域意图管理模块

自治域意图管理模块主要提供以下能力。

- 目标转换能力：自治域意图管理模块根据网络信息和知识，将外部意图转换成控制自闭环需要达成的一个或多个目标，比如感知目标、决策目标、仿真目标等，这个转换过程要确保目标描述的规格以及约束的完整性、准确性。
- 意图冲突检测能力：网图需要接受和保持多个意图，但不同的意图之间可能存在冲突。比如节能意图往往与大流量下的SLA有冲突。意图子系统需要根据知识和网络信息，进行初步的意图冲突判断和冲突预消减。
- 闭环流程编排能力：不同的业务意图对闭环流程可能产生差异。比如自优意图中，需要先进行采集和感知已完成的网络分析，然后根据已发现的问题进行决策。但在自动业务开通意图中，需要先决策进行业务开通，然后调度采集和感知能力来检查业务开通是否成功。比如在

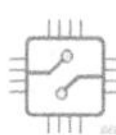

自愈流程中，有些意图需要全自动化执行，有些意图则需要人工参与确认。这些不同的流程，需要意图子系统结合不同的知识和实际网络状态进行流程编排。

一般来说，以上的目标转换、意图冲突检测、闭环流程编排能力，是基于网络信息和知识来完成的。实际应用中，在不同的业务和领域中，以上能力的技术要求可能差别相当大，所以在自治域意图管理模块中，允许在技术上为不同的业务和领域提供可灵活装卸的领域意图应用。

2. 自治域网络映射模块

自治域网络映射模块主要提供如下能力。

（1）数字化信息呈现能力

数字化信息呈现能力是对电信网络中各种信息的数字化呈现[11]，包括设备信息、设备状态、连接信息、连接状态、会话信息、会话状态等。这个能力首先要求对电信网络中的各种信息构建信息模型，由网络映射模块根据信息模型的描述，从物理网络侧采集数据，然后通过提取、过滤、汇聚、转换等处理，形成网络数字化信息并存储起来。当信息模型对需要采集的数据范围和时效性有不同的要求时，网络映射模块能按需控制数据的采集范围和周期，从而达到实时/准实时呈现网络数字化信息的目的。在整个网图架构中，由于有准实时性的要求，所以数据的采集效率和可靠性相对于现有的网络管理系统有跨域式的要求，大量数据会要求秒级/亚秒级的采集能力。

为了避免无限制大范围采集数据造成极大的资源消耗，其需要获取的数据范围、频度与网图需要达成的目标密切相关。

对价值数据追求低成本、可靠的采集能力。要实现低成本及可靠的采集，从协议层的角度看，可以从低层传输协议、应用层协议、数据编码、数据模型、采集机制等各方面进行优化和改进；从整体来看，主要在协议、编码、采集机制方面可以有效提升数据的采集效率。

采集能力应该尽量使用知识来描述采集策略，以便未来通过更新知识的方式来更新采集能力。对于暂时难以通过知识描述的采集策略，可通过按领域开发的代码来实现采集。

（2）数字化行为仿真能力

数字化行为仿真能力体现在对电信网络的设备、业务、会话的行为和结果之间关系的呈现上。这个能力要求先对网络的行为及对应的响应结果构建行为模型，然后由网络映射模块根据行为模型对网络中任一点行为的变化可能导致的整网结果进行仿真。

仿真能力可以在多种场景下使用。比如在业务开通的场景下，可以在决策完成以后，通过仿真能力来进行业务拨测以确保业务连通性；又如在故障分析场景下，可以通过仿真能力来进行故障注入的结果审视，以尽快排查出故障根因；再如在网络优化场景下，可以通过决策与仿真之间的迭代来逐渐逼近优化目标。

以上的仿真场景要求提供的是“在线实时仿真”能力。这个能力的达成需要满足不同的行为特征，比如离散事件仿真、连续性仿真；也需要满足不同的业务特征，比如流量仿真、信令仿真；还需要满足不同的用户特征，比如单用户连接、多用户并发等。仿真还涉及各种不同的网元类型、不同的网络组网等。所以仿真能力的核心是构建一个强大的仿真运行环境，以及丰富的仿真模型库。

（3）物理网络代理执行能力

物理网络代理执行能力是指通过南向接口与物理网络按要求进行实时性的交互。此处需要管理网图与网元之间的各种连接能力和执行控制命令下发能力。

自治域网络映射模块需要将信息呈现能力和行为仿真能力开放给其他的模块，支撑其他的模块根据数字化信息和数字化行为开展业务预测、故障分析、调优验证等各种业务活动。

自治域网络映射模块是网图所有自动化、智能化能力的基础。网络映射模块一方面通过保障数字化信息的完整性、一致性、时效性，使能网图针对网络自治域提供准确有效的感知和分析能力；另一方面通过保障网络行为和相应结果信息的完整性、准确性，帮助网图针对网络自治域进行准确和有效的自动化决策及演进能力。

3. 自治域控制自闭环模块

参考MAPE-K模型并进行扩展以后，网图将整个自治域控制自闭环流程分成感知、决策、执行、回溯4个步骤。

（1）感知

感知步骤负责根据目标要求，对目标的状态进行自动化检测，以便能及时发现异常或提前预测异常。异常感知通常用于快速和准确地发现已经存在的异常及原因，趋势预测通常用于提前发现将要发生的异常及原因。

控制自闭环中的感知能力要求已经超出了传统网络管理能力的要求。首先是异常判断原则变化，比如现在的网络管理系统大量依靠网元的告警来发现故障，或通过分析日志数据来及时发现故障，但网图中的感知能力要求以是否

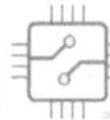

影响/可能影响目标达成来判断是否为异常。在这个过程中，传统的告警、指标、日志、话单等数据已经不能完全满足要求，需要对前述数据按目标进行信息整合。其次是异常判断时效性变化，对于一些比较严苛的场景，基于以上数据的异常判断要求在秒级甚至亚秒级完成，这就意味着部分感知能力可能需要在网元侧重构。

应该尽量使用知识来描述感知的逻辑和算法，以便未来通过更新知识的方式来更新感知能力。对于暂时难以通过知识描述的感知逻辑，可通过领域控制应用来实现。

发现/预测到异常后，要转换成决策目标并提交给决策步骤，由决策步骤根据目标决策需要采取的行动。

（2）决策

决策步骤负责根据网络的实际情况，利用知识将目标翻译成可以执行的网络操作。决策步骤是网图中体现核心自治能力的关键，也是最复杂的步骤之一。

可将决策步骤进一步拆分为求解和仿真两个阶段。如图 4-8 所示，决策步骤中，先根据目标得到需要对网络执行的行为计划，再调用网络映射模块中的行为仿真能力，将行为计划注入网络映射模块，由网络映射模块基于行为模型定义的行为-结果进行响应。决策功能获取响应结果后，判断决策计划实施后是否可能达成决策目标，如果未达成决策目标，则决策功能可以重新决策。通过决策-仿真-重决策反复迭代，形成一个自动化决策-仿真验证的小闭环，在不影响实际网络的情况下，帮助决策功能逐步逼近最佳决策计划。

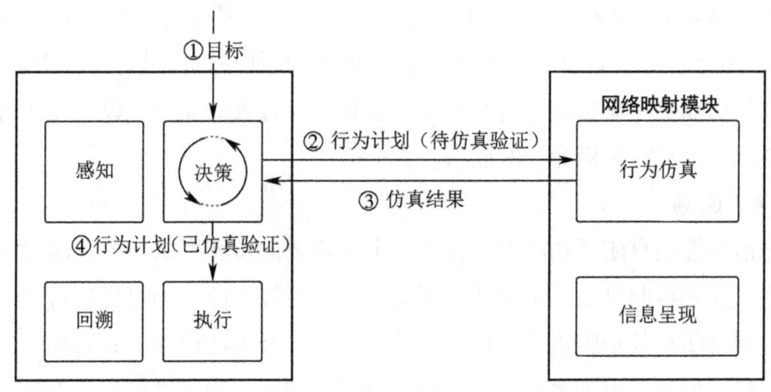

图 4-8　决策

决策功能按目标类型，可以分解为确定性目标决策、非确定性目标决策。

确定性目标一般指系统中的已知知识可以直接覆盖的目标。这一类目标的决策过程，是直接使用已有知识，结合网络信息，将目标明确地翻译成可以执行的网元操作，并且相关操作的结果一定能达成目标。

非确定性目标一般是指系统中的已知知识不能直接覆盖的目标。这一类目标的决策过程，除了利用已有知识，结合网络信息以外，还要与知识映射功能和知识自闭环功能协作，进行知识挖掘和验证后，再利用新知识将目标要求翻译成可以执行的网元操作。此时翻译出来的网元操作也不一定能完美地达成目标，可能需要一个反复进行数据挖掘、验证和执行的过程。这个过程耗时明显长于确定性目标决策。

决策功能按目标数量，可以分为单目标决策和多目标决策。

单目标决策一般是指进行决策以保证某个目标最优。这种决策可能导致其他的目标结果劣化。单目标决策一般用于唯一性目标或最高优先级目标保障的场景。比如重大灾害时，如果把接通率最优作为唯一的目标，则所有围绕接通率的决策都属于单目标决策。

多目标决策一般是指同时满足多个目标的要求，寻求整体最优。比如在某商业区，既要保证接通率，又要满足节能的要求，这属于多目标决策。由于涉及多个目标同时决策，所以为避免相互影响，目标冲突检测和解决也是决策的重要能力。

决策功能应该尽量使用知识来描述决策的逻辑，以便未来通过更新知识的方式来更新决策逻辑。

（3）执行

执行步骤负责执行决策后的计划，该执行动作不需要与网元直接交互，采用与网络映射功能交互的方式进行。执行子系统不需要提供复杂的智能化能力，以自动化执行为主，既能执行单个的控制命令，也能执行批量的控制命令。

执行功能要考虑到应急情况下人工接管执行过程的能力，以及在执行过程中必要的人工授权关键命令的能力。

（4）回溯

自治域控制自闭环功能中，还有一个很重要的步骤要求，即控制自闭环回溯能力。如果控制自闭环不成功，则需要人工对控制闭环的过程进行回溯，通过对控制自闭环的步骤进行逐步回放的方式，检查失败的点，并对失败的原因进行解释。另外，由于要求安全可信，需要对控制自闭环进行人工审计。审计过程也需要通过回溯来展示控制自闭环中的必要信息。

4. 自治域知识自闭环模块

整个知识自闭环流程也是一个类似于MAPE-K模型的闭环流程，可以对

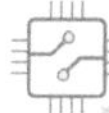

应为评估、挖掘、验证、固化、回溯几个步骤。

（1）评估

评估步骤是知识自闭环根据控制自闭环反馈的知识使用情况评估知识质量[12]，并将评估的结果注入知识映射模块。知识评估的目的，一方面是用于主动发现知识的质量，以便及时发起对新知识的推理和挖掘诉求；另一方面是及时更新知识映射模块中的知识，以便其他的模块通过知识映射模块检索知识时，能通过知识的质量进行有效的知识选择。

准确且完整的知识评估步骤，是知识自闭环的基础。知识评估可以有很多维度，比如使用次数、有效次数、时间段、使用者、使用目标等，需要持续且有效地建模。

（2）挖掘

挖掘步骤负责根据知识评估的情况，主动发起知识挖掘；或按控制自闭环的请求，主动发现知识控制。知识挖掘本质上就是使用AI生成新知识的过程。知识挖掘方式可以分为3种：数据→知识、知识→知识、数据+知识→知识。

数据→知识：这种挖掘方式，就是基于网络信息以及相关的数据，利用机器学习的方法，通过识别数据规律来识别出可能的知识。比如通过机器学习，发现两种告警大概率关联出现，则将这两种告警的关联关系作为一条新知识。

知识→知识：这种挖掘方式，就是基于网图中现有的知识，通过知识推理的方式来识别出知识与知识之间隐藏的关联关系。比如通过知识推理，发现某个硬件故障和某个特性的业务故障之间有一条多跳的关系链，则通过这条关系链，将某个特定硬件故障和某个特定业务故障关联起来，这样的关系也就成为一条新知识。

数据+知识→知识：这种挖掘方式，是结合以上两种知识挖掘方式的优点，将基于统计的机器学习和基于知识图谱的知识推理结合起来，发现一些更隐秘、更有价值的新知识。

（3）验证

验证步骤负责对挖掘出的知识进行自动化的验证。挖掘出来的新知识，必须经过合理合法的验证才能被业务使用，所以验证步骤是知识闭环中必不可少的环节。

验证的方法多种多样。按验证的目标划分，有证实和证伪的验证方法；按验证方式划分，有根据知识做验证的方法，也有直接利用网络映射模块中的仿真功能做验证的方法，还可以直接由人工判断。

（4）固化

固化步骤负责将验证后的新知识注入知识映射模块中，让新知识进入控制自闭环，从而完成从知识自闭环向控制自闭环的知识输出。

（5）回溯

和控制自闭环一样，在知识自闭环流程中也有一个很重要的步骤要求，即自闭环回溯。如果知识自闭环不成功，则需要人工对知识自闭环的过程进行回溯，通过对知识自闭环的步骤进行逐步回放的方式检查失败的点，并对失败的原因进行解释。另外，由于要求安全可信，需要对知识自闭环进行人工审计。审计过程也需要通过回溯来展示知识自闭环中的必要信息。

5. 自治域知识映射模块

知识映射模块中，知识既可以是系统安装时预置的，也可以是系统运行时从外部注入的，还可以是系统运行期间通过机器学习和机器推理挖掘出来的。知识映射模块中的知识权限需要严格控制。除了知识映射模块自身以及知识自闭环模块，其他模块只对知识有读取权限，没有更新权限。

知识映射模块的复杂度取决于知识的复杂度。知识的复杂度来源于知识有各种不同的表述特征。比如，按结构特征划分，既包括结构化的知识，也包括非结构化的知识；按逻辑特征划分，既包括程序性的知识，也包括陈述性的知识；按知识可获得性划分，既包括显性知识，也包括隐性知识；按知识范围划分，既包括电信网络知识，也包括人和环境的知识；按可解释性划分，既包括数理化的可解释的知识，也包括基于统计和专家经验的难以解释的知识；按知识有效范围划分，既包括科学知识，也包括人在不同场景和环境下创造的知识。

另外，在知识构建过程中，考虑到知识的广度和深度，知识是由不同角色、不同背景、不同能力的人持续构建的，所以在知识构建和知识更新过程中，必然要考虑如何通过技术手段，在知识映射模块中保障知识的准确性、一致性。

对于知识映射模块本身，主要需要考虑如何根据知识不同的分类特征，用多种技术手段来构建知识的表示、融合、存储、检索、推理、挖掘能力。

4.3.5 架构的关键特征

综上所述，我们定义出架构原则，然后基于架构原则推导出目标参考架构。本节将网图的关键架构特征总结为人在环外、自适应、自学习、机器可信。

1. 人在环外：与意图协同的控制自闭环

在网图架构中，必然存在自治域意图管理模块和自治域控制自闭环模块。

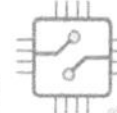

自治域意图管理模块的目的是简化对运维人员的输入要求并编排控制闭环流程，自治域控制自闭环模块的目的是让运维人员不再实际参与到控制流程中。两个模块的结合，让运维人员成为低门槛的需求提出方，不再实际参与闭环流程，真正让人成为控制闭环的监督者而不是执行者。

在我们提出的架构中，定义了单独的自治域意图管理模块和自治域控制自闭环模块。通过自治域意图管理模块编排出可由自治域控制自闭环模块自动化执行的流程，并接受自治域控制自闭环模块反馈的执行状态和结果后，整合成意图的达成结果，实现业务输入/呈现与业务实施之间的耦合。

2. 人在环外：知识驱动的控制自闭环

在网图架构中，自治域控制自闭环模块需要根据知识来驱动自身的业务和处理逻辑，这样控制自闭环在遇到新环境、新目标时，才能通过知识找到最合适的控制网络的方法，让运维人员不需要为不同的环境和目标做额外的准备或干预动作。

在我们提出的架构中，有知识驱动的概念：首先，知识是数字化的知识，并且外置于人脑和软件代码中，能被机器理解；其次，机器根据知识来控制自己的行为。所以，知识驱动至少包含如下典型特征。

- 知识数字化：所有的知识都进行数字化的表达、存储、检索，以便于机器理解。
- 知识外置化：各种软件代码也要进行改造，以提供根据知识来控制软件行为的能力，这是对传统架构的重大革新和挑战。要想通过自我学习让软件提升和改进自己的行为能力，知识外置化是一个关键路径。
- 知识集中化：将知识集中管理，才能在知识推理、知识挖掘方面最大限度地发挥知识分析和挖掘的潜力。知识集中化并不排斥在实际的技术中采用分布式处理能力，它强调的是知识之间关系的统一管理。

所以，自治域知识数字化能力以及基于知识的软件处理能力是人在环外的关键特征。

3. 自适应：实时在线仿真

网图架构中，高质量的控制自闭环是依靠实时在线仿真来保障目标的成功率的，实时在线仿真又依赖于对物理网络的实时和准确的映射能力。提供实时映射和实时在线仿真的网络映射模块是自适应的典型特征。

在我们提出的架构的自治域网络映射模块中，同时定义了映射能力和在线仿真能力，以提供实时在线仿真能力。

4. 自学习：双向协同的知识自闭环与控制自闭环

网图架构中，只有形成知识应用—知识反馈—知识优化/控制—知识再应用的机制，才能构建起知识不断优化和挖掘的能力，从而构建起自治能力，形成不断演进的机制。具有自治域知识自闭环模块，与控制自闭环间形成协同，是自学习的典型特征。

在我们提出的架构中，定义了单独的自治域知识自闭环模块，并且在控制自闭环和知识自闭环之间形成闭环。

5. 机器可信：闭环回溯

网图架构中，自闭环不能是黑盒的，机器的控制自闭环和知识自闭环要接受人类的监督。人类通过监督来理解机器的运行逻辑，并通过调整知识和软件，让机器的决策遵循人类的法律、道德、习俗、行业公约等。

在我们提出的架构的自治域控制自闭环模块和自治域知识自闭环模块中，定义了闭环流程和决策信息的回溯能力，以便运维人员随时可以监控、回放、控制自闭环流程。

4.4 AI Native网元

从行业演进来看，电信网元经历了IP Native、Cloud Native，未来是AI Native。从业务挑战看，AI将在未来的6G网络中有更大的应用，如用于优化业务、改善体验、促进创新等。

4.4.1 基本概念

面向通信网络的未来演进，行业提出立体超宽、确定性体验、通信融合感知、安全可信、智能原生、绿色低碳六大特征。网元设备层面，需要不断降低时延、提升能效和确定性、安全内生和智能原生等。未来10年，AI作为关键基础技术，将嵌入网络设备架构，推动网络设备向智能自治进化。如移动网络，随着向6G的演进，网络覆盖从地面延伸到空中，不仅会极大改善现有应用体验，还会创造大量新的应用。智能和感知能力将引入移动网络设施中，AI会是6G关键使能技术，在新空口、新编码、新多址接入、超大规模MIMO（Multiple-Input Multiple-Output，多输入多输出）等领域都将有关键应用[13]。

从行业实践看，电信领域较早就有引入AI的探索和实践，将其应用到业务优化/系统安全/运维优化等，如针对无线基站的物理层和数据链路层引入DNN、CNN（Convolutional Neural Network，卷积神经网络）和强化学习等

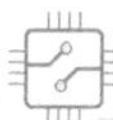

优化信号分析、编解码算法；核心网在5G时代引入NWDAF（Network Data Analytics Function，网络数据分析功能）网元，旨在利用AI优化提升移动管理等业务[14]。当前的电信行业研究和应用，AI还偏重各种AI算法应用，缺少标准化、系统性的实践。

网元作为嵌入式的一种形态，也遵循嵌入式领域演进规律。从嵌入式领域看，技术演进可以按3个大的代际划分：从数字化（20世纪70年代随微芯片、计算机技术进入嵌入式领域，实现对物理系统的数字化描述），到网络化[CPS（Cyber Physical System，信息物理系统）为代表的“工业4.0”等应用，以及移动互联网时代的IoT应用，极大拓展了信息集成深度]，再到智能化（数据驱动、系统自主学习、群体高效协作），后者以前者为基础，不断递进和深化演进。当前阶段的智能化代表性领域包括智能手机和IoT、机器人、自动驾驶汽车等，架构上以AS（Autonomous System，自治系统）和群体智能协作为目标。以智能手机为代表，相应厂商推出了配套专用芯片和软件生态，比如华为的Kirin系列[集成AI加速的SoC（System on a Chip，系统级芯片/片上系统）]和发布的HiAI解决方案，实现设备内的智能原生支持，使能在拍照、媒体解码、文字识别、人机交互等应用场景的智能化。在无人机、机器人等领域，通过各种传感器观察环境，通过感知和决策自主决定其行为，逐步实现设备自治，以及多设备的群体智能协同。

综上，网元设备未来演进满足上文提到的六大特征，在现有架构上需要智能原生、安全内生，对应的算力异构、系统实时感知、决策和认知，实现网元设备本地智能和系统自治，并通过和网图、网元间的群体协同实现网络高等智能体演进，相信未来电信网络和AI结合，势必会创造巨大的创新空间。

4.4.2　架构设计的关键原则

未来的网元设备架构，应考虑AI Native需要的数据、知识、算力、算法这些AI基础能力，进一步考虑基于AI向系统自治演进所需要的感知、决策、规划等系统性能力，以及单体自治系统以群体协作方式扩展能力和系统安全可信内生能力。

原则1：基于数据、知识驱动的架构，持续学习和进化，实现网元系统本地实时智能。

数据：网元设备引入AI后，数据样本对数量/质量和实时性的要求，与设备有限的计算/存储资源之间的矛盾，是网元应用AI所面临的挑战。另外，不同网元和网图的数据直接或间接共享，推动数据驱动应用、AI模型优化等，需要考虑数据安全和隐私、治理、协同与应用的流程与规范。

知识：数据之外，知识是AI向认知演进的另一个关键要素[15]。网元知识包括通信领域依赖的基础理论、行业标准规范、工程实践形成的经验，以及业务建模或数据驱动的模型等。对于工程实践，因为网元资源受限、应用场景多且相对封闭和割裂，知识获取难度大，要考虑如何识别出有效的知识，加工处理和高效存储，并高效、实时应用到业务闭环中，持续地学习更新。同样，不同网元设备间、网图的知识协同和应用，推动本地知识精炼和应用优化，需要考虑知识安全性、协同与应用的流程与规范。

算法：算法是网元设备应用AI的关键，利用算法可解决高维、复杂等问题。算法部署运用主要涉及在设备内推理所需的算法模型以及依赖的引擎运行时，考虑到网元设备的资源有限和业务实时推理要求，需要模型的轻量化技术，以及轻量实时的推理引擎和加速数学库、算子等。随着AI应用越来越多，需要考虑在线训练和部署，以及采用联邦学习等分布式AI，既可适应数据变化、模型泛化和在线优化，又可适应业务变化，从而对算力进行灵活伸缩。

算力：不仅要考虑面向不同市场、场景应用和设备形态差异、网元设备上可能的几种AI算力形态（包括独立的加速单板/加速卡、SoC集成AI处理器），还要考虑在存量硬件上基于通用CPU的场景（可以支持少量轻载的算法和应用）。在网元上集成算力方案要考虑成本、功耗等。

原则2：按顶层架构的分层自治原则，网元逐步实现业务自动、自愈、自优，走向设备自治、多设备协作。

从业界的自治系统参考范式[16]、行业标准探索[17]来看，架构关键构成主要有知识库、感知、决策、执行和自学习功能模块，且形成了一个闭环，可持续进化。

知识库：自治系统的“大脑”，为其他几个模块提供服务，包括用于感知信息的关联、解释等不同类型的知识，用于决策时的目标求解和规划涉及的规则、原理，以及用于决策后仿真相关环境、评估等涉及的模型和规则。

感知：电信网元基于环境、状态、配置等数据，使用数据分析技术，结合系统/行为等进行建模，实现对环境、情景的实时感知和对网络/业务状态的预测。将感知结果应用到业务控制，需要考虑在设备侧有限资源条件下实现模型的持续更新、数据处理低开销和实时性，以满足实时业务的场景需求和基于模型驱动与原业务融合。

决策：逻辑上，决策可以分为目标管理和规划。目标管理归结为解决优化问题，包括将目标转化为效用函数策略：目标被描述为期望的一组可行状态，目标函数在一组约束条件下得到优化。对于选定的目标，规划器结合感知得到系统状态并计算出相应的计划。为了应对计划过程的复杂性，可使用来自知识库的各种启发式方法和预先计算的模式。在网元侧实现决策功能，既要考虑和现有业务控制逻辑的融合，又要考虑目标求解带来的计算复杂度、置信度、确定性的挑战。

执行：执行决策结果，并反馈结果到感知环节，形成有效闭环。要考虑基于目标规划的任务和传统业务逻辑的融合协作，以及复杂场景的多任务协作。

自学习：管理和更新知识如业务逻辑、经验、标准/协议等，同时可以通过数据建模，将学习积累的知识以及适应系统变化的配置规则刷新等反馈到知识库。

另外，针对复杂业务场景，比如救灾紧急通信，通过空地网络协同和动态优化[18]，可能涉及从单设备自治到多设备群体协同，从行业研究[19]的角度参考，要考虑对应的协作机理和模型等理论、系统建模/量化分析/多维度评估等方法、群体管理/协作/运维等实践。

4.4.3　目标参考架构

1. 整体架构

传统网元系统参考架构如图4-9所示，一般可以分为硬件系统和软件系统。硬件系统和各领域业务相关，可能采用不同的芯片、产品形态，从业务类别划分，硬件系统大体可以分为主控板、业务板、接口板，部分领域可能还有交换板。软件系统可以分为系统软件层（也称为平台层）和业务软件层。系统软件层负责软件开发、管理、运行所需的环境，包括BSP（Board Support Package，板级支撑包）和驱动相关的底层软件、RTOS（Real-Time Operating System，实时操作系统）相关的基础软件，以及软件管理/运行框架和分布式相关的中间件。业务软件层和各领域相关，从实践上可以归纳为管理、控制和数据（或转发）三种类型业务。

考虑到可靠性、性能、安全性等高质量属性要求，电信网元的嵌入式系统采用软硬件协同、专用硬件加速等。部分如核心网领域，即使整体基于云化演进，在AI、转发等领域也会采用专用计算方式。

未来网元架构围绕AI Native和设备自治，系统软件层需要新增AI引擎、数据/知识引擎，基于数据衍生的嵌入式实时感知层能力和基于知识衍生的“大脑”知识子系统，实现自治系统需要的自适应控制层和算法（基于感知/分析/决策/执行），以及解决管理/控制/数据面业务的内生安全、业务协作的安全子系统和协作子系统问题。

下一代网元系统参考架构构想如图4-10所示，在现有的架构上，其增加了AI相关硬件和软件对应能力，还有嵌入式实时感知层、自适应控制层以及知识子系统、安全子系统和协作子系统。

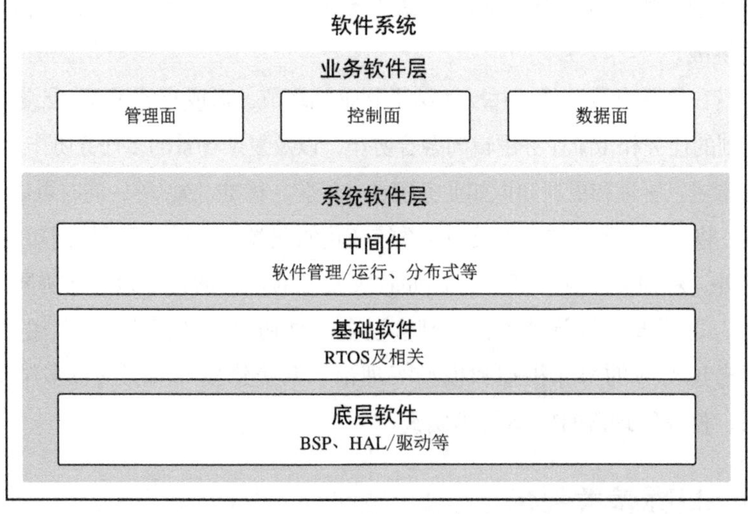

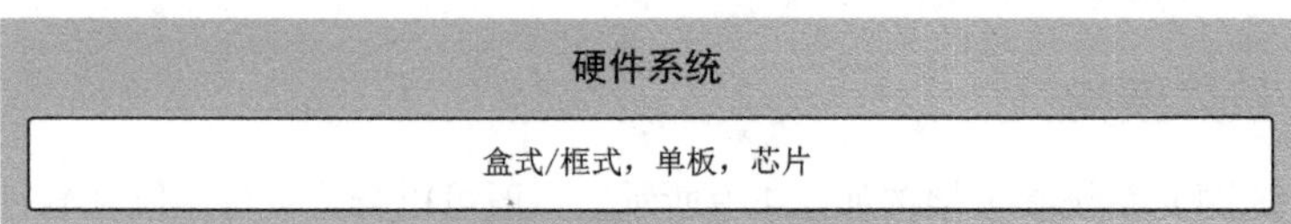

图 4-9　传统网元系统参考架构

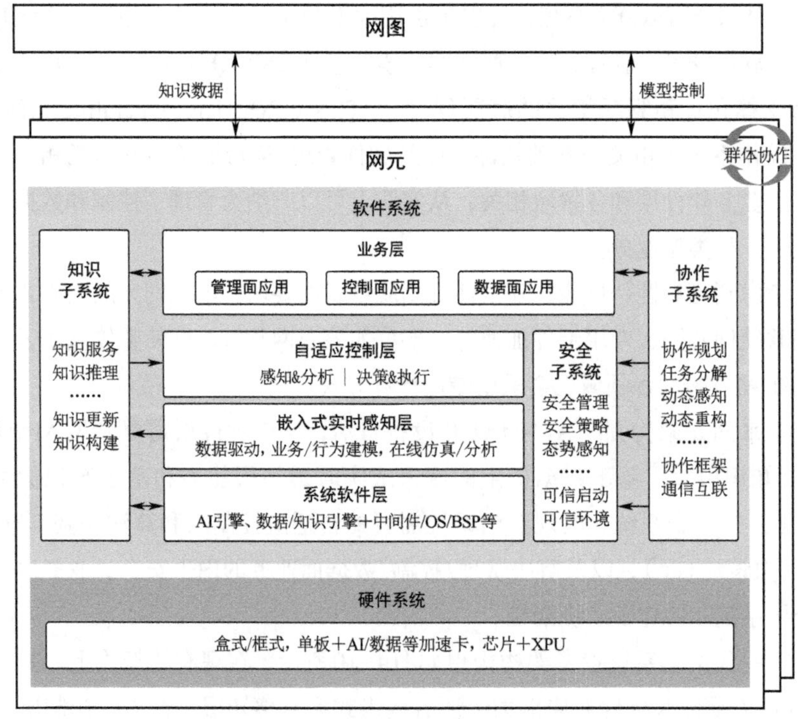

图 4-10　下一代网元系统参考架构构想

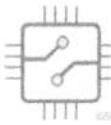

下一代网元系统参考架构构成要素如表4-3所描述。

表 4-3　下一代网元系统参考架构构成要素

架构元素		功能定位
硬件系统		提供传统业务、数据处理、知识处理、AI模型/算法等所需的通用算力和专用算力加速。按需采用嵌入式SoC或独立加速卡加速
软件系统	系统软件层	提供屏蔽下层设施的差异，对上提供开发框架、运行时等能力，包括AI所需的框架、引擎和算法算子等
	嵌入式实时感知层	提供数据采集、预处理、存储、分析、分发等全生命周期治理能力以及数据仓库，基于数据建模、业务仿真，实现对系统的实时感知
	自适应控制层	感知、分析、决策和执行支撑业务的自适应控制环路如业务流组合、执行控制等以及业务功能自动、自愈、自优等
	知识子系统	提供基于知识提取/融合/处理/存储/推理等生命周期治理，构建业务规则、经验等知识，服务于管理面、控制面和数据面业务的自治闭环
	安全子系统	提供基于安全隔离的公共安全组件，如安全管理、安全策略等，服务于管理面、控制面和数据面业务安全可信
	协作子系统	提供设备智能体之间的任务感知、部署、协同等所需的框架、算法，与管理面、控制面和数据面业务一起协同工作
	管理面应用	提供配置、故障、性能等管理，未来架构涉及基于AI的部分业务重构，以及部分业务自治
	控制面应用	提供对应领域的控制业务，未来架构涉及基于AI的部分业务重构，以及部分业务自治
	数据面应用	传统转控分离架构，处理实时性业务如报文转发、信号处理等，未来架构涉及基于AI的部分业务重构

2. 主要功能

围绕网元设备自治，基于AI Native，实现管理/控制/转发业务的智能化，需要考虑巨型复杂系统智能在线演化逻辑下如何保证业务确定性和可信任，如何支撑业务的自动、自愈、自优，如何满足网元代际演进规格提升、能效提升、体验提升，以及使能万物互联场景的更高质量属性要求。

（1）网元业务自动

向全场景业务的自配置、自检测等目标演进，逐步实现网络自动部署、网络设计、自动调试和验收、设备即插即用。

（2）网元业务自愈

基于预测、诊断和恢复，实现业务永远在线。从被动的人工运维逐步演进到基于预测预防的主动运维。

（3）网元业务自优

基于数据和知识驱动的AI，使能业务适应各种场景诉求的在线自适应，以及持续的优化闭环。

4.4.4 模块部件

1.硬件系统

网元设备硬件系统涉及不同功能单板、电源、风扇以及机框等，在组成上可以从3个层次区分：芯片级、单板级和整机级。具体方案/形态和产品有较强相关性。这里重点描述AI Native带来的相关能力，未来网元设备通过嵌入式SoC内置AI Core以及数据压缩、传输加速能力，或独立的AI/数据加速卡，提供系统所需的AI/数据算力，重点考虑以下几个方面。

- ◆ 成本：嵌入式领域实现AI算力，成本是非常关键的，对于低算力开销场景，采用嵌入式SoC，可以复用成熟的AI加速的IP方案；对于高算力场景，可以按需选择独立加速卡，具体还要考虑商业节奏、策略等一系列因素。
- ◆ 性能与功耗：面向AI这种专用领域的设计，都要追求在给定的功耗、芯片面积约束下实现更高性能，这不单单是硬件本身，还要考虑和I/O系统、软件（如OS）的内核、网络栈等的协同。
- ◆ 专用计算单元：即不同计算场景和模式的计算单元，如标量计算单元、矢量计算单元和张量计算单元，以及大容量片上缓存。它针对神经网络形态计算的优化，支持INT16/INT8/FP16等混合精度。
- ◆ 高速片上互联：片上超高带宽Mesh网络，实现不同计算单元的高速互联。
- ◆ 从AI专用计算架构演进看，行业在以下方向有相应探索和实践。
- ◆ 以数据为中心计算：应对数据驱动的负载对计算压力的挑战，采用以内存为中心的架构，或者存算一体化架构。
- ◆ 类脑计算：参考生物神经网络的结构和信息加工，采用忆阻器等实现类脑计算，也称为神经拟态计算[20]。

2.软件系统

（1）系统软件层

系统软件层提供屏蔽下层硬件差异和硬件配置使能，对上提供业务软件运行、管理维护所需的运行环境、框架等，包括底层软件BSP、HAL（Hardware Abstraction Layer，硬件抽象层）和驱动等，基础软件如OS、DB、编译器等。系统软件包括软件管理和运行框架、分布式中间件等。AI Native架构重点引入AI推理、数据和知识相关框架能力，按以下几个维度考虑。

- ◆ 硬件使能：考虑到嵌入式SoC集成专用加速器、加速板卡等多种形态，

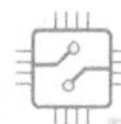

需要对专用加速硬件进行抽象，并提供运行时框架和开发工具，如运行管理、任务调度、加速等框架，AI模型和算子开发、编译器等工具。

- 基础框架：提供在设备内推理、在线学习所需的框架、运行时、算法与算子，以及AI可信对应能力。对数据和知识进行采集、预处理、存储和计算需要的引擎/框架。
- 应用使能：面向电信领域的通信AI模型/算法，以及配套的工具集，支持应用二次开发。

（2）嵌入式实时感知层

网元基于本地的业务配置、系统状态、流量统计等数据，进行实时采集、清洗加工、本地存储，以及应用的订阅使用；基于数据建模、业务行为建模，进行实时数据驱动的在线仿真，实现嵌入式的实时业务感知，支撑业务功能的在线优化求解和评估、基于AI模型的在线学习和评估、虚拟数据样本制造与应用到数据驱动业务等。需要考虑以下几个方面。

- 数据引擎：提供数据实时采集、预处理、存储、分析、发布，以及全生命周期治理、可信、质量评估等能力。
- 在线实时仿真引擎：提供模型轻量的在线优化、运行、仿真、分析等能力。
- 协同框架：与网图层的协同管理能力，包括模型协同管理、数据协同管理、仿真协同管理等。
- 设计与工程化：提供建模语言、工程方法和工具，嵌入时还要考虑相关轻量化实现技术。

特别是针对引入基于自适应模式的系统控制，基于实时感知层的在线仿真可以消减控制的不确定性。另外，考虑将知识引入数据分析、模型优化等环节，优化基于数据的计算效率、系统置信度等。

（3）自适应控制层

自适应控制层通过感知、分析、决策和执行支撑业务的自适应控制环路（如业务流组合、执行控制等）以及业务功能的自动、自愈、自优等。除了服务与本体的业务控制，还会服务于群体协作控制。

- 感知：基于数据分析、模型预测等实现对业务系统、状态、交互目标等的认知。对系统信息获取和处理的实时性、多维信息的一致性以及对场景理解的准确性是关键挑战。
- 分析：针对管理目标、意图，结合系统行为、状态的分析，实现需求和目标理解。
- 决策：基于目标求解的业务决策、任务分解，实现需求和目标转化为执行任务。针对实际场景的不可完全预测性和不可控性，需要具备动态自适应性。

◆ 执行支撑业务：基于业务流的任务组合、编排，实现需求和目标执行，同时基于执行状态、结果负反馈形成闭环，持续迭代优化。

自适应控制的理论来源于传统控制论，要将其应用到网元系统的实时控制闭环中，还有不少工程挑战需要应对。

（4）知识子系统

网元知识子系统，定位为本地“大脑”，提供智能系统实时运行所需的知识、逻辑和推理能力。从知识库构建、知识推理、知识更新、知识服务、知识引入整个生命周期看，它需要提供对应的本地知识库构建与管理、知识应用与更新，是服务于管理面、控制面和数据面业务的自治闭环。

◆ 知识库构建：包括基于知识抽取、融合、加工（区分在线和离线）、存储（偏重稠密、少量稀疏）实现本地知识库建立、管理和保护等。

◆ 知识推理：基于降维、向量化等轻量的知识表示，以及融合本体、规则和表示学习的轻量化推理。

◆ 知识更新：基于业务应用流程中的知识学习/推理生成，基于规则和经验等的知识管理老化，自适应学习知识与融合，实现知识持续更新。

◆ 知识服务：提供对应的知识检索、推理等。

◆ 知识引入：弥补了数据驱动架构的不足，同时驱动向认知智能演进。

（5）安全子系统

安全子系统从当前业务的架构中把安全管理等公共能力抽象出来，基于可信计算技术实现安全隔离和基于威胁的动态感知/响应，为各功能业务提供本地实时内生的安全服务能力。完整的技术栈包括基于可信计算环境的关键安全资产（如证书、根密钥等）以及关键安全服务，基于态势感知的安全分析、安全管理与策略实现业务内生安全。

◆ 可信计算环境：基于Trustzone的安全隔离，提供轻量实时的TrustOS环境、安全计算框架等，支持业务系统实现可信系统、最小系统等；安全存储、加解密服务等支持业务系统关键资产（包括证书、密钥等）的管理与使用。

◆ 安全感知与分析：基于管理面/控制面/数据面的业务信息、系统信息等收集，以及基于AI建模的分析和预测，实现对系统和业务的安全动态感知。

◆ 安全管理与策略：基于系统和不同平面业务的安全设计模型，形成不同的安全策略，如访问控制策略、业务接入策略等。

◆ 安全服务：提供安全服务（如认证、审计等）访问控制类，安全配

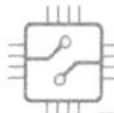

置、证书服务等运行安全类。

◆ 数据安全：引入AI后，在数据隐私、数据安全上进一步强化，从数据源、传输、存储以及使用的全生命周期考虑安全隐私保护。

另外，结合未来业务的挑战和安全技术演进，系统安全要从被动防御走向主动防御，需要进一步探索多方计算、同态加密、隐私计算、后量子安全、系统漏洞自动消减等技术的应用与落地。

（6）协作子系统

网元协作子系统针对设备之间基于业务场景的协作，提供对应的应用和框架。从业务流看，需要针对场景目标的理解、规划和动态重构，按异构个体的任务/目标进行分解和动态协作，实现个体执行以及动态感知和协作。

◆ 目标规划与重构：基于场景的目标进行理解与统一规划的，可基于场景变化的动态重构、调节和优化能力。

◆ 任务分解与协作：复杂任务分解与管理，任务驱动的各设备配置和协同以及算法机制，群体资源共享、任务匹配、状态度量与评估，控制执行策略和激励等能力。

◆ 个体感知与执行：个体对分解任务执行和实时感知周边对象、环境，自适应调整及反馈。

◆ 分布式互联：提供群体间的高效通信互联。

（7）管理面、控制面、数据面应用

传统的管理面、控制面、数据面对应管理、控制和转发相关业务功能，基于AI、自适应控制重构，借助新增内置原生的知识、安全、协作能力，可实现网元功能的智能、自治演进。

◆ 基于数据驱动的业务架构演进：通过AI重构部分业务，如涉及高维空间、复杂任务求解等，以及实现基于知识和数据驱动的演进。

◆ 基于安全子系统实现系统内生安全：实现不同平面业务的分层隔离与防御，以及应对威胁的动态感知与响应等。

◆ 基于知识子系统和自适应控制：实现业务自动、自愈、自优等，最终实现设备系统的自治闭环。

◆ 基于设备群体协作：实现多设备的智能协作，完成未来复杂场景和任务的网络变化响应以及SLA保障。

4.4.5 架构的关键特征

综上所述，网元AI Native架构应该具备以下区别于传统业务系统的新特征。

1. 原生算力加速

考虑到计算的能效以及广泛应用和成本，网元硬件应该有加速器（SoC集成或独立板卡等），以及配套的软件框架/引擎屏蔽硬件差异和发挥算力效率，支撑业务高效专用计算的能力。

2. 数据与知识驱动

从数据驱动架构演进到数据和知识驱动架构，以及通过本地知识和模型的持续学习，为业务系统的控制、认知提供知识支撑，并与网图的知识形成协同进化，向认知智能演进，为系统和应用提供更高效、更广泛的能力。

3. 系统自适应

业务系统通过引入感知、分析、决策和执行的自适应模式，实现业务自配置、自修复、自优化等系统自动化，结合智能化使能，最终走向设备系统的自治、多设备系统的协作。另外，还需要嵌入式实时感知和在线仿真，解决自适应和智能化在线求解与优化，以及不确定评估和消除等问题。

4. 内生安全

除了业务系统的安全、系统韧性外，重点考虑引入AI、自适应等后带来的安全挑战。从系统防护角度，要考虑对系统威胁的动态感知和预测、动态响应、及时有效的消减和免疫。

4.5 分布式AI

4.5.1 基本概念

电信网络正朝着“万物智联”的目标发展，引入AI的自动驾驶网络已逐步成为业界的共识。目前AI通常有两种架构模式，即集中式AI和分布式AI，如图4-11所示。

1. 集中式AI的基本概念

集中式AI是指设备或应用的数据上传到集中的地方（即云端，与设备所在的本地说法对应），通过收集的数据训练出AI模型（图4-11所示的云端AI训练服务），训练出来的AI模型通过云端AI推理服务部署，对外提供AI服务，供各设备或应用访问。同时，可以根据不断收集的数据，由云端AI优化服务对AI模型进行在线优化，使得AI模型能够持续更新，从而更精准，以满

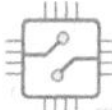

足业务的诉求。

这里说明一下云端AI训练服务和云端AI优化服务的功能差异：云端AI训练服务用来开发AI模型，指AI模型从0到1的构建过程；云端AI优化服务指AI模型开始部署运行后的模型迭代更新。

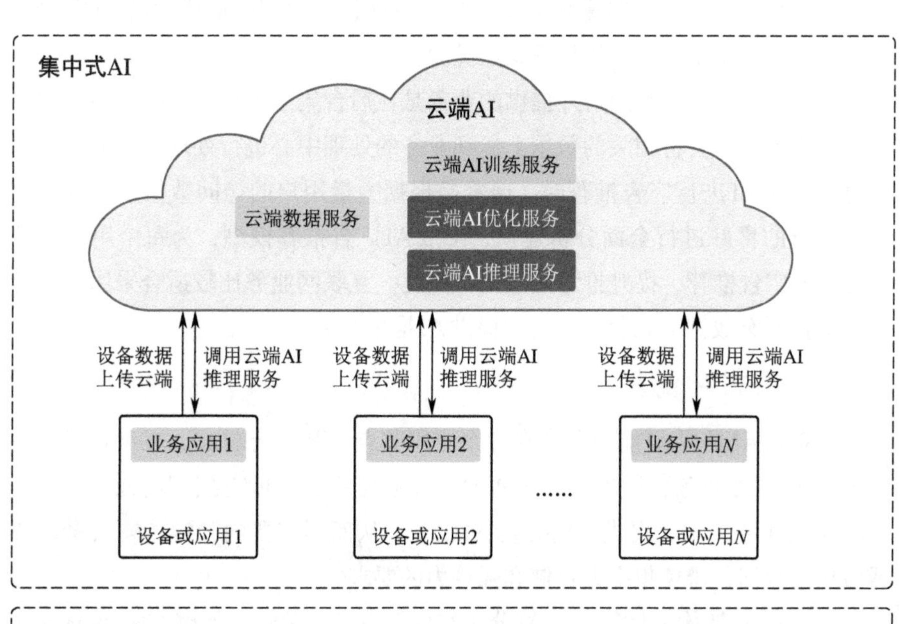

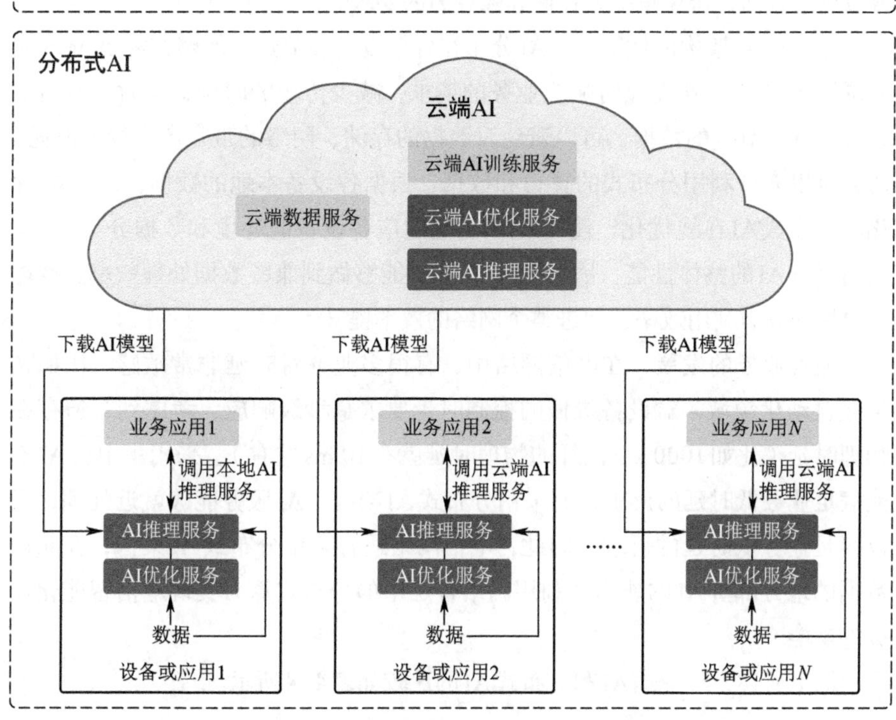

图 4-11　集中式 AI 和分布式 AI 示意

集中式AI架构的优势是可以利用统一集中的算力提供AI服务，通过汇聚各设备或应用的数据，训练全局的AI模型，随着数据越来越多，AI模型会越来越准确。但是集中式AI架构也带来一些问题，比如需要向云端传输大量的数据，汇聚数据越多，意味着可能暴露更多的数据隐私，而且给传输带宽和业务性能指标（如时延）带来较大的挑战。另外，集中训练或优化的AI模型并不一定在每个设备或应用场景下是最优的。

一般情况下，互联网对外提供的业务是在后台集中处理进行的，用户访问互联网业务时，会将相关的数据上传到业务的处理中心进行处理。例如互联网的电商应用AI进行广告推荐时，通常是根据大量用户的访问数据，对过往的各种场景的喜好进行全面分析建模，形成AI广告推荐模型，为每个用户提供个性化的广告推荐，提升推荐的效果。因此，互联网业务比较适合采用集中式AI，即把所有数据汇聚起来，集中提供AI推理服务。

2. 分布式AI的基本概念

分布式AI是指AI能力分布在各个应用节点，除了云端AI，在设备或应用中部署AI推理服务，设备或应用侧的业务数据能够就近直接调用处理，可以及时响应业务请求，提供低时延的AI服务，从而不需要向云端传输大量设备或应用的数据，避免集中大存储和强算力的要求。

分布式AI架构的优势是：AI分布在各个设备和节点，能够在需要AI的地方调用AI服务，从而及时响应业务的请求，减少传输的时延；同时，不用汇聚各设备或节点的数据，可以避免对数据的存储、网络的带宽产生较大消耗，而且可以充分利用分布式的算力和数据，根据各设备本地的数据，通过AI优化服务完成AI在线优化，使AI模型更能适应各设备的环境和数据分布特征，从而提升AI的整体性能。因此，分布式AI能够做到兼顾数据处理效率、推理实时性和算力利用效率，促进整个网络的效率提升。

随着业务的发展，在电信网络中，有很多业务对时延非常敏感。比如在工业自动化领域，对设备机械的控制时延要求毫秒级响应，考虑到管道存在物理时延（比如1000 km光纤的物理时延就有10 ms左右），采用集中式AI不能满足业务低时延的诉求，而采用分布式AI架构，AI服务能够就近处理，可以满足业务低时延的诉求。因此，电信网络适合采用分布式AI架构，在靠近数据的地方部署AI的能力，利用网络各层中的分布式算力实现电信智能化业务的功能。

综上所述，集中式AI和分布式AI的比较如表4-4所示。

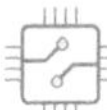

表 4-4　集中式 AI 和分布式 AI 的比较

比较项	集中式AI	分布式AI
AI推理服务	云端推理	在云端和本地都有，分布在各个节点上
AI优化服务	云端优化	在本地和云端都有，分布在各个节点上
AI实时性	云端推理，一般时延可达百毫秒级	本地推理，时延可在毫秒级内
网络带宽	云端推理，需要较大带宽支撑传输实时数据	本地推理，服务就近处理，不需要传输数据到云端
算力	云端集中提供算力，算力资源相对充裕	算力分布在设备侧，设备上的算力资源有限

从技术发展趋势来看，以AI驱动的技术革命已经到来了，AI应用普及，网络设备和软件将具备内生的AI能力。自动驾驶网络的特征是网络单域自治、跨域协同，AI能力是各个域的基本能力要求，所以分布式AI是自动驾驶网络必然选择的发展方向，匹配自动驾驶网络的业务诉求，通过分布式AI架构，AI能够分布部署到网络各个设备或软件服务中，及时响应业务的请求，同时通过AI持续在线优化，快速适应环境、业务和数据的相关变化，实现AI的自学习和自演进，满足自动驾驶网络实现自动、自愈、自优和自治的业务目标的要求。

4.5.2　架构设计的关键原则

1. AI具备持续学习机制，适应电信业务的场景或数据的变化

从实际情况来看，电信网络业务在不同的运营商、不同的业务场景和不同局点的数据存在较大的差异，即使同一个AI模型在不同的局点运行的效果也存在差异，例如核心网领域KPI异常检测模型的准确率已达到95%，如果直接应用到无线领域的KPI异常检测场景，发现结果检测的准确率小于70%。而且在同一个局点下，AI数据中的特征分布可能由于季节性而发生变化，同样会导致AI模型的执行效果不同。例如DC数据节能，冬季和春季的制冷方式变化导致数据节能模式发生变化，冬季的AI节能模型如果直接在春季使用，将导致模型的劣化，这时候需要根据新的数据特征对AI模型进行重新训练，使得AI模型能够适应业务和数据变化引入的模型变化。

对于每个新的业务领域或每个新的局点，通常情况下，AI模型需要算法开发人员根据局点业务和数据分布进行调整，并进行模型训练。随着AI应用的增多，采用传统的人工解决方式是不现实的，无法适应业务的快速变化。所以AI模型要能够对周围发生的情况做出响应，自动启动优化机制适应业务的

变化，像自然演化生物不断适应环境一样，我们称这种能力为AI持续学习机制。如图4-12所示，若无持续学习机制，则AI推理服务中的AI模型是没有变化的，从执行开始就一成不变，除非外部介入进行AI模型的版本更新；如果引入持续学习机制，AI模型会根据模型运行监测情况，按照业务的策略启动AI模型重训练，根据重训练的模型进行验证评估，验证评估通过后与现有版本进行比较，新旧版本择优，从中选择最好的模型部署运行，这个优化的过程可以实现自动闭环，从而形成持续学习机制。

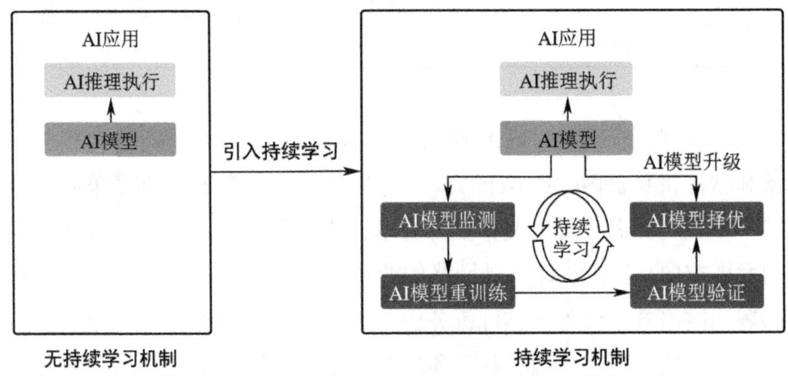

图4-12　有无持续学习机制示意

所以分布式AI架构要实现自动驾驶网络的业务目标，需要支持AI持续学习机制，才能支持AI自动适应各种场景的应用，从而能够自优化自演进，及时根据环境和数据变化自动优化AI模型，适应业务的变化。

2. AI能在不同网络的层级流动，在不同异构的环境上运行

分布式AI的核心是确保AI模型能够方便地分发到各设备中，支撑AI快速实现规模应用，所以分布式AI需要支持AI模型可流动，能分布到各个设备或应用节点上部署使用，AI模型开箱即用，实现AI模型自动化部署。由于AI模型部署在各设备中，不同设备一般有不同的运行环境，因此在架构上需要支持AI模型描述规范，统一定义AI模型，使得AI模型在不同环境中均可执行且具备持续优化能力，实现业务应用和AI模型的解耦。

AI模型生命周期流程如图4-13所示。AI模型开发流程包含AI模型效果洞察、AI算法开发、AI模型训练、AI模型验证和发布上架等环节。AI模型发布到网络部署后，一般要经历AI模型部署、发布AI推理服务、监测AI模型运行效果、AI模型重训练、AI模型评估和择优等流程，如果需要人工介入，将会比较耗时且复杂，为了避免花费大量时间、投入大量人员来管理AI模型运

行环节，需要从架构上支持模型运行环节全程自动化，以满足自动驾驶网络的业务目标要求。

通过协同的机制，可以把AI模型开发和运行联动起来，缩短AI模型的开发和交付周期，并且提高AI模型分发效率和部署效率。

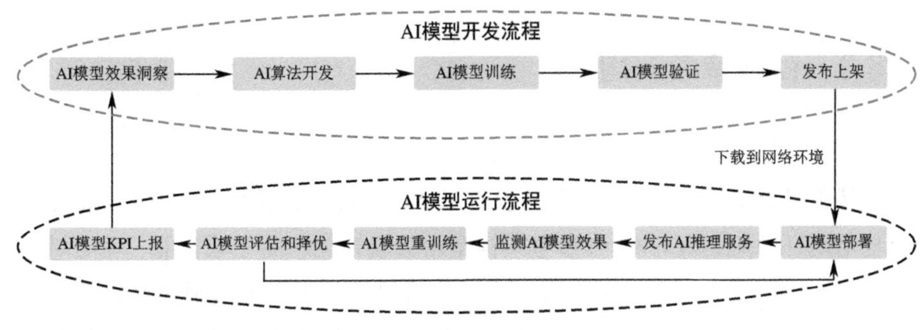

图 4-13　AI 模型生命周期流程

3. AI能适应不同的设备环境，满足资源有限的场景需求

分布式AI架构将AI模型部署至端侧及边缘侧，能够极大缓解完全由云端进行数据处理时产生的数据隐私、时延、可靠性等问题。AI模型大小主要取决于模型的参数量，与输入数据无关，模型参数量影响内存消耗和模型包大小，而模型运行过程的耗时与输入数据有关。

考虑端侧及边缘侧极其有限的计算能力、内存资源，为了满足分布在各设备上的AI应用的要求，需要从架构上支持根据设备环境适应调整AI模型，根据业务权衡AI模型复杂度和性能，从而使AI模型能够适应不同的设备环境，满足资源受限场景下AI应用的要求。

4. 支持AI实时响应，满足低时延的场景需求

芯片的算力一般遵循摩尔定律提升，设备的运算能力也随之不断提升，比如智能手机比过去的计算机具有更强的处理能力，所以算力发展为设备内生AI提供了硬件基础。另外，电信的网络设备一般3年就会升级换代，需要提供更高质量的网络连接，城市交通、医疗、工业智能制造等多个领域也对网络提出更快、更智能化的诉求，特别是强交互能力的业务，需要设备具备内生的AI能力，以便更好地提供实时互动业务。

5. 支持AI安全，通过主动检测和响应机制，确保AI安全运行

分布式AI的关键特征是AI模型分布在不同的节点使用，面临AI模型安全

性问题，可能存在模型被篡改或盗用、通过AI攻击系统的风险。所以在架构中支持AI安全，防止AI模型在存储和传输过程中被恶意篡改，导致AI推理存在问题，引起业务出现异常等问题；支持模型包的签名校验和完整性校验，并且在运行过程能对AI运行进行主动监控，识别和记录可能存在的风险，响应安全处理策略。

4.5.3 目标参考架构

1. 整体架构

基于以上架构设计关键原则，分布式AI参考架构如图4-14所示。根据分层自治闭环原则，分布式AI参考架构是由云端智能、商业域智能、业务域智能、自治域智能和网元AI框架构成的。AI能力分布在自动驾驶网络的各域系统中，在本地完成智能化处理，从云端智能获取跨域的AI模型，进行知识库经验共享，并快速更新各域相应的AI模型或知识库。而各域智能主要聚焦域内的数据样本采集、推理服务、AI持续优化，完成域内的AI自优化自演进。各域智能系统通过K1、K2、K3接口，完成和云端智能AI模型、知识同步更新，将单域的知识和AI模型复制到其他领域，实现AI能力的规模应用，高效支撑自动驾驶网络AI能力不断迭代演进。

（1）云端智能

云端智能提供AI应用目录、AI模型和知识库共享能力，主要由AI应用目录、数据服务、训练服务、知识库、AI协同服务构成。云端智能通过K1、K2、K3接口完成各网络层级的AI协同服务，可以实现AI能力在某个域成功实施后快速形成AI能力（比如AI模型和知识等），在其他域内进行复制，实现AI规模应用。

（2）商业域智能

作为商业运行系统的智能中心，商业域智能为商业域内的服务提供AI相关服务以及与云端的智能协同，包括商业域AI推理服务、商业域AI评估服务、商业域AI优化服务、商业域AI择优服务、商业域AI验证服务、商业域AI样本服务、商业域AI资产服务和商业域AI协同服务。说明一下，为了减少重复表示，在分布式AI架构中将AI模型和知识库统称为AI，比如AI资产包含AI模型和知识库、AI推理服务包含AI模型推理和AI知识推理等，后续相关的描述类似，不再重复说明。

（3）业务域智能

作为自智网络引擎的智能中心，业务域智能为业务域内的服务提供AI相关服务以及与云端的智能协同，包括业务域AI推理服务、业务域AI评估服

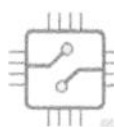

务、业务域AI优化服务、业务域AI择优服务、业务域AI验证服务、业务域AI样本服务、业务域AI资产服务和业务域AI协同服务。

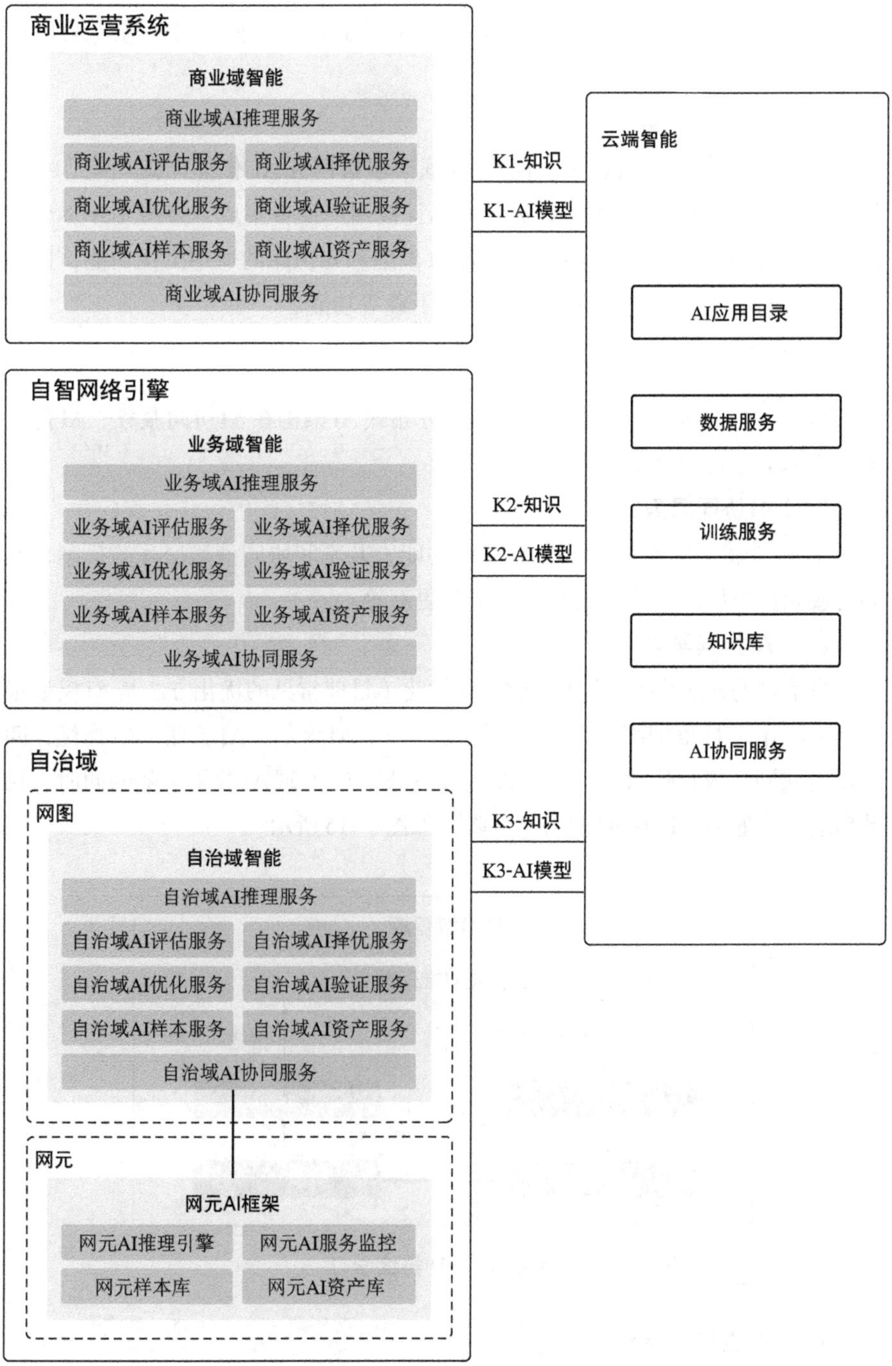

图 4–14　分布式 AI 参考架构

（4）自治域智能

作为自治域的智能系统，自治域智能为自治域内的AI服务提供自治域AI推理服务、自治域AI评估服务、自治域AI优化服务、自治域AI择优服务、自治域AI验证服务、自治域AI样本服务、自治域AI资产服务和自治域AI协同服务。

（5）网元AI框架

作为使能网元的AI能力，网元AI框架包括网元AI推理引擎、网元AI服务监控、网元样本库和网元AI资产库，且被网元设备集成，为网元AI Native提供AI模型和知识的运行环境，完成AI模型和知识库的通用工程功能，比如AI资产运行、监控、部署升级、AI资产下载等功能。

2. 主要功能

基于以上整体架构，本节主要描述分布式AI架构在AI协同服务、AI持续学习、AI自适应更新等方面的主要功能。

（1）AI协同服务

AI协同服务主要完成各域AI对外的能力共享和协同消息交互的机制，比如对接配置及认证、消息处理、AI资产更新等。

（2）AI持续学习

自治域的AI持续学习功能包含AI优化（目前常见的优化方法是AI模型根据新的样本进行重训练，生成AI新的版本）、AI评估、AI验证、AI择优，四个功能共同组成迭代过程，完成AI主动更新，在发现AI效果下降的同时，自动启动优化能力，确保AI能力不下降，如图4–15所示。

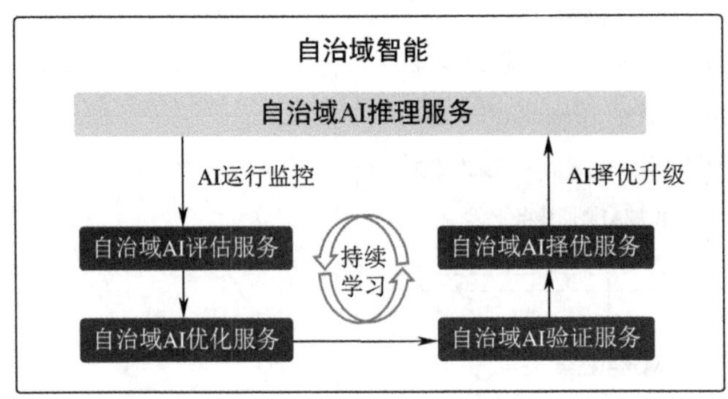

图 4–15　AI 持续学习

（3）AI自适应更新

由于分布式AI涉及不同设备环境，因此需要在架构上支持AI模型适应商

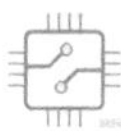

业运营系统、自智网络引擎、网图、网元的运行环境。分布式AI架构要支持构建自适应更新能力，根据请求AI模型的环境信息，选择合适的模型，确保AI模型可以在不同的环境中完成更新。

4.5.4　模块部件

1. 云端智能

云端智能主要提供如下功能。

- AI应用目录：AI模型和知识的资产目录，提供用户分享和下载的入口。
- 数据服务：提供数据采集、数据生成等功能，主要为训练服务提供样本。
- 训练服务：提供AI模型的开发及训练。
- 知识库：作为云端进行知识开发的平台。
- AI协同服务：提供跨域的AI协同能力，通过与商业域智能、业务域智能、自治域智能之间的AI协同服务，实现各域AI模型和知识库之间的相互分享，同时提供安全能力，确保双方协同安全可靠。

2. 商业域智能

商业域智能主要提供如下功能。

- 商业域AI持续学习机制：通过商业域AI评估服务、商业域AI优化服务、商业域AI资产服务和商业域AI择优服务，实现商业运营系统内的AI资产持续学习优化，从而提供AI资产的自优化能力。
- 商业域AI协同服务：实现和云端智能的AI协同（K1-AI模型、K1-知识），完成与云端智能的AI模型和知识库相互分享。
- 商业域AI资产管理：提供商业域AI模型、知识库的生命周期管理和资产安全能力。

3. 业务域智能

业务域智能主要提供如下功能。

- 业务域AI持续学习机制：通过业务域AI评估服务、业务域AI优化服务、业务域AI资产服务和业务域AI择优服务，实现业务系统内的AI资产持续学习优化，从而提供AI资产的自优化能力。
- 业务域AI协同服务：实现和云端智能的AI协同（K2-AI模型、K2-知识），完成与云端智能的AI模型和知识库相互分享。
- 业务域AI资产管理：提供业务域AI模型、知识库的生命周期管理和资产安全能力。

4. 自治域智能

自治域智能主要提供如下功能。

- ◆ 自治域AI持续学习机制：通过自治域AI评估服务、自治域AI优化服务、自治域AI资产服务和自治域AI择优服务，实现自治域内的AI资产持续学习优化，从而提供AI资产的自优化能力。
- ◆ 自治域AI协同服务：实现和云端智能的AI协同（K3-AI模型、K3-知识），完成与云端智能的AI模型和知识库相互分享。
- ◆ 自治域AI资产管理：提供业务域AI模型、知识库的生命周期管理和资产安全能力。
- ◆ 自治域AI推理服务：提供自治域中的AI运行服务，含AI推理请求处理、推理任务调度执行和监控；提供统一调用接口、AI运行期间的运维监控数据的采集以及AI运行效果查询。

5. 网元AI框架

这里主要指端侧AI平台，支撑网元设备智能化演进，主要提供如下功能。

- ◆ 网元AI推理引擎：提供网元轻量高效的AI运行支撑服务，含AI推理请求处理、推理任务调度执行和监控，提供统一调用接口，同时提供部署、升级和卸载AI的能力。
- ◆ 网元AI服务监控：提供网元AI运行期间运维监控数据的采集，以及提供查询接口。
- ◆ 网元AI资产库：提供网元AI模型和知识库的生命周期管理及安全校验能力。
- ◆ 网元AI样本库：提供网元AI样本的生命周期管理和安全校验能力。

4.5.5 架构的关键特征

综上所述，分布式AI架构的关键特征总结为分层AI闭环、AI自适应自学习、数据与知识驱动、灵活的AI部署。

1. 分层AI闭环

根据自动驾驶网络分层自治闭环原则，需要在各层面完成AI闭环，同时考虑智能化数据规模未来将爆炸性增长，需要分层就近AI闭环处理，就近处理可以减少业务响应时延，满足业务要求。

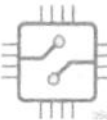

2. AI 自适应自学习

自动驾驶网络的每一层都应具备AI持续学习能力，能够在网络运行过程中依据外部环境的变化，结合历史运行数据，不断调整AI算法、模型和参数，满足用户的体验和要求，实现自动驾驶网络“越用越聪明”。

3. 数据和知识驱动

网络的智能化一开始使用，就通过不断持续学习，获得与业务场景越来越匹配的知识和认知能力，同时持续优化自身知识和模型，快速适应环境。

4. 灵活的 AI 部署

易于部署对分布式AI至关重要，可促进AI在网络各层级自动部署运行。比如AI模型部署不需要每个业务准备相关的运行环境，而是由域内智能的AI推理服务来提供平台能力，支撑AI模型流动以及适配不同的运行环境。

4.6　内生安全

当今人类社会已经进入数字经济时代，人们的生产和生活都越来越离不开软件程序和信息设备，通信网络作为关键信息基础设施的“基础设施”，为金融、能源、交通、供水、医疗卫生和应急服务等与国计民生密切相关的重要系统以及政府事务管理提供关键支撑，已经承载了越来越多关乎国计民生的高价值业务和数据。通信网络的安全越来越重要，甚至影响到国家的安全，因此很多国家监管机构、公共的标准组织都越来越关注通信网络的安全可信。

4.6.1　基本概念

传统网络的网络安全防御架构是在网络的边缘部署防火墙、IPS（Intrusion Prevention System，入侵防御系统）/IDS（Intrusion Detection System，入侵检测系统）等专业的安全产品，由这些产品对攻击进行检测和防御。随着攻击手段的提升，这种架构已经暴露出其缺点，就是一旦攻击者突破这些安全产品，就可以在内部网络中畅行无阻。

针对新的挑战，业界提出了新的思路——内生安全，其核心是网络中的每个设备、每个系统都要具备相应的安全防御能力，同时可自动检测出安全攻击、自动响应、自动恢复，并具备自适应能力，以应对未来可能的威胁。

4.6.2 关键挑战

相比于现有的网络，自动驾驶网络的架构和运行环境都会发生变化，安全的挑战更大，主要如下。

1. 网图逐步占据网络中的核心地位，受攻击后影响范围非常大

首先，越来越多的企业采用云上集中管理的方式来管理自己的网络设备，运营商也从现有的地市分布式管理转向省级集中化管理，网图管理的设备数量越来越多。其次，SDN和NFV技术的发展使网图增强了对网络的控制能力，因此，网图一旦被攻击，影响范围将非常大。

2. 网图的安全边界发生了根本性变化，受攻击的可能性大大增加

首先，网图可能会部署在公有云上提供服务，也提供了开放可编程能力，开放性大大增加。其次，网图从传统的C/S（Client/Server，客户/服务器）结构变为B/S（Browser/Server，浏览器/服务器）结构，用户可以通过各种通用浏览器接入，也可以通过移动终端接入，网元也可能通过互联网接入，网图的暴露面大大增加，受攻击的可能性大大增加。

3. 从网元攻击网图的概率大大增加

首先，虚拟化网元采用NFV技术，从原来的封闭架构转变为开放架构；其次，边缘计算技术的发展将会使数据中心变得更加开放，更多的应用会运行在MEC（Multi-Access Edge Compute，多接入边缘计算）的平台上；另外，很多边缘设备会部署在开放的环境中，网元受攻击的可能性变得越来越大，攻击成功后就可以以网元为跳板再攻击网图。

4. 安全入侵事件需实时检测，快速响应

随着IT技术的不断发展，黑客攻击的手段也越来越多，给网络安全防御带来了巨大的挑战。安全检测是其中非常关键的技术，检测时间的长短很大程度上决定了被攻击后的损失大小，因此如何做到以最快的速度检测到安全入侵事件是未来自动驾驶网络面临的重大挑战。检测出攻击后，需要做到自动响应恢复，而当前很多场景还是由人工来执行恢复措施，响应时间比较长。

4.6.3 架构设计的关键原则

针对不断出现的网络安全事件，业界提出了多种网络安全防御理论和架构，比较著名的有NIST（National Institute of Standards and Technology，美国国家标准和技术研究院）提出的Cyber Security Framework，Gartner提出的CARTA

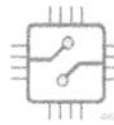

（Continuous Adaptive Risk and Trust Assessment，持续自适应风险与信任评估）以及业界目前比较热门的零信任理论。下面简单介绍一些相关知识。

Cyber Security Framework框架是NIST于2018年提出的，其中的核心是IPDRR（Identify, Protect, Detect, Respond and Recover，识别、保护、检测、响应、恢复）理论[21]，如图4-16所示，具体解释如下。

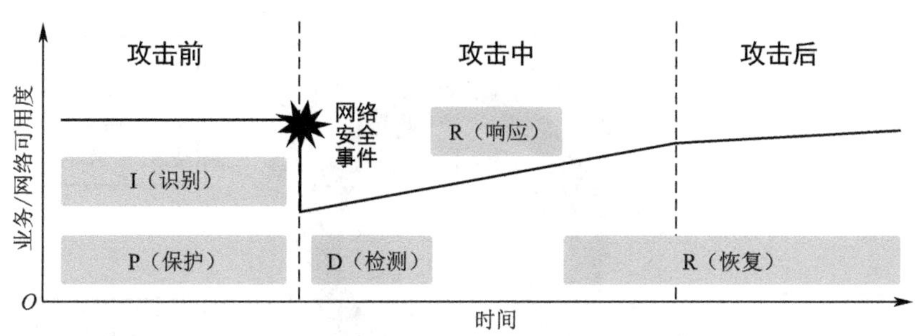

图 4-16　IPDRR 理论

I（识别）：标识整体网络的安全资产，是整个框架的基础，可以建立组织对管理系统、资产、数据和能力的网络安全风险的了解。

P（保护）：对安全资产采用相关的保护措施，限制或抑制网络安全事件的潜在影响，例如，身份管理和访问控制、数据安全、维护和保护技术等。

D（检测）：对网络进行安全检测，及时发现网络安全攻击事件。

R（响应）：发现安全风险或安全攻击事件后，及时做出响应，可以防止潜在网络安全事件的发生，减小已发生安全事件的影响。

R（恢复）：采用相关的措施将受损的业务恢复，让网络恢复正常运行。

上述的每一个阶段都很重要，但安全资产的识别、威胁的检测尤为关键，如果有些资产没有识别，未做防御，很容易就会被攻击者作为突破口；威胁检测不到或检测时间长，就会对网络造成很大的损失。

CARTA安全架构是Gartner在2017年首次提出的，是Gartner主推的一种应对当前及未来安全趋势的先进战略方法。CARTA安全架构如图4-17所示，该架构持续对网络进行风险评估，对访问网络的各种通信实体持续进行信任评估，做自动化响应。

零信任理论[22]是2010年Forrester首席架构师提出的，其核心思想是：企业不应自动信任内部或外部的任何用户/设备/应用，应在授权前对任何试图接入企业系统的用户/设备/应用进行验证，即“始终验证，永不信任”。零信任的概念建立在如下5个基本假设之上：第一，网络始终处于危险环境中；第二，外部和内部威胁始终存在；第三，用户/设备/应用所处位置不足以决定其可信度；第四，所有设备、用户、应用和流量都应当经过认证和授权；第五，安全策略必须是动态的，并基于尽可能多的信任要素而定。

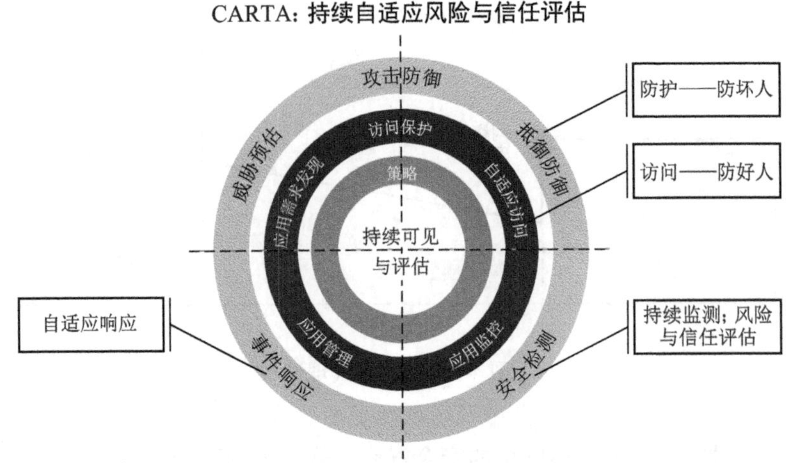

图 4-17　CARTA 安全架构

该理论由谷歌率先在自己的网络中采用，目前国内奇安信等厂商也提出了相关的解决方案。

Cyber Security Framework、CARTA安全架构、零信任理论从不同的角度给出了网络安全架构的设计思路。综合相关的思路以及自动驾驶网络未来的关键挑战，建议自动驾驶网络采用如下的内生安全架构设计原则。

1. 内生

遵循业界内生安全的设计原则，自动驾驶网络中的网元、网图需具备强的安全防御能力，同时网图与网元协同，可自动检测、自动响应、自动恢复。

2. 自适应

网络功能在不断演进，越来越多，安全漏洞不可避免，网络攻击的方法也在不断演进，因此对自动驾驶网络来讲，其安全架构需要具备以下自适应能力。

- 风险评估：对接入网络的人和系统要做持续的风险评估，自动学习正常行为，识别异常行为，动态更新访问策略，动态控制。
- 安全检测：可持续检测安全攻击，具备智能学习能力，可识别出未知攻击（攻击者采用之前从未有人使用的攻击方法进行攻击或攻击者利

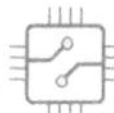

用一个之前从未公开的漏洞进行攻击）。

◆ 响应恢复：可根据网络实时状态，自动决策响应和恢复方案并实施。

3. 开放

网络的安全检测和响应恢复能力需要基于开放的原则进行设计。

◆ 安全检测：系统可以对接三方威胁情报系统，输入更多的信息，以更加精准地检测威胁事件。同时，各种攻击手段层出不穷，各种各样的漏洞也防不胜防，检测引擎需要具备开放能力，可以实时更新检测规则，快速响应安全事件。

◆ 闭环恢复：安全事件发生后，需要开放的闭环恢复机制，基于实际场景和环境实时编辑相应的响应策略及恢复措施，实现安全事件的实时闭环。

4.6.4 目标参考架构

1. 整体架构

自动驾驶网络采用安全运维中心、网图、网元3层协同的架构来实现整网的安全，整体架构如图4-18所示。

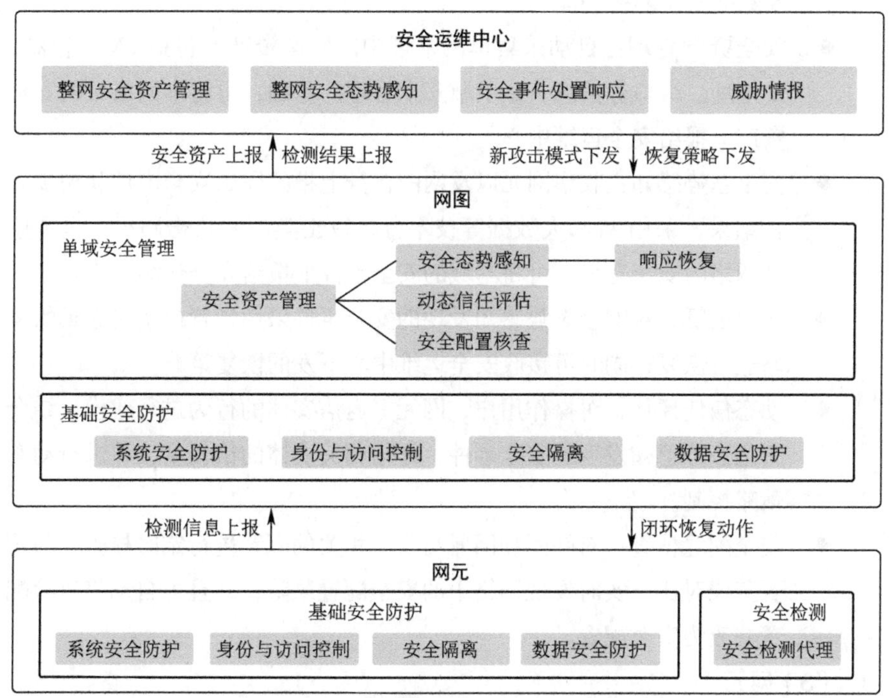

图 4-18　自动驾驶网络内生安全整体架构

（1）安全运维中心

安全运维中心负责跨网络域的安全运维，主要功能模块如下。

- 整网安全资产管理：通过网图采集不同网络域的安全资产，比如VM（Virtual Machine，虚拟机）、容器、IP地址、端口等信息，实现统一管理。
- 整网安全态势感知：收集网图上报的各域安全事件，实现跨网络域的攻击分析和态势感知，呈现整体的安全态势。
- 安全事件处置响应：基于安全态势感知信息，制定相应的恢复策略和动作，下发给网图或其他安全设备实施，快速阻断攻击，恢复业务。
- 威胁情报：对接业界一些知名的情报中心，获取最新的威胁情报，将其转换成新的攻击模式，传递给安全态势感知和网图，帮助其快速感知相关攻击。

（2）网图

网图负责单网络域的安全管理，主要功能模块如下。

- 基础安全防护：主要指系统安全防护、身份与访问控制、安全隔离以及数据安全防护等能力。
- 安全资产管理：自动采集单网络域中的安全资产，包括VM、容器、IP地址、端口等信息，是单域安全管理的基础，可将本网络域的安全资产上报给安全运维中心。
- 安全态势感知：收集网元以及网图自身上报的原始安全事件和初步分析结果，采用AI和大数据等技术分析攻击类型和攻击路径，呈现单域网络的安全态势，可将本域的安全事件上报给安全运维中心。
- 响应恢复：对安全态势感知发现的安全事件采用预置或实时编辑的策略进行恢复，同时可接收安全运维中心下发的恢复策略。
- 动态信任评估：对操作用户、网元等通信实体的行为进行建模，结合安全态势感知发现的安全事件，评估相关实体的信任度，并进行动态策略控制。
- 安全配置核查：对网图和网元与安全相关的配置进行定时核查，与预置基线对比，实时发现网络中的安全配置风险，并且可自动将风险配置修改为安全配置。

（3）网元

网元是整个网络的基础，自身需要具备必要的安全防御能力，同时要协同网图完成单域网络的安全自治，主要功能模块如下。

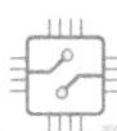

- 基础安全防护：主要指系统安全防护、身份与访问控制、安全隔离以及数据安全防护等能力。
- 安全检测：主要指安全检测代理，可分析网元的各种操作日志、运行日志，发现可能的入侵检测事件或网元异常行为，上报网图。

2. 主要功能

（1）自动核查单网络域的配置并修复

很多网络的安全风险来自网络的不安全配置，比如采用了不安全的通信协议或算法，开启了操作系统或开源三方件的一些不安全配置等，这些有风险的配置可能会被攻击者利用而攻破网络。因此，及时发现并修复这些风险的配置非常重要。安全配置核查功能可以定时采集网络中的相关安全配置，与预置基线对比，发现风险并基于预置的策略进行修复。

（2）自动检测对单网络域的攻击并进行响应恢复

网络攻击随时可能发生，要保证网络安全，必须对攻击进行实时检测和响应，快速发现攻击源，阻断攻击，同时快速恢复受损的业务。在上述架构中，网图与网元协同，可以快速发现对网元或网图的攻击，并且基于预置的策略进行恢复。

4.6.5　模块部件

在上述架构中，网图起到了至关重要的作用，安全态势感知、响应恢复、动态信任评估、安全配置核查是其中的关键功能模块，本节详细介绍这些模块的功能。

1. 安全态势感知模块

安全态势感知模块主要提供以下能力。

第一，针对操作系统的攻击检测能力。操作系统是整个系统的基础，也是攻击者攻击的重点目标，攻击手段多种多样，需要具备针对这类攻击的检测能力，说明如下。

- 操作系统用户攻击检测能力：比如暴力破解、非法登录、用户权限提升等攻击检测。
- 恶意文件、非法进程检测能力：对木马、非期望的进程、端口、文件等相关的攻击检测。
- 关键文件篡改检测能力：对系统中的关键配置、运行程序等影响系统正常运行的文件的完整性检测。

第二，针对网图或网元的用户攻击检测能力。获取一个系统操作用户的认证凭据是非常直接有效的攻击方法，也是黑客常用的攻击方法，需要具备对用户进行暴力破解、登录行为分析（黑名单IP登录、非授权账号登录、非习惯时间登录等）、越权访问等常见的攻击检测的能力，同时还需支持用户行为画像的能力，可以检测出“内鬼”或用户仿冒的攻击。

第三，针对特有网络协议和业务的攻击检测能力。无线、光、IP等不同类型的网络都有自己特有的网络协议和业务，黑客可能会针对不同的网络做特定的攻击，比如无线领域可以进行伪基站攻击，IP领域可以进行BGP（Border Gateway Protocol，边界网关协议）路由劫持攻击等，需要具备针对这些特有网络协议的攻击检测能力。

2. 响应恢复模块

响应恢复模块主要提供以下能力。

（1）响应恢复策略管理

对于已知类型的攻击，可以预置响应恢复策略，检测到攻击后可以直接执行策略中的响应动作，快速阻断攻击并恢复业务。对于未知类型的攻击，可以由人工基于获取的攻击信息和对业务的影响在线编排响应恢复策略。更进一步，未来系统需要具备学习能力，自动学习攻击信息和历史的恢复策略，发生新的攻击后，可自动生成响应恢复策略。

（2）响应恢复方案影响评估

网络的状态是实时变化的，检测到攻击后，可能会有多种不同的响应恢复方案，在实施响应恢复方案之前，需要评估方案实施后对网络的影响，选择最优的方案执行。

3. 动态信任评估模块

传统网络的安全防御设计理念是对访问者进行身份认证，认证通过后即永远信任对方。但这种理念已经受到挑战，因为访问者可能是一个攻击者，其通过其他方式（比如钓鱼攻击等）获取了认证凭据，或者内鬼使用合法的身份在做非法的操作。动态信任评估模块的功能就是对网络的访问者以及网络中受攻击风险大的网元做实时风险评估，主要提供如下能力。

（1）针对网图与网元操作用户的风险评估

网图或网元操作用户的安全至关重要，攻击者获得合法权限后可以随意操作网络，因此需要基于用户受攻击的情况（比如暴力破解，权限提升等）、用户使用终端（计算机、手机、Pad等）的安全状况、用户的异常行为等多个维度对指定用户进行风险评估，基于评估结果采用相应的策略进行

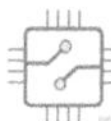

访问控制。

（2）针对网元的风险评估

在未来的网络中，很多网元部署的环境越来越开放，网元遭受攻击的可能性越来越大，一旦某个网元被攻击成功，就可以通过该网元攻击网图或其他网元。因此需要实时评估网元的可信任程度，从配置风险、受攻击的信息、业务的异常行为等多个维度进行评估，基于评估结果采用相应的策略进行访问控制。

4. 安全配置核查模块

安全配置核查模块主要提供以下能力。

（1）配置风险核查

针对网图、网元的操作系统、数据库、网络协议及业务相关的配置进行定期检查，与预置基线做对比，进行风险提示。

（2）配置修复

对于有风险的配置项，自动生成修复方案，评估对网络的影响，在结果可接受的情况下自动进行修复。

4.6.6　架构的关键特征

综上所述，内生安全架构的关键特征总结为自防御、自检测、自评估和自恢复。

1. 自防御

在该架构中，网元和网图都将具备必要的安全防护能力，包括系统安全防护（安全/可信启动、操作系统安全加固等）、身份与访问控制、安全隔离、数据安全防护等，可以自动对网元与网图做安全防御。

2. 自检测

采用该架构，网元可在第一时间获取入侵信息并做分析，并实时上报给网图，网图结合历史规则，采用大数据、AI分析进行快速分析，实现单网络域内秒级检测，且结果可上报安全运维中心，进行跨网络域的安全事件检测。同时，网图和安全运维中心都具备自动学习攻击的特征和网络的正常行为的能力，可检测未知类型的攻击。

3. 自评估

在该架构中，网图可对网络中的操作用户、网元进行实时评估，基于评估结果进行动态策略控制。同时，对网络风险配置的修复方案和网络安全事件的响应恢复方案，可自动评估对网络的影响，选择最优方案。

4. 自恢复

采用该架构可以对单网络域安全事件和跨网络域安全事件采用预置策略及在线编排的策略自动进行响应恢复。同时，网图和安全运维中心的响应恢复模块将具备自动动态学习能力，可基于网络实时状态自动生成和执行响应恢复方案。

参考文献

[1] TM Forum. Autonomous networks reference architecture v1.0.0 [R/OL]. (2021-11-20) [2022-09-25]. IG1251.

[2] 孙滔, 周铖, 段晓东, 等. 数字孪生网络（DTN）: 概念, 架构及关键技术[J]. 自动化学报, 2021, 47 (3): 14.

[3] JI S, PAN S, CAMBRIA E, et al. A survey on knowledge graphs: representation, acquisition, and applications[J]. IEEE Transactions on Neural Networks and Learning Systems, 2021, 33 (2): 494-514.

[4] LI Z, JIN X, LI W, et al. Temporal knowledge graph reasoning based on evolutional representation learning[C]//Proceedings of the 44th International ACM SIGIR Conference on Research and Development in Information Retrieval, 2021: 408-417.

[5] LI X, LYU M, WANG Z, et al. Exploiting knowledge graphs in industrial products and services: a survey of key aspects, challenges, and future perspectives [J]. Computers in Industry, 2021, 129: 103449.

[6] MISA C, O'CONNOR W, DURAIRAJAN R, et al. Dynamic scheduling of approximate telemetry queries[C]//19th USENIX Symposium on Networked Systems Design and Implementation (NSDI 22), 2022: 701-717.

[7] CERRONI W, BURATTI C, CERBONI S, et al. Intent-based management and orchestration of heterogeneous openflow/IoT SDN domains[C]//2017 IEEE Conference on Network Softwarization (NetSoft), IEEE, 2017: 1-9.

[8] 中国移动通信有限公司研究院. 基于数字孪生网络的6G无线网络自治白皮书[R/OL]. (2022-04-13) [2022-09-25].

[9] 陶飞, 张贺, 戚庆林, 等. 数字孪生模型构建理论及应用[J]. 计算机集成制造系统, 2021, 27 (1): 15.

 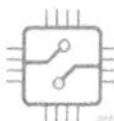

[10] SALEM M, IMAI P, VAJRABHAYA P, ET AL. A perspective on autonomous networks from the world's first fully virtualized mobile network[J]. IEEE Wireless Communications, 2021, 28 (2): 6−8.

[11] ZHOU Q, GRAY A J G, MCLAUGHLIN S. ToCo: an ontology for representing hybrid telecommunication networks[C]//European Semantic Web Conference. Springer, Cham, 2019: 507−522.

[12] XU Y, BERNARD A. Quantifying the value of knowledge within the context of product development[J]. Knowledge-Based Systems, 2011, 24 (1): 166−175.

[13] 童文，朱佩英. 6G无线通信新征程：跨越人联、物联，迈向万物智联[M]. 华为翻译中心，译. 北京：机械工业出版社，2021.

[14] 欧阳晔，王立磊，杨爱东，等. 通信人工智能的下一个十年[J]. 电信科学，2021, 37 (3): 1−36.

[15] 张钹，朱军，苏航. 迈向第三代人工智能[J]. 中国科学：信息科学，2020, 50 (9): 22.

[16] SIFAKIS J. Autonomous systems – an architectural characterization[M]. Springer, Cham. 2019.

[17] 3GPP. Self-organizing networks (SON) for 5G networks v16.1.0[R/OL]. TS 28.313.

[18] 蒲志强，易建强，刘振，等. 知识和数据协同驱动的群体智能决策方法研究综述[J]. 自动化学报，2022, 48 (3): 627−643.

[19] 软件科学与工程/国家自然科学基金委员会，中国科学院. 中国学科发展战略•软件科学与工程[M]. 北京：科学出版社，2021.

[20] 陶建华，陈云霁. 类脑计算芯片与类脑智能机器人发展现状与思考[J]. 中国科学院院刊，2016, 31 (7): 803−811.

[21] BARRETT M P. Framework for improving critical infrastructure cybersecurity version 1.1[J]. 2018.

[22] ROSE S, BORCHERT O, MITCHELL S, et al. Special publication 800–207 zero trust architecture[J]. National Institute of Standards and Technology, US Department of Commerce, 2020: 800−207.

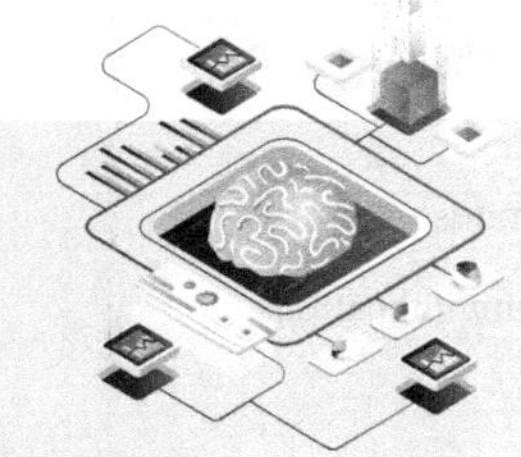

第5章 自动驾驶网络的关键技术

过去30多年，ICT取得了长足发展，也深刻改变了我们的工作与生活方式。随着各行各业数字化转型的进一步深入，其影响将扩展至千行百业，尤其深入使能汽车自动驾驶、政府决策、军事指挥、医疗健康等应用价值更高，且与人类生命、财产、发展与安全紧密关联的领域。这种变革依赖于越来越智能、可靠、灵活的通信系统，促进了自动驾驶网络的发展，同时对自动驾驶网络这一新的信息基础设施也提出了更高的要求。

本书第4章重点描述了自智网络引擎层、网图层和AI Native网元层架构，每个架构层级各司其职，同时又相互配合，共同定义了自动驾驶网络的分层自治闭环、分布式数字孪生、分布式知识管理、终身学习与自演化、人机/机机协同等基本特征。具备这些特征的自动驾驶网络，利用数据驱动、端到端的机器学习模型并结合用户高层目标，在自动、自愈、自优的基础上，让网络功能具备自适应、自学习、自演进等自治能力，从而实现自动驾驶网络的愿景和目标。

为了实现这些充满挑战性的目标，自动驾驶网络不仅需要从基础理论方面有所创新，还需要从关键技术上有所突破。自动驾驶网络是个系统性工程，涉及技术众多，本章将从参考架构关联角度讨论新产生的部分关键技术，具体介绍如下。

（1）网络可信任AI

作为国家级战略基础设施，通信网络必须是一个高可信的网络。随着AI在通信网络中的广泛应用，AI也面临越来越多的可信挑战，包括AI不稳定性导致潜在的安全问题、缺乏可解释性限制了AI在通信领域更广泛的应用等。网络可信任AI成为构筑自动驾驶网络认知和可信架构的关键技术及基础。

（2）网络分布式AI

分布式AI架构使得网元、网图、自动驾驶网络代理等部件中均内置有AI

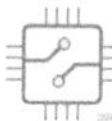

算力和AI算法，能够实现本地化的AI学习、应用、泛化和训练，这需要分布式AI来支撑，包括中心协调算力的分布式AI、群体智能化的分布式AI和联邦学习模式下的分布式AI等关键技术。

（3）网络数字孪生

网络数字孪生是自动驾驶网络架构中自智网络引擎、网图和网元的基础使能关键技术，它以数字化方式创建物理网络实体的虚拟镜像，借助历史/实时数据以及建模和仿真能力，能够为自动驾驶网络提供验证测试能力，在孪生环境中完成网络自动预评估、高效闭环和敏捷迭代。

（4）网络仿真

传统上，网络仿真主要应用于离线的网络规划和设计阶段。在自动驾驶网络中，跨域、单域甚至网元内部的自动化闭环框架都需要网络和设备具备自主决策能力，在线的网络仿真则为决策的正确性、有效性提供了重要的技术保障。

（5）网络知识与专家经验数字化

自动驾驶网络架构的演进也带来了网络运维模式的改变，使得网络走向人在环外的自我管理模式，这将改变传统的以人为主的运维模式。实现这种转变，需要把当前系统中主要由人使用的知识变成机器使用的知识，网络知识和专家经验数字化是关键前提及基础。通过网络知识和专家经验的数字化积累，可持续使能网络自动驾驶。

（6）网络人机共生

未来的自智网络引擎和网图中都需要具备人机协同以及人机共生的能力。人机共生是自动驾驶网络的长远目标，共生意味着人机共同协作、相互理解，从而共同完成任务，并且可以彼此促进。此外，还需具备相互学习、共同演进的能力，以便适应持续演进的网络内外环境的不确定性以及复杂多变的业务诉求。

（7）网元内生智能

自动驾驶网络是一种全面智能的网络架构范式，其中的网元内生智能将发挥关键作用，4.4节围绕构建AI Native网元目标进行了AI Native网元架构定义。受限于网元设备的计算和存储等资源，同时伴随着业务流量大、实时性高、隐私及高可靠性要求等特征，在实现AI Native网元方面，需要硬件加速、轻量实时AI以及嵌入式实时感知等关键技术。

（8）网络内生安全技术

大数据、云计算、AI的进步和应用，大幅提升了我们分析和使用数据的能力，也出现了数据“黑洞”、数据安全、AI模型不具可解释性、平台垄断等新挑战。隐私、安全与共享利用之间的矛盾凸显，出现了新型的网络安全威胁。如4.6节所述，网络要具备内生安全能力，就需要研究和实现自动检测、自动防御、自动响应以及动态信任评估等多个关键技术。

5.1 网络可信任AI

随着AI价值的显现，其产业化的步伐正在加速，AI已成为各行各业发展不可或缺的原动力之一。但是，AI也面临更多的商用风险和挑战。发展可信任AI，推动AI的透明可视、安全可控、公平公正已成为全球共识，也是未来AI健康发展的必由之路。

可信任AI是指具备可解释性、稳定性、公平和安全特点，且可以被人类信任的AI。可信任是对AI在应用中引发超出预期而脱离掌控行为可能性的衡量，这种可能性越低，AI的可信任度越高，反之则可信任度越低。高可信任的AI应该具备3个特质：处理过程透明可追溯；决策结果是确定的、可预期的、易被人类理解的、不偏颇的；模型的防攻击防失效能力强。

目前，AI学术界和产业界对可信任AI的探索有3个主要路线：路线1，可解释AI路线；路线2，混合AI架构路线；路线3，根可信任AI路线。其中，路线1是针对当前AI决策过程不透明的弊端进行推理后的解释说明；路线2是将多种AI或架构组合，取长补短，达到系统整体可信增强的目的；路线3试图从AI理论出发，建立AI理论和技术的可信支撑点，从根源处彻底解决可信任的问题，这条路将是解决AI可信任问题的终极钥匙。

5.1.1 背景与动机

近几十年，从“深蓝”到阿尔法围棋（AlphaGo），AI取得了不少突破性成绩，AI正与产业加速融合。随着AI应用广度和深度的增加，在一些追求极致严谨的领域，AI产业化应用的步伐遇到了新挑战，例如，汽车自动驾驶中AI如何保障行车安全，AI在航天和国防领域应用中如何保证准确性、抗攻击，AI法官如何兼顾法律和道德伦理等。类似的还有金融投资、军事安全、智能陪护、医疗诊断等高敏感领域或高危领域，AI在这些领域的应用，可能影响企业发展，可能危及生命健康，抑或是涉及国家安全等，一旦出现问题，所造成的影响往往是难以接受的。

1.通信网络与AI可信任

随着5G网络的普及，3G/4G/5G网络呈现“三世同堂”的局面，面对日益

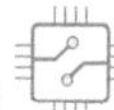

复杂的网络、层出不穷的需求，以人工为中心的运维模式面临严峻考验，运营商负担也越来越重。以AI为中心的解决方案已经走进电信网络，使能各种业务场景，使得电信运营开始走进人机协作、人机协创模式，并在电信网络“规建维优”各个阶段发挥积极作用，典型的场景有数据中心温控调节、无线基站智能关断、节假日流量预测、用户套餐推荐等。

虽然AI已经成功运用在电信网络的各个阶段，但它并非“万能汤药”，电信网络中存在一些场景是现阶段AI所不擅长解决的。电信网络中的业务场景大致可以分为两类，一类是低危急程度的场景，如广告推荐、分类预测等，另一类是高危急程度的场景，如重大活动网络保障、高敏感高安全网络建设等。目前，AI主要应用在电信网络的低危场景中，至于高危场景，当前仍然采用人工手段并结合成熟的传统技术（如自动化）。相较于前者，高危场景业务出现问题的影响往往是不可控的，是客户、电信运营商、电信企业都不可接受的，目前尚无法放心地交由AI决策。例如，奥运会作为国际性赛事，对电信网络的高可靠、高性能、高精准、高安全等要求都是无可比拟的。在网络建设方面，涉及奥运分赛区城市和场馆的通信“动脉”“支脉”建设，网络和设备监控值守，分级分层的工程保障和应急保障措施；在开幕式/闭幕式代表团方阵保障、主题演出阵型保障方面，为确保做到秒级精准控制、队形整齐划一，大型灯光秀需协同上万块LED（Light Emitting Diode，发光二极管）屏幕，通过网络在短时间内完成海量数据更新、保证毫秒不差的精准；在安保方面，涉及对场馆电子设备被非法控制、互联网宽带和广播系统通信干扰/破坏、奥运会网站黑客攻击、门票销售和打印中断等攻击的监测和防御恢复。类似的还有军事演习、国际联合会议等重大事件的通信保障场景，在最关键的环节往往采用最成熟的“老”技术或人工保障，而AI在其中只起到辅助的作用。

自动驾驶网络L5等级，电信网络将具备全生命周期的自学习、自适应、自演进的闭环自动化能力，真正实现无人驾驶。在L3到L4/L5等级的演进过程中，更多的系统管理权力将被赋予机器，AI是否高可信任成为可否将更多权力移交给机器的关键。未来L5等级可能面临3G/4G/5G/6G“四世同堂”，网络环境复杂多变，突发事件不可预测，数据复杂度和量级空前增长；业务场景涉及云/网/边，业务跨行业跨领域，任务种类繁多，决定性因子和噪声干扰多如牛毛。L5等级所面临场景的复杂性和高难度，给AI应用带来了如下诸多可信挑战。

- ◆ 高危急程度的使用场景下，需要AI/解决方案具有高可信度和稳定安全。
- ◆ 网络环境复杂多变，AI除了能解决确定性问题，还要具备应对环境未知变化的能力。

◆ 电信网络无法接受“黑箱”AI，需要AI具有高可解释性，决策可追溯。

◆ 电信网络中AI被特定噪声欺骗攻击而决策出错会导致严重后果，需要AI具有高健壮性。

◆ 网络中知识数据和用户数据持续增长，复杂度逐步提升，需要AI具有高性能、高可用性。

2. AI不可信任的根源

AI在不可信任或低可信任方面的表现通常体现在两方面。第一个方面是AI的不确定性、安全脆弱性及黑盒性，导致业务继承了AI的不稳定不可靠、安全脆弱、过程不透明等问题。例如，AI决策过程中使用的数据和决策点规则缺少记录、缺乏标准，结果不可追溯不可审计；深度神经网络准确率高达99.99%，却不能100%保证准确；业界有数十种的方法“愚弄”深度学习模型，导致模型误识别。第二个方面是AI缺乏常识与认知能力，机器无法理解人类的真实意图、价值观、道德观、伦理约束、法律法规、政策、习俗等，从而无法综合利害关系做出合理的决策，难以做到以人为本。例如，AI网络保障服务无法体会到某次重大事件保障期间对网络依赖的紧迫性，AI法官可能无法兼顾人伦道德，AI客服可能意识不到种族歧视问题。

对于AI的不可信任，究其根因，源自人工智能的理论或学科基础所带来的AI不确定性、AI安全脆弱性和AI黑盒性。

AI不确定性：机器学习的基础原理中包含归纳法、概率论，这两个基础理论存在诸如归纳不完全、概率随机性等特点，这也导致预测结果呈现随机性或可能失真。

AI安全脆弱性：自从AlphaGo打败李世石，深度学习带领AI掀起新一轮高潮，模型精度之高令人叹为观止，但即使2018年凭借深度学习与神经网络的成就获得图灵奖（相当于计算机领域的诺贝尔奖）的深度学习“三巨头”，也无法自信地说，某一神经网络算法可以达到100%的准确性。原因在于深度学习基于数据（Data-Based）的特性，需要大量的训练数据，同时精度受数据质量波动的影响很大，利用成熟数据的效果很好，但在新任务新数据方面的表现很差。例如，图像识别中简单的遮挡就能让预测严重偏离。深度学习对数据的强依赖和缺乏对数据异常的检测发现手段，也导致它容易被恶意样本欺骗，产生偏见。

AI黑盒性：机器学习能够从大量数据中归纳、快速探寻出其中的复杂规律，但这些规律因何这样我们还没有完全了解，且复杂的数字表示犹如天书。

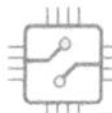

深度学习模拟大脑神经元的工作方式，经过复杂运算产生结果，但我们不知道会产生什么结果，也无法真正了解成千上万甚至亿万的节点和参数的工作机理。在实验室中验证AI模型时，我们面临模拟数据和充分验证难的问题。主要原因之一是AI算法中缺乏因果推理的逻辑，从输入到输出之间缺少透明、科学的理论依据。

综上，当前的AI难以完全满足实现自动驾驶网络L4/L5等级的要求，需要适用于L4/L5等级的下一代AI理论、技术、框架、解决方案，补足当前AI在理论和技术上存在的不可信任的不足。

5.1.2　技术洞察

AI应用引发的可信任挑战已经成为全球关注的焦点。为实现与AI和谐共处，发展“可信任AI”已成为全球共识，其重要性也上升到了国家战略层次，AI学术界、产业界纷纷投入可信任AI的研究探索，为可信任AI发展提供了强力驱动力。

2016年9月，谷歌、脸书、IBM、亚马逊、微软共同宣布成立了一家非营利机构—— AI合作组织，名为Partnership on AI（Partnership on Artificial Intelligence to Benefit People and Society，人工智能造福人类和社会联盟），愿景之一是研究和制定AI的最佳实践（含公平性、透明度、隐私安全、人机协作等）。

2017年7月，中国发布《新一代人工智能发展规划》中指出，建立人工智能法律法规、伦理规范和政策体系，形成人工智能安全评估和管控能力。2017年11月，在S36次香山科学会议上，中国科学院院士、工信部新一代人工智能标准与应用重点实验室主任委员何积丰首次提出了可信人工智能的概念，强调AI本身具备可信的品质，包含安全性、可解释性、公平性、隐私保护等多方面的内容。

2018年，IBM开发了多个AI可信工具，以评估测试AI产品在研发过程中的公平性、健壮性、可解释性、可问责性、价值一致性。

2019年4月8日，欧盟委员会发布《可信赖人工智能道德准则》的正式生效文本*Ethics Guidelines for Trustworthy AI*，提出了实现可信赖人工智能的七大条件：受人类监管，技术的稳健性和安全性，隐私和数据管理，透明度，多样性、非歧视性和公平性，社会和环境福祉，问责制。

2019年6月，二十国集团G20提出“G20人工智能原则”，在5项关键举措中给出了可信任AI发展指引“促进公共和私人对人工智能研发的投资力度，以促进可信赖的人工智能的创新”“创建一个策略环境，为部署值得信赖的人工智能系统开辟道路”。

2021年7月9日，中国信息通信研究院联合京东探索研究院发布了《可信人工智能白皮书》，提出了衡量人工智能的“4把尺子”：稳定性、可解释性、隐私保护、公平性。可信任AI已不再局限于对AI、产品和服务本身状态的界定，而是逐步扩展至一套体系化的方法论，涉及如何构造“可信”AI的方方面面。

目前，针对当前AI的低可信任问题，AI学术界和产业界都在探索中，解决的思路有如下3种。

思路一：各个击破，即针对当前AI模型和算法的不可信表现（如决策过程黑盒不透明、缺少可信证据），提供有力的证据补充说明。该思路聚焦AI黑盒性质问题的解决，逐一突破不同算法的黑盒决策过程，提供可信决策证据，达到人类可解释、易接纳的目的。

思路二：取长补短，即利用工程化或系统化的手段，综合不同AI或架构，扬长避短，达到系统整体可信增强的目的。该思路的出发点是增强系统级的可信任，使用架构创新方法，融合AI和传统软件工程的优点，实现中短期内的AI可信任增强。

思路三：彻底解决，即从AI的“根”（理论和科学基础）出发，建立可信赖的AI新理论和技术，彻底解决问题。

基于上述3种解决思路，大致有3种主要的技术发展路线：可解释AI、混合AI架构、根可信任AI。

5.1.3 关键技术方案

本节将重点介绍可信任AI的3种技术发展路线（可解释AI、混合AI架构、根可信任AI）。

1. 可解释AI

（1）可解释AI的经典定义

可解释AI（源自IBM）是一套可使人类用户理解、信任机器学习算法所产生的结果和输出的过程以及方法。可解释AI用于描述AI模型、预期影响和潜在偏见。它有助于在AI驱动的决策中描述模型的准确性、公平性、透明度和结果。可解释AI对组织将AI模型投入生产时建立信任和信心至关重要。

可解释AI意在让人类能够理解模型的输出，理解模型在决策过程中的依据（如何决策、为什么要决策、决策了什么），目的是建立人与AI的信任关系。简言之，说得清，道得明，信得过。它与机器学习中的黑盒概念形成鲜明对比，如图5-1所示。

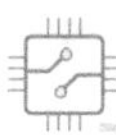

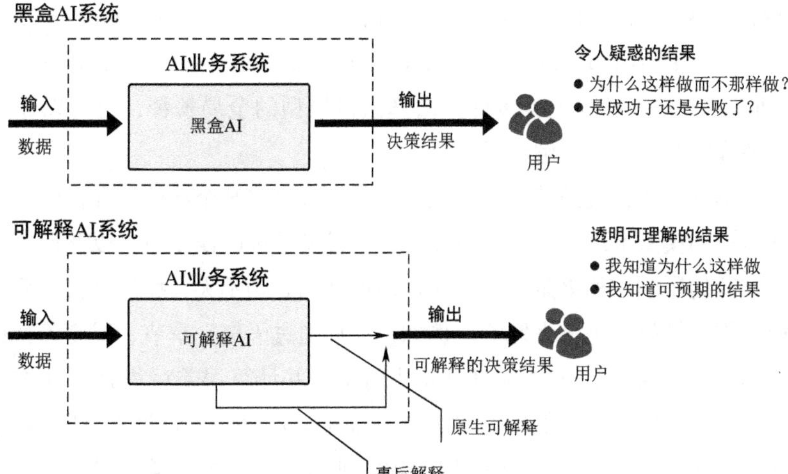

注：此图参考了DARPA对可解释AI的理念设想，感兴趣的读者请到DARPA官网查阅。

图 5-1　可解释 AI 与黑盒 AI 对比

（2）可解释AI的分类与原理

可解释AI有多种分类方式，常见的有原生可解释和事后解释。事后解释又分为全局解释和局部解释，并进一步分为面向特定模型可解释和通用模型可解释，如图5-2所示。

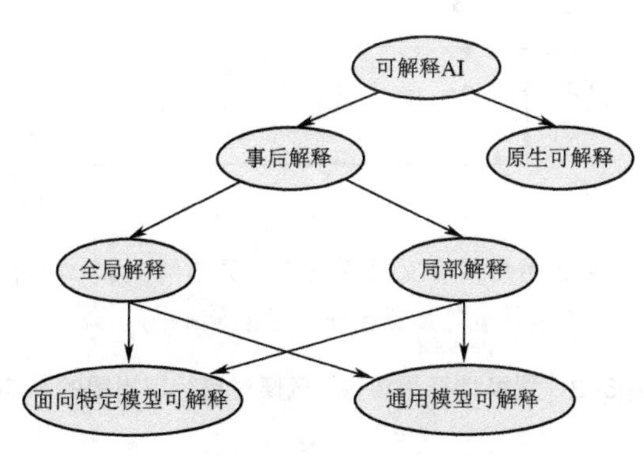

图 5-2　可解释 AI 分类

下面重点介绍全局解释、局部解释以及原生可解释这3种。

第一，全局解释。

定义：基于完整数据集上的响应变量和输入特征之间的条件相互作用，一次性理解和解释模型决策背后的逻辑。

原理：全局解释的目标是自动生成黑盒模型的通用表示，并且其与数据集的特征关系已经过训练，可以通过置换特征重要性（Permutation Feature Importance）、激活值最大化（Activation Maximization）、PDP（Partial Dependence Plot，部分依赖图）等多种算法来获得模型的全局解释，也可以通过聚合局部解释的结果达到可解释目的 。

典型解释算法：置换特征重要性算法的原理是将某个特征打乱，破坏了该特征和对应的模型推理结果的关系后，计算模型推理的误差值，以此计算特征对模型推理的影响。如果某个特征对模型推理的影响不大，那将其打乱后也不会对模型推理结果产生太大影响。例如，模型通过天气、季节、湿度等特征预测租出自行车的数量，再依次打乱每个特征，并计算误差后得到特征重要性图表，如图5-3所示。该例中通过置换特征重要性算法来计算SVM（Support Vector Machine，支持向量机）模型中的特征重要性（图中黑点越靠左，特征对模型全局影响越大）。

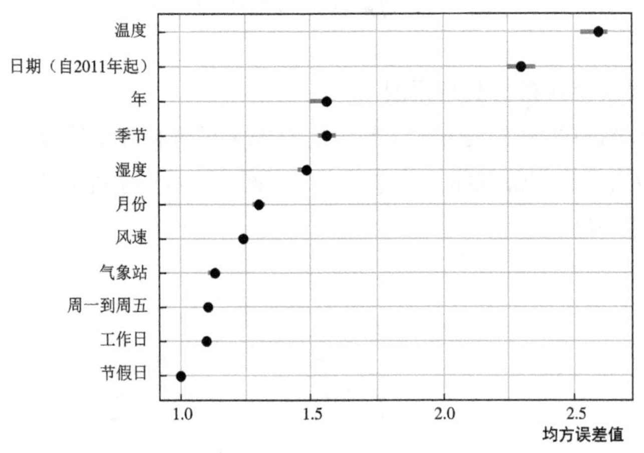

注：此图和自行车租赁案例引用自克里斯托夫·莫尔纳（Christoph Molnar，德国）的《可解释机器学习：黑盒模型可解释性理解指南》一书。

图 5-3 置换特征重要性：气候对自行车出租的影响

优缺点：全局解释能够更好地反映模型的整体行为，但本身各种聚合策略也会造成信息的损失和不够精确。

第二，局部解释。

定义：对数据集的特定结果/实例所做的决策建立解释。考虑的实例不同，解释可能会有很大差异。

原理：对于局部的可解释性，不用关心模型的内在结构或假设，而是专门关注单个数据点，理解该数据点的预测决策，在该点附近的特征空间中查看

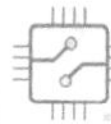

局部子区域，并尝试根据此局部区域了解该点的模型决策。典型的算法是基于合作博弈论的原理来计算局部解释，也有基于模型的局部梯度，或者寻找待解析样本附近的样本，训练代理模型来做局部解释。

典型解释算法：不可知模型的局部解释（Local Interpretable Model-agnostic Explanations，LIME）的思想是用简单的模型来对复杂的模型进行解释，它是一个与模型自身无关的可解释算法。对于需要解释的黑盒模型，获取关注的样本并对其进行扰动生成新的样本点，在新的数据集上拟合得到简单的代理模型，使得简单代理模型和黑盒模型在局部数据集上的预测结果是相似的，最后解释这个局部代理模型。图5-4展示了利用LIME对波士顿地区房价预测数据集的局部解释。图5-4的左侧通过使用线性回归模型来解释自有住房的预测房价（单位：1000美元）；图的右侧是对其的局部解释。LIME的不足在于用于训练可解释模型的采样方法并不适用于高维特征空间或黑盒模型决策边界复杂的情况，LIME的提出者对此给出了基于规则的锚点算法。

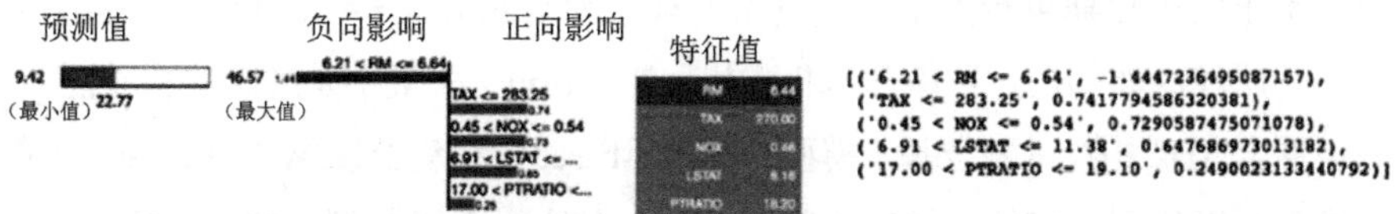

注：局部解释与案例配图引用自《可解释AI的历史视角》[30]。

图 5-4　波士顿数据集中通过 LIME 提取的局部解释

优缺点：局部解释相较于全局解释更为精准，但不能很好地描述模型整体的行为。

第三，原生可解释。

定义：模型或算法本身具备自我解释的能力。

原理：对模型本身的复杂度做限制，使用简单的模型结构，使用的模型脉络清晰，自身可解释。

典型解释算法：线性模型、决策树模型、贝叶斯网络、知识图谱等简单模型（此处不再展开）。

优缺点：自解释更优，但模型简单，使用场景在一定程度上受限，因此在性能方面有劣势。

（3）业界可解释AI探索与发展

近年来，IBM、谷歌、微软、华为、腾讯等知名人工智能企业都在寻求AI可解释的技术方案，推出了丰富且强大的可解释AI的开发者工具集合，例如，IBM推出可解释AI360工具箱；tf-explain为TensorFlow2.x提供了回调的可解释性方法以简化神经网络的理解；脸书宣布推出Captum，用于深度学习框架PyTorch对神经网络进行决策解释；百度飞桨推出了配套的可解释性算法库InterpretDL；华为开源框架MindSpore提供了可视化的解释工具MindInsight等，为解决生产网络面临的可解释性问题提供了巨大的帮助。

可解释的AI是向可信任AI发起的首轮挑战，是迈向可信任AI的第一步，它能成功吗？随着模型越来越复杂，确定的、简单的、可解释的规则就会变得越来越困难，最终将无法达到可解释的目的。换个角度看，如果AI的决策规则能够做到足够简单易懂，是不是意味着未来AI可以不需要额外的解释？

2. 混合AI架构

（1）混合AI架构原理

混合AI架构（Hybrid架构）是在受限于当前可信任AI不可得，而关键业务又不得不尽可能逼近高可信任的情况下，业界各大电信运营商和企业基于实用性给出的中短期可行方案。该技术的理念源自约瑟夫•希发基思的“自主系统——严谨的架构描述”的学术报告[1]，“Hybrid”关键字是理念的核心。

混合AI架构技术融合基于模型（Model-based）和基于数据（Data-based）的双模型，以达到可信任与性能之间的平衡。其中，基于模型的技术在应用时需要详尽的风险分析，识别各种有害事件，决定了它具备DIR（Detection, Isolation, Recovery，检测、隔离、恢复）的机制，是可信任的；基于数据的技术则主张机器逐步取代人类的态势感知和适应性决策能力，应对复杂的不确定性场景，同时具备高性能的特点，是应对自动驾驶网络L5等级复杂性的关键。研发工程师基于混合AI架构，可以通过设计两种模式，让自治系统在运行时动态、智能地做出选择，满足可信任和性能的不同需要。混合AI架构原理如图5-5所示。

（2）技术应用

某个业务场景想基于混合AI架构实现，大致需要从以下几个关键点来考虑，如图5-6所示。

第一，业务场景分析与选择。

混合AI架构技术主要用于解决可信任与性能之间的平衡问题，开始前应识别业务场景中是否包含需要高可信的高危急诉求和高不确定性的非关键诉求。可以重点从两方面考虑：业务对成功率是否有极致的要求，必须保证高可信或高可用；业务周边是否环境复杂，且环境未知变化频繁。在符合这两个条件的情况下使用混合AI架构技术是个好的选择。而单纯的高危急或高不确定性场景，则更适合使用基于模型或数据的方法进行设计，使其满足高可信任或高性能的属性要求。

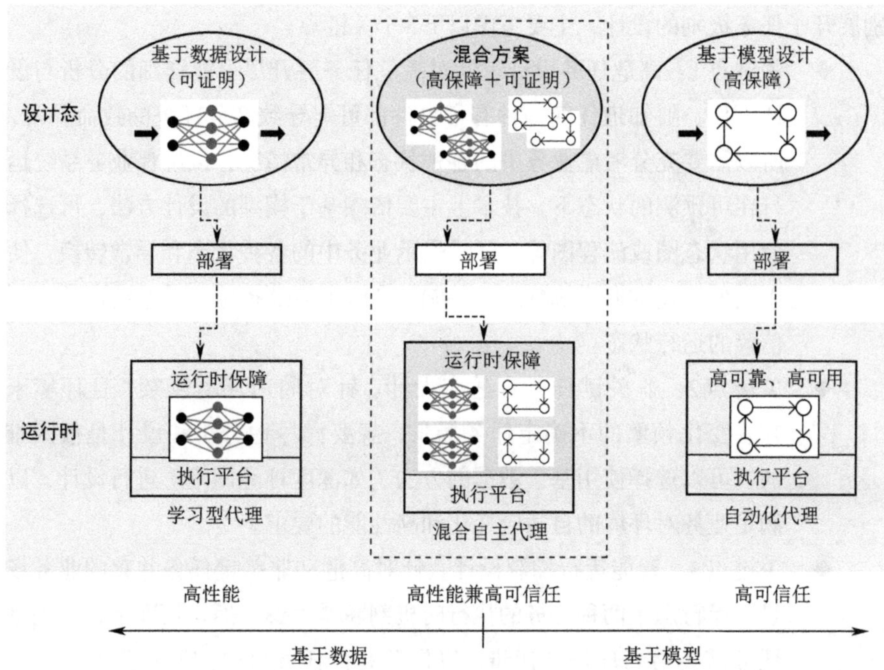

注：此图参考了约瑟夫·希发基思在2019 IEEE（Institute of Electrical and Electronics Engineers，电气电子工程师学会）服务大会题为“自主系统——严谨的架构描述”的学术报告，但并非报告的原图，本书为了便于介绍混合AI架构原理，做了适当调整，感兴趣的读者朋友请查阅报告原件[1]。

图 5-5　混合 AI 架构原理

业务场景分析
高危急？
高不确定性？
高危急&高不确定性？
场景流程设计和任务划分
高危任务设计
基于模型的方法
状态图
流程图
非关键任务自适应设计
基于数据的方法
神经网络算法
……
智能运行控制设计
运行时监控技术
计算资源调度技术
任务并发控制和优先级调度技术
测试验证
形式化验证
仿真验证

图 5-6　混合 AI 架构技术应用关键点

第二，场景流程设计和任务划分。

针对业务场景进行流程化设计，基于内聚和解耦的原则将业务划分成合理大小的多个子任务，并区分子任务的质量属性要求（高危或非关键任务），分别展开子任务级别的设计，主要考虑以下3个关键点。

- 关键点1：高危任务设计。针对高危任务展开尽可能详细的分析与设计工作，要知道任何一种有害事件都可能导致高危任务的致命异常，所以需要充分考虑业务中的各种状态和异常情况，以确保业务系统运行在可预测的状态下。技术上主要依赖基于模型的设计方法，可选择使用状态图或流程图等，详尽表示业务中的各种状态和异常转换，便于全面快速掌握系统状态，并制定合理的DIR措施，使系统还原到可信赖的运行状态。
- 关键点2：非关键任务自适应设计。针对周边环境复杂，且环境未知、变化频繁的不确定任务场景，想要详尽地分析和设计是很困难的，可以选择使用基于数据的方法（如深度神经网络）进行设计，以满足业务对环境的自适应变化和高性能的要求。
- 关键点3：智能运行控制设计。针对高危和非关键任务并存的业务场景，运行态中两种任务的执行时机判断是关键。通常情况下，非关键任务需要给高危任务让步，以保证高危任务可以按照预先设计的执行。但如果非关键任务所在的业务场景更为重要，其执行优先级也可能更高。这里需要重点考虑3种关键技术的使用：运行时监控技术，以实时捕获系统状态信息，用于下一步的决策；计算资源调度技术，以合理分配和使用有限的资源；任务并发控制和优先级调度技术。

第三，充分的测试验证。

由于混合业务场景的复杂性，需要对混合AI实现的业务系统进行充分的测试验证，可以结合使用形式化验证和仿真验证中的多种验证手段，以保证系统设计的正确性。

（3）优点与不足

混合AI架构方案基于AI的当前理论和技术，融合了基于模型和基于数据两种理论模型的优点，在一定程度上可以解决当前AI在可解释性、健壮性、性能等方面存在的部分问题，其优点如下。

- 可根据具体业务场景自由，选择使用基于模型和基于数据的模型。
- 高危任务基于模型实现，严谨无容错、决策可解释、可证明。
- 低危任务基于数据实现，允许决策出错、可快速落地、高性能。

但同时这种方案也引入了新问题，需要我们持续探索解决之道。首先，引发了选择难题，要根据不同场景部署不同模型，而不是以一种通用AI模型适用所有场景，场景的判断规则依赖人的决策。其次，复杂系统的形式化验证技术是业界难题，AI的引入使得形式化验证更加困难，需要依赖准确的数据建模和仿真过程，需要有语义感知能力，对系统进行动态抽象，实现出厂验证的可控性和可重复性。

3. 根可信任AI

AI的可信任问题出在它的“根”上，学术界试图从AI的理论出发建立AI理论和技术的可信支撑点，从根源处彻底解决可信任问题。目前，学术界在这方面存在诸多探索路线和不同意见，最有影响力的两种技术是双空间/单空间/三空间模型技术和认知图谱技术。

（1）双空间/单空间/三空间模型

张钹等人的《迈向第三代人工智能》[2]中提出了第三代AI的必要性，需要建立健壮与可解释的AI理论与方法，发展安全、可信、可靠的AI。结合知识驱动和数据驱动，通过同时利用知识、数据、算法和算力4个要素，构造更强大的AI。张钹在文中还给出了双空间/单空间/三空间模型解决办法。

第一，双空间模型。

双空间模型是一种类脑模型，如图5-7所示，包含符号空间和向量空间，符号空间模拟大脑中的认知行为，向量空间模拟大脑的感知行为。如果技术上能够实现两者的完善融合，理论上AI可以达到与人类相近的智能水平，进而从根本上解决当前AI中存在的不可解释和健壮性差的问题。

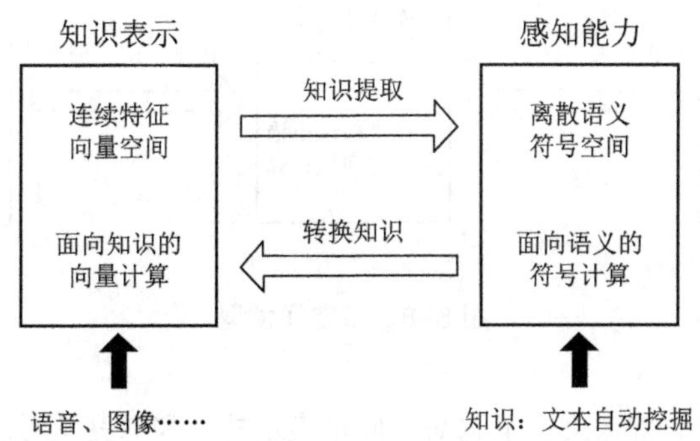

图 5-7　双空间模型

双空间模型中的关键技术涉及知识表示和推理、AI感知技术、强化学习3个主要方面。

◆　知识表示和推理：人类的思考方式中很大一部分来源于记忆中的“常

识”，即知识。AI要向人类智能看齐，需要大量的知识语料，这些知识需要从海量的、非结构化的、质量参差不齐的文本（如百科、新闻、书籍）中自动化提取，并转换为机器可理解的知识表示形式。而基于“问题”从海量知识中寻求“答案”和“证据”则是知识的推理过程和可解释的依据，同时提供对知识的评估打分，在一定程度上可使知识推理更具健壮性，消除不确定性。

◆ AI感知技术：当前AI缺乏对事物的感知能力，这是造成它脆弱和不确定性的重要原因之一。比如，深度学习可能将一幅“儿童拿着牙刷”的图片识别为“儿童拿着棒球棒”。双空间模型理论以知识为引导，将向量空间中的信息提升到符号（语义）空间，以达到感知目的。

◆ 强化学习：持续不断地学习是人类成长的基础，AI要真正做到智能，需要通过与环境的交互，不断获取新的知识。强化学习是模拟人类的学习行为，通过与环境的不断交互、试错来学习最有利的信息。

双空间模型模仿了大脑的工作机制，需要成熟的脑科学作支撑，但我们对大脑的机理了解得还很少，这条道路还很漫长。

第二，单空间模型。

单空间模型以深度学习为基础，将所有的处理都放在向量空间中执行，以提高计算速度，如图5-8所示。深度学习的特点也决定了单空间模型存在可解释性和健壮性差的问题。

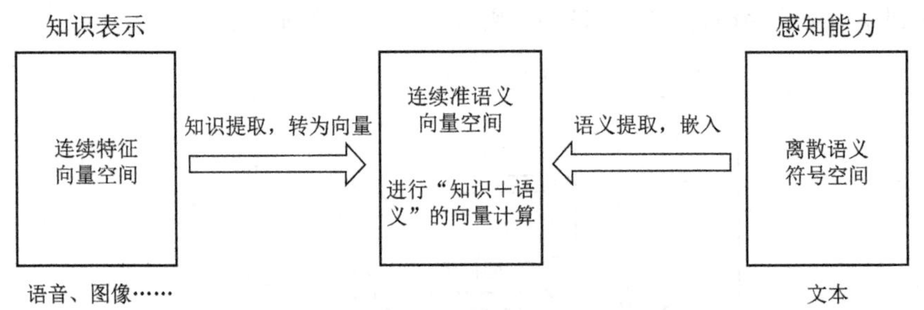

图5–8　单空间模型

单空间模型的特点决定了它需要向量表示技术和深度学习改进技术作为关键支撑。

◆ 向量表示技术：知识通常以自然语言的离散符号形式表示，在向量空间中计算需要把知识的符号表示转化为向量表示。目前成熟的方法有Word2Vec和GloVe等。向量形式的知识表示具有“语义相似的词，其词向量也很相似”的良好性质，可以使用深度学习等方法进行高效数据计

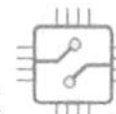

算，其被大量应用于机器翻译等文本处理工作，且具有较高的精度。

- 深度学习改进技术：解决单空间模型的可解释性和健壮性差的缺陷。深度学习模型的不可解释性是由于机器推理的特征空间和人类可理解的空间存在着本质的区别，因此把机器特征空间和人类的语义空间联系起来是解决深度学习可解释性问题的思路之一。张钹院士给出了具体方法，即将人类的先验知识融入深度学习模型的训练中，使特征具有更加明确的语义内涵，从而能够做到决策的可追溯。例如，图文联合分析场景，从文本中抽取人类可理解的主题信息用于神经网络训练过程，并对文本、图像进行协同训练，引导神经网络训练获得人类可以理解的语义特征。在数学公式表达上，在神经网络的目标函数中引入可解释的正则约束 $L(x,y,s)=-\log p(y|x,h)+\lambda L_1(\varphi(x),s)$，其中第一项是任务的损失函数，第二项是可解释正则约束。通过这种方法，可以在文本数据引导下，通过不同模态数据之间的信息互补性，利用可解释正则约束，提升深度学习模型的可解释性。（案例来源于张钹等人的《迈向第三代人工智能》一文）。健壮性改进有两个思路。思路一是基于样本输入的对抗防御，核心是在模型的训练阶段，通过对训练样本的去噪、增广、对抗检测等方法，减小对抗攻击造成的危害。思路二是基于模型增强的对抗防御，核心是通过修改网络的结构、模型的激活函数、损失函数等，训练更加健壮的深度学习模型，从而提高对对抗攻击的防御能力，其中集成模型是近年来出现的一类典型的防御方法。

单空间模型以深度学习为基础，优点是充分利用计算机的算力、性能优越，但也存在一些根本性的缺陷，通过算法的改进究竟能实现多大程度的进步尚不可知。

第三，三空间模型。

三空间模型（如图 5-9 所示）融合双空间和单空间模型，以同时获取高性能计算能力、可解释性和健壮性。

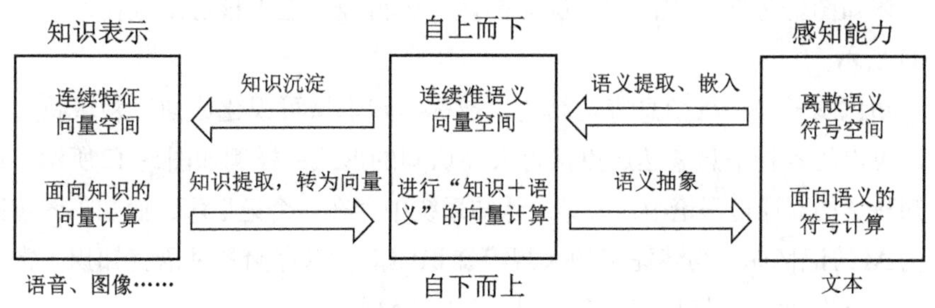

图 5-9　三空间模型

三空间模型是基于双空间和单空间模型发展的不确定性风险提出的综合性路线，既能最大限度借鉴类脑的工作机制，又能够发挥算力优势，有望构建更加强大的可信任AI。

（2）认知图谱[3]

2020年3月，清华大学唐杰教授在《浅谈人工智能的下个十年》[4]的主题报告中提出认知图谱，报告中指出，当前AI的重要成果主要是在感知方面，AI在语言识别、文本识别、视频识别等方面已经接近或超越人类水平，但在决策分析场景、语义理解等方面仍困难重重。究其原因，在于人脑在解决问题的过程中存在推理路径、推理节点，并且能理解整个过程。而AI系统，特别是深度学习算法，则将其看作黑盒，缺乏认知。AI“下一跳”将聚焦解决认知的难题，如图5-10所示。

有一种定义是，认知图谱旨在结合认知心理学、脑科学和人类知识，研发知识图谱、认知推理、逻辑表达的新一代认知引擎，实现AI从感知智能向认知智能的演进。认知图谱是计算机科学的一个研究分支，它企图了解智能的实质，并实现感知智能系统到认知智能系统的重大技术突破，建立可解释、健壮的第三代人工智能。

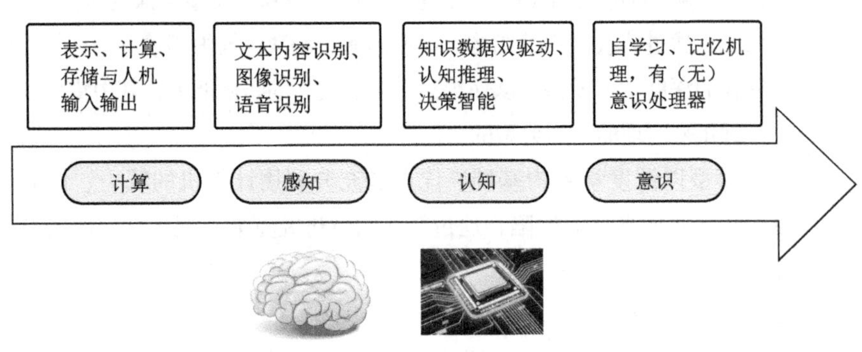

图5-10　AI“下一跳”

认知图谱包含知识图谱、认知推理、逻辑表达三大核心组成技术，如图5-11所示。

知识图谱是一种信息表达结构，被称为知识域可视化或知识领域映射地图，可以将各种信息表达成更接近人类认知的形式，样例如图5-12所示。在认知科学的双通道理论中，人类的认知系统中存在一个记忆库，而知识图谱则作为AI的记忆库。构建完善的大规模知识图谱，以存储各种语言知识、常识知识、世界知识、认知知识等，是构建认知AI的关键。

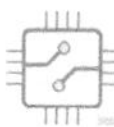

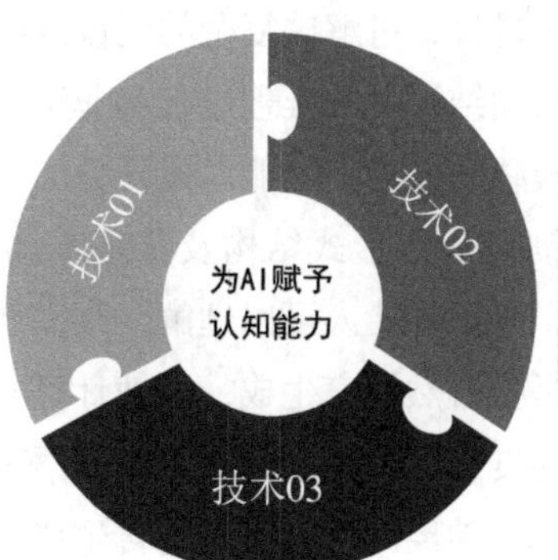

注：本图来自清华大学计算机系教授唐杰在MEET 2021 智能未来大会上题为《认知图谱——人工智能的下一个瑰宝》的演讲。

图 5-11　认知图谱核心技术

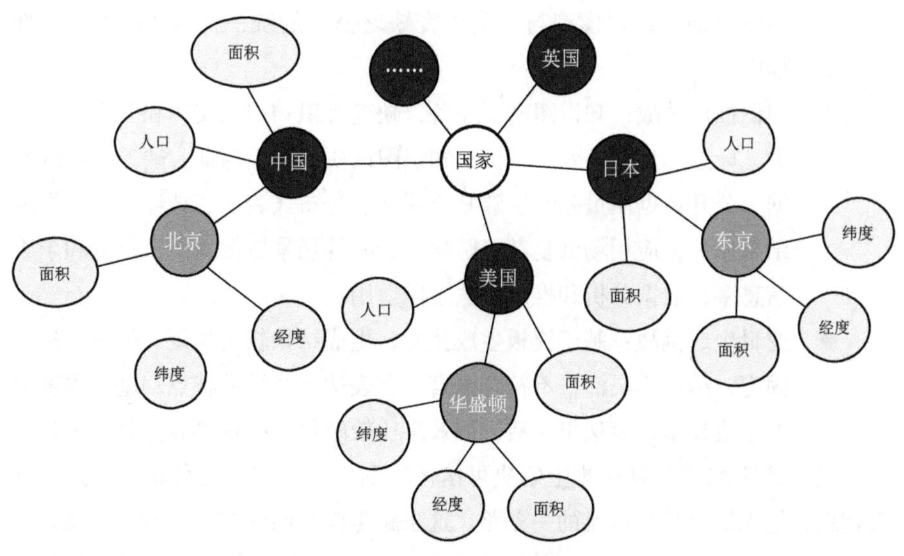

图 5-12　知识图谱样例

认知推理是利用已有的知识，按照某种策略，获取新知识的过程。人类认知系统中的另一个系统是推理系统，具备融合已有知识衍生新知识的能力。认知推理参考人脑的推理过程，可解决复杂的阅读理解问题和小样本的知识图谱推理问题，同时能够协同结构化的推理过程和非结构化的语义理解。认知推理可以帮助机器获得多模感知能力，赋能海量任务。

逻辑表达是一门研究思维形式结构及其基本规律的科学。AI的主要问题之一是：人不可理解，知识要让人可以理解，则需要合理表达出来。在认知图谱中，逻辑表达主要是指自然语言生成，以使计算机具有像人一样的表达和写作的能力，实现知识的良好解释性。目前，自然语言生成的技术主要有基于模板的自然语言生成和基于神经网络的自然语言生成两类。

对于认知图谱的更多技术细分和介绍，读者朋友们可参见图5-13和《人工智能之认知图谱》[3]。

认知图谱涉及的学科基础和理论比较多，在三大核心技术方面也存在诸多挑战。

- 知识图谱挑战：知识图谱追求的目标是花费更少的成本，使用更聪明的算法，获取大规模更高质量的数据，形成更好的判别或预测模型，实现认知层面的人工智能。在数据质量和规模方面，大数据时代面临数据海量、数据噪声多、存储和网络资源消耗大的问题；在知识图谱构建方面，面临着数据种类多、抽取知识难度高的问题；在知识图谱存储方面，数据模型与查询语言缺乏公认的统一标准，成本高、难推广。
- 知识推理挑战：知识图谱不完备，缺乏常识知识、实体和关系信息缺失，导致知识推理效果不佳；知识图谱质量难以保证，缺乏高质量数据、公开数据质量差，导致基于规则、分布式表示、神经网络的推理结果偏差；应用场景复杂，医学、金融等场景数据复杂，重复和矛盾信息多，数据分析和推理方法难以适用。
- 逻辑生成挑战：基于模板生成技术，生成结果较为生硬、死板，格式固定、结构不灵活，不符合语言文字表达多样性的特点；基于深度学习生成技术，表达更灵活，但效果比较随机，存在难以控制的风险。

根可信任AI选择从根本上解决可信任问题，这是AI可信任解决之道的终极钥匙，但无疑也是最艰难的一条路。这条路走向全新的方向，沿途涉及未知的领域和诸多分岔口，当然也存在意想不到的风景。根可信任AI还处于初始阶段，要达成这一伟大愿景需要大量的研究、理论和技术的突破与创新，这需要全世界人工智能科学家和AI领域工作者共同努力，一代又一代人前赴后继。

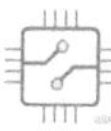

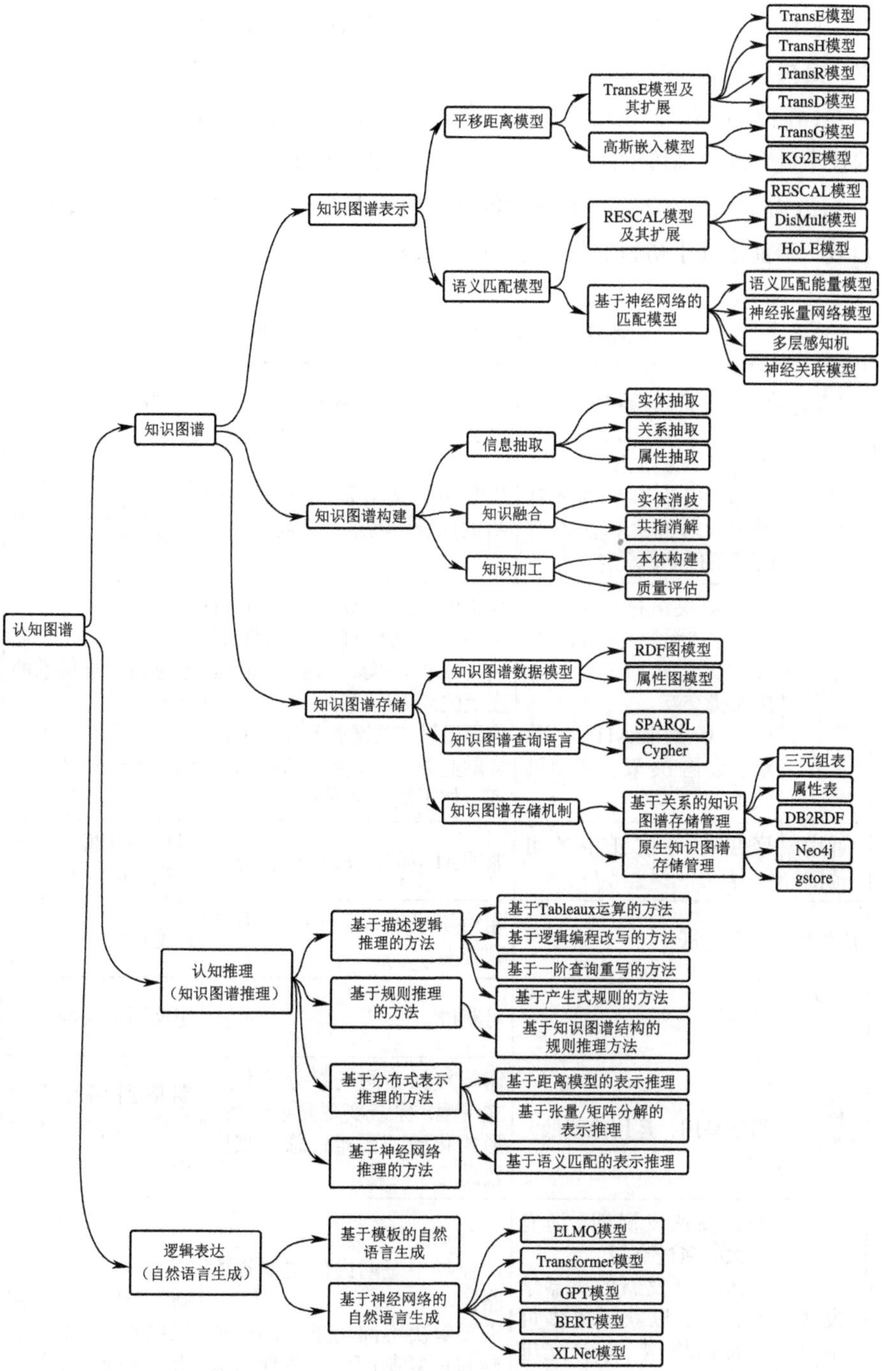

- 认知图谱
  - 知识图谱
    - 知识图谱表示
      - 平移距离模型
        - TransE模型及其扩展
          - TransE模型
          - TransH模型
          - TransR模型
          - TransD模型
        - 高斯嵌入模型
          - TransG模型
          - KG2E模型
      - 语义匹配模型
        - RESCAL模型及其扩展
          - RESCAL模型
          - DisMult模型
          - HoLE模型
        - 基于神经网络的匹配模型
          - 语义匹配能量模型
          - 神经张量网络模型
          - 多层感知机
          - 神经关联模型
    - 知识图谱构建
      - 信息抽取
        - 实体抽取
        - 关系抽取
        - 属性抽取
      - 知识融合
        - 实体消歧
        - 共指消解
      - 知识加工
        - 本体构建
        - 质量评估
    - 知识图谱存储
      - 知识图谱数据模型
        - RDF图模型
        - 属性图模型
      - 知识图谱查询语言
        - SPARQL
        - Cypher
      - 知识图谱存储机制
        - 基于关系的知识图谱存储管理
          - 三元组表
          - 属性表
          - DB2RDF
        - 原生知识图谱存储管理
          - Neo4j
          - gstore
  - 认知推理（知识图谱推理）
    - 基于描述逻辑推理的方法
      - 基于Tableaux运算的方法
      - 基于逻辑编程改写的方法
      - 基于一阶查询重写的方法
    - 基于规则推理的方法
      - 基于产生式规则的方法
      - 基于知识图谱结构的规则推理方法
    - 基于分布式表示推理的方法
      - 基于距离模型的表示推理
      - 基于张量/矩阵分解的表示推理
      - 基于语义匹配的表示推理
    - 基于神经网络推理的方法
  - 逻辑表达（自然语言生成）
    - 基于模板的自然语言生成
    - 基于神经网络的自然语言生成
      - ELMO模型
      - Transformer模型
      - GPT模型
      - BERT模型
      - XLNet模型

图 5-13　认知图谱技术树

4.对比3种技术路线

总体来讲，3种技术路线代表了可信任AI从近期、中短期到长期的演进历程，是可信任AI发展的不同阶段。从表5-1中的对比情况可以看出：可解释AI是面向AI可信的“增强”方案，技术成熟度高；混合AI架构是基于系统化的技术融合逼近高可信任的“实用”方案，设计和使用上复杂度较高；根可信任AI致力于从根本上建立新一代的高可信任AI，是全新的方向，涉及未知的领域，当前还处于初始阶段，需要持续探索。

表5-1　3种可信任AI路线的对比

对比维度	可解释AI	混合AI架构	根可信任AI
技术思路	从问题出发给出“增强”措施，提供事后的解释说明，未解决算法本身的可信任问题	从实用主义出发，融合不同AI的优点，满足业务场景	从根源出发，建立可信任的支点，彻底解决问题
适用场景	解决AI决策过程中的不透明、“黑匣子”问题，人类无法理解，导致无法人机交互。 应用场景如AI医疗诊断、金融决策、自动驾驶等	解决特定业务场景下对于高可解释、高健壮性、高保证性诉求的平衡，做到一定程度上的高可信度。 应用场景如关键业务开通（如金融业务）、计算资源动态调度（如军演网络保障）等	试图解决AI在业务应用中全场景的高可信任。 面向全场景，无限制或极少限制
适用范围	聚焦AI可信任中的可解释	兼顾AI可信任多维度的平衡	目标是从根源上提供高可信任AI
成熟度	技术成熟	相对不成熟，运用时面临问题较多	理论探索中
可获得性	可获得	可获得	短期不可获得
运用难度	易学易用，运用难度低	需要根据不同场景分析和建立模型，系统实现复杂度高，形式化验证困难，总体难度较高	期望通用AI适用于所有场景，难度未知
发展空间	处在高速发展期，尚有较大的演进空间。 改进或开发新的机器学习技术，以获得更多可解释的模型，结合先进的人机交互技术，转化为人类可理解且有意义的解释对话	产业界中短期内的主要探索路径。 需要解决不同场景下的通用性和可复制问题，并降低验证技术难度	新一代AI，多路径探索、发展空间大、不确定性高

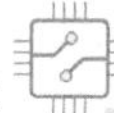

5.1.4　技术展望

现代电信网络系统无疑是十分复杂的，而未来的电信网络必然更加复杂，甚至于可能做到像人类一样具备一定的自主意识：能够感知和理解客户需求/意图，能够感知周边环境并综合分析，能够对需求/意图/问题进行分析决策并给出最佳策略，能够以自动化或人机协作方式执行策略并验证结果。要达到这一自智目标，需要计算机技术迎来质的飞跃，需要AI完全可信任。在这一漫长探索和演进的过程中，电信网络自智与AI可信任技术的融合大致可划分为如下3个阶段。

阶段一：可信任AI单点突破。这一阶段主要聚焦单个（或少数）可信任维度的技术研究和突破，并将可信任技术应用在较单一的电信业务场景中，解决高可解释性、高健壮性、高性能中的单个或少数几个可信任问题。以可解释AI为代表，它聚焦解决高可解释性。可以期待，未来在AI可信任的其他维度上也将有不同的技术创新与突破。

阶段二：系统化技术与AI的融合可信任。该阶段主要聚焦电信网络系统的可信任目标达成，除依靠AI本身的可信任外，试图运用系统化和结构化的方法（如技术组合、条件取舍）来增强系统整体的可信任。以混合AI架构技术为例，通过对重要程度不同的业务场景实现基于模型和基于数据的有条件取舍，提升系统的高性能、可解释、可证明。面对自动驾驶网络L4/L5等级的自适应自演进目标，我们有望以系统化技术结合AI，实现业务在线终身自学习自验证、知识模型自动提取和评估验证，实现系统软件自演进，同时又能满足电信领域高可信和高可靠的要求。

阶段三：AI“根”可信任实现电信网络可信任。从根源出发创新、创造高可信任的新一代AI，使之具备自解释、自透明、自追溯、防攻击、高性能、高可用的可信任能力，这将是AI可信任的终极阶段，也是解决AI在电信网络系统应用中产生不可信任问题的终极钥匙。

探索新一代可信任的AI，从“根”上解决可信任问题，达成阶段三的目标，是一条漫长的荆棘之路。自动驾驶网络正从L2等级向L5等级快速演进，根可信任AI是我们期望解决可信任问题的最高效的技术手段，但它从基础学科研究到AI理论研究，再到AI探索和试商用探索，需要经过漫长的演变过程，短期内很难获取可用于自动驾驶网络的有效技术成果。如今自动驾驶网络L2/L3趋于成熟，可解释AI对解决其中的部分可信任问题起到了关键作用，是解决电信网络中决策不透明、不可解释问题的首选技术，但诸如健壮性和高性能等可信任维度方面的问题还没能很好地得到解决，探索还在继续。预计到

2025年，自动驾驶网络将达到L4等级，甚至有望达到L5等级。但令人尴尬的是AI可信任技术青黄不接，所以中短期内L4/L5等级网络建设仍然需要重点依靠可解释AI，同时混合AI架构技术也将是卓有成效的方法之一。虽然中短期内可解释AI和混合AI架构技术能够在一定程度上解决简单场景的可信任问题，但在电信网络的复杂环境和不确定场景下，也面临着逐个算法可解释改造成本高、混合设计复杂和验证难等问题。从长期来看，要全面、高效、低成本地解决L4和L5所面临的可信任问题，仍然要从“根”上寻求新一代的可信任AI，这条路虽艰难，但在全世界AI科学家和领域工作者的共同努力下，一定能实现目标。

5.2 网络分布式AI

从互联网的诞生，到“互联网+”的流行，再到万物互联的“IoT时代”的到来，每一次变革都伴随着接入网络的单元器件（如PC、移动通信设备、智能终端等，以下统称为网元）数量的指数级增长。同时，随着深度学习技术的发展，AI算法可支持的模型参数规模越来越大，仅最近几年，业界的模型参数规模就从几亿发展到几千亿。另外，网元可被识别并用于模型训练的信息越来越多，可供模型训练的数据集也急速扩增，很多数据集可以达到TB级。面对大数据量、大规模参数的训练，单个设备要么完成模型训练的时间很长，要么因算力不足而无法进行训练，因此需要引入分布式AI的概念。本节将回顾分布式AI的产生和发展历程，并分析其在电信领域的各种应用及对未来演进方向的展望。

5.2.1 背景与动机

如前文所述，传统AI在当下因为数据量和模型规模的双重激增，遭遇了算力不足、任务耗时过长甚至无法完成任务等诸多难题，那为什么引入分布式AI可以解决这些难题，以及分布式AI需要具备哪些能力才可以解决这些难题呢？在回答这两个问题前，需要了解一下分布式以及分布式AI的概念。

分布式或者说分布式计算是计算机科学中的一个研究方向，它研究如何把一个需要巨大的计算能力才能解决的问题分成许多小的部分，然后把这些部分分配给多台计算机（或其他有计算能力的设备）进行处理，最后把这些计算结果综合起来得到最终的结果。

分布式AI是一种计算范式，它结合分布式计算技术及AI，绕过了移动大量数据的需要，将AI计算所需的算力分布在不同的机器节点上，用于提供源

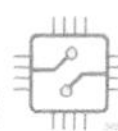

头分析、计算、数据再加工的能力（如自动驾驶网络中，网图系统将训练任务下发至网元、基于群体智能理论构建蜂群网络等）。

相较于单机AI系统，分布式AI系统具备如下优势。

- ◆ 分布式AI系统更具可适应性，可以对新出现的情况采取更多不同的措施（如存储、算力资源根据实际需求弹性伸缩）。
- ◆ 分布式AI系统可合作性更强，可以让各分布式节点相互协作，从而解决比单个系统所能解决的问题更大的问题，并且具有更高的改进效率。
- ◆ 分布式AI系统的成本更低，通常多台较低配置的计算机比高配置的集中式智能系统以及与其相关联的传感器所花费的成本更低。
- ◆ 分布式AI系统的开发过程可以分成多个部分，由每个知识领域的专家分别并行开发。
- ◆ 分布式AI系统的运行效率更高，如果同步性能良好，并行任务的计算速度比顺序任务的计算速度快。
- ◆ 分布式AI系统具备更好的可扩展性，可以开发新部件，并轻松与分布式AI系统集成。
- ◆ 分布式AI系统最重要的部分通常是冗余的，不同位置会有备份使用的代理。
- ◆ 分布式AI系统的结果可以交叉和组合，实现比非分布式AI系统更优的结果。

通过分布式及分布式AI的概念可知，其基本的指导思想是“分而治之”，即将原本大的数据和模型细分成多个小块，将原本集中的算力分散到多个设备或者“边缘”侧，但是仅仅“分”是不够的，至少还需要解决或部分解决如下关键问题。

- ◆ 如何规模化计算。
- ◆ 如何拆分模型。
- ◆ 多智能体系统如何协作。
- ◆ 多智能体博弈和训练演化如何解决数据集不足的问题。
- ◆ 多智能体决策和智能系统决策树的组织如何适应复杂的应用场景，比如工业、生物、航天等领域。
- ◆ 如何适应物联网和小型智能设备，做到联合更多的计算设备和单元。
- ◆ 如何在设备数据确保安全的情形下协同学习。

5.2.2　技术洞察

根据分布式AI聚焦问题的侧重点不同，可以将分布式AI分为中心协调算力的分布式AI（聚焦AI应用大规模计算的问题）、群体智能化的分布式AI（聚焦边缘算力智能化协同的问题）和联邦学习模式下的分布式AI（聚焦安全场景下分布式节点间数据隔离的问题）。

中心协调算力的分布式AI： 由某个具备协调能力的网元（如网图服务，也称为协调者，Master）协调集群网元（也称为工作者，Worker）算力进行机器学习或者深度学习的算法和系统，旨在利用可弹性伸缩的算力提高性能，并最终可扩展至更大规模的训练数据和更大的机器学习模型。此类型的分布式AI主要解决计算量太大、训练数据太多和模型规模太大的问题。

面对单个网元侧无算力（当前大多数场景，如机房空调）或算力不足（如移动通信设备）的场景，最常见的做法是通过数据上报（上行）或数据采集（下行）的方式，将数据汇总到数据中心（集中式存储），再由网图侧将数据（或模型）分片，分发到其协同管理下的各个具备算力的网元节点进行模型训练，汇总生成统一模型后，再下发到网元侧进行实时推理。图5-14示出了园区数据上传数据中心的场景。

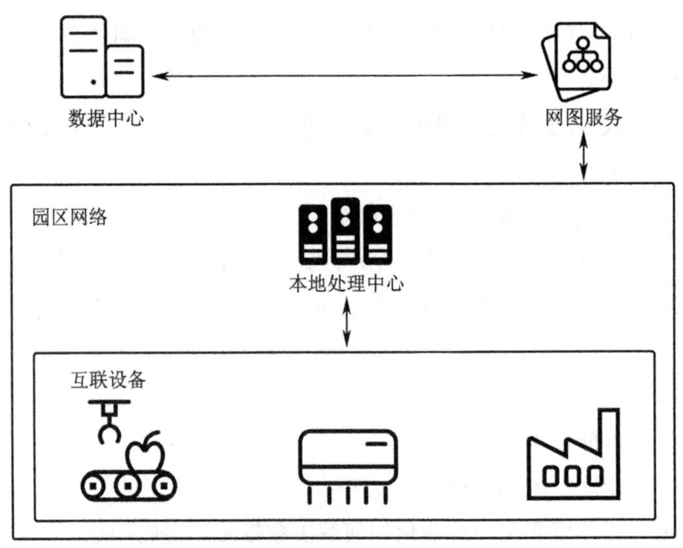

图5-14　园区数据上传数据中心的场景

群体智能化的分布式AI： 以效率优先、算力边缘化，即网元侧自身具备高算力，且网元间具备高速网络互通的能力，如蜂群网络的场景。它可利用群体优势，在没有中心控制的条件下，寻找解决复杂问题的新思路。

在AI驱动的应用场景日趋兴起的当下，边缘侧的算力（如做画面的渲染、美颜功能的计算等）被迫提升，同时对缩短处理时延的要求变得前所未有地高，基于成本及时延的考虑，未来在越来越多的场景下，云或者大数据平台等具备集中式算力的方案可能并不是有效的处理方案。在这种情况下，最好的选择可能是边缘计算，它可以提供必要的计算能力，并最大限度地减小服务交付延迟。因此，有必要将AI引入边缘计算。

将AI引入边缘计算的典型应用场景是群体智能。那什么是群体智能呢？群体智能被定义为分散或自组织系统的集体行为，这些系统由许多智能有限的个体组成，它们根据约定的原则相互交流。群体智能的灵感来自大自然，例如自然环境中蜜蜂之间高度分工协作，成群结队的鸟在飞翔时的交流方式，在蚂蚁的“殖民地”也可以看到类似的模式，这些都体现了群体的智慧。群体或集体智能由分散且能够自组织的多个代理（执行任务的自治实体）组成。该术语最初由Bloom（1995年）在对复杂自适应系统的研究中创造出来。

联邦学习模式下的分布式AI：以安全优先，算力边缘化，适用于网元间数据不互通（确保自身数据安全）但可相互协作学习的场景。它能有效帮助多个机构在满足用户隐私保护、数据安全和政府法规的要求下，进行数据使用和机器学习建模，其设计目标是在保障大数据交换时的信息安全、保护终端数据和个人数据隐私、保证合法合规的前提下，在多参与方或多计算节点之间开展高效的机器学习。

联邦学习使设备的数据能够保留在设备上，因此用户的隐私可以受到保护；联邦学习为共享模型的协作学习提供了有利的环境，该共享模型并非通用的预训练模型，而是随着时间的推移，在所有分布式设备的协作下持续学习并更新；联邦学习模式下模型保留在设备上，减少了对中央集群的依赖，从而缩短了通信时延。

传统上，机器学习方法基于将训练数据集中在一个地方（机器或数据中心），但是联邦学习允许不同用户通过分布式设备进行协作学习。

联邦学习让每个分布式设备（比如智能手机）获取当前模型，通过学习设备上的数据来改进模型，该模型进行自我概括并更新其权重和偏差，最终将来自所有分布式设备的权重和偏差以加密方式发送给共享模型进行更新。

5.2.3　关键技术方案

通过技术洞察，中心协调算力的分布式AI、群体智能化的分布式AI以及联邦学习模式下的分布式AI在自动驾驶网络的具体业务中都有其可应用的场景，本节将针对这3种技术方案进行深入探讨。

1. 中心协调算力的分布式AI

5.2.2节以园区数据上传数据中心的场景作为中心协调算力的例子，该场景可以运行的一个前提是模型训练和推理对算力的要求不一样。需要很大算力的场景通常是训练的场景（从海量数据集的有效特征中推导出与真实场景匹配度较高的模型），而用于推理的往往是实时的或准实时的数据，不需要高算力，这样整个业务场景就可以抽象为网图、网元间协同的过程，其中分布式AI能力体现在网图下的分布式集群任务中，并将该类分布式集群任务泛化为以下结构。

- Task：任务，分布式中的最小计算单元，在每个Job结构中，每个任务拥有唯一索引。
- Job：工作节点（自动驾驶网络中，运行在网元中），每个Job表示一个完整的训练目标，其中的Task通过对同一个训练目标进行任务拆分而得到。
- Cluster：工作节点集群（自动驾驶网络中映射为网元集群），其管理多个Job，一般一个集群对应一个专门的神经网络，其中不同的Job负责不同的目标，比如梯度计算、参数优化、任务训练等。
- Master Server：主控服务（自动驾驶网络中映射为网图服务），与远程分布式设备进行交互的服务，驱动并协调多个Job。
- Client：客户端（自动驾驶网络中可能为每个发起AI工作的网元），用来启动AI工作，与远程服务集群使用RPC（Remote Procedure Call，远程过程调用）通信。

根据业务场景的不同，拆分任务时也会采取不同的策略，主要包括数据分布式训练、模型分布式训练和混合模型训练。

数据分布式训练：主要针对大规模训练数据的场景，如图5-15所示，在每个节点（每台服务器）上都存储或运行一个完整的模型训练程序，将大规模数据进行划分，然后将划分后的数据子集分配到多个节点上，每个节点根据自己接收到的数据进行训练。

首先，每个节点会根据自己拥有的数据子集训练出一个子模型；然后，按照一定的规则与其他节点进行诸如交互子模型参数或参数更新等信息的通信；最终，集群确保可以有效整合来自各个节点的训练结果以得到全局的机器学习模型。比如，每个节点训练一个子模型得到自己的参数，最终的模型为多个节点的参数取平均值。

模型分布式训练：主要针对大模型训练场景，在分布式领域中也被称为任务并行或任务分布式，如图5-16所示，对大模型进行拆分，然后将拆分后的子模型分配到不同的节点上进行训练。

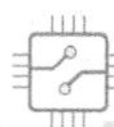

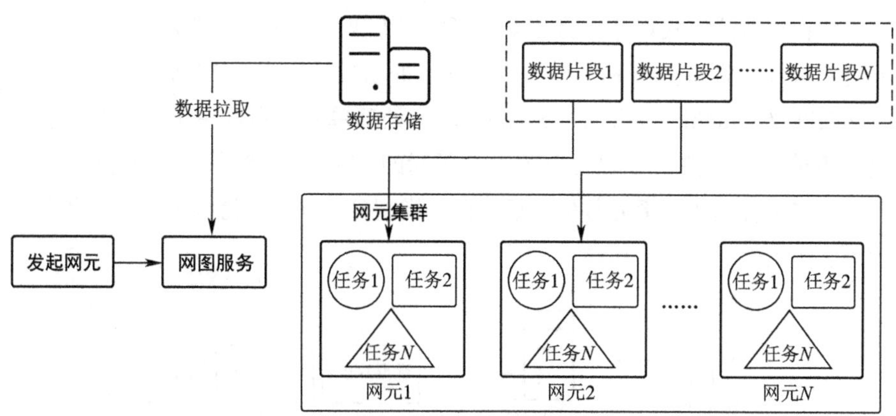

图 5-15　数据分布式训练

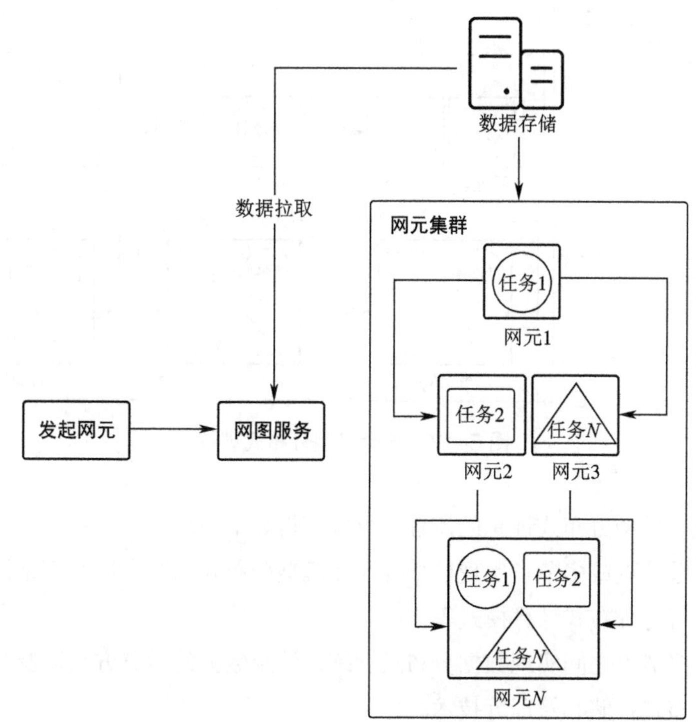

图 5-16　模型分布式训练

与数据分布式训练不同，模型分布式训练的每个节点上只存储和运行部分模型训练程序，而不是完整的模型训练程序；各个子模型之间存在较强的依赖关系，比如节点1的输出是节点2和节点3子模型的输入，因此节点之间需要进行中间计算结果的通信。

混合模型分布式训练：将数据分布式训练和模型分布式训练结合起来，主要针对大规模训练数据和大模型训练共存的场景，如图5-17所示。假设有一个多GPU（Graphics Processing Unit，图形处理单元）集群系统，首先对模型进行拆分，将子模型分配到单节点上不同的GPU中，然后对数据进行划分，每个节点负责训练一部分数据，最后进行模型参数同步，得到全局参数和全局模型。

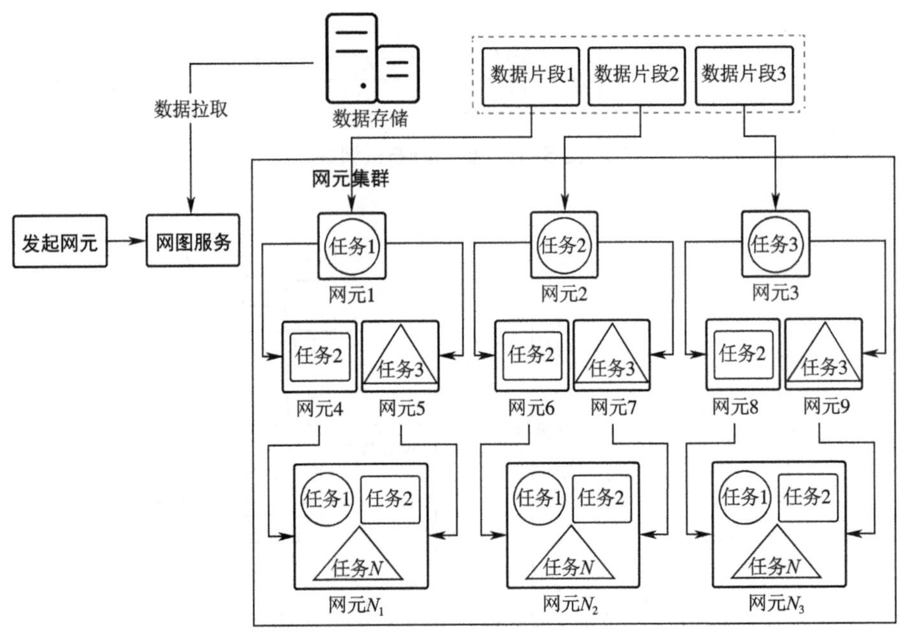

图 5-17　混合模型分布式训练

从混合模型分布式训练的流程中可以获得如下信息。

- 单节点或多节点实现模型并行或模型分布式训练，涉及模型拆分、并行与分布式计算模式等。
- 多节点之间实现数据分布式训练，涉及数据的拆分方法以及数据的分布式存储和管理等技术。
- 单节点之间的模型分布式训练需要单节点上多进程之间通信。
- 多节点之间的分布式训练需要跨节点跨进程通信。

2. 群体智能化的分布式AI

群体智能通过间接通信的方式进行，它是网元节点之间协调的一种自然机制。在环境中执行任务时，网元节点会刻意传播它所感知到的信息，然后触发另一个事件。群体智能以这种方式执行整个系列的任务，直到实现最终目标。

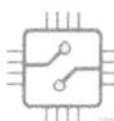

其中，单个网元节点通常会包含“感知模块”和“决策模块”两部分，它们和群体网络之间的协作关系如图 5-18 所示[5]。

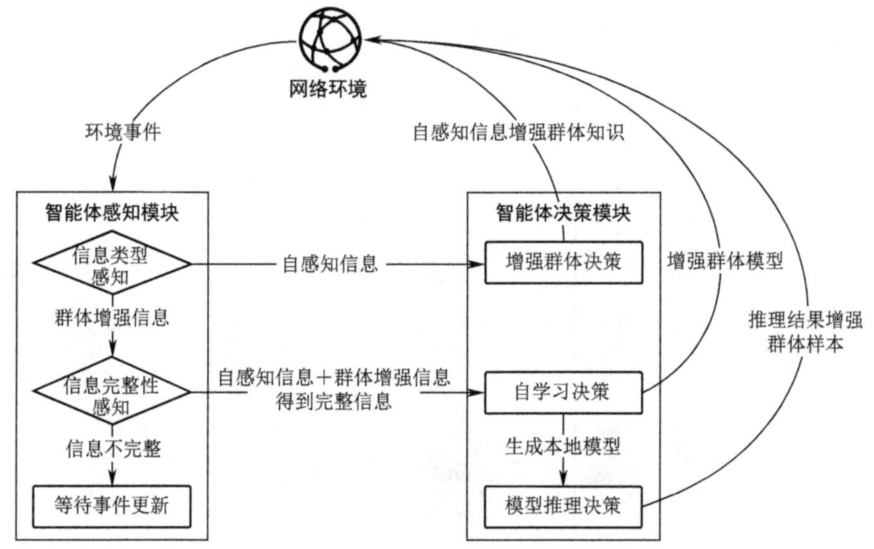

图 5-18　群体智能网元感知决策模型

设想一个由多个智能摄像头组成的小区监控系统，每台摄像头都具备动态图像识别（动态图像识别属于AI的范畴）的能力，且这些摄像头在出厂时都被预置了异常图像（如脸部遮挡、疑似作案工具携带、攀爬门窗等）的模型，但因为小区占地较大、地形情况复杂，没有一台摄像头可以独立并完整捕捉某个特定监控对象的完整信息（特别在监控对象很多且移动频繁的情形下），从而推断出哪个或哪些监控对象行为异常需要告警，此时群体智能算法就有了用武之地。首先，每个智能摄像头都将在本地做出对监控对象的部分判断（如它的视野范围内监控对象的行为特征有无异常等）；然后将本地采集的数据连同本地生成的模型及推理结果（作为增强样本）发回共享网络中心（中心化模式，如监控中心），或实时同步到整个智能网络上的其他摄像头（去中心化模式），前者由网络中心将各智能节点返回的推理结果进行聚合，训练出增强后的模型再次下发至各节点，后者则是各个智能节点接收到其他节点同步的推理结果后进行本地重训练；最终达到信息共享、准确率增强的目的。

由以上实例可以得出群体智能运作的过程，如图 5-19 所示，分为如下 3 个步骤[6]。

探索：群体中的每一个个体自主地对当前问题进行探索，得到该问题的部分信息（本地推理结果）。

融合：所有个体探索到的信息通过某种方式被融合（融合推理结果增强样本重训练生成新模型）。

反馈：融合活动产生的群体信息通过某种方式反馈给个体，刺激个体进行持续探索（再次下发模型，增强推理能力）。

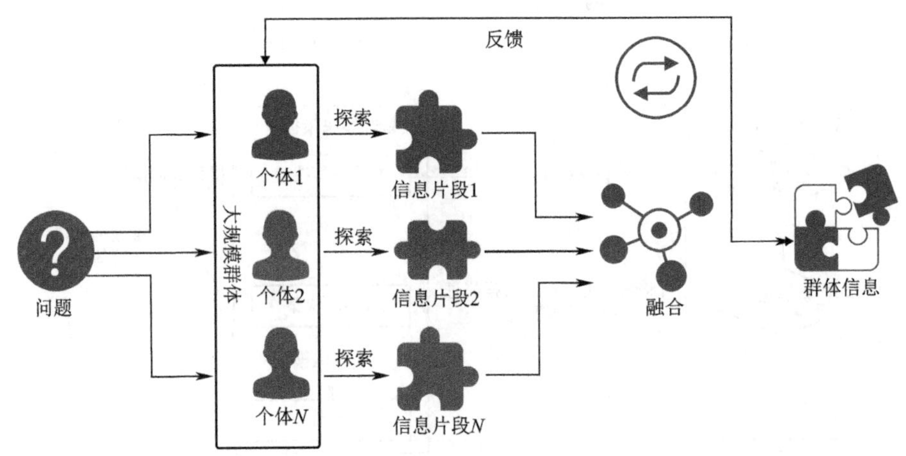

图 5-19　群体智能运作的过程

（1）群体智能相比单个复杂智能体的优势[7]

由上面提及的智能摄像头组成的群体智能网络的例子，不难得出如下群体智能的优势。

- 通过并行化提高性能：群体智能系统非常适合并行化，因为群成员根据各自的规则在单独的基础上运行，并且可以同时在不同的位置执行不同的操作。此功能使群体面对复杂任务时更加灵活、高效，因为单个智能体（或它们的组）可以独立解决复杂任务的不同部分。
- 任务赋能：智能体组可以完成单个智能体不可能或非常困难的某些任务（例如，重物的集体运输、动态目标跟踪、协同环境监控、大面积自主监控）。
- 可扩展性：将新智能体纳入一个群体不需要重新对整个群体编程。此外，由于智能体之间的交互只涉及相邻的个体，因此系统内的交互总数不会因添加新单元而显著增加。
- 分布式感知和行动：在大型搜索空间中部署的一组简单互联的移动智能体比单个复杂智能体具有更大的探索能力和更广泛的感知范围。这使得群体智能在探索和导航（例如在灾难救援任务中）、基于纳米机器人的制造、使用微型机器人的人体诊断等任务中更加有效。

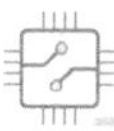

- 稳定性和容错性：由于群体智能的去中心化和自组织性质，单个单元的故障不会影响给定任务的完成。如果一个或几个个体失败或退出任务，群体可以通过重新分配隐式任务来适应种群规模的变化，而无须进行任何外部操作。

（2）群体智能待解决的难题

群体智能方法是基于个体具有冗余性的系统的。把群体智能理论应用到多智能体系统还存在着许多问题和不足。当前研究工作中主要存在如下问题。

首先，应用阈值模型进行自组织任务分配时常常会出现冲突，部分任务有众多个体参与，而有的任务却无人问津。

其次，群体智能方法是基于群体行为的涌现性机制的，这样的系统比较难以设计和形式化分析，常常求得的是次优解。而且由于这种涌现行为是个体之间、个体和环境之间交互的结果，难以预测个体和整个系统的准确行为。

最后，群体智能方法是基于大量简单个体进行分布式控制的，而多智能体系统需要解决的问题有时比较复杂，系统应用时存在一定困难，尤其是异构多智能体系统（比如智能网元是非对等的设备）。

群体智能的特点是每个个体掌握问题解决的部分信息，待将自身信息处理完毕形成群体可识别的信息后，在群体内进行共享并最终实现“1+1>2”的效果，但是常见的业务中存在一种场景，既需要多个网元协同工作，又不期望网元之间共享数据或其他信息，比如银行和用户中心协同分析的场景，此时就需要引入“联邦学习模式下的分布式AI”。

3. 联邦学习模式下的分布式AI

（1）联邦学习的技术特征[8]

联邦学习模型数据关系如图5-20所示，相对其他分布式AI，联邦学习在数据使用、业务交互、模型共享方面有如下技术特征。

- 各方数据都保留在本地，不泄露隐私也不违反法规（各数据持有方之间网络隔离）。
- 在联邦学习的体系下，各个参与者的身份和地位相同（各参与者在网络结构上是对等的）。
- 联邦学习的建模效果和将整个数据集放在一处建模的效果相同，或相差不大（各参与者只与单个模型交互，就像各自私有的模型一样）。
- 各个参与者联合数据建立虚拟的共有模型，形成共同获益的体系。

将以上模型映射到自动驾驶网络场景中，其演化如图5-21所示。

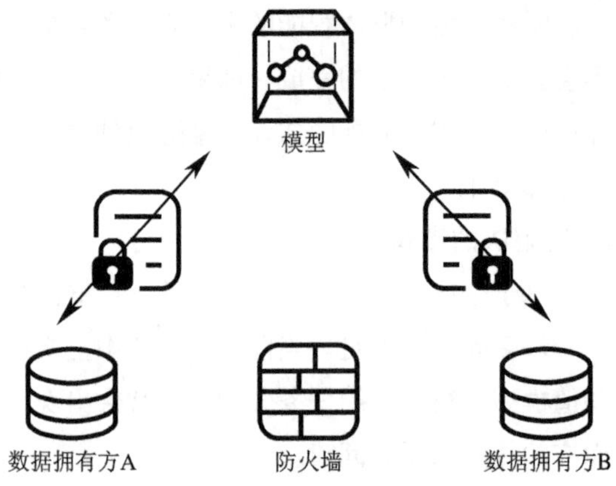

图 5-20 联邦学习模型数据关系

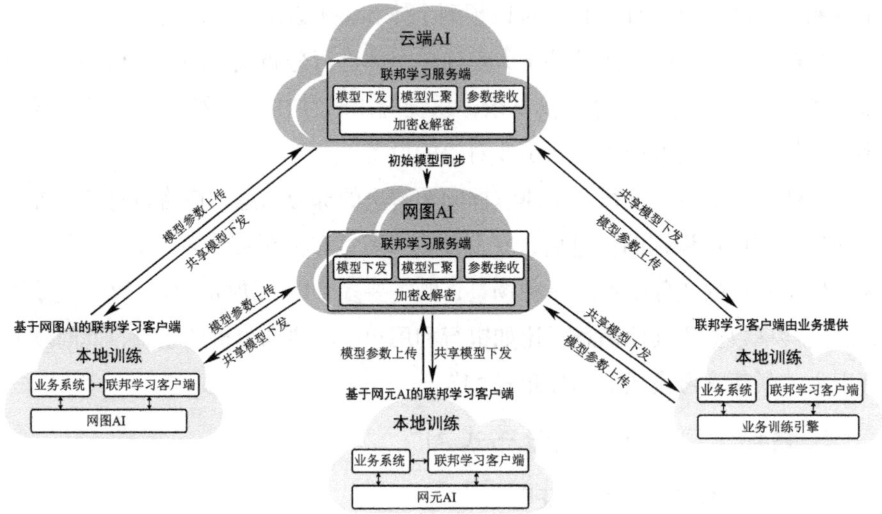

图 5-21 自动驾驶网络联邦学习场景

（2）联邦学习的技术分类[8]

根据参与方数据集的特征空间和样本空间的分布，联邦学习可被分为横向联邦学习、纵向联邦学习以及联邦迁移学习。

横向联邦学习：本质是样本的联合，适用于参与者间业态相同但触达客户不同，即特征重合度高、用户重合度低的场景，如图 5-22 所示。比如不同地区的银行间，它们的业务相似（特征相似），但用户不同（样本不同）。

纵向联邦学习：本质是特征的联合，适用于用户重合度高、特征重合度低的场景，如图 5-23 所示。比如同一地区的商场和银行，它们触达的用户都为该地区的居民（样本相同），但业务不同（特征不同）。

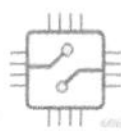

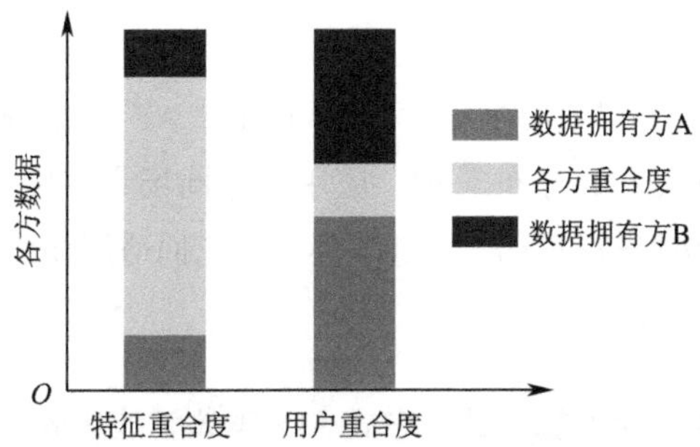

图 5-22　横向联邦特征、用户重合度图示

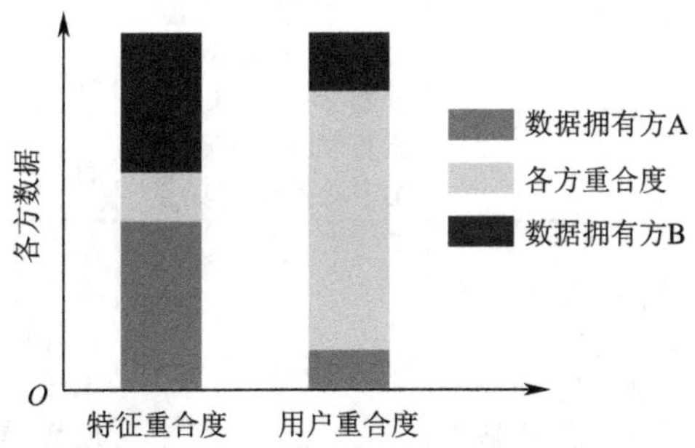

图 5-23　纵向联邦特征、用户重合度图示

联邦迁移学习：目的是在保护隐私的前提下，利用迁移学习解决数据或特征重合度都不足的问题，如图 5-24 所示。联邦迁移学习将联邦学习的概念加以推广，以实现在任何数据分布、任何实体上均可以进行协同建模，从而学习全局模型。它不仅可以应用于两个不同样本的空间，还可以应用于两个不同的数据集。

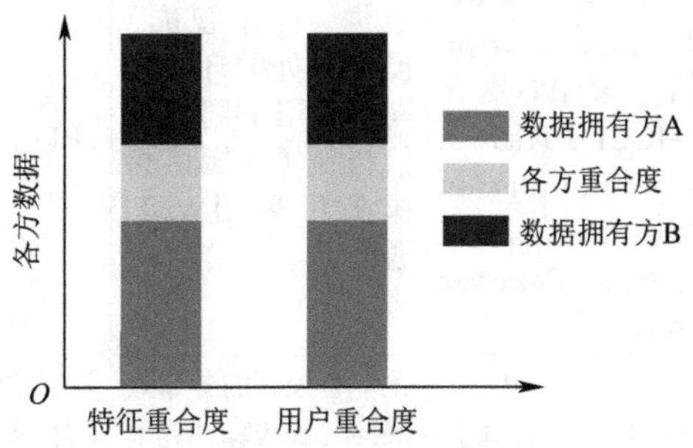

图 5-24　联邦迁移特征、用户重合度图示

5.2.4 技术展望

前文分别介绍了“中心协调算力的分布式AI”“群体智能化的分布式AI”“联邦学习模式下的分布式AI”应用的不同场景，接下来分别从不同维度对这3种分布式AI进行对比，以加深读者对它们适用场景的了解，如表5-2所示。

表5-2 中心协调算力的分布式AI、群体智能化的分布式AI和联邦学习模式下的分布式AI对比

对比维度	中心协调算力的分布式AI	群体智能化的分布式AI	联邦学习模式下的分布式AI
核心问题	运算量大、数据量大等场景	边缘设施分散（甚至移动），单个设施算力相对较弱，无中心控制的场景	解决用户隐私保护、数据安全等与协同训练的矛盾，打破数据孤岛
数据处理	将训练数据划分为多个分片，然后由多个计算节点分别使用各自的数据分片并行训练同一个模型，分片是否均衡由中心服务器动态决定	数据多来自实时采集	参与联邦学习的各个建模节点，数据不出本地（因此数据并不对等，也不均衡），先在本地训练模型参数或梯度，然后通过加密技术共享参数并更新模型
训练方式	以数据并行为主，各个节点取不同的数据，各自计算得到梯度更新共享参数后，把新模型再传回各个节点	根据“群体智能”算法不同，采用不同的训练方式	参与联邦学习的各个建模节点在本地初始化模型参数，经过本地训练后获得梯度或参数，交由可信第三方进行模型的更新，然后将新模型分发到各建模节点本地进行更新
通信机制	MPI（Multi-Point Interface，多点接口）、NCCL（Nvidia Collective Communication Library，英伟达多GPU集合通信库）、HCCL（Huawei Collective Communication Library，华为集合通信库）、gRPC（Google Remote Procedure Call，谷歌远程过程调用）	根据“群体智能”设施所处的环境不同，采用不同的通信机制（如园区摄像头可采用Wi-Fi通信）	gRPC
架构特点	中心服务器对计算节点及其中的数据具有绝对控制权，计算节点只接收来自中心服务器的指令	无中心控制的分布式架构，各边缘计算节点具备对环境数据的自适应性，并可在多智能体网络间共享数据和模型	计算节点对数据具有绝对的控制权，甚至中心服务器也无法操作计算节点上的数据，并且计算节点可以随时停止计算和通信，并退出协同学习过程

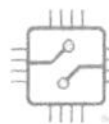

下面展望一下分布式AI在电信领域的未来[9]。

预计到2030年，全球范围内将有越来越多的智能设备，包括个人和家用设备、遍布市区的各种传感器、无人驾驶汽车、智能机器人等。这些智能设备都需要无线连接，以实现无人值守的任务协调与合作。这要求通信系统提供比当前更高的吞吐率、更高的可靠性以及更低的时延和抖动。通过通信和计算平台的融合，我们能够充分利用网络的感知和学习能力。通信系统将智能地实现自动化资源配置，为用户提供高度智能化和个性化的服务，并实现近乎完美的性能。

而此时更高速的电信网络中的AI可以赋予机器人语义感知的能力，帮助机器人理解语义指令，从而使它们的感知和定位能力更接近人类。此外，AI能够实现智能信息"源编码"，使机器人的交流能力从目前的比特层面提升至语义层面。

AI还可以应用于合成网络切片、实现异构网络，如地面网络与非地面网络一体化。高速典型网络下的AI能力可以协调复杂的多层异构网络，最终为用户提供最佳覆盖。

5.3　网络数字孪生

近年来，各行各业都在积极推进业务的数字化和自动化转型，以实现自身业务的敏捷、提升运营效率和显著降低成本。同时，新型智慧城市、数字政府正被作为国家顶层战略推进，构建数据基础设施，把数字技术广泛应用于政府管理服务，推动政府数字化、智能化运行。在通信领域，运营商及设备商在网络管理和服务提供的自动化方面虽已进行了多年的探索、研究和应用部署，但仍无法有效解决网络能耗高、运维成本高、效率低等问题。随着5G、IoT和云计算技术的发展，以及网络新业务的涌现和拓展，网络规模不断扩大，网络负载持续增加，日益复杂的网络使运维变得越来越有挑战。同时，由于网络运营的高可靠性要求，故障代价和运维试错成本非常高昂，这严重制约了网络运营的效率和创新。为应对这些挑战和解决问题，业界提出了将数字孪生技术应用到网络，通过构建网络数字孪生能力，实现对物理网络精准感知、在线仿真等关键能力，助力网络达成低成本试错、智能化决策和高效率创新，支撑网络全生命周期自治目标的达成。

5.3.1　背景与动机

在自动驾驶网络时代，网络数字化、智能化程度越来越高，比如在设计

6G时就考虑将其与AI深度融合。不同于5G时代的AI功能叠加和外挂的方式，网络与AI深度融合意味着对数据感知、数据质量以及数据共享和协同提出更高要求，具体的挑战说明如下。

第一，传统网络无法做到全面、实时和精细地感知真实状态，只能停留在表层各类较长周期统计数据所能支持的范畴进行管控。同时在能获取的数据中，存在着数据质量差的问题，如部分数据缺失、样本集不平衡和缺乏数据标注等。由于数据存储资源有限，网络中保存的数据大多为半年期历史数据，时效性差。综上所述，当前网络中数据的基础设施、获取机制和共享机制难以满足未来自动驾驶网络对数据实时性和准确性的要求。

第二，在数据共享和协同方面，未来网络需要通过数字域和物理域闭环交互、认知智能以及自动化运维，快速识别并适应复杂多变的动态环境。同时跨场景、跨领域的数据和数据模型之间需要支持共享交互机制，实现规划、建设、维护、优化及运营等全场景全生命周期的自治能力。

数字孪生网络是一个由物理网络实体及其孪生的数字化网络构成，且物理网络与孪生的数字化网络间能进行实时交互映射的网络系统。网络的数字孪生体作为物理网络设施的数字化镜像，与物理网络具有相同的网元、拓扑以及拟合的行为模型，可实现对物理网络及其机理的精准复刻，为网络运维优化操作和策略调整提供接近真实网络的数字化验证环境。以网络数字孪生技术作为纽带，通过数据实时感知、在线实时计算等方法，实现物理网络和数字网络之间的实时交互、数字化分析、验证及控制，驱动自动驾驶网络实现如下关键能力。

第一，实时全息的数字映像使能在线仿真、验证，极大降低了试错成本。在数字孪生网络中，各种网络管理与应用可以通过网络的数字孪生体，基于数据和模型对物理网络进行高效分析、诊断、仿真和控制。同时，数字孪生网络还会记录和管理网络数字孪生体的行为，支持对其进行追溯和回放，因而能在不影响网络运营的情况下完成预验证，极大地降低试错成本。

第二，AI及知识驱动使能网络智能化和自演进。相比传统仿真平台，基于网络的数字孪生体所训练的AI模型和预验证结果具备更高的可靠性。此外，数字孪生网络具备自主构建和扩展的能力，并能与AI结合，使其可探索出尚未部署到现网的新业务需求，并在孪生的数字化网络中验证效果，从而实现网络的自演进。

第三，基于业务场景开发到基于孪生数据开发的模式转变。传统网络功能开发是围绕业务场景和业务特性展开的，未来将转变为围绕数字孪生数据开发的模式。

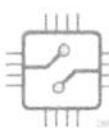

5.3.2　技术洞察

数字孪生概念的提出最早可以追溯到2002年，美国密歇根大学迈克・格里夫斯（Michael Grieves）教授向业界介绍PLM（Product Lifecyle Management，产品生命周期管理）概念原型[10]。虽然当时还没有正式提出数字孪生的概念，但是在PLM的概念原型中已经包含数字孪生的关键要素：物理对象空间、虚拟对象空间以及物理与虚拟之间的信息流，如图5–25所示。

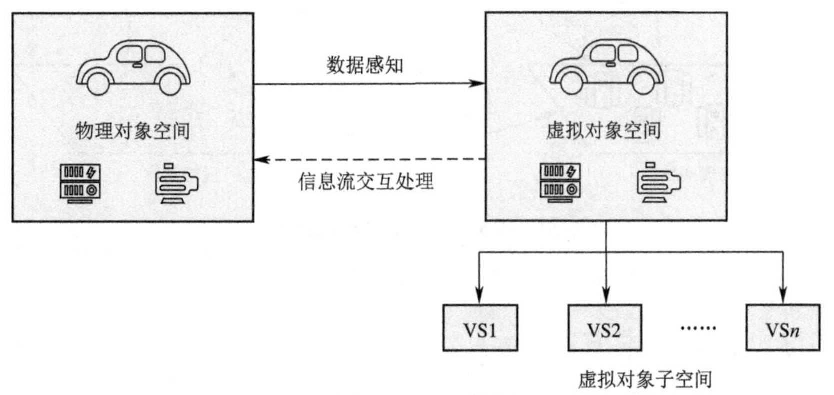

图 5–25　PLM 概念模型

自从数字孪生的概念提出以来，数字孪生技术已经在城市建设、航空航天、生产车间等多个行业成功应用，在2017—2019年连续3年入选Gartner十大战略技术[11]。数字孪生正成为国家数字化转型的新抓手、跨国企业业务布局的新方向、全球信息技术发展的新焦点。

关于数字孪生模型和实现框架，业界还缺乏统一定义，工业界及学术界都在开展定义通用或者专有模型框架的尝试。Gartner在物联网数字孪生技术报告中提出构建数字孪生模型的4个要素：模型、数据、监控和唯一性。ISO（International Organization for Standardization，国际标准化组织）发布了面向制造的数字孪生系统框架标准草案，提出包含数据采集域、设备控制域、数字孪生域和用户域的参考框架，该草案即将成为数字孪生领域第一个国际标准。在学术界，比较典型的有北京航空航天大学陶飞教授提出的数字孪生五维模型[12]。在这个建模理念中，孪生系统用{PE, VE, Ss, DD, CN}表示，其中PE表示物理实体，VE表示虚拟实体，Ss表示服务，DD表示孪生数据，CN表示各部分之间的连接，模型元素、相互之间的关系以及整体建模理念参考图5–26。该模型体系已经在智能生产车间得到初步实践和应用。

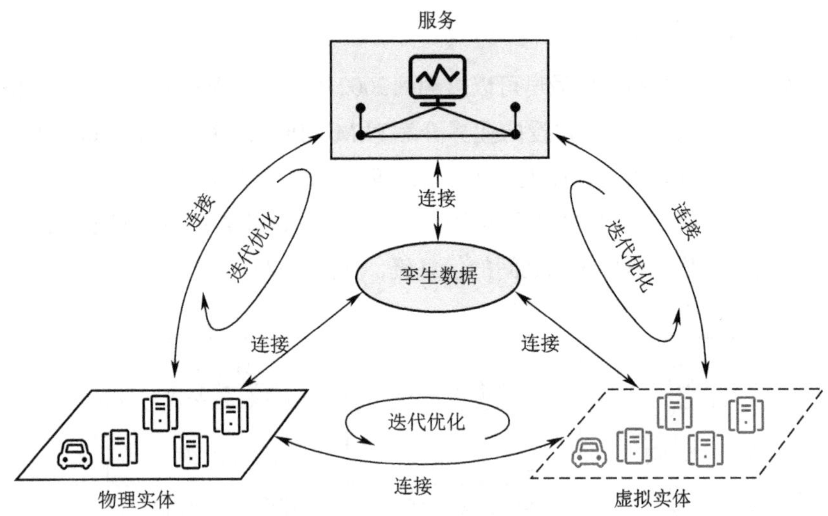

图 5-26　数字孪生五维模型

5.3.3　关键技术方案

当前业界对网络数字孪生还没有统一明确的定义，文献[13]中将网络数字孪生定义为一个具有物理网络实体及虚拟孪生体，且二者可以进行实时交互映射的网络系统，并且定义了网络数字孪生的4个核心要素：数据、模型、映射和交互。数据是构建数字孪生网络的基石，通过构建统一的数据共享仓库作为数字孪生网络的单一事实源，高效存储物理网络的配置、拓扑、状态、日志、用户业务等历史和实时数据，为网络孪生体提供数据支撑。模型是数字孪生网络的能力源，功能丰富的数据模型可通过灵活组合的方式创建多种模型实例，服务于各种网络应用。映射是物理网络实体通过网络孪生体的高保真可视化呈现，是数字孪生网络区别于网络仿真系统的最典型特征。交互是达成虚实同步的关键，网络孪生体通过标准化的接口连接网络服务应用和物理网络实体，完成对物理网络的实时信息采集和控制，并提供及时诊断和分析。

结合业界相关理念和实践以及自动驾驶网络的目标，本书对网络数字孪生及其关键特征给出如下定义。

目标：通过设计开放的模型、弹性数据底座及管道、实时数据感知、实时在线计算（趋势预测、在线仿真、知识自更新等）机制，开放孪生接口，支撑网络分层自治及协同自治的目标达成。

定义：网络数字孪生是一系列技术和架构机制的集合，包括孪生模型、数据底座及管道、实时数据感知机制、实时在线数据计算机制、开放接口以及分

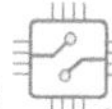

层架构等。

关键约束及质量属性说明如下。

◆ 模型组成：电信网络数字模型已经不是一个新的概念，传统电信网络系统里面充斥着大量信息管理模型，同时有众多的标准定义和约束这些模型如何构建。这里要强调的是，网络数字孪生体不仅仅是传统物理网络实体的1∶1映射，还是这个映射的超集，比如在时间维度上，模型不仅能够表示真实网络的状态，同时还能够洞察网络未来趋势等。在广度上，模型不仅包含传统网络器件，还会包括一些影响网络质量相关的其他上下文，包括交通、人流、天气等，满足未来网络自治高阶诉求，比如根据天气/人流等上下文智能调节基站参数满足大型集会、上下班高峰等场景业务的极致体验等。

◆ 实时性：这是网络数字孪生的关键特征之一，支撑上层孪生应用在线实时计算和业务实时闭环的能力。不同层次业务对孪生实时性要求有差异，管控单元实时性要求是亚秒级至百毫秒级，而更上层的闭环则可以以离线的方式来实现（包括ML模型动态部署问题等）。

◆ 唯一性：这是网络数字孪生相比传统系统（包括网络管理系统等）数据层的显著差异之一。传统网管系统存在大量数据孤岛和大量冗余数据，导致数据在穿越不同网络功能单元时需要做大量数据转换，比如存量系统数据到性能分析系统会基于自身模型做一个数据转换等。未来网络数字孪生是各层系统数据唯一来源，将大量减少数据重复冗余、不一致以及同一份数据（如存量数据）在穿越不同网络功能子系统过程中导致的转换开销等问题。

结合网络数字孪生的定义、关键特征及设计原则，本书给出网络数字孪生的参考实现，如图5-27所示，包括以下关键部件。

数据采集：提供实时数据感知机制，满足上下层之间感知实时性要求，同时提供能够映射物理世界的接口，满足实时闭环和控制诉求。

数据存储：提供异构数据存储能力，包括网络对象数据、时序类指标数据、日志类文本数据等，满足大规模数据存储及场景化数据实时关联和检索的要求。

数据计算：提供实时数据分析、计算、推理能力，满足实时趋势感知、大数据计算及AI推理能力，支撑自动驾驶网络在线仿真、实时数据互动的要求。

数据访问：提供场景化数据实时、灵活的访问能力，满足上层孪生应用数据实时消费和孪生应用快速创新的诉求。

网络孪生框架：提供泛网络领域、环境状态、知识互动的统一模型，支撑自动驾驶网络应用基于孪生模型快速创新；同时提供数据和模型共享机制，满足多智能体系统自治、上下层协同自治要求。

数据治理：提供全局的数据治理能力，保障端到端数据质量、数据安全，提供数据生命周期管理。

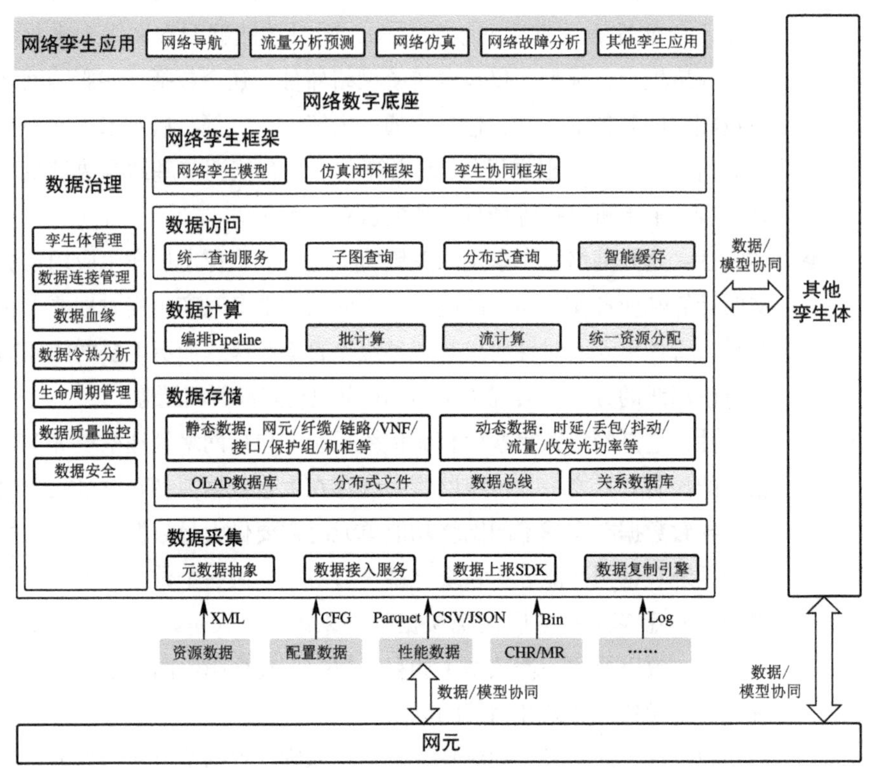

图 5-27　网络数字孪生的参考实现

未来网络数字孪生需要满足孪生数据实时感知、实时在线仿真以及跨领域孪生体协同自治等关键能力要求，结合业务诉求和参考实现，总结了如下4项技术挑战。

- 感知实时性：未来会有大量构建在孪生体上的应用对实时性有着较高要求，比如在线网络实时仿真、网络拥塞动态感知等，既要获取大量数据进行分析，又要具备实时在线计算和分析的能力，因此要解决传统采集方法中如何突破更细粒度采集、更高实时性带来的计算资源、带宽资源、存储资源瓶颈的问题。
- 建模复杂性：基于大规模网络数据，数据建模既要保证模型功能的丰

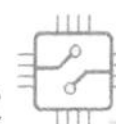

富性，也要考虑模型的灵活性和可扩展性，这些需求进一步加大了构建高效、层次化的基础模型和功能模型的难度。

◆ 计算实时性：自动驾驶网络时代大量的实时分析与应用会频繁访问孪生体的数据，任何计算延迟都会影响到上层应用时效性，所以网络孪生技术本身需要考虑如何实现海量数据计算实时性，以及如何充分利用系统软硬件资源实现极致算力。

◆ 孪生协同性：未来网络将全面走向智能化，由多个网络智能体组成，每个智能体都能够完成自身业务闭环和自治能力，同时又能够协同其他智能体支撑网络整体的协同自治。这对网络数字孪生提出了如何实现孪生体之间数据协商、系统之间数据共享以及标准化的难题和挑战。

下面将结合网络数字孪生的技术挑战和业界技术趋势，探讨应对这些挑战的关键技术。

1. 网络数字孪生实时感知技术

感知的实时性取决于数据采集方法、底层传输协议以及针对数据本身的编码方式等因素。

数据采集是构建孪生数据仓库的基础，作为物理网络的数字镜像，数据越全面、准确，数字孪生网络越能高保真还原物理网络。数据采集应当采用目标驱动模式，数据采集的类型、频率和方法需要满足数字孪生网络应用的目标要求，兼具全面、高效的特征。当对特定网络应用进行数据建模时，所需的数据均可以从网络孪生层的数据共享仓库中高效获取。

网络数据采集方式有很多，例如技术成熟、应用广泛的SNMP（Simple Network Management Protocol，简单网络管理协议）、NETCONF（Network Configuration，网络配置）协议，可采集原始码流的NetFlow、sFlow，支持数据源端推送模式的网络遥测等。不同的数据采集方案具备不同的特点，适用于不同的应用场景。

提升传输效率和传输可靠性，还可以考虑选择合适的接口协议，比如文献[13]中建议在不同网络层次选择不同接口协议，以满足扩展性、实时性、可靠性的要求。

除了考虑协议层，还可以考虑采用高效的数据编码方式来实现传输数据显著缩小，编码方式包括两种，一种是无损压缩，另外一种是有损压缩。

无损压缩常见编码方法是差分方法，即差分函数或差分运算，差分结果反映离散量之间的变化，将原函数$f(x)$映射到$f(x+i)-f(x)$。网络运维数据中有很多场景可以应用差分来编码，比如误码计数，使用差分的方法只需要记录增量，然后用前缀和方法可很容易快速还原。

有损压缩常见方法有通过AI模型来捕捉数据联合概率分布、通过AI模型推理来替代实际数据查询及统计计算。这些方法有一定的误差，AI模型的相对误差率是其中的关键指标。网络中常见的性能指标，如网络误码率、网络时延等，这些指标或者指标的组合在数学上统称为时间序列，可以通过数学模型来捕捉其中的周期性特征。常见时间序列模型有LSTM（Long Short Term Memory，长短期记忆）、Transformer等。

2. 网络数字孪生建模技术

网络数字孪生建模是一个非常有技术挑战的工作，既要具备较好的兼容性，能够表达泛网络的各层级对象，同时还要满足开放性诉求，提供相关模型策略支撑孪生体多元数据来源、异构存储以及孪生体实时表示等能力。

首先分析一下：网络孪生建模的对象是什么？分别需要哪些数据来支撑哪些场景？

网络孪生建模的对象包含如下数据。

- 网络业务发放类数据：电信网络数字模型已经不是一个新的概念，传统电信网络系统里面已经充斥着大量信息管理模型。当前，有众多的标准定义规范这些模型如何构建，包括存量类数据，如网元、单板、物理端口、逻辑端口、时隙资源、波长资源、VLAN（Virtual Local Area Network，虚拟局域网）资源等。
- 网络业务保障类数据：包括网络告警、性能指标类数据。
- 物理仿真类数据：包括楼宇、机房、电气化配线、空调等，支撑机房规划、网络规划及在线部署模拟等。
- 网络仿真类数据：包括网络通信相关的光器件、电器件、射频器件等物理机理数据，支撑网络通信实时在线准确仿真等。
- 外部环境类数据：包括一些影响网络质量相关的其他上下文，如交通、人流、天气等上下文，满足未来网络自治高阶诉求，比如根据天气/人流等上下文智能调节基站参数，满足大型集会、上下班高峰等场景业务极致体验等要求。
- AI及知识衍生数据：包括运维知识（固化专家经验和不断产生的新知识）、AI模型等支撑网络智能决策的数据。
- 系统目标行为数据：包括业务自动/自愈/自优的目标定义数据，支撑孪生体基于目标自治。

再来看看需要什么样的建模机制及建模语言来满足对以上数据的表征。

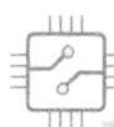

关于孪生的建模语言，业界已经有很多实践和参考，本书针对几种主流建模语言进行分析和对比，如表5-3所示。

表 5-3　数字孪生建模语言

建模语言	用处描述	常用领域	主要描述模型种类	维护组织/厂商
DTDL	具备描述孪生体状态属性、遥测、命令、组件、关系的能力，并具备继承特性	IoT	信息模型	Microsoft
ECSchema	具备描述孪生体属性、遥测、关系、组件的能力，并具备继承特性。 主要特点：一体多面、一体多层，全面、灵活、易扩展	基础设施	信息模型	Bentley
OPC UA	OPC UA（OPC Unified Architecture）是为了在工业自动化等行业安全可靠地进行数据交换而制定的开放式国际标准规格。由OPC Foundation于2008年发布，之后制定了国际标准IEC 62541	IoT	信息模型	OPC Foundation
Modelica	开放的、面向对象的、基于方程的多领域统一物理系统建模语言，支持机械、液压等面向对象的组件模型构建。 主要特点：多领域统一建模、基于方程的非因果建模、面向对象的物理模型、连续离散混合模型、知识与计算平台分离	工业领域	行为模型 信息模型	Modelica Association

为满足未来端到端生命周期管理以及协同自治诉求，建模语言需要满足开放性、扩展性等要求，表5-4结合以上要求给出了网络孪生模型参考设计的抽象关系定义。

表 5-4　网络孪生模型参考设计的抽象关系定义

关系抽象	关系定义	中文解释	源	宿
泛化	classOf	子类－父类	路由器	设备
	Inherite Extent	继承	路由器	设备
具体化	instanceOf IsA	类型的实例	×××网元	路由器
	Has	实例的类型	路由器	×××网元
单向关联	connectToPeer、inkTo	连接到	OSPF接口1	OSPF接口2
	Trigger	触发/产生	接口1 Down	Alarm1
	happenOn	发生在	Alarm1	Board1
	measureOn	度量	CPU利用率	Board1

（续表）

关系抽象	关系定义	中文解释	源	宿
单向关联	affectedBy	被影响	ETH_LOS	BD_BAD
	Cause	引起	BD_BAD	ETH_LOS
	carried On bearing InverseCarriedOn	承载在	Tunnel	PW
聚合到整体	aggregation	聚合	端到端以太网业务 1	Sap1
		聚合	Trunk1	接口 1
	memberOf	成员	接口 1	Trunk1
	protectOf	互为保护	接口 1	接口 2
组合到整体	Contain Composition	包含	单板	接口

3. 网络数字孪生实时计算技术

未来业务闭环的时间是亚秒级到毫秒级，同时为了保证高可靠自动闭环，实时在线仿真能力成为必需的能力，而实时仿真涉及大量数据访问和计算，所以数字孪生实时计算能力成为其中的关键技术门槛。

孪生实时在线计算包含两个关键能力：数据高效融合计算和软硬结合极致算力。

数据高效融合计算：闭环时延需要达到亚秒级到毫秒级，过程中的仿真时间从百毫秒级到毫秒级，同时仿真的过程会涉及大量数据和计算步骤，比如路由分发协议仿真，按照1∶1计算，时间可能是分钟级的，不能满足未来低时延闭环的需要。当前，业界提出通过使用数学模型来拟合仿真运算过程，从而显著降低运算时间的方法，比如使用GNN（Graph Neural Network，图神经网络）方法来实现网络路由的仿真计算，可以做到大规模网络毫秒级推理能力。

软硬结合极致算力：未来智能计算以数据分析和AI计算为主流计算模式，有效利用这些底层算力以达成上层智能计算极致效率是其中的关键。

为了满足未来大规模分析计算、AI智能计算的诉求，底层芯片也提供了一系列支撑技术，包括SIMD（Single Instruction Multiple Data，单指令流多数据流）技术、向量化计算技术、AI专有计算技术。这些技术背后通过芯片指令的改造来满足特异化计算诉求，比如面向列的批处理（SIMD技术、向量化

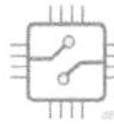

计算技术）、面向AI训练和推理的定向加速。

针对当前网络孪生应用计算诉求，未来孪生的计算引擎会帮助上层应用自动获取底层的最大算力效益，包括算力可编排和算力自动获取能力。

- 算力可编排：应用无须关注底层硬件算力实现，通过数字孪生底层提供Pipeline的灵活编排能力，完成数据计算过程的设计。
- 算力自动获取：孪生底座通过代码自动生成，自动编排底层硬件算力完成分布式并行、指令级并行以及AI计算分解分配。

4. 网络数字孪生协同技术

网络数字孪生如何实现孪生体之间数据和模型协商？数据如何实现自动发现和自动同步以及模型自适应？下面对孪生数据协同和共享进行如下技术分解。

数据自动发现和自动同步：虚实互动的各种模型（物理空间的建模、状态、环境数据的共享）以及不同系统之间的数据共享、自动发现和自动同步。实际运行的实例会有大量物理资源、状态、环境数据上报、同步，数据改变，状态改变等情况，这些同步需要完全实现自动化和实时性，这些数据改变会触发上层应用自动地改变和自适应调整。

基于目标的模型和行为协同：基于面向自治意图的统一协同能力要求不同孪生体之间具备基于目标的协同能力，这涉及模型信息的共享和交互、行为理解和协同的能力，相关技术涉及统一目标描述元语言、模型行为协同引擎及框架，以及可支持目标分解、冲突裁决和协同等关键实现机制。

5.3.4　技术展望

前文介绍了数字孪生、网络数据孪生的基本概念，同时分析了不同层次网络系统闭环时效性、数据可获取性差异，提出了网络数字孪生参考实现。

在关键技术维度，重点介绍了如下4项关键技术。

网络数字孪生实时感知技术：结合未来网络状态数据规模越来越大和感知实时性越来越高的矛盾，指出当前数据采集技术存在的瓶颈，并提出了改进数据编码等技术来满足未来大规模网络状态数据实时感知的诉求。

网络数字孪生建模技术：分析和对比业界数字孪生模型，提出了未来网络孪生模型建模的几个要素，即模型表达开放性、实时表示、异构数据接入、上层应用接口调用，并结合建模要求给出了网络孪生模型设计参考。

网络数字孪生实时计算技术：分析SIMD、向量化计算、AI专有芯片技术，以及未来大数据及AI计算的一些最新框架技术，对未来自动驾驶网络

AI+大数据分析主流计算场景给出了技术建议和方向。

网络数字孪生协同技术：提出数据自动发现、数据自动同步，以及基于目标协同技术来满足未来自动驾驶网络中实现孪生体之间自治协同能力的要求。

网络数字孪生作为自动驾驶网络的关键使能技术，充当了数据和模型枢纽角色，随着学术界和产业界持续探索及商业场景的不断推进，网络数字孪生相关技术会逐步走向成熟。在未来，随着孪生应用不断丰富和复杂化，孪生认知能力逐步增强，下面几个技术方向需要进一步分析和探讨。

多模型融合技术：网络配置及业务信息，包括网元基本配置、环境信息、运行状态、链路拓扑等模型可以帮助我们实现对物理网络的实时精准描述。同时，还有众多面向复杂场景的应用，比如网络在线仿真，整体模型框架需要考虑如何融合这些仿真的数学模型、AI模型以及网络对象模型，以满足未来孪生应用不同场景、不同组合功能的需要。

网络孪生认知技术：在自动驾驶网络未来走向自适应、自学习、自演进的过程中，网络孪生体本身也需要具备认知能力，可以通过数据更新、闭环的反馈来实现网络孪生体的自适应、自学习、自演进。

5.4 网络仿真

实时网络应用如AR/VR、远程医疗、远程控制等呈逐年递增趋势，越来越多企业正在考虑将远程办公常态化。在这些场景下，各类用户对网络提出了更加严格、更加灵活的资源管理要求，给运营商网络资源管理带来了极大挑战，传统的以人为主的长周期运维方式已难以应对高速发展的业务诉求。

未来网络管理将是机器替代人的时代，构建一个实时、高效、准确的仿真网络可以加速机器认知网络，让机器学习人的运维方法。机器可以在仿真网络上自主运行优化方案、演练排障措施、网络升级，而不需要对真实网络进行变更，不会对物理网络运行业务造成任何影响。

5.4.1 背景与动机

仿真就是将真实系统抽象为模型，在模型上进行试验的数字化技术。

网络仿真是通过对物理网络中的网络设备和网络链路建立模型，模拟网络流量或行为，仿真执行网络规划、变更、排障和优化动作，并预测网络拓扑、流量、配置等状态的变化，以验证策略是否与预期一致，其原理如图5-28所示。

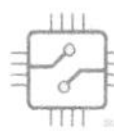

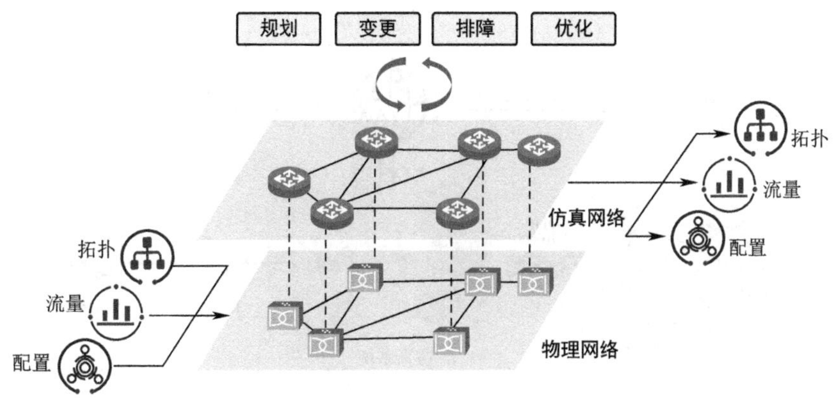

图 5-28　网络仿真原理

网络仿真按照场景分为两大类：非实时的离线仿真和实时在线仿真。

离线仿真多用于长周期的网络活动，如网络规划、网络优化、网络预防等活动，包含采集周期性数据、专家使用仿真工具、专家分析仿真结果、专家提供策略、工程师现网实施等环节，具体工作流程如图 5-29 所示。该类仿真实施频次低、实时性要求不高，仿真工具主要用于辅助专家验证策略的有效性、降低现网实施风险。

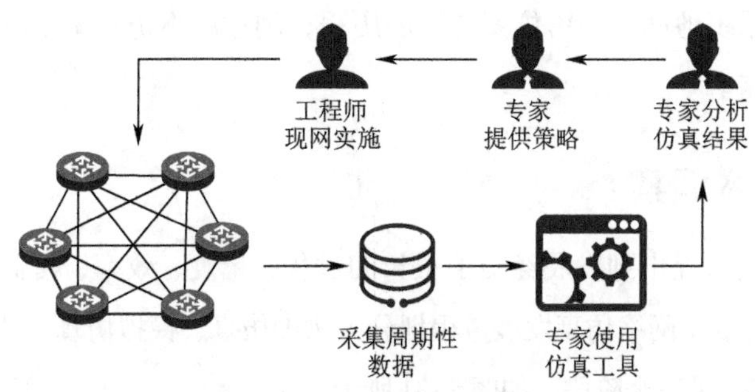

图 5-29　离线仿真工作流程

在线仿真多用于处理网络故障、应急恢复等实时性高的网络变更场景，包括网络镜像、异常感知、策略生成、策略验证、网络实施等环节。仿真系统与网络数据同步生成网络镜像，当感知到网络异常后，分析系统生成应对策略，仿真系统验证策略可行性，控制系统对网络实施变更，其工作流程如图 5-30 所示。随着网络自动化水平越来越高，客户期望网络故障、自助申请等业务分钟级、秒级实现，仿真系统实时性诉求越来越强。

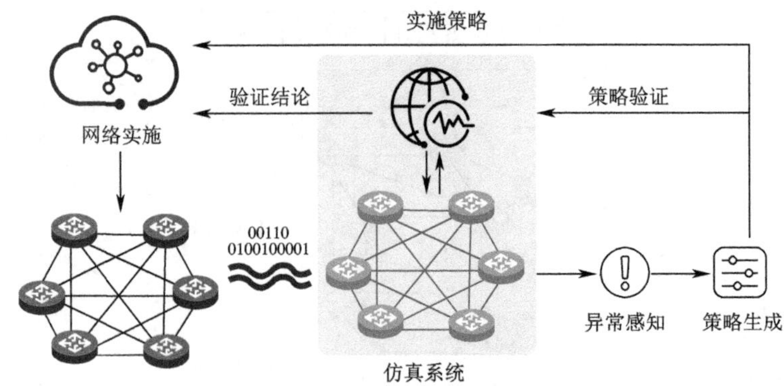

图 5-30　在线仿真工作流程

进入自动驾驶网络时代后，网络结构越来越复杂，网络自动化要求越来越高，传统仿真技术面临如下两大挑战。

- 实时性挑战。用户需要分钟级业务发放、网络动态调优，运营商无法在几分钟内实现将现网数据搬运到实验室进行仿真，仿真完成后再把仿真结果传回网图中心。
- 系统性挑战。客户办理的一项业务可能涉及接入、数通、传送等多个网络领域，单一仿真技术已无法满足业务需要。

下面将系统地回顾网络仿真的发展历程，阐述网络仿真基于以上挑战所做出的应对策略。

5.4.2　技术洞察

网络仿真从提出到发展经历了很长的过程，精度、效率、覆盖场景都有很大的变化，可以将网络仿真发展过程划分为物理仿真、模拟仿真、功能仿真、数字仿真、虚拟仿真5个阶段，如图5-31所示。

1. 网络仿真回顾

（1）物理仿真

物理仿真常采用测试床，通常是在实验室搭建镜像环境，与目标系统保持一致，用于分析研究目标系统。

此方法构建成本高，但结果可靠，多用于网络集成验证实验室，用真实的物理设备在高温、严寒、潮湿等极限环境下仿真网络硬件响应能力，主要测试网络硬件、性能，并进行故障模拟。

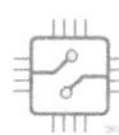

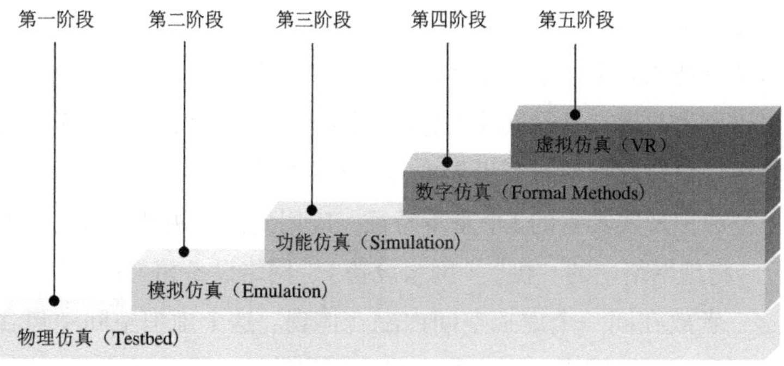

图 5-31　网络仿真阶段

（2）模拟仿真

模拟仿真常用方法为硬件模拟，仿真与目标环境相近甚至与测试环境相同，在环境中连接要测试的设备、应用程序、产品/服务，针对实际网络场景验证其性能、稳定性或功能，预测承载。原理为使用软件模拟硬件，该技术对硬件原理理解和工程化要求高。

比较有代表性的软件是2018年微软推出的Open Network Emulator（CrystalNet）[14]，该仿真器通过模拟整个Azure网络基础架构，查找网络终端故障、恶意软件等。CrystalNet要求仿真环境包含实际生产配置、软件、硬件、拓扑，利用仿真器完成类似的网络操作，得到仿真结果。它主要包含编排器、设备虚拟化沙箱、虚拟链路等。

（3）功能仿真

功能仿真常用方法为逻辑仿真，使用软件模拟硬件网络的某些功能，假设其他影响因素都为理想状态，可模拟what-if等网络事件，观察网络的状态和响应情况。该方法以理想条件作为前提，无法仿真设备异常。

比较有代表性的软件是思科的OPNET仿真工具[15]，可辅助客户进行网络架构、设备配置、网络路由等的设计、建设、分析和管理工作。OPNET包含三层建模机制，提供了比较齐全的设备仿真模型库，采用离散事件驱动的模拟机理计算，使得仿真效率有很大提升。

（4）数字仿真

数字仿真常用方法为形式化建模，使用数学方法证明或反驳系统相对于某个正式规范或属性的预期算法的正确性的行为[16]，形式验证要求产品的规范和实现均有严格的形式描述。形式化建模验证克服了时延验证的不足，采用数学方法进行验证比较，降低了仿真难度，但模型抽象的全面性又成为瓶颈。随着网络越来越复杂，表征网络的模型也会越来越复杂。

（5）虚拟仿真

虚拟仿真技术是用一个虚拟系统模仿另一个真实系统或真实物理环境的技术。它可以使参与者有身临其境的感觉，同时参与者从定性和定量综合集成的虚拟环境中，可以获得对客观世界中客观事物的感性和理性的认识。沉浸－交互－构思是虚拟现实具备的3个基本特征，应用到网络领域，就是把使用网络的“人”、物理网络中的“机”（网络设备）、网络设备相关的“环境”（环境因素）这三者放在同一个虚拟空间内融合体现。这个虚拟空间中包含用户因素、网络因素、环境因素。用户因素包含用户轨迹、网络接入点、用户体验、用户偏好等；网络因素包含设备尺寸、空间位置、连接关系、信号覆盖等；环境因素包含人流密度、天气温度、区域属性、节假日等。通过将人、机、环境三者结合，构筑以用户体验为中心的全息立体仿真。

2. 网络仿真演进趋势

通过分析仿真技术发展的5个阶段，我们发现网络仿真有三大演进趋势：数字化、系统化、在线化，如图5-32所示。

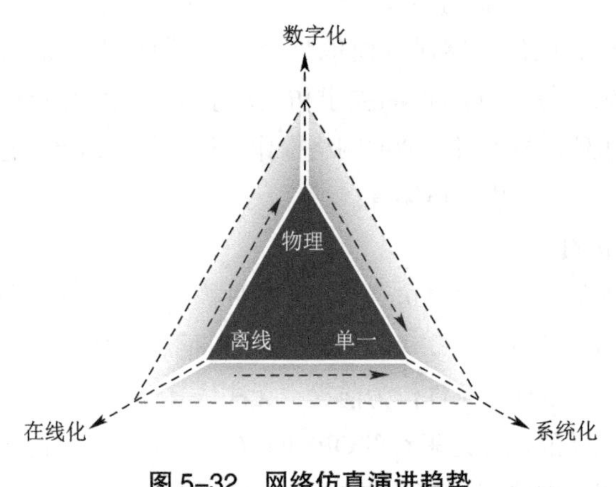

图5-32　网络仿真演进趋势

从物理到数字：从搭建测试床仿真，到软件模拟硬件仿真，最终演进到在数字空间中对网络、使用网络的人、影响网络的环境进行融合仿真，整个过程是仿真数字化演进的过程。

从单一到系统：从单一技术仿真到多技术、多条件组合仿真，从单一部件到综合系统仿真，从单一网元到多层网络的业务仿真。

从离线到在线：随着算力网络的持续构建和AI的应用，原先需要实验室专家深度参与的仿真转换为机器替代专家并将机器部署到客户生产、运维流程中，自动判断网络中的各种情况，实时仿真，实时闭环。

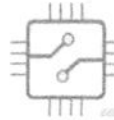

5.4.3 关键技术方案

物理仿真、模拟仿真、功能仿真在业界已有较多的应用，不赘述。下面主要介绍数字仿真和虚拟仿真在网络领域的应用实践和探索。

1. 用数字建模技术实现实时仿真

数字建模技术打破了传统仿真流程，把一次仿真活动拆成了3个部分，如图5-33所示。将耗时仿真计算的部分剥离出来，按照特征关系先进行离线仿真建模，进行实时仿真推理时在模型中匹配特征关系，可能获得多个匹配结果，再进行多目标决策仿真，即可得到仿真结果。

图 5-33　实时仿真工作原理

（1）离线仿真建模

离线仿真建模是实时仿真的前期准备必要环节，工作原理如图5-34所示。

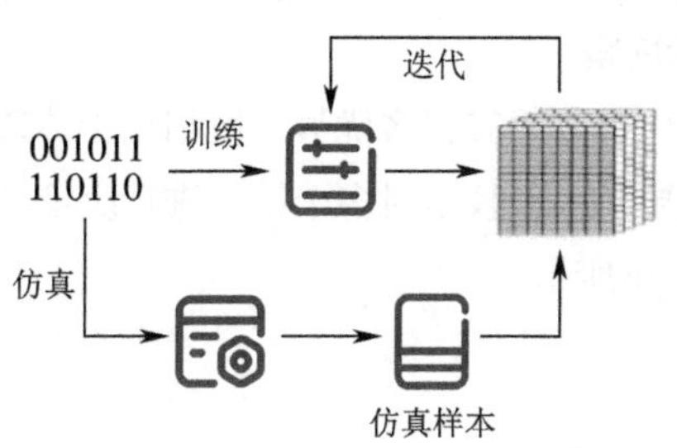

图 5-34　离线仿真建模工作原理

使用海量的历史数据进行无监督训练，学习网元参数间的关系。经过大算力、持续的学习，离线仿真模型可以在数据中挖掘出网元和网元、网元和参数间的变化关系。与此同时，系统中集成仿真模块，对数据中处于特定阈值的数据样本进行仿真，仿真结果作为正样本，用于持续修正关系模型，如此往复循环，得到一个几万维的向量体，组成这个向量体的每一个向量分别代表网元与其周边网元的变化关系、网元与其相关参数的变化关系。我们称这个向量体为“高维仿真模型”。

（2）实时仿真推理

推理是指从初始证据出发，按某种策略，不断运用知识库中的已知知识，逐步推出结论的过程。实时仿真推理是数字仿真的关键步骤，工作原理如图5-35所示。

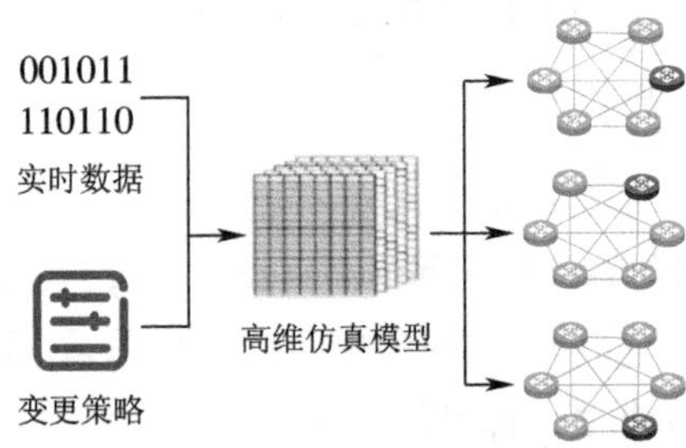

图5-35　实时仿真推理工作原理

在离线仿真建模环节，通过对某一网络的历史数据进行长时间的训练，构建这张网络的已知知识组合。执行仿真任务的时候，向“高维仿真模型”注入实时的网络快照，输入需要仿真的变更策略，仿真推理会提供仿真的结果。

区别于传统仿真技术，实时仿真推理在数据训练的过程中是用不同网元间的关系计算变化趋势，从不同的路径推导分析，所以可能会存在多个仿真结果。

（3）仿真多目标决策

数字仿真技术的建模方法有很多优势，但相较于传统白盒仿真，其不足之处是结果不唯一，需要引入新技术对多个结果进行决策判断，即仿真多目标决策，工作原理如图5-36所示。

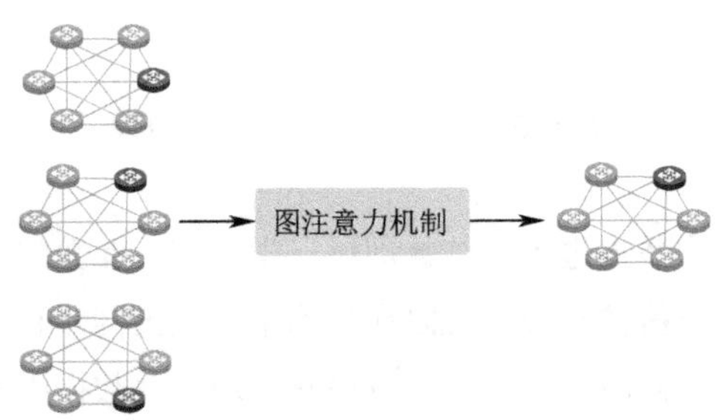

图5-36　仿真多目标决策工作原理

当出现多个仿真结果时，专家也很难甄别哪一个仿真结果正确，对业务增加了判别难度。需要引入图注意力机制，模拟专家进行判别。

图注意力神经网络，顾名思义，就是以图结构为基础的，在图上运行的一种神经网络结构。图注意力网络在图神经网络的基础上引入了注意力机制，所谓注意力机制，就是聚焦局部信息的机制。

我们对仿真的结果进行分析，通过学习网元级参数的邻居权重，可以实现对邻居的加权聚合，根据权值的叠加，可以对每一个仿真结果计算一个权值，权值最高的就是最可能的仿真结果。

2. 构建人－机－环境结合的虚拟仿真

传统的网络仿真均是在网络中看网络，考虑用户对网络的诉求、环境对网络的影响时比较笼统，没有主动感知和管理，网络总是在被动响应用户诉求和环境变化，导致网络总是滞后业务诉求，其症结的根源无非是"不识庐山真面目，只缘身在此山中"。通过仿真技术，提前感知用户诉求和环境变化，分析对网络的影响，生成应对策略，动态调整网络成为关键。于是，我们尝试突破纯网络的边界，把与网络相关的用户、环境信息与网络纳入一个虚拟系统，称之为"人－机－环境虚拟仿真"。

（1）人

这里的人，指正在使用或即将使用网络的用户，是网络质量的最终感知者。保障用户网络使用体验的传统方法是建网规划，依靠经验配置网络资源，这种方法无法适应环境变化，还会造成资源冗余配置。业界对于人的轨迹感知有不同的探索路径，有无线三角定位、UWB（UItra-Wideband，超宽带）轨迹定位、人脸识别等。这些方法各有利弊，分别应对不同场景。

对虚拟仿真而言，不需要识别用户身份个性特征，在网络中只需要感知用户接入终端，不需要采集过多的用户信息。我们选择Re-ID行人重识别技术[17]来满足我们的要求，这种技术不采集、不存储、不关联具体用户特征，每个用户仅标记为一个随机ID，如图5-37所示，在不同摄像头下重复识别用户ID，构建用户轨迹。

图 5-37　Re-ID 行人重识别技术

使用匿名化的用户轨迹和网络流量，可以用网络仿真预测出抽象用户实例在不同的网络接入点的用户体验，为网络优化提供输入。

典型的应用有VIP（Very Important Person，重要客户）保障、用户聚集区域的应急保障等。

（2）机

这里的机，指网络中的物理设备在仿真环境中虚拟化，如图5-38所示，并将设备向人暴露的端口（如网线、光纤插口、位置等）信息记录在系统中，关联环境对设备的影响信息，如设备占地、耗电等，将设备对环境的影响进行数字化仿真，如散热、射线覆盖等。

对网元进行虚拟仿真，可以与物理仿真、模拟仿真、功能仿真、数字仿真等技术结合，将网络内部和网络外部信息关联，解决很多外部变化导致的网络影响。例如，当网络某端口发生故障时，通过虚拟仿真系统可对应到某单板的物理端口，维护工程师可以通过智能终端（如手机、VR设备）等快速识别故障点。再如，当维护人员不当操作触碰光纤使其松动、散热系统故障导致设备温度高等外部因素造成网络劣化时，在网络上很难定位问题。引入虚拟仿真系统后，可以快速识别问题根因。

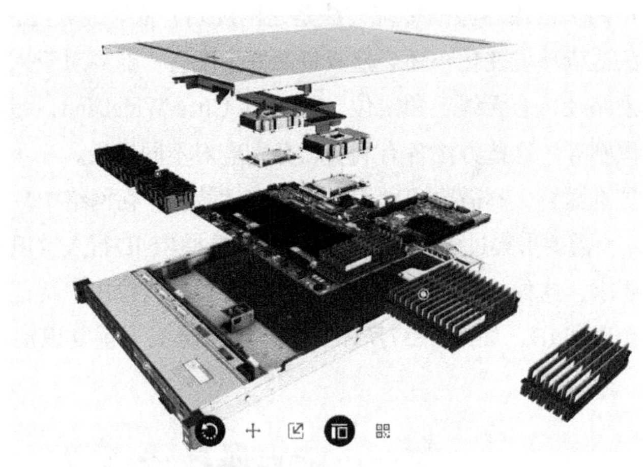

图5-38　网络设备虚拟化

（3）环境

这里的环境，指对网络产生影响的环境信息，如天气、温度、节假日、人流、车流等。环境仿真对网络的影响范围特别大。环境仿真技术在单点业务领域上已有相应的探索应用，但整体缺乏统一的环境表述体系，本节仅介绍GeoSOT[18]，可以把人、机、环3个维度的信息统一在一个表达空间内，把地球空间内的最小粒度（1.5 cm^3）赋予唯一的一维编码，为空间仿真的表达建立计算基础，如图5-39所示。

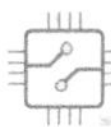

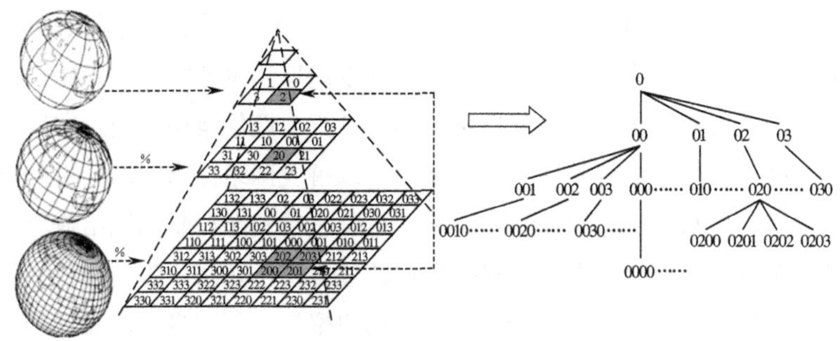

图 5-39　GeoSOT

DGG（Discrete Global Grid，全球离散网格）是基于球面的一种可以无限细分、但又不改变其形状的地球体拟合网格，当细分到一定程度时，可以达到模拟地球表面的目的。它具有层次性和全球连续性特征，既避免了平面投影带来的角度、长度和面积的变形及其空间数据的不连续性，又克服了许多限制GIS（Geographic Information System，地理信息系统）应用的约束和不定性，即对在地球上任何位置获取的任何分辨率（不同精度）的影像数据都可以规范地表达和分析，并能用确定的精度进行多分辨率操作，它已经成为国际GIS学术界一个新的研究热点。它规则的层次剖分结构，使不同空间分辨率的网格之间具有严格的变换关系，为分布不均匀、尺度不等的地理现象数据融合提供了统一的表达模式。

仿真实时性提升的同时，网络仿真将与网络数字孪生紧密结合，在虚拟仿真领域实现更多的应用实践。在端到端网络SLA质量保障、无线网络速率节能、通信网络一体可视化运营等场景，已有众多厂商开始投入研究。虚拟仿真技术的发展将给运营商的智能运维带来颠覆性的变化。

5.4.4　技术展望

实时高性能仿真，离不开高速的物理算力、高效的计算模型和分布式计算框架。2018年，诺贝尔经济学奖获得者威廉•诺德豪斯（William Nordhaus）在《计算过程》一文中提出："算力是设备根据内部状态的改变，每秒可处理的信息数据量。"预训练仿真模型提供了高效计算的模型基础，模型量化技术通过硬件加速功能来加快模型执行速度。随着算力成本的降低，利用大量算力进行精细化实时仿真，为客户精准扩容、精准判障、精准节能、大量节省TCO，实时仿真应用将越来越广泛。

下面来看一个例子。

畅想在未来的某一天，当你准备开车到某景区游览时，运营商通过分析通往本景区道路的实时车流量（如图5-40所示），自动调用实时网络仿真预测出未来一小时内的游客量，继而预测景区网络出口流量即将饱和，用户终端上网体验将出现大幅下滑。网络分析系统迅速计算出调优策略，通过在线仿真系统在虚拟镜像网络中进行验证，确保策略可以解决网络拥塞问题，保障网络体验不会下滑。仿真系统通知控制系统下发策略进行资源调整的网络变更。当你进入景区游览时，虚拟仿真系统根据用户轨迹分析仿真用户游览路径，结合网络流量仿真技术，预测出在某景点会出现用户聚集，使用自媒体互动的业务会快速增长（如图5-41所示），需提升网络上行流量。系统自动调用实时数字仿真技术，预测提升网络上行流量是否会影响景区购物、通话等业务体验。经过仿真分析得到的结论是“无影响”，系统下发调优策略，增加某景点基站上行流量资源，改善用户体验。

图5-40　通过车流预测网络流量

图5-41　行人轨迹预测网络流量

未来的自动驾驶网络，在网络实时仿真、虚拟仿真技术的支持下，网络变更会更加可靠，网络控制会更加智能，用户体验也会更加友好。

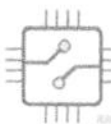

5.5　网络知识和专家经验数字化

当前运营商网络还是以专家人工运维模式为主。网络问题发生后，以客户投诉驱动，专家通过OSS、网管或工具辅助进行人工分析、决策和闭环。未来网络的接入规模成百倍增长，各类网络应用大规模部署，传统网络的管理和运维模式还是依赖人工，无法应对网络规模和复杂性的不断提升带来的挑战，在网络的故障管理、配置自动化、性能监控、网络安全等领域的人工操作效率将远远落后于网络的发展。基于网络知识和专家经验数字化，可以构建智能化的网络运维解决方案，应对网络不断增长的复杂性。

5.5.1　背景与动机

传统的运维方式，在面对未来海量连接、不断增长的网络规模、业务云化的随需开通等诉求时，需要进行如下3个方面的能力提升。

第一，网络预测感知能力。对网络海量数据进行深度分析，主动分析网络状态，提前预测网络异常问题，及时提供根因分析结果，先于客户感知问题，并在投诉之前解决。

第二，网络自主决策能力。在一定的条件和运维人员监管下，对于特定的组网与业务场景，由网络自主决策，大幅提升网络对复杂和不确定问题的闭环及响应速度，提升网络能效。

第三，网络自动执行能力。通过流程自动化，替代专家工作任务中低效、重复性的人工操作部分。专家由过去在流程中转变成在流程之外，聚焦更为关键的管理流程、设计规则的工作。

解决这些问题和实现这3个方面的能力提升，网络知识和专家经验数字化是关键前提和基础。运营商和网络设备供应商在多年的网络运维过程中积累了大量网络优化策略、管理规则、故障传播链和排障方法等专家知识、经验，并把这些智力资产以自然语言、规则条目、案例文本等多种形态记录在设备和网管运维手册、网络运维规范、专家经验案例中。在网络自动化闭环过程中，需要将这些分散的、供人理解的知识注入计算机，形成集中的、供计算机理解与使用的知识库。结合AI，计算机可以更快、更好地使用这些知识经验，在网络自动化分析、决策、闭环中发挥关键作用。当前，通过将领域知识图谱等方法和技术应用到电信网络中，在网络故障智能识别和闭环处理等场景中应用推广，知识应用已取得较好成果。这些非结构化、半结构化的知识和经验，通过数字化的管理和应用，将发挥巨大的价值，可以实现降本增收、提质增效和商业成功的目标。

资深网络运维专家积累了20多年的经验，这些经验很难表达，很难沉淀，往往随着人员流失而流失。这种作为隐性知识的专家经验数字化是一个很重要、待解决的问题。另外，网络“规建维优”场景复杂，部分场景缺失专家经验，需要从产品资料、经验库、运维规则等自然语言文档中查找运维管理知识，这些显性的网络知识需要转化为系统的数字化能力，使能运维系统的智能化能力。

5.5.2 技术洞察

1955年，约翰·麦卡锡（John McCarthy）和明斯基（M.L.Minsky）等学者在达特茅斯人工智能夏季研究项目中提出符号AI的基本思路，即“人类思维的很大一部分是按照推理和猜想规则对‘词’（Words）进行操作所组成的”，并根据这一思路提出基于知识与经验的推理模型。20世纪70年代末，专家系统的出现让人工智能成功地从理论研究走向实际应用。如图5-42所示，专家系统通过模拟领域知识和专家经验以解决特定领域的问题。第一代AI成功的第一要素是知识与经验，“深蓝”从象棋大师下过的70万盘棋局和大量的只剩5~6个棋子的残局中总结出“棋局规则”。另外，在象棋大师与“深蓝”对弈的过程中，通过调试“评价函数”中的6000个参数，把大师的经验引进程序。1997年“深蓝”打败人类国际象棋世界冠军，标志着专家系统的应用到达顶峰。

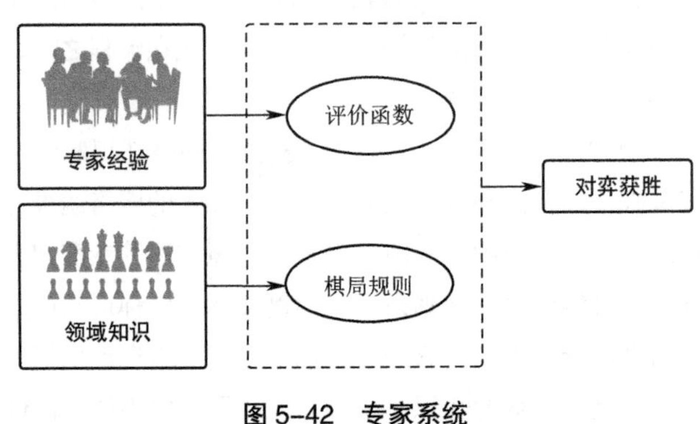

图5-42 专家系统

专家系统是知识工程演进路线上的第一个里程碑，如图5-43所示。知识工程的本质是让机器利用人类专家的知识来解决问题。通过构建知识工程来集成人类专家的知识，并集成基于知识的推理能力到计算机系统，来帮助人类解决现实问题。专家系统的成功是具有阶段性和局限性的，就像国际象棋有明确的规则和边界，专家系统解决问题的领域都非常封闭，不会受到外

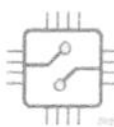

部环境变化的影响。而通信网络所处的环境是不断变化的，用户打电话和上网都是随机行为，专家系统无法应对通信网络的“规建维优”的各种变化和挑战。

随着互联网大数据的发展，越来越多的开放性问题成为一个新的挑战，比如互联网的搜索是一个开放的应用问题。专家系统依赖人工输入知识，始终无法满足知识的规模和覆盖率。工业界提出“知识图谱”的概念，使用一个大规模语义网络来表达世界，来应对可能遇到的各种实体概念和语义关系，这个变化的演进目标是解决知识工程开放性的应用需求问题。这就催生了基于数据驱动的方法，因为有海量的外部数据，从数据里获取知识和抽取知识，就是以知识图谱为代表的大数据知识工程的一个必然演进。由此，知识图谱[19]成为知识工程演进路线上的第二个里程碑。

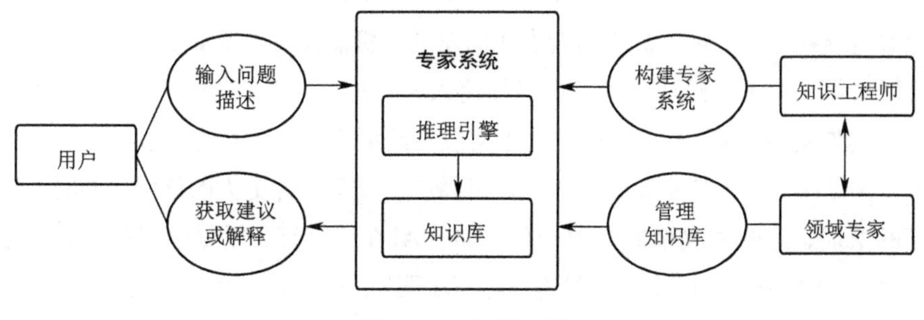

图 5-43　知识工程

知识图谱在互联网成功应用的几个特征如下。

- 互联网的数据量大，有足够的输入来提取知识。
- 互联网是通用域，知识层次不深，便于构建图谱。
- 互联网对知识应用错误容忍度高，允许犯错。
- 互联网知识应用是锦上添花，是基于大量简单事实的浅层应用。

通信网络垂直域的特征和互联网通用域的特征恰恰相反。

- 通信网络数据有限，故障问题很久才重现一次。
- 通信领域知识层次很深。
- 通信网络不能容忍错误的知识。
- 通信网络知识是雪中送炭，需要解决“规建维优”的复杂问题。

不管是传统的专家系统技术，还是以知识图谱为代表的大数据知识工程技术，本质都是基于显性符号化知识的技术，即显性知识。随着AI的推动，深度学习、强化学习、大规模预训练模型成为智能应用新底座，能够解决符号化知识系统不能解决的问题。AlphaGo Zero可以在只知道规则的情况下，通过自我训练打败国际象棋和围棋大师，几乎不需要任何外部的人类专家经验。基于数据驱动的AI，本质是有效提取隐藏于数据中不同维度的特征，通过对特征的学习和特征间非线性因素关系的识别，形成一种隐性的解决实际问题的知识，即隐性知识（隐藏于数据中在输入和输出之间的非线性模式）。网络专家在行业沉浸20多年，日积月累形成的经验就是隐性知识。隐性知识的使用还不能摆脱人做到自动化，还需要人的监控和验证。另外，网络数据体量小，配置的行为、故障现象等的数据出现频次低，不足以使得机器学习在短期内学习到其中的特征。

5.5.3 关键技术方案

在未来的通信网络中，网络知识和专家经验都可以数字化积累，持续使能网络自动驾驶。通过网络知识和专家经验的数字化方法，可构建自动化和智能化的运维系统，促进人机协同新模式的发展。机器代替人做重复、烦琐或工作量巨大等人力无法达成的事，也将加速人才转型，“网络策略师”“编排工程师”“数据分析师”等新型运维人才岗位不断涌现。人将在意图设计、异常处理、关键决策上发挥重要的作用，在机器的协助下发挥更大的价值。同时，更多的反馈、意图和决策的人为干预，加上AI在线训练、增量学习的能力，也将促进AI算法迭代优化，机器越学越“聪明”，进一步分担更多的运维工作，达到双向正循环，从而优化传统的运维流程和模式，变被动为主动、变割裂为闭环、变封闭为开放，使能自动化和智能化的运维能力。在这一愿景之中，网络数字专家、知识表示和获取是关键技术研究方向[20]。

1. 网络数字专家

通信网络是一个复杂系统，无线领域的多代协议混合存在，固定网络的多种链路协议、多种路由协议共存，在不同领域和不同网络分层上都演进成多模态融合复杂性。而通信网络在基础设施中的地位越来越重要，网络和人的关系越来越紧密，网络的可靠性要求越来越高，这就要求网络中的设备永远在线、不能停机。网络的规划要求可靠、配置要求可靠、策略优化要求可靠，并且要求用可靠的手段进行设计验证。当前，还是由各类网络运维专家来保证网络可靠性，这些专家包括规划类专家、策略类专家、建设类专家、维护专家、营销专家等。专家日常工作的内容以及专家本身知识缺乏数字化，专家的学习过程和成长过程也没有数字化，导致围绕专家的活动只能人工展开，专家经验的低效利用无法应对网络的规模性和复杂性的上升。我们提出网络数字专家的愿景，如图5-44所示，旨在把网络知识和专家经验数字化。

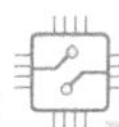

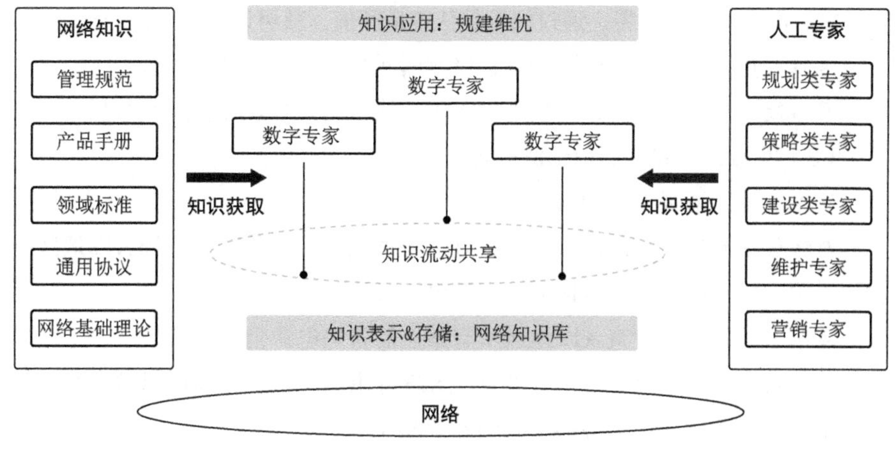

图 5-44　网络数字专家愿景

数字化的目的是在通信网络管理运维的系统中建立一系列数字专家，用来做网络知识的持续积累和流动共享，智能和自动地解决“规建维优”等问题。下面以3个场景假设网络数字专家可以智能化地进行网络故障诊断、预测和下发工单。以下场景以对话形式呈现，示例如下。

（1）网络数字专家主动监测网络严重故障，并给出修复建议

网络数字专家：发现网络严重告警，在A12地区的设备N012出现严重故障，该设备是多个VIP业务的承载网元，建议尽快修复。优选方案（方案1）是触发设备的最小业务系统自恢复接口，成功率70%；备选方案（方案2）是触发设备的重启接口，该方案成功率100%。

运维人员：这两个方案分别需要多长时间完成，对业务有什么影响？

网络数字专家：方案1对业务完全无影响，恢复时间3 min；方案2会影响已接入用户，完成时间10 s，系统检测到只有个别非VIP用户接入了该网元。

运维人员：立即执行方案2。

网络数字专家：好的，已经触发网元N012的重启操作……重启操作已完成，有8个非VIP用户已重新接入该网元。

运维人员：了解。

（2）网络数字专家自动派发工单

运维人员：请报告最近的网络运行指标情况。

网络数字专家：根据网络状态监控，最新升级的网元N012频繁出现容量告警。

运维人员：有什么处理方法吗？比如版本回退？

网络数字专家：不需要降级网元版本，根据其他站点的情况，有类似网元在升级后出现了容量告警，通过修改默认容量阈值，就可以解决容量告警问题。

运维人员：启动执行远程配置，修改网元N012的容量阈值配置。

网络数字专家：好的，开始下发工单，执行网元N012的远程配置。

（3）网络数字专家提前预测故障

运维人员：请报告对网络的优化建议。

网络数字专家：目前网络运行良好。根据天气预测趋势，下周A12地区有强烈雷雨天气，可能造成该区域站点停电。

运维人员：立刻检查A12地区所有站点的备用电源情况。

网络数字专家：该区域的核心站点S23备用电源不足，断电风险和影响较大。是否自动调度备用电源移动车到站点S23？

运维人员：是的，请执行调度。

基于网络数字专家愿景，下面将从网络数字专家上下文、模块和工作原理方面依次阐述相关技术方案。

第一，网络数字专家上下文。

除了自动处理故障诊断、自动派发工单和预测故障3个场景，网络数字专家还可以在网络规划、部署、设计和优化等众多场景中发挥专家作用，如图5-45所示。

网络数字专家的智能化能力来自自身网络知识的持续积累和对专家经验、网络数据的持续学习。

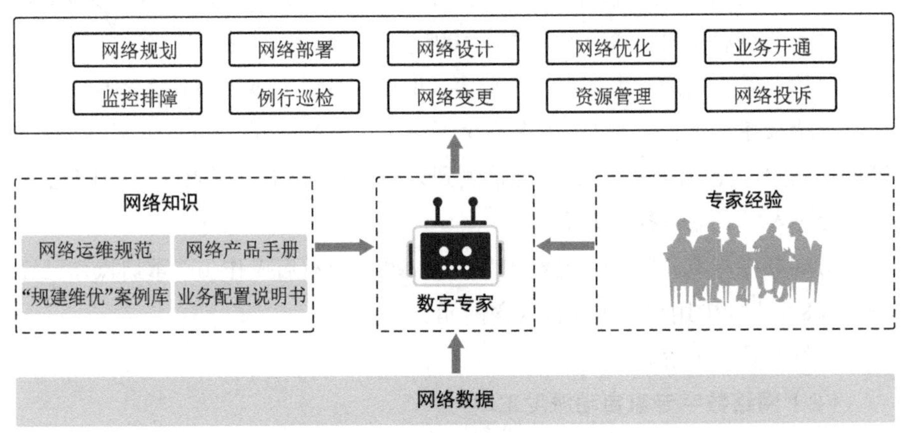

图5-45　网络数字专家上下文

网络数字专家要掌握的网络知识类别包括：规——网络规划类知识，支持基于语义意图的智能规划；建——网络配置类知识，支持站点配置核查和自动生成；维——网络故障类知识，覆盖故障全场景，支持故障快速定界、定位和

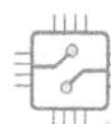

修复；优——网络调优类知识。

网络数字专家还需要持续学习能力，因为设计人员无法为网络数字专家预置所有的场景，包括网络运行中的外部环境和内部环境，外部环境如雷雨天气、电磁环境，内部环境如系统硬件老化、故障和系统缺陷。设计人员无法为网络数字专家预置所有的事件和变化，如突发网络聚集性事件。此外，网络维护和故障处理的复杂性已经超出了开发人员的编程能力范围，无法通过传统编程解决问题，需要数字专家使用学习算法和神经网络来持续学习。

第二，网络数字专家模块。

我们期望有一个网络数字专家，其可以融合网络知识与专家经验，辅助人类专家完成重复工作并持续积累经验。网络数字专家模块包含知识库、自学习体和人机交互，如图 5-46 所示。

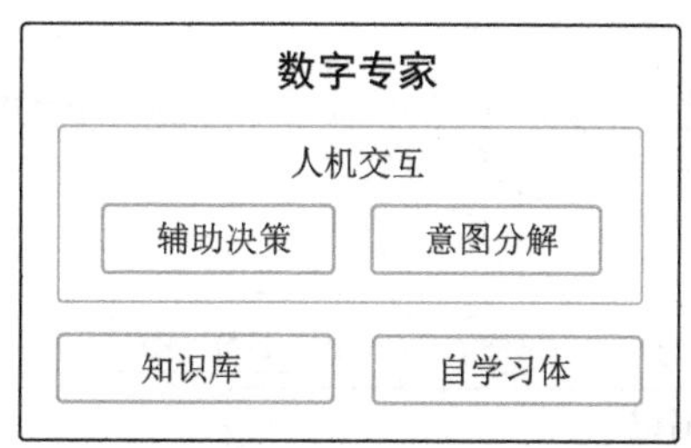

图 5-46　网络数字专家模块

- 知识库：用于存储网络知识和专家经验。知识的数量和质量是解决问题的关键因素。
- 自学习体：从网络专家的“规建维优”日常工作中记录其行为、操作和结果，并结合网络映像的状态，自动学习过程性、启发性知识。自学习体可以持续监控网络和环境中的信息流，根据信息流的状态变化进行持续学习，一方面萃取新的知识，另一方面整合、优化已有的知识。
- 人机交互：通过非结构化的自然语言与人类网络专家交流，通过意图分解获取新的任务或目标，通过辅助决策支持人类网络专家的最终决策，并支持人类网络专家在限定范围内的决策授权。

第三，网络数字专家工作原理。

基于网络数字专家的3个关键模块，从网络知识学习、专家经验学习、人机交互和智能决策4个方面，给出以下4个关键交互路径，如图 5-47 所示。

- 关键路径1：网络数字专家持续分析网络和环境中的数据，通过总结归纳、假设验证、类比关联的方法，在自学习体模块中抽取和生成新的知识，并将其存储到知识库。

◆ 关键路径2：运维专家和网络数字专家进行知识问答和经验传递。一方面，运维专家通过数字专家了解网络的现状和趋势；另一方面，自学习体对专家经验进行萃取，生成新的知识并将其存储到知识库。

◆ 关键路径3：运维专家通过网络数字专家的人机交互模块，给出价值建议；网络数字专家通过决策器理解运维专家建议，并结合知识库，将建议转换为可执行的命令，通过管理器或控制器下发到网络。

◆ 关键路径4：在紧急场景下，运维专家可以选择接管网络数字专家，直接操作网络。

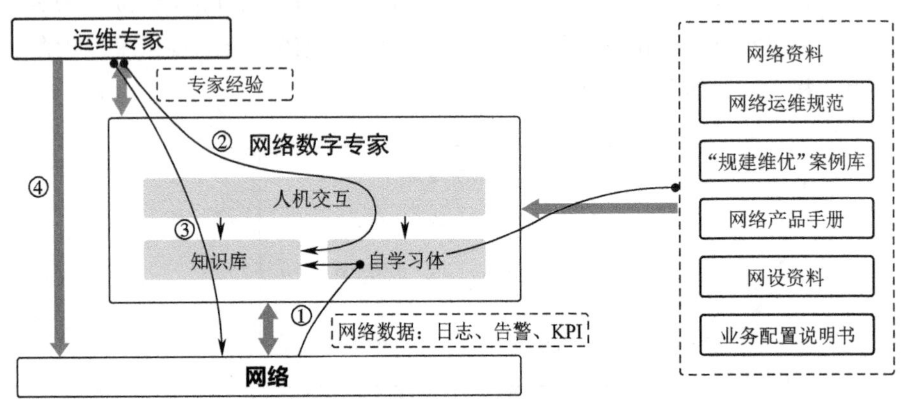

图 5-47 工作原理

网络数字专家是一个逻辑单元，根据不同的类型，可以被集成到OSS，也可以被集成到网络自治域和网图系统之中。网络数字专家的自学习体和知识库对网络知识的数字化建模要基于统一的表示，便于机器理解网络的不同知识类型和复杂的知识层次。统一不是唯一，基于不同的知识分类可以有对应的知识表示；不同的分类知识来源于不同的输入，如图5-47中的专家经验、网络数据和网络资料，不同的输入对应不同的知识获取方式。对于知识表示和知识获取技术，由于通信网络领域自身的特点，无法直接借鉴通用领域知识工程技术，还存在知识获取和知识表示方面的挑战，如表5-5所示。

表 5-5 传统知识工程应用到通信网络的挑战

传统知识工程在简单应用场景（互联网）中的特征	传统知识工程在通信网络中的特征	传统知识工程应用到通信网络中的挑战
系统封闭，不受环境影响	网络系统开放，受环境影响大	知识获取困难
应用场景单一，解决单一维度问题	应用场景复杂，解决网络"规建维优"多维度问题	知识表示困难

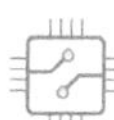

（续表）

传统知识工程在简单应用场景（互联网）的特征	传统知识工程在通信网络的特征	传统知识工程应用到通信网络的挑战
知识应用的层级浅	网络层次深，知识层次关系复杂	知识表示和获取困难
知识词汇简单，以事实知识为主	密集的网络领域知识	知识表示和获取困难
大规模的用户数据	有限的网络数据，偶发的网络故障数据	知识获取困难

2. 网络知识表示技术

从1956年语义网概念和1959年通用问题求解器的提出开始，网络知识表示技术在人工智能领域已经有了很长时间的研究，过程中包括用于推理和求解的知识库、基于规则的专家系统、RDF/OWL/LPG（Labeled Property Graph，标签属性图）/RDF*等标准持续演进，并出现了许多基于知识表示的知识库如WordNet、DBpedia、FreeBase和YAGO等。通信网络也需要基于知识表示构建通信网络知识库，如图5–48所示。网络的7层结构、拓扑关系、网元、链路、端口、协议、丢包、时延、抖动，这些概念都是通用的，属于通信领域基础知识库即公共知识库。接入网的ODN、ONT（Optical Network Terminal，光网络终端）和PON协议，数通的IP网络、路由器，传送网的OTN、无线的3G/4G/5G协议和基站，云核的NFV和5GC（5G核心网）概念，这些领域相关的概念、实体和关系属于领域知识库。不同的厂商还有自己私有的接口模型和协议等，配置、维护和优化相关的方法以及过程，这些属于厂商知识库。

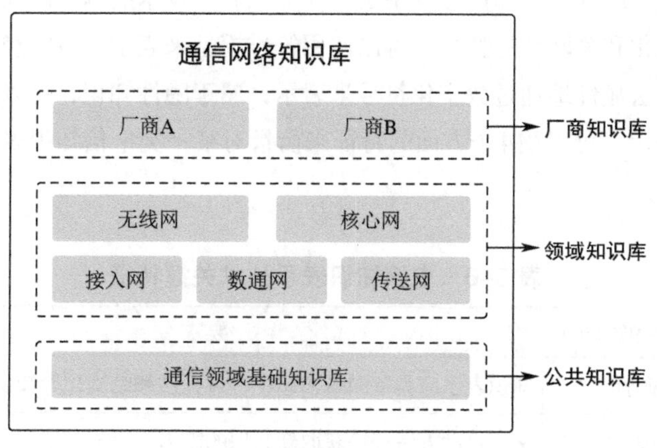

图 5–48　通信网络知识库

电信领域知识的特点主要体现在以下3个方面。第一，电信领域知识来源繁多，包括规范性文档、产品手册等静态数据，也包括网络运行中产生的动态数据，如日志、告警和性能指标，还包含专家经验。第二，电信领域知识是分层的，应用、平台、服务和硬件基础设施之间既有联系，又相互影响。第三，网络永远处于运行之中，网络的拓扑结构、网元和链路状态、基础设施的健康度随时间发生改变。网络知识表示定义了知识的结构框架，是对网络知识进行抽取、融合、建模、计算和应用的基础，知识表示方案的质量决定了基于知识的技术应用质量。好的网络知识表示方案可以保证网络知识体系的完整性和稳定性，并决定了基于知识的网络业务应用的效果上限。知识表示的发展首先是基于符号逻辑的知识表示技术，是将事实、概念、关系、逻辑和过程进行符号化。符号化的知识由人工构建的难度大，知识不完整导致下游任务可用性不高。这些问题引出知识表示学习的一个研究分支。基于知识平移不变形的特点，知识表示学习将离散的符号化知识嵌入连续的向量空间，在表示空间、打分函数和编码模型等技术方向持续演进。基于电信领域业务特点（网状结构、状态可度量和数据时序性强等）建立电信领域的知识表示体系和标准，保障知识管理和应用整体的知识诉求，实现电信领域知识有效挂载，形成电信领域知识的表示标准。

网络数字专家除了要掌握网络和设备知识、运营商管理规范，还需要学习外部环境对网络影响的相关知识，包括政策文件智能解读、自然灾害影响分析预测、重大节日影响分析，以便基于环境的变化做出网络影响分析。传统的知识表示技术（如RDF/LPG）难以表达隐性知识和过程知识，领域知识的形式化表达较为困难；专家经验不可避免地存在主观性，不同专家的知识可能不一致；知识表示难以完备，知识缺漏是常态。为了应对这些挑战，需要有多种知识表示技术。统计模型和符号模型是当前知识表示技术的两个研究方向。网络知识有结构化和关联性的特征，可以使用符号模型来表示。专家经验也是一种知识，但无法显性地通过数字化符号来表示，属于隐性知识，可以考虑通过统计模型来表示。可以用4个方面的特征来衡量对某一类电信知识表示技术，如表5-6所示。

表5-6　电信知识表示技术关键特征

知识表示关键特征	要求
知识表示准确性	知识表示应具备网络描述性、过程性和结构化等知识的表达能力
知识获取效率	使用自动方法轻松获取新知识的能力，对人的依赖和能力要求低

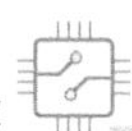

（续表）

知识表示关键特征	要求
知识生成推理充分性	知识表示应该具备充分产生新知识的能力
知识应用推理效率	基于知识表示的结构，知识应用推理效率高

知识的数字化表示技术包括以下两种。

第一，基于符号逻辑的知识表示技术。

基于符号逻辑的知识表示技术经历了一阶逻辑表示、规则系统、资源描述框架、标签属性图等表示技术的演进历程，按不同形式分类的网络知识表示方法的优缺点如表5-7所示。

表 5-7　符号逻辑知识表示分类

知识表示分类	知识表示技术	优点	缺点
逻辑表示	谓词逻辑、一阶逻辑	便于表达推理逻辑	构建难度大，推理效率低
规则表示	规则系统	便于表达推理逻辑	不具备自动学习能力；推理效率低
语义网	资源描述框架（RDF）	自然表示，易于理解和扩展	推理运行耗时大；规模无法做大
属性图	标签属性图（LPG）	易于理解和扩展；执行效率高；支持大规模	知识表示能力弱于RDF

电信领域知识从功能上分为陈述性知识（Declarative Knowledge）、结构化知识（Structural Knowledge）、程序性知识（Procedural Knowledge）和专家经验（Heuristic Knowledge）。陈述性知识描述“是什么”，结构化知识描述“有什么”，程序性知识描述“怎么做”，专家经验描述直觉经验。不同功能的知识适用不同的知识表示技术。

- 陈述性知识指概念、事实、对象，用来描述网络事实性和网络概念性知识，如网元、链路、端口等物理对象，PON/DSL（Digital Subscriber Line，数字用户线）/GE（Gigabit Ethernet，千兆以太网）/WDM等协议速率，光传输中的光功率衰减等物理性质。该类知识是对概念和事实类知识的描述，适合使用RDF技术来表示知识，但RDF在大规模领域知识中的知识检索效率和多跳推理性能较差，还需要继续研究RDF的扩展和融合技术。

◆ 结构化知识指概念间关系、概念和对象关系，用来描述网络结构化知识，如网络的分层体现、拓扑结构、不同类型端口间的连接关系。在网络规划阶段，结构化知识包括站点选址策略、路由规划策略等规则。该类知识有确定的结构化特征，且结构中的节点具有多种网络相关属性，适合使用LPG技术来表示知识。但LPG相较于RDF存在语义表示受限、表示准确率等能力弱的问题，也需要继续研究LPG的扩展或融合技术。

◆ 程序性知识指规则、策略、程序、流程，用来描述网络的过程性知识，包括在网络建设阶段的业务开通配置下发流程，在网络维护阶段的故障修复操作流程、版本升级和设备更新流程。该类知识可以通过逻辑表示、规则表示和事理图谱来表示。

◆ 专家经验指专家直觉经验 / 快思考 / 黑盒过程，是启发式知识，用来描述网络专家经验。启发式知识不是基于逻辑或数学上的理论推导，而是在解决问题过程中总结出来的有效经验。使用主观性的策略和步骤等来解决问题。启发式知识由于缺少逻辑推导过程，是专家基于网络“规建维优”过程中的客观现象长时间观察后得出的主观经验，因此往往难以解释和显性化。它适合使用基于向量空间嵌入的知识表示方法。

第二，基于向量空间嵌入的知识表示技术。

以符号逻辑为基础的知识表示易于表达显性、离散的知识，但在处理隐性和稀疏性知识时，存在表示困难和计算效率低的问题，并且符号类知识很难解决知识完整性问题。基于向量空间学习的分布式知识表示将知识图谱中的实体和关系嵌入低维连续的向量空间中，支持在向量空间中完成语义计算，有效提升了计算性能[21]。并且，在向量空间中可以有效地挖掘隐性知识，有利于知识库的构建、推理和融合。这个研究方向称为知识表示学习。

与表示学习相比，独热表示（one hot）无须学习过程，表示过程快速简单。独热表示假定所有表示的对象都是相互独立的，即在独热表示空间中，表示对象的所有向量都是正交的，基于欧氏距离或余弦距离的语义相似度为0，这在通信网络中会丢失大量有效信息，比如GPON（Gigabit-capable Passive Optical Network，千兆无源光网络）端口和EPON（Ethernet Passive Optical Network，以太网无源光网络）端口虽然是两个不同的端口，但是它们都属于PON端口，具有较高的语义相似度，独热表示就会丢失这个特征，这也是数据表示稀疏的一个影响。与独热表示相比，表示学习的数据表示稠密，即表示的向量维度低，可以充分表示通信网络对象间的语义信息，也有助于提高计算效率。

表示学习的优秀机制的本质是来自对人脑的模拟。由人脑来理解现实世

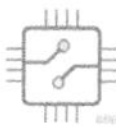

界，可观察的实体都是离散的和有明显特征的。人脑的神经元通过激活和抑制状态来表示这些对象，形成人脑内隐世界，在这个内隐世界中，单独的神经元的状态无法产生意义，但是上百亿神经元的状态积累就会发生质变，涌现出思维和记忆，准确表示出外部世界。表示学习受人脑神经元机制的启发，通过分布式表示的向量模拟人脑神经元，基于神经网络对离散对象的连续表示机制，表示学习就具备了较高的学习能力和智能水平。

通信网络存在层次结构：网络由网元组成，网元由单板组成，单板由端口组成。这种层次化的概念关系更适合使用基于分布式的知识表示学习。知识表示学习是面向知识库中实体和关系的表示学习。通过将网络知识嵌入低维向量空间，来模拟人脑记忆知识的行为，从而使得计算机在向量空间中实现对知识实体和关系的语义表示。基于符号逻辑的知识表示技术，其本质是基于独热技术的表示，其无法表示知识中的语义信息，表示能力差；表示复杂度高，计算性能差；表示关联性不强，可扩展性差。而基于分布式的知识表示学习，可以提高计算效率，缓解数据稀疏，增强语义关系表达。另外，通信网络的知识是异构的，如“规建维优”等网络生命周期知识，还有各种文档、规范、案例和配置参考等。表示学习支持将异构信息融合到一个完整空间中，通过表示学习模型，可以将异构对象投影到一个语义空间中，建立统一的通信网络知识表示空间，实现网络知识库的信息融合。综上，知识表示学习符合网络的层次化特征，支持网络异构知识信息融合，可有效缓解数据稀疏，提高计算效率，该方向对通信网络知识库的构建和应用具有重要意义，值得深入研究。

近年来，知识表示学习持续发展，学术界提出了多种模型来学习知识库中实体和关系的表示，包括翻译（Trans系列）模型、双线性模型、神经网络模型等。下面介绍两种典型模型。

第一，TransE模型。它是一种将知识嵌入向量空间的表示。安托万·博尔德斯（Antoine Bordes）在其2013年发表的论文中提出TransE，即将关系r视为低维向量空间中的头实体h到尾实体t的翻译操作，即$h+r\approx t$。Trans代表Translate，E代表Embedding。TransE模型支持实体预测、关系预测、三元组分类和语义向量分析。2014年提出的TransH模型引入了超平面Hyperplane，解决了1-n、n-1及n-n的复杂关系Embedding。2015年提出的TransR模型将TransH的超平面投影提升为空间投影，将投影向量提升为投影矩阵。TransD通过投影向量动态地构建投影矩阵，减少了参数量和计算量，相比TransR提升了计算效率。

第二，双线性模型。使用向量表示实体，使用矩阵表示关系，并通过自定义的打分函数捕捉三元组的内部交互，通过实体间关系的双线性变换来刻画实体和关系的语义联系。实体是从神经网络中学习到的低维向量，关系是双线性或线性映射函数，该框架可以从双线性目标中学习嵌入表示关系语义。LFM（Latent Factor Model，隐语义模型）提出利用基于关系的双线性变换来刻画实体和关系之间的二阶联系，LFM通过简单有效的方法刻画了实体和关系的语义联系，协同性较好，计算复杂度低。后来DistMult模型探索了LFM的简化形式，不仅极大降低了模型复杂度，还显著提升了模型效果。

3. 网络知识获取技术

网络的本质蕴含物理、化学、电子信号等规律，网络中产生的数据的本质是对这些物理学规律的零星式的碎片化数据呈现。智能化的运维试图通过获取到的这些碎片化数据来还原整个网络的运行规律，这对传统信息系统来说是个大难题，因为碎片化数据是不完整的，很难通过数据驱动的方法得到这些运行规律的知识。

网络领域专家具有物理知识和网络领域知识，所以可以通过对碎片化数据的观察和分析来发现问题、定位问题和解决问题。另外，系统也可以通过仿真自动计算物理规律。所以，未来的网络知识集成需要融合现网数据、网络知识和仿真数据。

知识存在的基本形式是符号化或向量化的实体和关系，获取网络知识就是获取网络对象实体，以及网络对象实体间的关系。按知识获取流程划分，网络知识获取技术可以分解为知识实体发现、知识关系获取和知识补全这3类技术。对于知识实体和关系的理解，我们通过一个例子来看。在光传输网络中，光传输单板的接收光功率有过载点和灵敏度2个指标，只有光功率在过载点和灵敏度之间，信号才能保证正常接收，光功率超过过载点可能烧毁光模块。光传输单板的接收光功率是通过添加或调整衰减器来进行调节的，需要根据设备间的物理距离这种事实性知识来配置。从上面的描述中，我们可以获取到一些实体和关系，如图5-49所示。

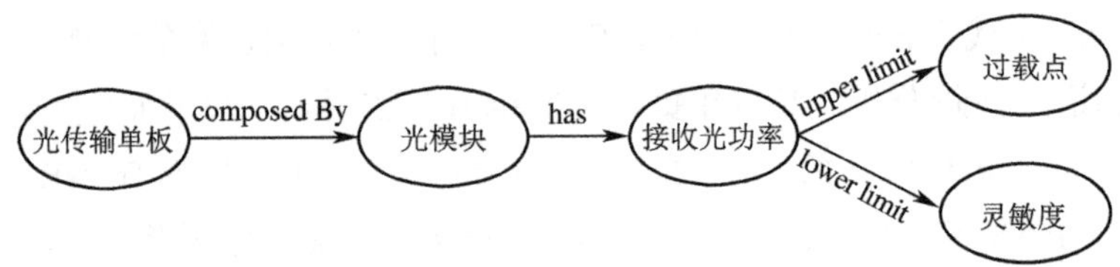

图 5-49　从接收光功率描述中获取的实体和关系

（1）知识实体发现

知识实体发现的主要技术包括实体识别和实体消歧。

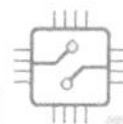

实体识别，指从文本中识别有意义的实体。网络知识存在于海量的产品文档、技术手册、运维案例和规范之中，只有通过自动化的实体识别技术，才能持续识别出网络资源对象名称、网络性能指标名称、网络告警名称等。专家经验作为隐性知识，可以通过网络数字专家和人类专家的自然对话，从人类专家的语言描述中识别网络实体。

实体消歧，指将文档中提及的片段映射到已经确定的结构化的知识库中的实体上。2015年，DSRM（Deep Semantic Relatedness Model，深度语义关联模型）提出通过建模实体语义相关性进行实体消歧。2016年，EDKate提出实体和文本的联合Embedding方法。2017年，在DJEDLNA（Deep Joint Entity Disambiguation with Local Neural Attention，基于局部神经注意的深度关联实体消歧）的论文中，提出局部上下文窗口实体嵌入学习的注意力模型，以及推理歧义实体的差分信息传递机制。2018年，Le将实体之间的关系看作隐变量，通过关系相关和mention相关的正则化方法提出端到端的神经网络结构。实体消歧技术持续发展，其重要性在于可以持续对网络知识库进行补充，是将非结构化的文档补充到结构化的知识库的重要方法。

（2）知识关系获取

人类的知识是通过书籍传承的，网络知识是通过文档形式承载的，网络专家经验是通过语言交流或文档记录传递的。网络专家不是知识工程专家，不具备按知识表示的方式来记录知识的能力。另外，持续积累的大量网络文档也富含宝贵的网络知识。知识关系抽取就是从这些文本中抽取关系。网络知识关系包括顺承关系、反转关系、上下位关系、组成关系、因果关系、条件关系、共指关系、时序关系等。以一个网络故障规则为例，“光模块的接收光功率在过载点和灵敏度范围之外上报IN_PWR_ABN告警”，从这个文本中可以提取如图5-50所示的知识关系。其中，光功率过载点和灵敏度作为光模块的属性，接收光功率高于过载点、低于灵敏度分别作为过载事件和低载事件的条件属性。事件和告警发生（happenOn）在光模块和网元上，它们之间有触发（trigger）关系。

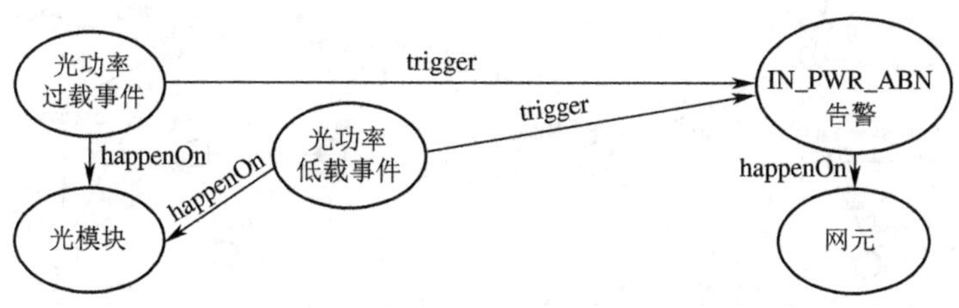

图 5-50　知识关系获取

图5-50中的happenOn和trigger是电信领域的典型知识关系。知识关系获取的技术研究从1992年开始，赫斯特（Hearst）提出使用基于模板的语法模式，从文本中自动提取上下位关系。上下位关系可以理解为is-a关系，比如单板和主控板是上下位关系，单板是上位概念，主控板是下位概念。但是基于模板的抽取方法需要人工定制，工作量大，且关系抽取的召回率较低。基于神经网络进行关系抽取的技术快速发展起来，1999年，克雷文（Craven）等人提出了弱监督的关系抽取。2009年，明茨（Mintz）等人使用分类器模型来训练和预测关系类型。2016年复旦大学提出基于注意力机制获取语义关系。2018年美国斯坦福大学提出通过图神经网络提取语义关系。这些技术统称为NRE（Neural Relation Extraction，神经关系抽取）技术。NRE技术需要大量的训练数据，而人工标注成本高、效率低，面对海量的网络资料，为了自动获取训练数据，远程监督（Distant Supervision）技术提出将文本与已有知识图谱对齐，自动标注大量训练数据，比如（告警，发生于，网元）这个三元组。远程监督认为所有包括网元和告警的文本都是“发生于”这个关系的训练样本，自动标注技术解决了大量样本快速标注问题后不可避免地产生大量错误标注的问题。对抗学习通过引入对抗噪声，实现了基于CNN和RNN（Recurrent Neural Network，循环神经网络）的关系抽取技术，能减少一些远程监督技术造成的错误关系。NRE技术研究活跃，是未来知识关系获取的主要研究方向。

（3）知识补全

KGC（Knowledge Graph Completion，知识图谱补全）的任务是向知识图谱中添加新的三元组，通过图谱上已有的实体和关系预测图谱中缺失的实体和关系。通过关系补全可以识别新的关系。如图5-51所示，风扇转速越限的告警通过知识补全，新生成了3个新的触发关系：触发单板问题异常告警、触发风扇故障的告警和触发单板温度越限告警。

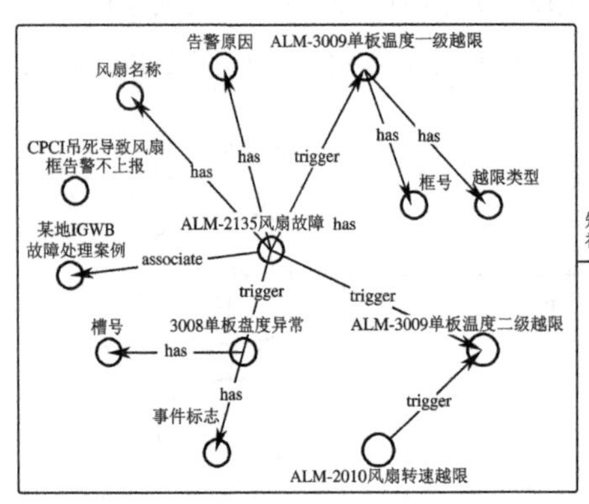

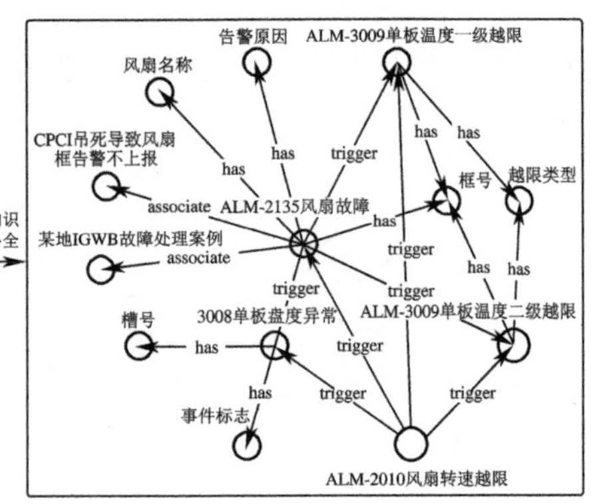

图5-51　知识补全

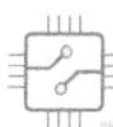

业界的知识补全技术研究包括基于知识表示的补全方法、基于路径查找的补全方法、基于强化学习的补全方法、基于推理规则的补全方法和基于元学习的补全方法。基于知识表示的补全方法研究是对图谱中的节点和关系学习其低维度的嵌入式表示，然后使用相似度推理方法来预测节点之间的潜在关系，补全缺失的知识三元组（头节点，关系，尾节点），但是这种补全无法获取经过多步推理才能获取的关系；基于路径查找的补全方法PRA（Path Ranking Algorithm，路径排序算法）通过比较路径向量与预测关系向量的关联度来补全缺失的关系，知识图谱本身的不完善会影响路径查找方法的效果；基于强化学习的补全方法引入多种奖励函数，使得路径查找更加灵活有效；基于推理规则的补全方法与基于路径查找的补全方法不同，其通过推理规则补全关系，并通过推理规则与低维向量空间嵌入方法结合、推理模型和神经网络模型结合，有效降低了推理的计算空间；基于元学习的补全方法，可以在仅有少量训练数据的情况下，解决对长尾关系的补全。

5.5.4　技术展望

人类和机器擅长做的事情不一样：人类擅长处理元知识，机器擅长处理事实知识；人类擅长做决策，机器擅长做静态关联；人类擅长处理模糊的知识，机器擅长处理明确的知识；人类是开放性的，机器是封闭性的；人类擅长融合知识，机器只擅长处理单一的知识；人类擅长做价值相关的决策，而机器只能做价值无关的操作。因此，人机协作是关键，机器的隐性知识将是对人类知识体系的显著补充，机器的认知能力将显著拓展人类的认知能力。

1. 网络数字专家技术展望

随着智能化技术不断突破，网络数字专家将会具有专家辅助决策能力，能基于自然语言处理识别和分解专家意图，并基于辅助决策的能力将分解后的目标下发给智能决策系统，进行目标求解和计划执行，如图5-52所示。

在电信领域中，专家经验、故障规则、运维指导手册作为人可以理解的知识，通过表示技术转换为机器可以理解的概念、实体、关系和规则；专家经验中的信息和关系是隐性知识，需要通过数字化的手段转换为机器可以理解的显性知识。持续积累的数字化知识，使得网络数字专家在电信网络中能动态应对实时环境变化，智能化辅助决策，最终实现人工零干预。知识工程应用到通信网络，要解决知识表示困难、知识获取困难的问题。

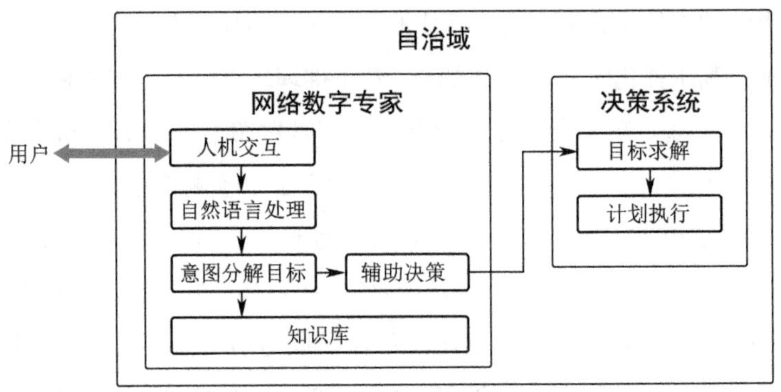

图 5-52　网络数字专家辅助决策

2. 知识表示技术展望

通信网络领域应用知识表示学习有重要意义，相对传统的基于离散的符号逻辑的知识表示，知识表示学习为通信网络语义信息的统一准确表示提供了可行方案，并且将显著提升知识的自动获取、融合和推理能力。参考认知科学对人类知识类型的总结，有助于对网络知识的分类：树状关系，表示实体间的层次分类关系，比如网络、子网、网元、单板和端口；网格关系，表示现实世界中的空间关系，比如网络物理拓扑、基站、站点、街边柜等的物理空间关系；顺序关系，表示实体间的偏序关系，比如通信网络中依次发生的事件；有向网络关系，表示实体间的关联或因果关系，比如通信网络中的故障传播链。不同通信网络知识具有不同的复杂关系，需要有针对性地进行不同类型的知识表示学习技术研究。知识表示学习技术，在符号主义和连接主义逐渐融合的技术趋势下，有效地作为知识图谱符号表示技术补充，在通信网络领域值得进一步探索。

3. 知识获取技术展望

网络领域环境是不确定的，自动驾驶网络系统需要持续不断地自学习、自适应，产生新的知识，建立网络知识库，持续对状态、行动和结果进行关联学习，不断丰富新的知识。谷歌自动驾驶汽车已经累积行驶了数百万英里（1英里=1.6千米），但是还不能实现安全上路。而人花少量的时间就可以驾驶得很好，这是因为人在学习驾驶之前就已经掌握了很多知识，比如了解基本的交通规则，具有骑单车或摩托车的经验。这种持续积累知识，并在已有知识基础上学习新知识的能力的研究技术，称为终身学习。通信网络系统是一个人造系统，体现的是人类的知识。人类的任何学习从来不是从零开始，网络领域也可以避免从零开始。通信网络也是持续演进的，在一个时期，传统网络技术和新

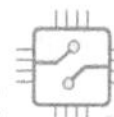

兴网络技术会并存，在上一代通信网络知识基础上，学习下一代特性网络的新知识，符合通信网络持续演进的特征，也是知识获取技术的一个研究方向。

5.6 网络人机共生

随着通信网络越来越复杂，涉及技术多、业务场景多、配置参数多、对响应时间要求高，靠人力根本无法满足，因此需要自动驾驶网络来解决上述问题。但自动驾驶网络的发展存在一个过程，在很长一段时间内仍需要人的参与，网络"规建维优"等各环节依赖人类专家的经验、价值观、感知和行动能力作为支撑。这里所说的人包括网络规划人员、运营人员、运维人员、厂商的服务人员等。

网络规划过程是个创造性的活动，需要人感知和分析诸多方面的因素：如未来几年这个区域预期的企业和个人客户流量趋势怎样？社区居民欢迎还是反对新建基站？哪里适合铺设新光缆？很多因素机器难以获得，需要人为机器提供信息。

自动驾驶网络系统无法在研发阶段覆盖所有可能场景，在"运维优化"阶段，机器面对意料之外的复杂故障或网络攻击时可能不知道如何处理，面对多个网络优化目标冲突时可能不知道以哪个目标优先。此时需要人类专家介入，协助系统完成决策，并且进一步向系统传递知识。

网络基础设施的建设、扩容、维修是AI无法遥控的事情，还需要人去现场操作。扩容、维修的任务需要人机协作来完成。

5.6.1 背景与动机

1. 自动驾驶网络中人机关系会发生变化

在自动驾驶网络不同的阶段，自智系统扮演着不同角色，对应不同的人机关系，如表 5-8 所示。

表 5-8　人机关系的演进

人机关系的阶段	人机交互	人机协作	人机组队	人机共生
机器的角色	工具	助理	队友	共生体
机器具备的智能	无	算法、逻辑和规则	算法、逻辑和规则+人工智能+认知智能	算法、逻辑和规则+人工智能+认知智能+类脑智能

（续表）

人机关系的阶段	人机交互	人机协作	人机组队	人机共生
人机交互的形式	图形用户界面，显性交互	+自然交互（如语音交互）	+多模态交互（如触觉交互）	+脑机交互 隐式交互

对于初级阶段的系统（大致相当于自动驾驶网络L2或更低级别），系统按照预编程的规则运行，对于用户确定性输入，系统按照预编程给出确定的输出。在这个阶段，系统主要作为辅助工具执行人的指令，人机是交互的关系；形式上还是传统人机交互模式，以图形用户界面为主，并且以显性的方式进行交互。

对于中高级阶段的系统，系统具备的自主化特征使得其与人之间可以实现一定程度上类似于“人－人”团队之间的“合作式关系”。而且在特定的环境中，人机之间的合作关系是目标驱动、双向主动、相互增强、自适应的，即系统从一种辅助工具的角色发展成为与人类操作员共同合作的队友，扮演“智能助理＋人机合作队友”的双重新角色。因此，人机关系正演变为团队队友关系，形成一种“人机组队”式合作。这种人机关系在不同的发展阶段，呈现出不同的特征。

（1）人机协作

人类作为主体，机器担任人类的助理，协作人类高效完成一些常规性、规则性的工作，即人占主导地位的协作模式。

在这个阶段，自动驾驶网络在人的控制下做一部分分析决策，能提供决策建议或者根据人设定的规则自动执行一些行为，支持人机协作。但这个级别的机器不了解人的意图，只相当于人的智能助理。在这种关系中，人工智能作为人类智能的增强，具备基于算法、逻辑和规则的推理能力，用于提高特定任务的效率，比如负责信息搜索、数据挖掘、数据分析、重复性任务的自动执行等。

（2）人机组队

机器具备感知、理解、分析、推理等认知能力，人和智能机器是队友的关系，每个人和智能机器都被认为是在团队中发挥独特作用的独特团队成员，成员们努力实现团队的共同目标。

在这个阶段，自动驾驶网络开始理解人的意图，自主分析决策，开始支持“人定策略，机器自主决策执行”，机器的角色逐步变成能与人协作的队友。自动驾驶网络人机组队，就是自动驾驶网络和人组成一个整体系统，自动驾驶网

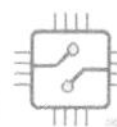

络（或者它的智能体）感知并理解人的意图，能在一定程度上自主决策，与人协作完成网络“规建维优”的任务。

自动驾驶网络要完全理解人的意图，并且做到绝大部分场景的自动化，这是个任重道远的目标。

（3）人机共生

人机共生是一个长远目标，共生表示可以协作、互相理解、共同完成任务，并且可以彼此促进，共同向前演进。

自动驾驶网络的人机共生，是指人机团队除了能够组队协作，还需要具备运行时相互学习、共同演进的能力，以便适应持续演进的网络技术、不确定的运行环境、复杂多变的业务诉求。

当机器具有自成长、自演进能力后，人的反应速度、知识的宽度和深度可能没有办法和机器相比，人可能会成为双方之间的瓶颈。人机共生帮助人更好地认识这个世界，或者更好地与今后的智能机器进行交互。人机共生是面向未来的关系模式。这时，机器在认知行为上像人类一样具有自我成长、自演进的能力，如下。

- ◆ 能感知现实世界，并对环境做出实时反应，自适应能力不断增强。
- ◆ 能对不同类型的问题进行识别，设计问题求解步骤，自行解决问题。
- ◆ 从自主学习过程中模仿人，包括学习人类动作。
- ◆ 通过类人的智能行为实现与现实世界人-机-环境的持续交互，不断地自主学习，自主地智能生长与演化。

从人机交互到人机协作、人机组队、人机共生，高一级别的人机合作能力都是在低一级别基础上实现了能力增强。

2. 场景示例

不妨假设一些未来场景，某运营商搭建了自动驾驶网络，如图5-53所示，自动驾驶网络中有一个AI虚拟运维专家，名叫“小智”，张工是运维专家，李工是设备装维人员。

（1）场景一

张工：智网，周六20：00—22：00，A市体育中心有一场大型演唱会，估计现场观众有x万人，评估一下周边的无线网络资源。

小智：根据观众人数和我们的用户占用率估计，体育中心附近的无线基站资源满足需求，但需要在演唱会期间临时调整基站节电模式，这会导致额外的电能消耗，请确认。（同时在屏幕上标记了所提到的N个站点。）

张工：好的。

小智：本周六18:00—22:00，体育中心附近N个站点节电模式调整为高吞吐量模式，之后恢复智能省电模式。配置计划已就绪。

在这个场景中张工是任务的提出者，小智是配合者。小智处理张工用自然语言提出的要求，获取了任务、时间、地点、用户人数等信息，理解了张工的意图。当它发现需要调整节电模式可能与以前的节能意图不符时，就通过语音和图像向张工确认，得到答复后才采取相关的措施。

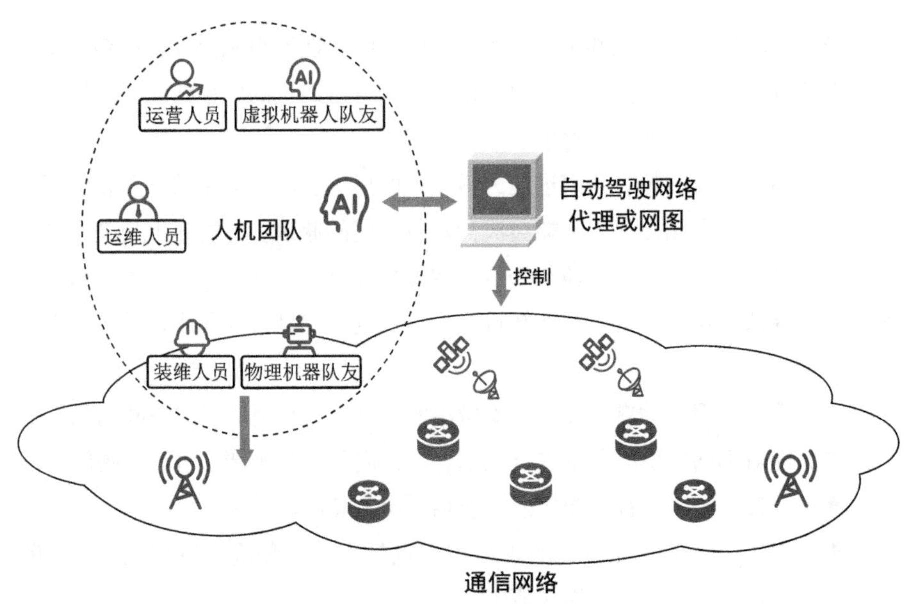

图 5-53　自动驾驶网络的人机组队场景

（2）场景二

某天，李工收到智网发来的工单，要求他去某站点为某网元更换老化的光模块。他带上备件和工具赶到站点，看到那个网元上有几十个光模块，李工利用智能AR眼镜，用语音和智网连接。

李工：小智，我已就位。

小智：计划更换3号槽位2号光口的光模块，光口旁有橙色指示灯闪烁提示。现在请检查备用光模块，光模块型号是X类型。

李工找到光口，然后拿出一个备件光模块。

小智：（通过AR眼镜扫描了一下光模块上的二维码）光模块型号正确。现在我将业务切换到备用通道，请在橙色指示灯熄灭之后执行更换操作。

李工按照提示，拔下光纤和光模块，再插上新的光模块和光纤。黄色指示灯亮起。

 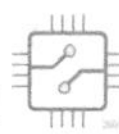

小智：检测光模块指标正常，对端站点接收光功率偏低，请检查一下光纤是否插牢，并确保光接头清洁。

李工拔下光纤，仔细清洁了光接头，重新插了回去。指示灯变成绿色。

小智：检测光模块指标正常，对端站点接收光功率正常，更换操作完成。现在进行业务回切……回切成功。临走请带好随身物品，关好柜门，谢谢！

在这个场景中，小智主导了业务流程，李工是配合者，二者共同完成了备件更换任务。其间出现了一点小插曲（光接头脏污），小智通过自己的感知能力和智能，立刻发现了这个问题并予以纠正，避免了让李工二次进站，整个过程中业务没有受损。这样，李工的工作负担大大减轻，他经过简单培训就可以较安全地执行设备维护工作。在以往的场景中，是由网络运维中心的工作人员电话配合李工，网络运维中心的人员看不见李工的动作，不一定能及时发现对端站点接收光功率异常的问题。

（3）场景三

某天，小智检测到流向运营商云数据中心的网络流量异常，但它不确定这是不是某种故障，于是向当天值班的张工发起求助。

小智：张工，我发现流向X数据中心里Y租户的虚拟机流量异常，已经超出历史正常值3倍，并且丢包率上升至20%。我无法确定是什么问题，请您协助。（在屏幕上显示出流量和丢包率的曲线，明显有个跃升，并且还在缓慢上升。）

张工：请分析一下这些流量的成分是否符合已知的DoS攻击特征。

小智：已经分析过，未发现已知DoS和DDoS攻击特征。但是TCP xxxx目标端口流量比例>80%。（在屏幕上显示出了一个饼图，明确标识出了Top5的流量成分）。

张工：喔，我查一下……（几分钟后）已经向安全专家确认，这是一种最近刚出现的DDoS攻击。将TCP目标端口号为xxxx的流量重定向到AntiDDoS服务器进行清洗。

小智：好的，已经更新AntiDDoS的配置。网络流量已恢复正常。以后遇到这个问题是否按同样的方式处理？

张工：是的，按同样方式处理。

在上面这个场景中，小智发现了不知如何处理的问题，向人类专家求助。而人类专家张工通过其他的渠道获得新的信息，教会了小智如何处理这类问题，实现了人教机器。

张工的分析也可能是如下的结果。

张工：喔，我查一下，这是Y租户提供网络服务的端口，Y租户今天在进行大规模网络限时促销活动，流量异常时间符合这个促销活动的开始时间，看来这是合法的业务流量。这个促销活动还有半小时就会结束，我们这次不用采取措施。通知客服专员向Y租户推销一下按需扩容的服务。

小智：好的，明白。

半小时后，网络流量恢复正常。

这种场景下，张工判明问题是一次促销活动，并采取了什么也不做的决策。虽然没有教会小智什么新的知识，却相当于一次人机接管。

上面场景一和场景二属于人机组队，其中场景二中的小智具有更高的自主性，场景三则属于人机共生。

3. 自动驾驶网络机器队友的形态演进

机器队友可能是物理或虚拟的形态。物理的机器队友表现为具有实体的机器或机器人，比如扫地机器人或无人驾驶飞机；虚拟的机器队友是一个运行中的AI程序，比如电影《钢铁侠》中的钢铁侠的私人AI助理J.A.R.V.I.S。虚拟机器队友可以控制具有感知和执行能力的外部系统来实现感知和行动，J.A.R.V.I.S就可以控制钢铁侠的私人工作室和战甲。

自动驾驶网络的机器队友首先会以虚拟机器队友的形态出现，虚拟机器队友可能是寄生在自动驾驶网络代理、网图之中的应用，也可能是独立的软件系统。自动驾驶网络系统要通过自智网络引擎、网图、网元、网络连接等为这些虚拟机器队友提供“身体”，实际上这具“身体”是被多个虚拟机器队友所共享的。

运营商可以独立购买、训练、使用、废弃不同的虚拟机器队友。比如，网络规划、网络排障、网络优化使用不同的专用机器队友，可以单独升级互不影响，有助于系统功能的独立演进。也可以用不同的虚拟机器队友分别维护不同的自治域，引入多样性，进行同种代理的优胜劣汰。系统管理员可以为每个虚拟机器队友授予不同的权限以便限制机器队友的行为边界。人类同时面对多个机器队友的时候要承担更多，比如控制多个机器队友之间传递信息，裁决多个机器队友对同一问题的不同答案。

将来也可能会出现物理形态的机器队友，能够协助人维护网络硬件基础设施，或者其本身就是网络基础设施。这些物理机器队友可以部署到一些人类难以快速抵达的地方，并与人远程协作。

5.6.2 技术洞察

HAT（Human-Agent Teaming/Human-Autonomy Teaming，人－智能体组队或人－自治体组队）或HMT（Human Machine Teaming，人机组队）是由多个人和智能体（Agent）组成的一个整体系统，智能体具有一定程度的自主

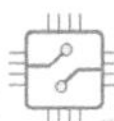

性，通过与人的交流和互动进行团队合作，完成共同的目标。

HMS（Human-Machine Symbiosis，人机共生）代表人和机器相互依存，并且随着时间的推移，人和机器都同步自演进，都越来越聪明。

在2021世界机器人大会上，对话主题“人机共融未来时代”中，清华大学教授史元春、北京理工大学教授王涌天、国防科技大学教授周宗潭、中国航天科技集团公司五院研究员胡成威提出人机关系的终极状态是人机共融、人机共生，关系如下。

第一，人机共生是一个很长远的目标，共生就表示可以协作，可以互相理解，可以共同完成任务，并且可以彼此促进，共同向前演进。

第二，人机协同（人机组队）、人机共融（人机共生）从技术上来说是更高级的发展过程。在人机共融的关系中，机和人不是从属的关系，而是平等的关系。

第三，随着现在高性能计算、AI的进一步发展，在未来的人机共融和人机共生时代中，首要的问题是人的反应速度、知识的宽度和广度都没法和机器相比，人会成为人机交互的一个瓶颈。脑机接口是实现人机共融的方式，希望未来无创脑机接口让普通人也可以所想即所得，达到人机共融稍微高级的阶段。人机共融和人机共生还需要解决机对人的理解问题。

1. 人机组队的要素

人机组队的要素是什么？符合哪些条件才算有效的人机组队？可以用人-人组队来类比分析。

对于有效的人-人组队，首先，团队中的成员都具有独立自主意识，具有独立行动和承担任务的能力；其次，团队成员需要有共同的目标或任务，并且为了促进团队成员对目标、任务的理解，以及促进团队成员相互理解、建立信任，团队需要团建，需要相互分享知识和经验；最后，团队成员间需要紧密沟通、相互支持，并保证整体进展和风险的控制。

有效的人机组队的要求与人-人组队的类似[22]中定义的要素如下。

自主性：智能体必须有高度的自主性才能与人组队。智能体只有拥有一定程度上的类似人的认知、学习、自适应、独立执行操作等能力，在特定的场景下可以自主地完成一些特定任务时，才能与人组队。

主动闭环交互：智能体必须具备主动沟通的能力，并且团队成员的互动需要闭环，确认已收到并理解对方的信息。沟通机制有助于形成共享态势感知、共享心理模型和目标对齐，可以在很大程度上提高团队效率，并有助于人将智能体视为队友。

意图理解：人和智能体必须能通过沟通理解相互的意图。意图是对目标、子目标和行动的理解，沟通意图是保证目标的一致性。

共同的认知：人和智能体通过共享团队经验、知识、感知态势来达成共同的认知。达成共同的认知才能在动态上下文环境中形成共同的理解，保证在特定情况下采取的目标是一致的，行动是同步的。拥有共同的认知可以让人机团队中的成员都能理解和预测团队的需求、行动和接下来可能要面对的问题。共同的认知不需要相互共享每一点信息，一个有效的人机团队需要了解两点：与队友共享哪些信息，共享信息最有效的时机。这两者同样重要。

相互接管：人和智能体必须具备相互监督、备份和接管的能力。人和智能体相互监督对方的表现，以推断对方的目标、计划和需求，并发现队友决定或行动中的错误。人和智能体相互备份和支持，在预期队友需要信息或支持时主动提供信息或支持，或在队友犯错误或执行任务困难时提供支持和反馈。在队友出现困难或无法应对时，接管队友的任务。

2. 人机组队未来技术课题

2019年，由美国国防部赞助的Future Directions in Human Machine Teaming Workshop[23]中提出了未来5~20年人机组队所需的若干关键技术课题。这些课题从4个研究轨迹来划分，分别是人的自然智能、机器的人工智能、人理解机器的模型、机器理解人的模型。技术课题清单如表5-9所示。

表5-9　人机组队技术课题清单

研究轨迹	5~10年短期课题	10~20年长期课题
人的自然智能，更好地理解人在复杂动态情况下的认知能力。涉及如下领域： •沟通； •无监督学习； •主动学习和好奇心； •任务学习与概括； •任务控制和多线程； •复杂动态环境中的综合认知； •解码人机交互的神经信号	•在现实世界中理解自然语言的新实验范式； •研究了解人类调节学习率和记忆检索的机制； •人的好奇心对学习的影响； •重叠任务的神经表示和新任务的推广研究； •实验室模型的可推广性验证； •开发微创传感器，以收集神经活动的详细实时测量	•开发代表现实世界复杂性和不确定性的自然语言模型； •确定决定记忆重播的因素以及重播事件的内容和时间； •记忆与知识之间的实时交互； •开发计算模型，通过直接询问人类队友，积极寻找信息； •人类单样本学习机制； •多目标排序组合任务计算模型； •多认知过程长期互动理论框架； •理论驱动机器读脑神经模型

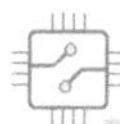

（续表）

研究轨迹	5~10年短期课题	10~20年长期课题
机器的人工智能，为了使能高效人机组队而提升机器的智能。涉及如下领域： •感知； •沟通（上下文相关的语义沟通）； •对环境和自己建模； •推理、问题解决、计划、任务专业知识； •学习； •融合架构	•以认知助感知，在不同任务中跟随人行动的机器； •解决歧义的多模人机对话； •交互式学习，机器通过语言、演示和纠正行为向人学习新任务； •用于联合感知与协作的人机共识模型； •整合认知科学、人工智能和认知神经科学知识的新认知架构	•设计能够构建其环境的内部模型并预测未来状态的机器； •因地制宜、理解上下文交流的机器； •使用推理甚至预测周围世界的实时模型设计机器代理； •研发任务决策专业知识的理论框架； •构建能通过模仿、演示和语言直接向人学习的机器学徒； •开发集成的认知架构，创建机器的推理，并提供人类队友的机器模型
人理解机器的模型，理解人为了与机器高效交互必须知道和学习的机器内部结构，如何在人机组队中建立和保持信任。涉及如下领域： •真实世界的团队实验； •清晰且可预测的机器行为； •可解释AI； •信任	•人对人机组队和机器能力变化的反应实验； •研究如何使机器行为在操纵和运动之外清晰和可预测； •开发可以动态解释其行为的机器，以执行简单的人机组队任务； •简单人机组队中机器可信度对人类信任的影响	•开发可读和可预测的机器行为的理论和相应实现； •能解释人机团队任务的机器； •人机组队中机器可信度对人类信任的影响理论
机器理解人的模型，建立机器的内部表示和处理，用于对人类队友进行推理。涉及如下领域： •了解人类行为的哪些方面需要建模； •理解人类的感知能力； •了解人类运动控制能力； •了解人类推理和计划能力； •构建动态模型	•特定任务人机组队对人类行为、感知、运动、推理计划能力的需求实验； •特定任务人类队友动态模型	•人机组队人类队友建模需求理论； •人机组队人类队友感知需求理论； •跨任务人类队友动态模型

从上述规划可以看出，人机组队除了在机器队友方面需要实现相关技术，还涉及人类队友的思考模式、学习能力、注意力、人脑运作机制等神经科学方面的研究。这部分已经超出计算机和通信领域的范畴。

以上研究规划要持续5~20年，短期内面向特定任务，长期将面向基础理论和通用场景，所以实现通用的人机组队能力是个漫长的过程。对自动驾驶网络人机组队/人机共生而言，属于面向特定任务的场景，应重点关注上述短期课题的研究。

5.6.3 关键技术方案

人机组队/人机共生的场景如图5–54所示，主要涉及以下几个方面。

- 人机团队协作：人机团队针对任务上下文共享态势感知、人机沟通、复杂任务分解、任务跟踪等。
- 人机学习：在系统运行中双向学习，机器向人学习新的技能，并向人提供建议。
- 人机接管：人和机器在任务中相互备份，防止出错。

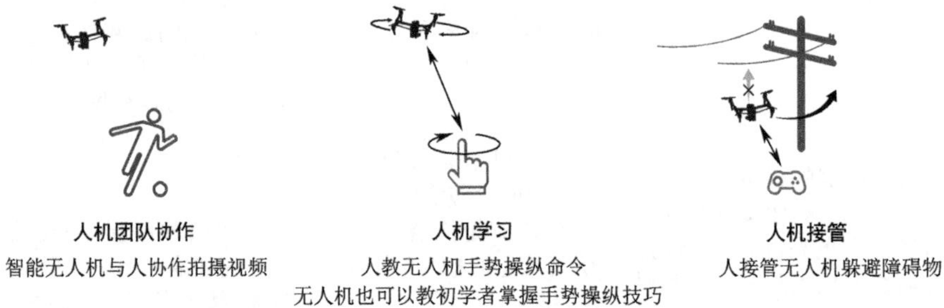

图5–54　人机组队/人机共生的几种场景

自动驾驶网络人机共生的关键技术如图5–55所示，下面从以上3个方面来介绍。

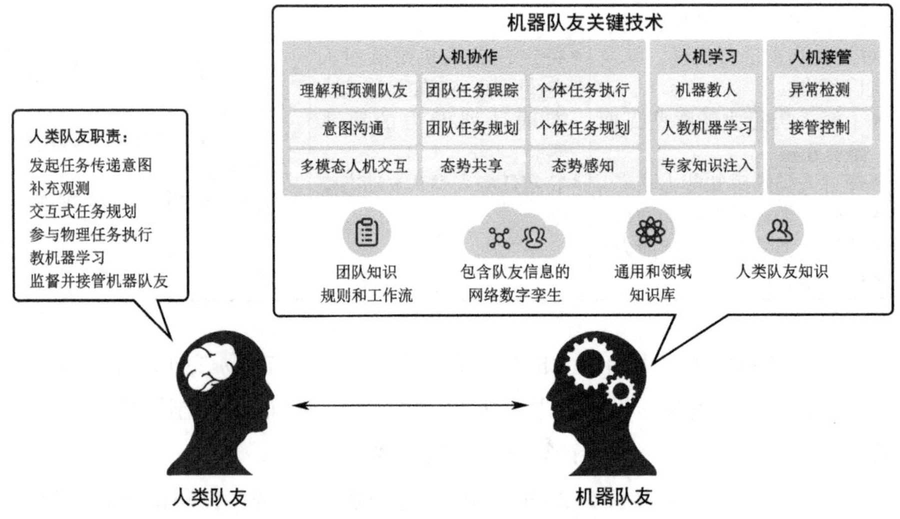

图5–55　自动驾驶网络人机共生的关键技术

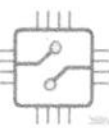

1. 人机团队协作

自动驾驶网络人机团队协作原理如图 5-56 所示。

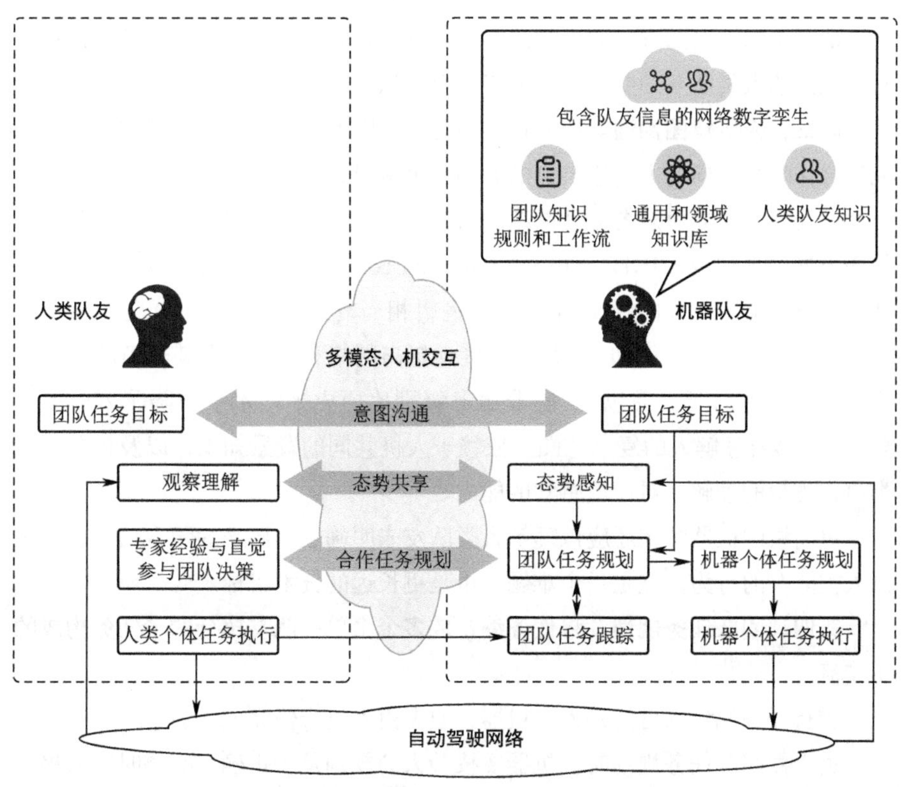

图 5-56　自动驾驶网络人机团队协作原理

人与机器作为队友实现团队协作和人使用机器作为工具之间的主要差别在于：机器能够了解并跟踪团队目标，能够自主决策。为了实现人机团队协作，机器队友需要在通常的智能体能力之外增加以下几种能力。

第一，掌握与团队协作有关的数据和知识模型。其中包括：关于人的知识，比如人的能力、偏好习惯等信息；关于团队的知识，比如团队规则、各队友的角色、工作流等；包含队友状态信息的网络数字孪生，除了网络本身的信息，还包括人类队友负责的区域、当前的位置、正在执行的任务等信息。

第二，共享态势感知。团队成员之间需要分享对系统状态的感知和趋势信息。

在自动驾驶网络场景中，人能观察理解到的网络信息远小于机器队友，机器队友应该向人类队友展示自己对网络状态的感知、趋势预测、任务分工和任务状态；同时机器队友还要感知人类队友的目标、指令、位置、工作状态等信息。反过来，人也需要向机器队友输入一些自己掌握的关键信息。

网络态势信息量庞大，远超人脑负荷，显然不能把所有网络态势变化推送给所有人类队友。自动驾驶网络要结合人类队友的角色、所处场景、当前的任务等情况，以适当的方式向人类队友展示与之相关的关键信息和行动建议；同时也能按照人类队友的要求展示网络态势信息。

第三，人机意图沟通。团队任务往往以意图的方式传递给人机团队，团队成员合作时必须向对方传递自己的意图并理解对方的意图。

近几年，业界对意图驱动网络的研究进展较大，但是对复杂意图的定义和翻译方式尚待研究。IETF draft-irtf-nmrg-ibn-concepts-definitions-09[24]对意图最新的定义包括目标和结果，而结果的逻辑相当复杂，不容易形式化表达，并且语义存在模糊性。例如，"最大限度地提高网络利用率，即使这意味着权衡服务级别（如时延、丢包），除非服务级别比历史平均水平下降了20%或更多"。机器要理解人的复杂意图，依赖于人机共同的背景知识，以及机器对人类语言逻辑的理解、对情境感知的能力。

更高级的机器队友还应该理解人类队友未明确表达出来的隐含信息，并预测人类队友的行为。这是一个难题，也是更长远的技术目标。

第四，团队任务规划。将任务编排成多个由单一队友执行的子任务构成的工作流。

进行任务规划的可能是人、机器，或者由人机合作完成。

由人做团队任务规划时，机器要校验人的规划是否正确，必要时向人提出改进建议。人可以把例行任务的规划固化成可复用的团队的工作流。

由机器做团队任务规划时，除了根据任务的目标，还需要遵循团队规则和工作流。机器需要知道每个队友的角色、能力，并且依赖态势感知获取每个队友在系统中的位置和状态，以便选择适当的人类/机器队友来承担任务。可参见5.6.1节中更换光模块的例子。

对于一些信息不完备的复杂任务（比如规划一张新的网络），需要由人机合作完成任务规划时，人一步一步完善输入信息和约束条件，机器给予及时的响应和建议，多次交互之后最终得到完整的任务规划。郑南宁等[25]提出：对一些算法复杂度太高的任务，人的直观推理可以提供合理的初始迭代位置，从而在很大程度上避免局部极小值问题。

进行团队任务规划的时候，要告诉每个队友在什么时候/条件下要做什么，但不用告诉队友怎么做，机器队友要对自己的任务做进一步分解。

杰西•陈（Jessie Chen）等[26]提出：机器决策的透明性对保持人机团队信任至关重要，机器队友不仅需要向相关人表达自己的决策，也应该表达决策的依据、预期的结果。如果机器队友进行或参与团队任务规划，应该告诉人类队友为什么这样做，这样能够增强人类对它的信任。

这里的难题在于目标和条件不确定问题的团队任务规划。

第五，团队任务跟踪。人和机器对团队任务的规划达成共识后，机器队友应跟踪任务的状态，直到任务完成或取消，机器队友需要按规划执行自己的任务并反馈结果，适时提醒人执行任务。在外部条件发生变化、某个环节失败之后要触发团队重新做任务规划。任务跟踪依赖于态势感知。团队任务可能持续很长时间，涉及多个角色，比如保持某个业务意图。

第六，多模态人机交互。态势感知、意图交互、团队任务规划等过程需要通过多模态人机交互来实现。

为了让人机团队的协作更加高效自然，人机交互方式必须远超出现有可视化人机界面的范畴；机器队友向人类队友传递视频、音频、体感等信息的技术相对成熟；亟须发展的是更自然的人对机输入技术，如自然语言、手势、肢体动作、手写加草图，甚至表情和眼神等交互方式。

机器队友需要部署视频传感器、音频传感器、指向设备、定位设备、键盘或书写设备等多种传感器来观察人类队友的状态，并获取人类输入，这些硬件技术很多已经成熟。维护网络装维人员需要经常移动，且工作环境复杂，对于这类设备应关注便携性。现在的计算机识别语音、手势指令、手写文字的准确性和速度欠佳，主要用在一些特定的非关键应用（如智能音箱和手机）中，未来要做到自然交互还需要进行较大改进，特别是在复杂背景环境中。

脑机接口是未来的人机交互技术之一，从20世纪90年代就开始发展，但目前还处于初级阶段，短期内还无法实现商用。

第七，理解和预测队友。人与人之间的交互往往基于背景常识、环境上下文，同时使用多通道（视觉、听觉、触觉），并且依赖历史记忆。人可能在前面的对话中定义某种知识，随后在后面的对话中使用到它，也可能在对话中直接引用半年前定义的一个概念。人经常使用代词（他、她、它、这个、那个……）指代当前环境中或者之前提到过的某个实体。当某人指着一个端口问："这里黄灯在闪，出什么事了？"机器队友需要借助知识推理，把多个通道的输入（肢体动作、语言、草图等）与知识（黄灯代表一般故障）联系起来才能理解人类队友的真实含义：人手指的方向有端口出了故障，人想知道发生故障的原因和故障的影响。更进一步，机器队友应该观察和学习人类队友的习惯，预测人类队友下一步的行动，以便为人类队友提供及时的协助或建议。当人提出黄灯的问题时，机器队友应该预测人下一步可能要处理这个故障了。理解和预测人类的行为，需要先了解认知的相关理论，可以参见3.2节。

2. 人机学习

对于人机系统，人作为智慧的源头，提供有价值的输入，帮助机器快速掌握响应的知识，即通过人训练系统，提高系统的技能。同时人类受到生理限制，即人的知识存储、信息处理的资源是有限的，随着系统进化的速度越来越快，人会成为人机交互过程中的瓶颈，这时需要机器提供高效的方式来增强人的能力。

机器向人学习：通过获取自动驾驶网络的领域知识、专家经验或人类队友的习惯，具备自我学习和演进的能力。机器向人学习的方式如图5-57所示。

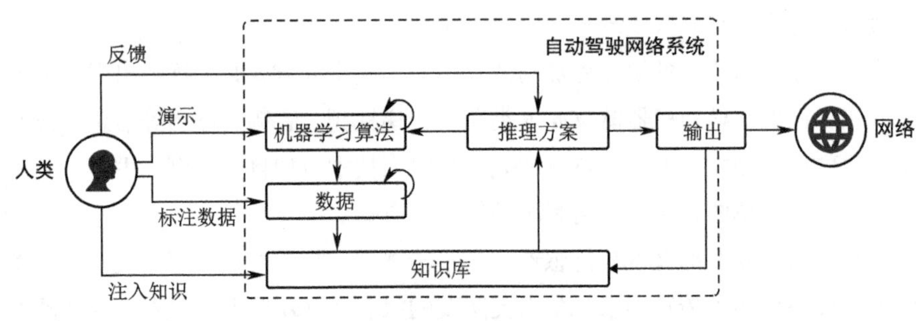

图 5-57　机器向人学习

在人机组队中，监督学习、半监督学习依然会存在，但由于监督学习的人力训练成本较高，未来机器学习发展会重点发展无监督学习，比如模仿式学习和生成式学习。

- 监督学习：机器继续在人的帮助下学习，人类通过标注一些结果、内容来训练机器，一般应用于故障预测等场景，通过给机器一定量的标注样本进行学习和训练。
- 半监督学习：用于样本数据中部分没有学习价值的场景，通过迭代的人机协作的方式，从较大规模的未标注数据集中为机器学习算法提供人工标注数据的初始子集，算法对这些数据进行处理，并提供具有一定置信度的预测，低置信度的预测将被发送给标注人员，请求标注数据，循环重复，直到算法经过训练达到预期的精度。
- 无监督学习：不需要人类标注数据，一般应用于告警聚类、性能数据降维、异常检测等。
- 模仿学习，模仿学习不需要人去标注数据，机器能够直接从人的示范中学习，人只要通过示教，做出动作，机器就能自己学习。比如，在对话式运维时，机器可以通过模仿用户的表达，生成拟人化的对话。

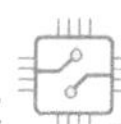

值得说明的是，模仿能力是基于对事务的理解能力，所以，模仿学习依赖于机器的理解能力，即机器能够通过抽象和类比构建、使用与人类同步的心智模型，来理解人的意图、目标和行为。

◆ 生成性学习：机器从自身生成的样本或者从人类为其构造的例子中学习，当人给机器构造的例子数据量不够时，机器能自己根据规则产生大量的例子来练习，机器甚至会自己产生大量真实场景中很少出现的例子。在NLP（Natural Language Processing，自然语言处理）领域、网络安全领域，基于GAN（Generative Adversarial Network，生成对抗网络）可以生成更加多样化的样本，以满足深度学习及应用所需。

在具体的应用中，应该根据数据特点和应用需求来对具体问题进行具体分析，融合使用这几种机器学习的方式。当要学习的知识容易用公式、定理或代码描述的时候，人主动通过某种方式直接向机器队友注入知识这种"简单粗暴"的手段可能是最高效的。

机器向人类学习应该是交互式的，机器队友需要提供可视化界面，把自己的学习结果展现给人，得到人的反馈来优化学习模型。机器通过系统自学而来的模型，也应该让人类导师加以确认。人作为导师，可以决定这个机器学徒是否达到毕业上岗的水平。

人向机器学习（机器赋能人）：通过机器的辅助作用，弥补人类的生理能力不足，来增强人的智力、经验、反应等，提高人的学习能力和智力水平。

◆ 在站点规划和设计时，通过桌面VR技术，对网络中的地理地形地貌、网络结构等通过三维建模和渲染，建立逼真的、虚拟的、交互式的三维空间，提高自动驾驶网络的站点勘测效率和准确率。

◆ 在用户初次使用复杂系统，或对复杂问题进行定位或诊断的时候，基于仿真、VR、模拟器、图形图像等技术研究，对系统的处理逻辑进行建模，建立模拟的示范进行仿真演练，可有效提高用户学习的质量和效果，通过反复试错来获取体验、积累经验，提高人类的学习效益。

◆ 在大型复杂装备的硬装、维修等场景中，通过VR技术对使用场景进行模拟仿真，逼真展现真实环境和设备操作维护流程；并通过AR技术，使真实环境和虚拟物体实时叠加到同一个画面或空间中，在逼真展现真实环境和装备操作维护流程的同时，提供实时的装备维修相关信息，提升学习效率，保障学习质量。

脑机技术在机器赋能人、提高人的认知、弥补人的生理限制方面有着得天独厚的优势。比如在监控期间，长时间的监控容易使人分心和疲劳，通过脑机的非侵入式接口，可以帮助提高人的注意力和记忆力；又如故障处理时，检测运维人员的认知波动，识别知识诉求，根据操作的上下文环境给予及时的支持，还可以检测运维人员的情绪波动，帮助释放压力。

3. 人机接管

由于通信网络是现代社会的基础设施，针对通信网络的错误决策可能会造成严重的经济损失甚至人身损害，所以自动驾驶网络的人机团队的协作必须非常可靠，尽力防止单个人或机器的错误导致系统崩溃。

机器队友出错时，人类队友应及时发现、阻止并纠正机器队友的错误行为。很多文学和影视作品中，一些本来设计服务于人类的智能系统却反过来有意或无意地伤害人类。科幻电影《2001太空漫游》中有这样一段情节：控制飞船的人工智能HAL 9000产生了错误判断，杀死了数名船员，唯一的幸存者不得不设法破坏并关闭了HAL 9000。这说明了人们对智能系统失控的深刻担忧，也说明在必要的时候由人接管机器队友来控制系统的必要性。

反过来，人类队友出错时，机器队友也应该及时出面提醒或接管。人类总会不经意地犯错，绝大多数软硬件系统都会对人的输入做检查，拒绝明显错误的指令，并给人明确的提示。在网络人机组队或人机共生的场景中，机器代替人做了很多细节工作，人主要输入意图，极少涉及操作细节（比如写命令行），人因误操作会大大减少。但机器队友还是需要检查并提醒人的意图冲突，并在人实施潜在危险行为（比如大量删除业务、下电设备等）时给予警告或要求二次授权。

下面重点讨论人接管机器。人接管机器有以下多种备选方式。

- 在线纠正。对于并不严重的问题，人类队友可以临时叫停机器队友，然后输入一些约束条件，让机器队友重新分析决策。例如，针对扫地机器人总被家具卡住的问题，人可以输入扫地禁区。这应该是最简单易行的人机接管方式。
- 采取冗余或设计多样性。同时拥有多个不同实现的机器队友，当其中一个机器队友出现异常时，自动或手动切换到另一个机器队友。这种方式也比较简单，但是成本较高。
- 侵入式接管。在关键环节上用人做机器的备份。例如，自动驾驶汽车提供手动驾驶模式。这种方式对人的要求较高，主要针对关键场景。

机器队友的错误可能出现在感知、分析、决策、执行等任何环节，对于通信网络，适合人来接管的主要是分析和决策环节，感知和执行是人的弱项，往

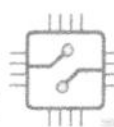

往想接管也爱莫能助，应该尽量靠冗余设计来解决。

图 5-58 所示为人侵入式接管机器进行自动驾驶网络管理决策，当机器队友在分析决策环节中出现异常时，可以实现人类队友接管。

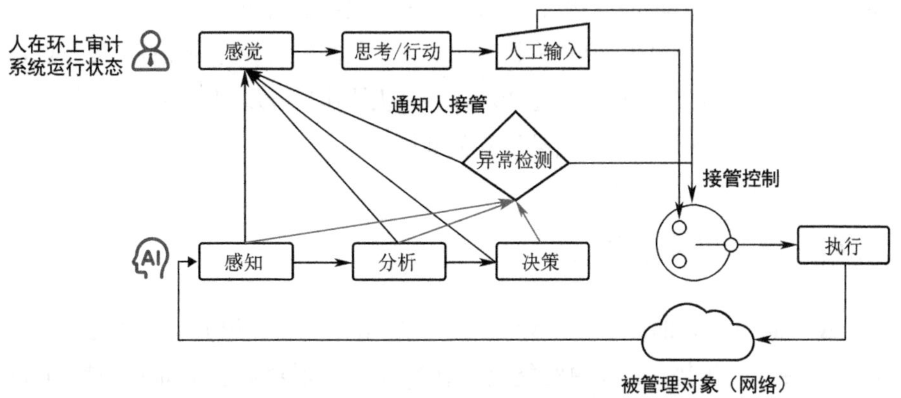

图 5-58　人侵入式接管机器进行自动驾驶网络管理决策

前提条件是机器需要持续向人类队友呈现任务上下文信息、系统感知的状态、系统的决策以及执行结果，让人类队友随时感知任务状态。这样才能让人具备及时发现异常和接管的条件。

第一步，人类队友或机器队友自己发现机器队友产生错误，需要强制切换到人工决策。机器应该内置异常检测模块，当发现机器决策置信度过低或者决策发生异常的时候，主动申请人类队友接管，并在人类队友接管之前拒绝执行错误的机器决策，避免产生损失。为了防止人机争抢控制权的问题发生，人类队友应该具有最高控制权，使得到授权的人能够在紧急情况下主动接管机器。

第二步，在后面的行动中，人类队友代替机器完成决策，机器队友仅负责执行。由于人机的能力差异，发生这种接管行为可能导致整个人机系统的效率大幅下降，系统可能不得不以降级模式运行。为了减少影响，应该尽量保留机器队友未损坏的功能，减少人为接管而额外付出的工作量。如果错误的决策行为已经发生，还需要想办法补救由错误行为造成的损失。

第三步，对机器队友进行诊断和改进，在确认机器队友纠正错误之后再让它恢复工作。诊断与改进有可能是离线的，要对机器队友进行重新训练、软件升级甚至返厂维修。具备总结推理能力的机器队友有可能做到针对人机接管的场景进行模仿式学习，以便后续在类似场景中模仿人的决策，参见本节的“人机学习”部分。

5.6.4 技术展望

人机组队、人机共生是未来自动驾驶网络中人机关系的发展方向。

实现这种目标需要进行包括神经科学、计算机理论和算法、人机交互设备、伦理法律等多学科的研究，涉及的范围远超出通信领域。

在自动驾驶网络中，利用人机组队实现一些需要人参与的任务，要重点解决人机协作相关的知识构建、意图翻译、人机协作任务规划与跟踪、多模态人机交互、在线人机学习、人机接管等关键技术。

5.7 网元内生智能

AI Native网元的业务在设计之初就考虑由数据和知识驱动，并充分发挥新型AI硬件的优势，提供更智能化的业务体验。围绕构建AI Native网元的目标，4.4节介绍了其架构定义及关键特征。相较于上层网图，网元设备的计算和存储等资源一般相对受限，同时面临着业务数据量大、实时性高、隐私及可靠要求高等特点，在实现AI Native网元上面临诸多挑战。本节将介绍相关技术的当前进展和未来可能的研究方向。

5.7.1 背景与动机

围绕自动驾驶网络“四个自”的愿景，当前网元智能化能力存在较大差距，主要包括下面几个方面。

- 静默故障感知能力弱。例如IP故障，往往外在表现为端口正常，而转发出现问题，此类静默故障管控单元通常无法被有效感知与识别。
- 实时感知能力弱。例如传输网闪断类问题，政企专网90%以上的客户投诉是闪断引起的，30%以上的人力用于处理闪断类问题。该类问题的定位属于业界难题，而由于高时效性要求，单纯依靠管控单元无法有效定位。
- 资源的数字化程度不足。例如光缆哑资源问题，ODN资源大多依赖人工输入，拆机不拆线，虚占端口无法释放，网管资源数据无法实时刷新。
- 自愈、自优能力弱。受前述等问题影响，自愈、自优也就缺乏相应的基础，整体能力构建薄弱。

AI Native网元通过内嵌实时AI推理、实时业务感知、自适应控制等关键能力，在网元内部就近处理本地数据，可实现小闭环，极大减少网元与管控单

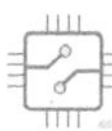

元的数据交互以及时延，应对未来智能化数据量千倍增长的挑战，提供毫秒级感知，大幅增强资源可检测、高可靠、自优化等能力。

结合4.4.3节的目标参考架构，下一代网元系统主要分为硬件系统、系统软件层、嵌入式实时感知层、自适应控制层，本节重点围绕硬件系统、系统软件层和嵌入式实时感知层展开。

◆ 硬件系统：主要为传统业务、数据/知识处理、AI模型/算法等提供所需的计算资源，核心在于如何通过软硬件协同充分利用资源，为上层业务提供实时性保障。

◆ 系统软件层：对下屏蔽硬件基础设施的差异，对上提供开发框架、运行时等能力，需要重点关注框架、模型的轻量化以及执行的高效性。

◆ 嵌入式实时感知层：提供数据采集、预处理、存储、分析、分发等数据的全生命周期治理能力，作为网元资源数字化的关键基础能力，需要重点考虑如何降低数据处理量。在此基础能力之上，提供网元设备及业务的建模仿真能力，支撑核心业务的问题求解以及结果下发前的自验证，保证系统可靠。

5.7.2 技术洞察

当前的网元智能化以单点AI特性为主，围绕网元常见场景，如流量的预测/分类/路由、拥塞控制、内存故障等，结合AI算法进行单点优化，以替代传统算法。

硬件系统以复用原有硬件为主，硬件类型大多为CPU，而CPU对神经网络中的矩阵运算效率非常低，模型推理执行速度不高。为了解决这一问题，业界主要采用结合硬件平台体系结构特点对算法代码进行指令集加速的方法，即CPU指令集加速技术。以ARM处理器为例，主要有如下两个技术方向。

◆ 基于SISD（Single Instruction Single Data，单指令流单数据流）技术实现算法性能提升，包括利用分支预测、中断、流水、多线程、缓存等体系结构技术来加速算法中的特定函数实现。

◆ 基于SIMD技术来实现算法性能提升，例如ARM NEON指令集通过向量化来提高算法的执行并行性，从而提高算法的运算性能。

业界已有较多使用指令集加速技术的加速库，能够较好地应用在网元等端侧嵌入式设备中，具体用到的技术包括多线程优化、内存复用、数据量化、汇编优化等。面向2030，算力需求将成百倍增长，但当前单核CPU性能每年提升率已从50%下降到不足3%，因此在CPU上进行AI推理的方案并不是未来的主流方向，需要有更为强大的AI硬件支持。

系统软件层以构建AI推理能力为主，网元资源相对比较受限，需要解决推理框架以及模型的轻量化问题。推理框架方面，业界推理平台大多提供Lite版本，如MindSpore Lite、TensorFlow Lite。模型方面，大多通过如下几种方法对模型进行压缩。

- 量化：将浮点计算转成低比特定点计算的技术，在指定点与浮点等数据之间建立一种数据映射关系，如将FP32映射为INT8，可以实现4倍的参数压缩，在压缩模型的同时加速推理。
- 剪枝：深度学习网络模型中存在过参数化现象，在推理过程中，仅有少部分的权值参与有效计算，并对推理结果产生重要影响，因此可以通过删除网络结构中冗余的权值、节点或层降低模型大小并加速推理。
- 知识蒸馏：通过已训练好的教师模型提供知识，指导训练学生模型，使得较小的学生模型具有与较大的教师模型相当的性能，但是参数数量大幅减少，从而实现模型压缩与推理加速。

上述3种方法在业界已有较多的工程实践，但在部分超轻量化设备上仍然难以部署，同时，模型的压缩往往会带来推理精度的损失，影响AI推理效果。

嵌入式实时感知层在数据处理底座的基础上构筑建模仿真能力。嵌入式领域典型建模的方式包括以下两种。

- 数据驱动：通过大量实验，得到输入与输出的实验数据，再通过这些数据进行建模。此方式可以不用深入了解被建模对象的原理，如将业务建模为神经网络、强化学习等AI模型。
- 第一性原理：通过对被控对象机理的分析，得到输入到输出的表达方程。此方式需要对被建模对象的原理较为了解，如流量类业务通过排队论进行建模，网络拓扑类业务通过图论算法进行建模。

在网元领域，数据驱动是较为常见的建模方式，但当前大多为单点AI特性的建模，数据处理方式也是单个AI特性逐一处理，并未形成统一的数据处理底座以及嵌入式建模仿真平台。此外，数据驱动方式的建模还存在较多的问题，如泛化能力不足、缺乏可解释性等。

自适应控制层，核心在于提供自主处理环境、系统本身及其目标的变化和不确定性的能力。在管理系统中，思路类似的有3GPP SON（Self-Organizing Network，自组织网络）[27]，其处理流程如图5-59所示。

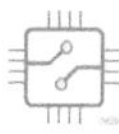

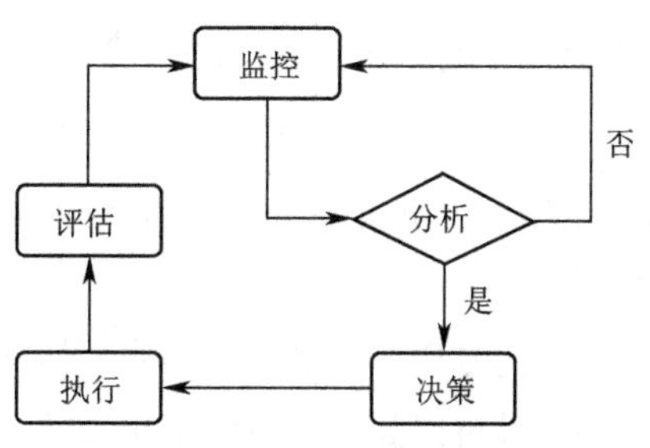

图 5-59　中心化 SON 处理示意

监控环节收集大量的管理数据进行分析，确定网络中是否存在需要解决的问题。如果有问题，则对问题进行求解、做出决策并执行，然后评价问题是否得到解决，如此循环往复。

在网元设备领域，业界尚无较好的自适应控制实践，也缺乏对应理论指导，同时需要考虑自适应控制环路如何与现有的业务系统融合，如何确保自适应控制决策的安全可信。

总体而言，网元内生智能这一方向仍需要不断探索，实现关键技术突破。

5.7.3　关键技术方案

针对AI Native网元的架构目标以及各层需要提供的关键能力，网元内生智能关键技术全景如图5-60所示。

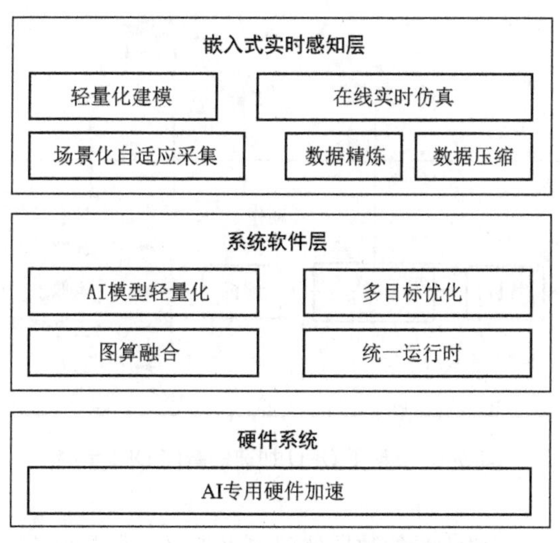

图 5-60　网元内生智能关键技术全景

1. 硬件系统智能化关键技术：AI专用硬件加速

前文提到，在CPU上进行AI推理的方案并不是未来的主流方向，需要演进到在更为强大的AI专用硬件上进行AI推理。在AI专用硬件方面，潜在的研究方向包括如下两个方面。

- 数字计算从通用走向专用。定制硬件架构，使其具备特定领域的应用特征，使得专用硬件可以高效执行特定领域的一系列应用任务，同时在形态方面走向多种计算架构共存的异构计算。
- 模拟计算将在特定领域展现优势。光子计算将应用于信号处理、组合优化、机器学习等领域，尤其是针对无线Massive MIMO和光通信领域，将有广泛的应用场景。

在电信领域，AI Native网元中数据处理、AI推理等高资源占用的关键流程是发挥专用AI芯片加速能力的关键场景。以数据处理为例，DPU（Data Processing Unit，数据处理单元）是最新发展起来的专用处理器的一个大类，为高带宽、低延迟、数据密集的计算场景提供计算引擎。如图5-61所示[28]，以智能DPI（Dot Per Inch，点每英寸）为例，可以使用基于DPU的智能网卡卸载DPI流量，DPI应用程序将规则库下发到硬件形成识别规则，数据进入网卡打时间戳并解析后，匹配识别规则库，寻找对应的执行策略并执行相应动作。

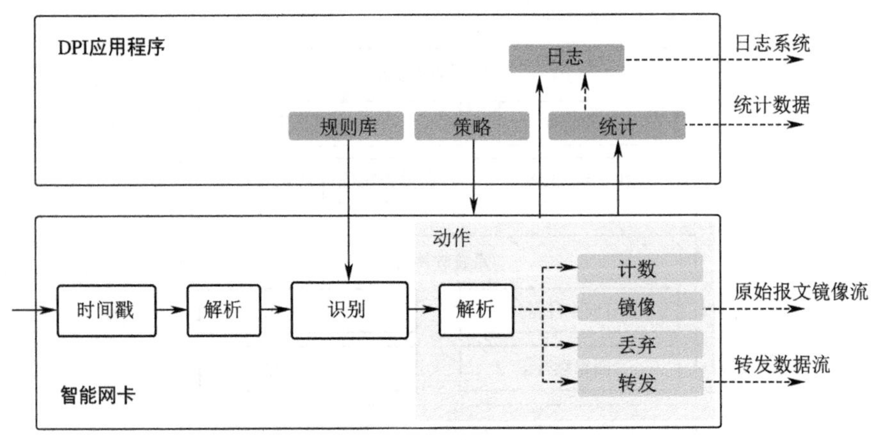

图5-61　基于DPU加速的智能DPI示例

基于DPU可以提供大量的数据处理加速能力，业界典型的能力如下。

- 网络功能，如以太网I/O处理、网络协议处理、网络加密等。
- 存储功能，如压缩、加密、复制等。

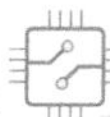

- 安全功能，如加密、正则表达式处理、哈希等。
- 分析功能，如数据分析处理等。

此外，在推理方面，可以考虑将机器学习等AI算法卸载到专用硬件上进行硬件加速。在面向未来的网络通信设备中，网络硬件需要重新设计。专用AI芯片将会集成到通信芯片中作为内置AI算力，比外挂AI加速卡成本及功耗更低，且支持更实时的处理能力，同时需要基于软硬件全栈进行垂直整合，实现极致性能。

模拟计算在特定的领域展现优势，学界对此已有一些研究，如用于机器学习的光计算芯片、量子化学模拟、组合优化求解等。在光子计算与AI结合方面，日本NTT研究所的高级科学家、美国麻省理工学院量子光学实验室的访问科学家瑞安·哈默利（Ryan Hammerly），于2021年6月29日在IEEE Spectrum上发表了一篇文章“The Future of Deep Learning Is Photonic”，提到光学计算会降低神经网络计算的能耗，以及光子设备取代电子设备的可能。在计算架构方面，光学研究人员还有许多其他问题要解决，但至少在理论上，光学方面有希望将深度学习加速几个数量级。神经网络计算的能源效率可以比当今的电子处理器提高1000倍。这一方向为我们解决通用算力远远跟不上智能世界的需求这一问题提供了另一种可能。

2. 轻量实时AI引擎关键技术

网元AI类似于端侧AI，其部署环境的资源（算力、内存）相对紧张，AI模型和AI框架在保证效果的前提下应尽可能小，以便部署在网元环境中，或者在同等资源的情况下能够部署更多的AI应用，框架需要尽可能地充分利用AI芯片的算力。数据方面，网元面临海量的用户数据，对安全隐私、数据的高效处理也有关键诉求。此外，网元类型繁多，硬件形态多种多样，引擎需要适配多硬件，对上屏蔽硬件差异、统一API编程。

整体而言，网元AI引擎面临的主要挑战包括实时性能（微秒级推理）、轻量（平台大小/内存占用/模型大小）、安全隐私、设备碎片化。下文着重围绕轻量实时AI引擎展开介绍。

首先介绍轻量AI引擎关键技术。

第一，AI模型轻量化。

网络设备的AI算力持续提升，但仍相对受限，同时需要匹配实时感知、实时推理、AI可信等日渐增长的能力诉求，如果能在资源有限的情况下部署更多的AI算法模型，则意味着可以为网络设备带来更强的智能化竞争力。

AI模型轻量化大多分两类，一类是对现有的AI模型进行压缩，主要的方法包括以下几种。

◆ 剪枝。删除模型中存在的大量冗余参数。

◆ 量化。将网络模型中高精度的参数量化为低精度的参数。

◆ 知识蒸馏。使用大模型指导小模型训练，保留大模型的有效信息。

另一类是重新设计更加高效的网络单元，减少网络的参数量，提升网络运行速度，主要的方法[29]包括以下几种。

◆ 多层小卷积核替代一层大卷积核。例如西蒙尼扬（Simonyan）等人提出，在VGGNet中使用3×3卷积核代替5×5的大卷积核，减少了28%的参数量。

◆ 限制中间特征的通道数量。例如安多拉（Iandola）等人在SqueezeNet中提出了Fire module，通过减少压缩层的通道数量来减少计算量，其模型大小是AlexNet模型大小的1/50。

◆ 分解卷积运算。例如梅塔（Mehta）等人提出在EspNet将标准卷积分级为1×1的逐点卷积和空间金字塔扩张卷积，其大小是PSPnet的1/180。

以上介绍的3种方式，主要从卷积核的空间尺度、卷积的输入通道数以及卷积的通道之间的稀疏连接等方面对标准卷积操作进行改进。从实践来讲，人工设计可以一定程度减少FLOP（Floating-Point Operations Per Second，每秒浮点运算数），但效果比其他方式的差，而且部分硬件对Depthwise算子的支持并不好，某些场景下应用受限制。

第二，多目标优化。

以无线某AI特性为例，当模型的预测增益从95%提升至100%时，训练开销需要增加2倍，推理开销需要增加10倍以上，相比之下，在工程落地上更倾向于预测增益95%的方案。网络设备的神经网络模型设计优化通常是此类多目标优化问题，在性能、模型大小、运行内存等多目标之间进行均衡。

近年来，AutoML（Automated Machine Learning，自动化机器学习）的兴起，为神经网络设计带来了新的可能性。其中，NAS（Neural Architecture Search，神经架构搜索）算法在轻量级计算模型的设计和优化方面发挥愈加重要的作用。NAS的基本思想是逐步摒弃人类长期积累的网络架构设计经验，而依赖优化算法本身，从一个足够大的范围内寻找最优或者近似最优的网络架构。结合AutoML超参优化，一定程度上可以支持多目标优化能力，如随机帕累托的多目标超参选择、将资源限制表述为约束优化问题。

在实现轻量化的同时，网元还需要兼具实时推理能力，下面介绍实时推理的AI引擎关键技术。在框架的实时高性能方面，考虑AI芯片和算力的发展对

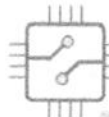

AI框架的挑战，主要包括以下几个方面。

◆ 图算编译一体化：硬件无关优化已经趋于收敛，为了进一步充分发挥硬件算力，需要和算子层联动优化，打破子图级和算子级的界限。

◆ 模型执行方式要适应场景和硬件：图下沉模式和单算子调用模式混合，不同硬件下的最优方式不同。

◆ 可编程挑战巨大：支持SOC级异构编程，满足多芯片和单芯片跨代、跨型号兼容。

实时AI引擎关键技术主要分为图算融合技术和统一运行时技术。

第一，图算融合。

以图5-62为例，通过图算融合，打破图算边界，可充分发挥芯片算力，具体表现为以下几个方面。

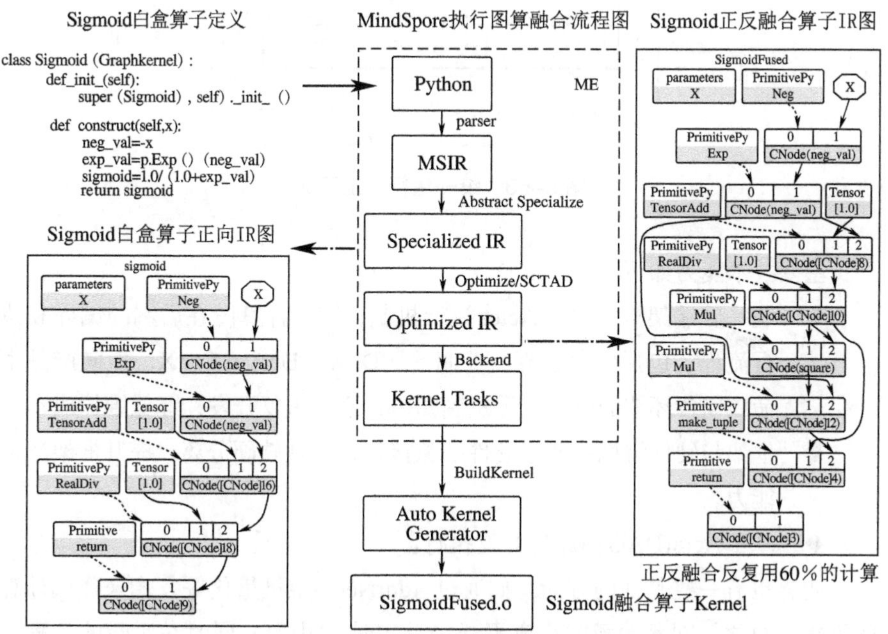

图 5-62　MindSpore 图算融合示意

◆ 统一图算前端表达，屏蔽硬件差异，用户描述计算诉求，硬件相关性能优化由框架自动完成。

◆ 统一图算中间表达，使用MindSpore中间层表达算子内部逻辑，打破图算信息边界。

◆ 泛化算子融合能力，适用于网络多样性，基于数据依赖/融合策略/开销模型自动对算子进行拆分/融合/重组，利用Polly技术完成自动调度、自动切分、自动内存搬移。

第二，统一运行时。

如前文所述，网元的硬件会走向多种计算架构共存的异构计算，相应的框架运行时一般也会经历几个阶段：专用运行时、多硬件运行时、统一通用异构运行时，以逐步提升对异构硬件算力的支持。如图5-63所示，统一运行时可让不同的硬件处理其所擅长的计算业务，同时对上层开发者呈现为统一API，简化异构硬件的调用。

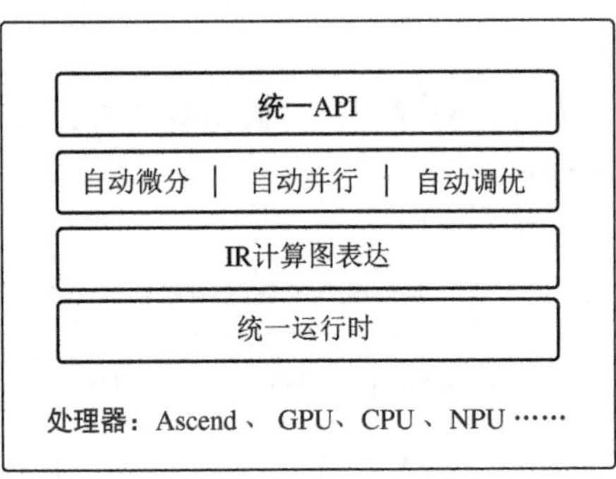

图5-63　统一运行时上下文

主要技术能力如下。

- 统一后端架构，通过Actor执行机制，统一计算图在后端的编译和执行流程，包括内存管理、控制流、DFX（Design For X，面向产品生命周期各环节的设计）等机制归一，避免重复开发，降低维护成本。
- 框架与硬件解耦：通过硬件抽象接口，实现软硬分离，提升框架泛化能力。
- 基于ActorDAG的原生并发执行。

业界也有一些其他的方向，如通过AddrNet、乘机量化等方式来降低计算的诉求。总之，网元的智能化离不开轻量实时AI引擎，同时在实际的工程落地过程中，往往需要兼顾轻量和实时性，例如指定推理精度、模型大小、运行内存来训练模型。

3. 嵌入式实时感知关键技术

网元的嵌入式实时感知主要解决以下两个问题。

- 网元内部设备及业务的建模与仿真。网元与网图形成分层感知与业务建模，高效协同，可极大减少传输数据量，就近闭环，提升网元仿真业务的实时性。

◆　应对网元面临数据实时性等不确定性变化。网元通常使用AI模型进行推理，而推理结果以及AI本身推理的机制均存在不确定性，为了保证网元关键配置等决策的安全可靠，在决策执行前可以进行实时仿真验证。

从参考实现来讲，网元中的嵌入式实时感知大体分为两层：数据底座和在线实时仿真引擎。

数据底座涵盖数据处理的基础能力，一般分为数据采集、数据预处理、数据管理、数据分发。而由于在网元中存储、计算等资源相对受限，且实时数据量又较大，同时还需要考虑和上层网图之间的数据协同，因此其重点在于如何在保证AI推理效果的前提下尽可能少地处理数据，对应的关键技术如下。

第一，场景化自适应采集。

采集阶段减少数据量，核心在于两点：按需采集、场景化采集。

满足低时延（毫秒级）、低成本（低数据量、按需采集、分频采集）、高可靠（不丢失、不乱序）要求的数据采集协议和接口，可具备按需采集和场景化采集能力。

◆　按需采集：需要构建框架，支持快速加载采集插件实现采集特征的扩展变化，动态控制数据上报采集，即用即采，按需使用。

◆　场景化采集：通过采集项、采集对象、采集粒度灵活组合的采集框架、差异化场景采样策略，支持灵活上报采集频率，根据场景按需配置。

差异化场景的采集策略支持灵活的数据上报，场景化自适应采集示例见图5-64。

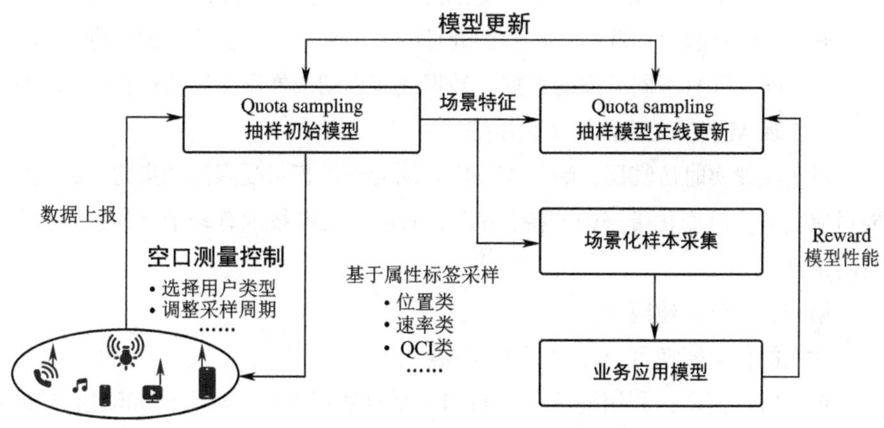

图 5-64　场景化自适应采集示例

抽样模型可以用于空口测量控制，对于空间位置属性强相关数据模型，可以基于时域和空间域用户数据分布特征，学习初始样本分布曲线，作为抽样初始模型来动态控制空口测量对象和周期。在运行过程中，在线根据样本重复比例优化样本分布曲线，不断在线更新抽样模型，实现变频采集。同时在采集过程中，可以基于业务属性标签进行差异化采集控制。

第二，数据精炼。

减少数据处理量的另一种方式是识别数据价值，尽可能只处理高价值数据。

数据决定AI模型性能上限，但冗余、异常、低信息量等低价值样本，对AI模型性能提升较小，同时还会增加存储和计算消耗。如果能够对数据的价值进行评估，筛选出高价值数据，就能够降低资源占用率，同时降低对AI模型性能的影响。数据价值评估的方法一般有以下两种。

- 静态数据价值评估方法，基于密度权重主动学习评估训练样本价值，去除差异性和代表性小的低价值样本。
- 动态数据价值评估方法，基于最小置信度主动学习评估样本的信息性，低信息样本不传输、不参与模型训练。

第三，数据压缩。

网元内存资源有限，无法存储大量数据进行数据推理，同时网元数据大多为时序类数据，通常要求具备对较长时间段的数据进行时序关联分析的能力，这就进一步加大了数据处理的资源消耗压力。数据压缩通常采用如下两种方式。

- 采用新型压缩算法。支持更高压缩率和更快压缩性能，二者通常需要结合不同的AI特性，对处理性能和存储空间的约束进行均衡取舍。
- 压缩算法自动选择。在数据处理的不同阶段，存储压缩的数据类型不同，针对不同类型的数据，数据底座自动选择压缩算法进行匹配，实现AI数据全流程最优化压缩。

对于在线实时仿真层，除了需要应对网元资源相对受限的约束之外，还需要适应业务实时变化带来的“持久战”，对应的关键技术有轻量化建模及在线实时仿真。

第一，轻量化建模。

建立的目标模型可分为如下两类。

- 白盒模型：利用统计学分布和模型对数据进行描述，比如泊松分布、正态分布、马尔可夫调制过程等。此类模型参数较少且精度往往不会很高，但是通常有很好的可解释性，参数量小，便于网元设备部署，因此被广泛地应用于仿真系统数据建模。

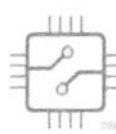

- 黑盒模型：通常利用深度学习等具备强大拟合能力的AI对数据进行描述。此类模型参数量较大且通常有较高的准确性，然而其内部工作机制却难以理解，每个特征对模型预测结果的重要性也无法估计，不同特征之间的相互作用关系更不能理解，同时存在训练资源消耗大、部署困难等缺点。此类模型是当下研究的热点。

对于轻量化建模，主要有如下两个方向。

- 模型压缩。对已建立的模型进行轻量化处理。比如深度学习的AI模型就是黑盒模型，如前文描述，对于AI模型，可以通过剪枝、量化、知识蒸馏等方式进行压缩。
- 快速学习。通过优化模型更新流程，对参数量较少且难以减少参数量的统计模型进行训练流程优化，利用较少的数据和计算资源进行模型更新，避免大量数据存储造成的缓存压力，同时避免重新训练模型造成的耗时。

第二，在线实时仿真。

针对嵌入式网元业务实时变化的特点，嵌入式仿真需要在线实时的关键能力。

嵌入式仿真一旦启动，则一直在线。当网元业务发送状态获取请求时，嵌入式仿真可以在运行的状态下返回当下仿真模型的运行状态；当网元业务发送状态更新等请求时，嵌入式仿真根据传入的数据调整模型的参数和状态，修正当前预测的结果。同时，嵌入式仿真预测时长可动态调节，可以是前瞻性较强的长稳状态预测，也可以是偏差较小的短期预测。嵌入式仿真的预测运行速度要大于现实时间的流逝速度，需要通过高效的调度、队列算法和结构，以及高性能伪随机算法等方法来支撑。

5.7.4　技术展望

除了软硬件深度协同优化以及嵌入式实时感知外，网元也需要逐步具备自适应控制能力。业界控制理论如何在网元领域实现工程化落地是未来的研究方向之一。此外，第三代人工智能提出知识与数据融合，网元将引入领域知识，弥补数据驱动的不足。在网元的自适应控制层等方面仍需要不断探索构建，实现完整的AI Native网元架构。

5.8　网络内生安全

近年来网络一直飞速发展，固定网络带宽从40 Gbit/s到100 Gbit/s、200 Gbit/s，移动网络从3G到4G、5G，网络的发展带动了数字经济的腾飞。与此同时，网络的安全也受到越来越多的关注，尤其是对于基础通信网络，其安全性甚至会影响国家的安全。很多国家出台了相关的法律法规，以促进电信运营商和设备制造商不断提升其安全能力。

5.8.1 背景与动机

对各个运营商、企业和国家来说，保障网络安全已经成为一个非常重要的任务，4.6节描述了实现自动驾驶网络的内生安全架构，基于4.6.3节所述，网络自身需具备安全能力，可以自动检测安全事件、自动响应、自动恢复，同时相关能力可以自适应、自成长，实现网络的安全自治。

5.8.2 技术洞察

网络安全技术和理论近年来取得了很大发展，4.6.3节介绍了IPDRR、CARTA、零信任3个比较著名且被大家认可和采用的理论。综合这3个理论，未来网络安全防御的核心是不相信任何通信实体、实时评估、自动检测入侵事件、自动恢复、相关能力可自学习、自适应。

遵循上述理论指导，业界主要在安全检测、响应恢复和信任评估的相关技术上开展重点研究，以求能更快地检测到攻击并且快速恢复。

安全检测：传统的基于攻击特征的检测技术已经成熟，但这种技术无法检测到新型的攻击，因此专家们引入了AI，建立被检测实体的行为基线，检测异常行为。

响应恢复：一直以来，攻击检测后的响应恢复是个难题，当前主要依赖人工操作，效率比较低，所以自动化的响应恢复能力是当前专家研究的主要方向。

信任评估：基于“零信任”的理念，操作用户对通信实体不能采用一次认证、永久信任的原则，需动态实时进行风险评估。当前业界主要研究针对操作用户的风险评估技术，重点考虑用户使用终端的风险以及用户自身操作行为的变化。

5.8.3 关键技术方案

如4.6.6节所述，自动驾驶网络具备自防御、自检测、自评估和自恢复的特征，这些特征涉及多个关键技术，包含自防御关键技术、自检测关键技术、自恢复关键技术和动态信任评估关键技术，具体如图5-65所示。

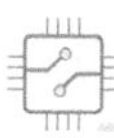

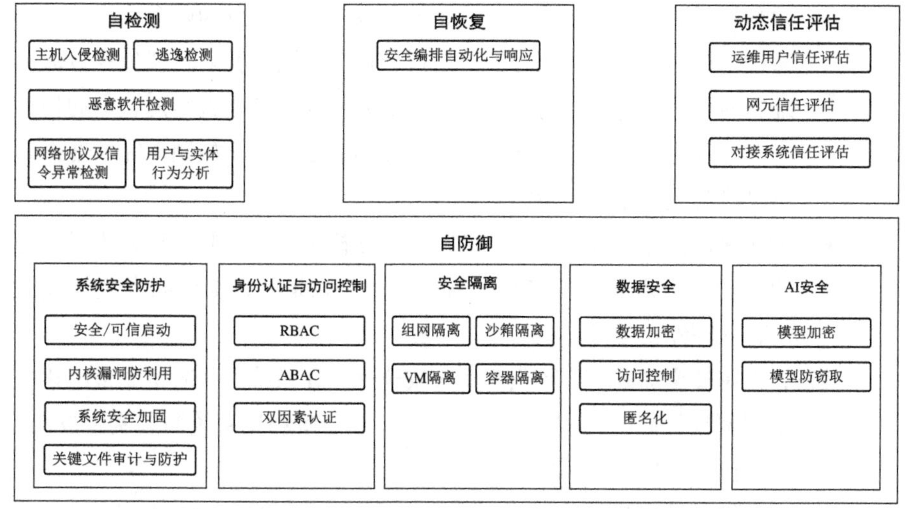

图 5-65　网络内生安全关键技术全景图

1. 自防御关键技术

自动驾驶网络采用内生安全的理念，自身构建防御能力，主要涉及的安全技术包括系统安全防护、身份认证与访问控制、数据安全、AI安全。

（1）系统安全防护

操作系统是业务运行的基础，当前很多攻击是针对操作系统的，因此需要采用安全/可信启动、内核漏洞防利用、系统安全加固和关键文件审计与防护等关键技术来构建安全可信的操作系统运行环境。

第一，安全/可信启动。通过安全/可信启动技术可以确保系统中运行的程序都是可信的，是符合预期的。安全启动通过在启动阶段从硬件可信根→BIOS（Basic Input Output System，基本输入输出系统）→OS→应用程序逐层校验签名的技术确保系统运行的程序未被篡改。可信启动通过从硬件可信根→BIOS→OS→应用程序逐层度量的技术确保运行的程序符合期望。

第二，内核漏洞防利用。包括内存地址随机化、KIP（Kernel Integrity Protection，内核完整性保护）、内核控制流完整性、堆栈保护等技术。

- 内存地址随机化：对系统的堆、栈、共享库映射等线性布局进行随机化，防止攻击者猜到被攻击代码的运行位置，从而阻止return-to-libc类的攻击（修改返回地址，让其指向内存中已有的某个函数）。
- KIP：对内核代码进行完整性校验，防止对操作系统内核代码段、寄存器的恶意篡改，防止恶意代码注入等行为。
- 内核控制流完整性：核心思想是限制程序运行中的控制流转移，使其始终处于原有的控制流图所限定的范围内。主要分为两个阶段：一是通过二进制或者源代码程序分析得到控制流图，获取转移指令目标地址的列表；二是运行时检验转移指令的目标地址是否与列表中的相对应。控制流劫持往往会违背原有的控制流图，内核控制流完整性机制可以检验并阻止这种行为。

◆ 堆栈保护：在函数开始执行的时候先往栈里插入校验信息，当函数返回时验证插入的校验信息是否被修改，如果是，则说明发生了栈溢出，程序停止运行。

第三，系统安全加固。为了提高系统安全性，在系统安装时遵循最小化安装、最小范围授权等原则，减少攻击面，防止攻击者利用系统漏洞实施攻击，为业务运行提供安全稳定的环境。

第四，关键文件审计与防护。对系统关键文件进行审计及操作权限控制，防止恶意篡改和非法访问造成敏感信息泄露，甚至植入恶意程序到设备运行环境中。

（2）身份认证与访问控制

身份认证与访问控制主要技术包括RBAC（Role based Access Control，基于角色的访问控制）、ABAC（Attribute based Access Control，基于属性的访问控制）、SSO（Single Sign-On，单点登录）、双因素认证等，这些技术已经发展成熟。在传统网络设备的认证中，主要采用RBAC技术给用户分配某种角色，在角色中定义其可以执行的操作。在自动驾驶网络中，除了对用户进行角色认证外，还需要对其他更多的属性进行认证。比如可以校验用户登录的时间，因为在电信网络中，对网络的运维都有比较严格的规定，操作时间是可以预测的，但攻击者不知道相关的规定，通过一定手段获取到某个合法用户的口令后（比如钓鱼），可能随时会登录系统进行操作，这时如果进行了时间校验，就可以发现异常，快速阻断攻击。如果要对多个属性进行校验，就需要支持ABAC技术。

（3）数据安全

现在全球正处于一个高速数字化的进程中，几乎所有的数据都已经信息化，数据规模呈现爆发式增长，各行各业都在利用大数据分析、AI，这大大地促进了全球经济的发展。同时，数据也变成了一种非常重要的价值资产，因此数据安全变得越来越重要，很多国家都针对数据安全发布了相关的规范要求。数据是通过网络传输的，同时网络自身也有大量的数据，因此保护数据安全也是自动驾驶网络的重要目标。

保护数据安全的目标是保证数据的机密性、完整性和可用性。机密性是要

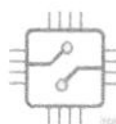

保证数据不泄露，最好的保护方式之一就是加密；完整性是要保证数据不被篡改，最好的保护方式之一是对数据进行签名；可用性是保证数据在损坏后不影响系统的运行，可恢复原来的数据，最好的方式之一是备份。另外，还可以通过访问控制、分段存储等方式来对数据进行保护。不同措施的实施成本不同，因此在自动驾驶网络中，要基于数据的价值来采取不同的保护措施，以最合理的方式保证数据的安全性。

（4）AI安全

随着AI在各行各业的规模应用，AI安全问题也引起了大家越来越多的关注。AI系统可能会遭受特定的安全攻击，目前主要有模型窃取、药饵攻击（攻击者在系统做AI训练时混入一些恶意数据，造成训练失准，导致训练后的模型不可用）、闪避攻击（攻击者在系统做AI推理时加入一定的噪声，造成推理结果失准或控制判断结果）等方式。同时，已经有一些国家和组织开始针对AI系统的安全制定法律法规，目前重点是关注使用AI的系统对自然人的影响，比如利用特定群体的脆弱性，可能造成对某些人群的身体或心理的伤害，在就业、教育等领域，针对不同种族的人群采用不同的判定标准等。

在自动驾驶网络中，AI模型是重要的资产，需要采用模型加密和模型防窃取技术对AI模型进行重点保护。对于药饵攻击和闪避攻击，经过初步分析，攻击者采用这两种方式攻击自动驾驶网络的可能性比较低，一方面是难度比较大，另一方面是攻击成功后的收益可能不如其他的攻击方式。另外，AI在自动驾驶网络中主要应用于故障定位、恢复、网络优化等场景，不会对自然人造成影响，这方面的法律法规风险不大。

2. 自检测关键技术

为了保护系统的安全，网元与网图都具备必需的安全防护能力，可以提供安全的运行环境，但不能完全防御各类攻击行为，需要结合安全检测技术，实时检测攻击，及时发现安全风险。自动驾驶网络安全检测架构如图5-66所示。

在上述架构中，网元和网图都部署了安全检测代理。网元安全检测代理检测在OS、网络协议、用户管理等方面的安全入侵事件，上报相关信息到网图；网图对相关数据进行加工处理和分析，快速输出检测结果，同时将检测结果上报到整网安全运营中心；可以从整网安全运营中心获取威胁情报等信息，丰富自身的威胁模型库，从而更精准地检测攻击。

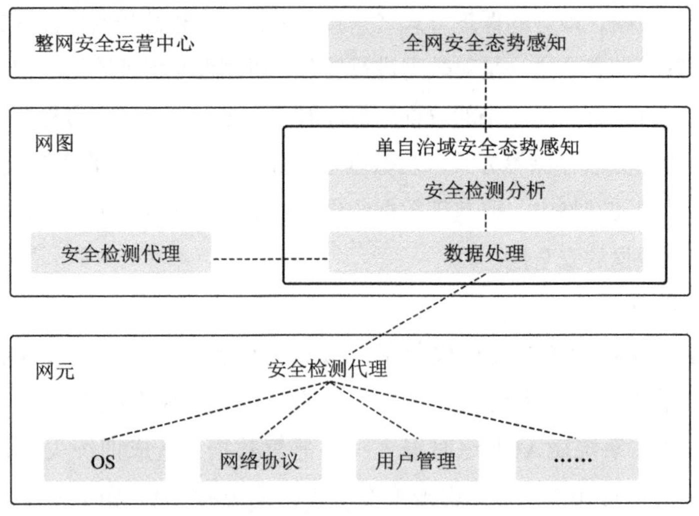

图 5-66　安全检测架构

在具体的检测技术方面，需要采用主机入侵检测、恶意软件检测、虚拟机和容器逃逸检测等传统的检测技术。同时，针对不同的网络特点，需要支持相关的检测能力，比如伪基站、BGP劫持等。另外，针对APT（Advanced Persistent Threat，高级可持续性攻击，业界常称高级持续性威胁）、内鬼威胁、规则绕过等一些通过传统检测方法无法检测的场景，业界提出了UEBA（User and Entity Behavior Analytics，用户与实体行为分析技术），该技术通过收集网络中用户和各类实体的行为信息，采用大数据分析、AI学习等技术对用户和实体行为进行建模，建立正常行为基线，通过与正常行为的对比，发现用户与实体的异常行为，从而发现网络可能遭受的攻击。通过此方法可以有效应对上面描述的攻击威胁场景，以弥补传统安全检测技术的不足。

用户与实体行为分析技术和具体要分析的实体以及相关的场景有关，在自动驾驶网络领域还处在初始应用阶段，后续需要相关专家进行深入的研究，从而在自动驾驶网络领域实现快速应用。

3. 自恢复关键技术

网络安全事件自响应、自闭环是网络安全自治的目标之一，实现该目标的关键技术是SOAR。SOAR系统可以将不同系统或一个系统中不同组件的安全能力通过剧本（Playbook）按照一定的逻辑关系整合到一起，用以实现某个或某类威胁事件的自动化处置闭环的过程。安全响应编排提供图形化的编排配置界面和灵活的响应编排引擎，当威胁事件触发自动化响应编排时，响应编排引擎根据匹配到的剧本中定义的事件处理流程，自动执行处理流程中所涉及的动作，在执行过程中可与相关的外部系统进行交互式访问，也可由人参与相关的决策判断，执行不同的动作。SOAR具体功能如图5-67所示。SOAR引擎集成很多原始动作，提供图形化编排能力，可以编排某个安全事件发生后的响应剧本。

对于一些新型和未知的攻击，基于当前SOAR技术的能力，需要在安全事件发生后人工在线编排相关的响应策略，人工决策对网络的影响，然后手动执行，尚达不到自响应的要求。所以长远来看，未来的SOAR系统需要具备自学习、自适应的能力，可以自动分析攻击的特征和历史事件处理信息，分析可能的处理措施以及对网络的影响，自动选择最优措施并执行。

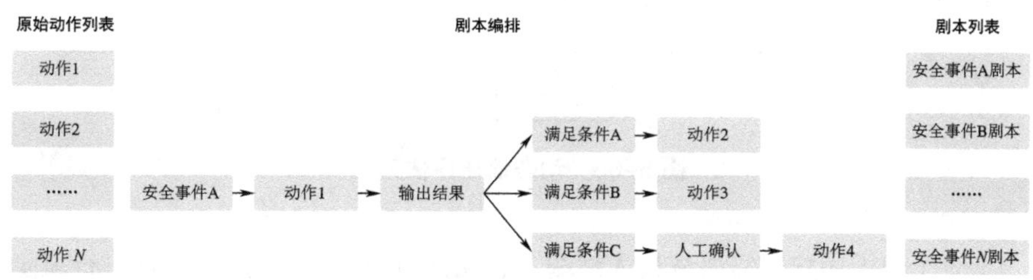

图 5-67　SOAR 功能示意

在自动驾驶网络中，网图和整网安全运营中心都将具备一定的SOAR能力，两者的分工不同，网图主要负责在单网络域内对安全事件进行闭环响应，但有些安全事件需要跨多个网络域协同恢复，这需要由整网安全运营中心统一协同。

4. 动态信任评估关键技术

网络已经开始从有边界网络向无边界网络发展，传统“基于边界”的防御理念已经过时，基于零信任的网络安全防护理念逐渐得到业界认可。零信任的核心就是“持续验证，永不信任”，通信的对端，不管是自然人、设备还是某个系统，默认对其都不信任，需要持续对其进行风险评估，基于评估的结果进行动态策略控制，从而保证整个网络的安全。

自动驾驶网络的动态信任评估架构如图5-68所示。

在自动驾驶网络中，主要需要对网络运维的用户、网元、外部对接系统进行持续风险评估，基于评估结果进行动态策略访问控制。

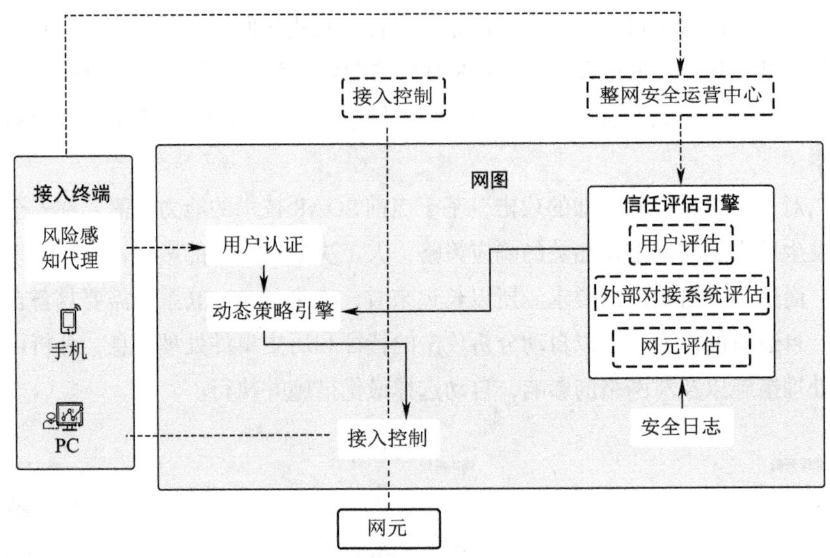

图 5-68　动态信任评估架构

对于运维用户，需要从接入终端、登录行为和操作行为3个方面进行风险评估。

（1）对运维用户接入终端进行评估

自动驾驶网络需要对终端的系统安全感知进行评估，例如是否进行安全配置、是否中病毒、是否安装非合规软件等；还需对终端的物理环境感知进行评估，例如是否进行网络切换、是否有屏幕拍照、是否有多人围观等。

（2）对运维用户登录行为进行评估

攻击者可能通过暴力破解、口令猜测、钓鱼等手段对合法用户进行攻击，一旦得到合法用户的口令，就可以登录系统继续进行攻击，包括越权等。因此需要对这些行为进行实时评估，包括登录的时间（攻击者可能不是在合法用户通常登录的时间进行登录攻击），这些行为都会作为对用户行为评估的依据。

（3）对运维用户的操作行为进行评估

通常来讲，某个运维用户对网络的操作是可预知的，而攻击者（不管内鬼还是外部攻击者）主要是想对网络进行破坏或窃取信息，相关的操作与正常的用户不同，所以可以通过AI学习等技术对用户操作行为进行评估。

基于以上评估结果，可以对用户进行动态策略控制，比如注销会话、强制二次认证等。

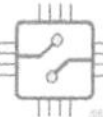

5.8.4　技术展望

当前的网络安全技术尽管已经取得了很大进步，但离自动驾驶网络的标准要求还有很大差距，尤其是在攻击的自动检测以及攻击后的响应恢复方面，很多新型的攻击还无法被自动检测到，大多数场景下也无法做到自动响应恢复，需要人工参与。对动态信任评估相关的技术研究才刚起步，支持的场景有限，未来需要在网络安全领域更多地引入AI，以实现网络安全自治的目标。

自动驾驶网络是一个全新的跨学科领域，跨越通信科学、计算机科学、控制理论、复杂系统等多个学科，涉及众多的关键技术。本章讨论了实现自动驾驶网络参考架构的部分关键技术，面对自动驾驶网络这一全新的网络架构范式，目前仍存在着一些深层次的理论和关键技术有待研究，包括并不限于：自动领域的动态目标决策管理机制、用户高层目标建模框架、基于Embodied AI的目标决策支持系统、语义通信模型；自愈领域的目标驱动自愈决策机制、自愈控制双闭环技术；自优领域的不确定性自适应技术、目标驱动的多自优闭环协同机制、多智能体分布式协同优化、基于认知计算的优化目标决策；自治领域的双系统认知架构及协同技术、终身自学习、系统自适应软件模式和策略等。

面对自动驾驶网络这样一项系统工程，需要学术界和工业界进行深度合作，进而从基础理论到关键技术实现全面突破。

参考文献

[1] SIFAKIS J. Autonomous systems— a rigorous architectural characterization: 2019 IEEE Services Congress[R/OL]. (2019-07-09) [2022-07-13].

[2] 张钹, 朱军, 苏航. 迈向第三代人工智能[J]. 中国科学: 信息科学, 2020, 50 (9): 22.

[3] 清华大学人工智能研究院, 北京智源人工智能研究院, 清华－中国工程院知识智能联合研究中心, 等. 人工智能之认知图谱[J]. 智谱•AI, Tsinghua. 人工智能技术发展报告集 (AI TR), 2020, 6.

[4] 唐杰. 浅谈人工智能的下一个十年[J]. 智能系统学报, 2020, 15 (1): 6.

[5] KAUR J. Distributed artificial intelligence latest trends[R/OL]. XENONSTACK. (2022-08-23) [2022-09-25].

[6] 清华大数据软件团队. 如何构造人工群体智能[R/OL]. (2022-06-06) [2022-09-25].

[7] KAUR J. Artificial intelligence in edge computing[R/OL]. XENONSTACK. (2021-12-05) [2022-09-25].

[8] 中国移动研究院业务研究所. 隐私安全计算之联邦学习[R/OL]. (2021−06−16) [2022−09−25].

[9] 童文, 朱佩英. 6G无线通信新征程：跨越人联、物联, 迈向万物智联[M]. 华为翻译中心, 译. 北京：机械工业出版社, 2021.

[10] GRIEVES M. Digital twin: manufacturing excellence through virtual factory replication [R/OL]. (2015−04−20) [2022−09−25].

[11] 中国移动, 亚信科技, 华为, 等. 数字孪生网络 (DTN) 白皮书[R/OL]. (2021−09−29) [2022−09−25].

[12] TAO F, ZHANG H, LIU A, et al. Digital twin in industry: state-of-the-art[J]. IEEE Transactions on Industrial Informatics, 2019, 15 (4): 2405−2415.

[13] 孙滔, 周铖, 段晓东, 等. 数字孪生网络 (DTN): 概念、架构及关键技术[J]. 自动化学报, 2021, 47 (3): 569−582.

[14] LIU H H, ZHU Y, PADHYE J, et al. CrystalNet: faithfully emulating large production networks[C]// Symposium, 2017.

[15] 王文博, 张金文. OPNET Modeler与网络仿真[M]. 北京：人民邮电出版社, 2003.

[16] 陈波, 李夫明. 形式化验证方法浅析[J]. 电脑知识与技术：学术版, 2019.

[17] ZHENG L, YANG Y, HAUPTMANN A G. Person re-identification: past, present and future[J]. arXiv preprint arXiv:1610.02984,2016.

[18] 金安, 程承旗. 基于全球剖分网格的空间数据编码方法[J]. 测绘科学技术学报, 2013, 30 (3): 4.

[19] HOGAN A, BLOMQVIST E, COCHEZ M, et al. Knowledge graphs[J]. ACM Computing Surveys (CSUR), 2021.

[20] JI S, PAN S, CAMBRIA E, et al. A survey on knowledge graphs: representation, acquisition, and applications[J]. IEEE Transactions on Neural Networks and Learning Systems, 2022, 33 (2)：494−514.

[21] WANG Q, MAO Z, WANG B, et al. Knowledge graph embedding: a survey of approaches and applications[J]. IEEE Transactions on Knowledge & Data Engineering, 2017, 29 (12): 2724−2743.

[22] LYONS J B, SYCARA K, LEWIS M, et al. Human–autonomy teaming: definitions, debates, and directions[EB/OL]. (2021−05−28) [2022−09−25].

[23] LAIRD, RANGANATH, GERSHMAN. Future directions in human machine teaming workshop report [R/OL]. (2020−01−15) [2022−09−25].

[24] IETF. draft-irtf-nmrg-ibn-concepts-definitions-09 [EB/OL]. (2022−03−24) [2022−09−25].

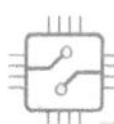

[25] ZHENG N N, LIU Z Y, REN P J, et al. Hybrid-augmented intelligence: collaboration and cognition[J]. Frontiers of Information Technology & Electronic Engineering, 2017 (2): 153–179.

[26] CHEN J Y C, LAKHMANI S G, STOWERS K, et al. Situation awareness-based agent transparency and human-autonomy teaming effectiveness[J]. Theoretical Issues in Ergonomics Science, 2018, 19(3): 259−282.

[27] 3GPP. Self-organizing networks (SON) for 5G networks 16.0.0[R/OL]. (2020−09−25) [2022−09−25]. TS 28.313.

[28] 中国科学院计算技术研究所. 专用数据处理器 (DPU) 技术白皮书 [R/OL]. (2021−10−16) [2022−09−25].

[29] 葛道辉, 李洪升, 张亮, 等. 轻量级神经网络架构综述 [J]. 软件学报, 2020, 31(9): 2627−2653.

[30] CONFALONIERI R, COBA L, WAGNER B, et al. A historical perspective of explainable Artificial Intelligence[J]. Wiley Interdisciplinary Reviews: Data Mining and Knowledge Discovery, 2021, 11(1): e1391.

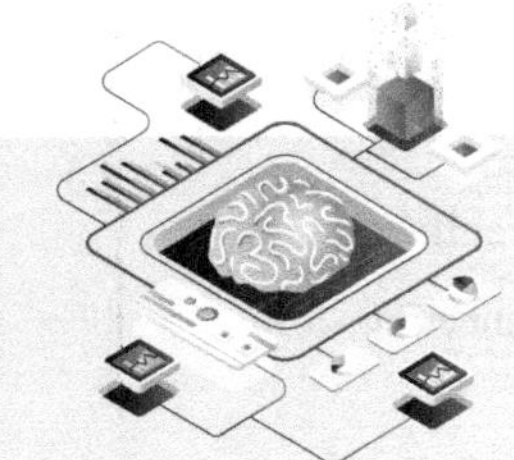

第6章 业界标准

过去几十年来，标准化一直是业界解决不同系统之间互联互通最有效的手段，3GPP、IETF、IRTF（Internet Research Task Force，互联网研究任务组）、TM Forum、ETSI、CCSA等标准组织开发的标准构筑了网络互联互通的标准基石，促成了网络如今的繁荣生态。伴随自动驾驶网络在不同等级之间演进的过程，网络系统互联互通的标准也面临新的课题，需要各标准组织协同定义自动驾驶网络相关标准体系。

如前文所述，自动驾驶网络涉及的ICT系统是一个复杂的端到端系统，包含商业运营层、业务运营层、资源运营层以及第三方应用。其中资源运营层自治域包含智能化管理控制单元和网元，其又分为不同的技术域，包括无线电接入网、核心网、传送网、固定接入网与承载网等。在当前的业界生态中，自动驾驶网络所涉及的来自运营商以及来自不同厂商的系统、设备必须互联互通才能够有效协作，最终达成网络自治的目标。电信业过去几十年成功实现标准化的经验证明，标准化是自动驾驶网络涉及的跨厂商系统互联互通的最有效手段。

当前，定义自动驾驶网络标准的组织涉及领域较为广泛，纵观各个标准组织的相关标准，可以按照如下几个维度来划分。

- 国际标准/国内标准：主要按标准组织定位来划分。自动驾驶网络涉及的国际标准组织主要包括TM Forum、ETSI、IETF、IRTF等；国内标准组织主要是CCSA。
- 通用标准/领域标准：主要按自动驾驶网络标准覆盖领域与范围划分。通用标准主要定义自动驾驶网络相关概念、通用架构、通用分级方法论、接口框架、关键技术等业界通用的自动驾驶网络相关标准，为领域标准提供方法论与标准框架参考；领域标准主要聚焦标准组织所专长的专业技术领域，比如，3GPP主要定义移动通信网络领域相

 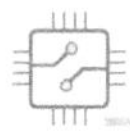

关的自动驾驶网络标准，IETF主要定义传送、接入与承载领域的自动驾驶网络标准等。

6.1 国际标准概况

近年来，TM Forum、ETSI、3GPP、IETF、IRTF等国际标准组织相继立项自智网络相关的课题和标准，各组织聚焦各自所负责的领域开展标准化工作，并借助多方标准组织、自智网络技术合作会议开展协作配合，使得自智网络标准体系逐渐完善，初步形成了通用标准与专业领域标准协同的标准体系，分别从5个维度进行标准定义，包括分级、评估、架构、接口、关键技术等。

如图6-1所示，纵观自智网络相关的国际标准，形成了以TM Forum ANP（Autonomous Network Project，自智网络项目）定义的标准系列为总纲的标准体系。TM Forum ANP与ETSI ZSM ISG（Zero touch network & Service Management Industry Specification Group，零接触网络和服务管理行业规范组）聚焦通用自智网络标准，为专业领域的自智网络标准提供方法论与顶层架构、关键技术参考等。在无线通信领域，3GPP TSG SA5（Technical Specification Group Service and System Aspects Working Group 5，技术规范组的服务和系统第5工作组）定义了移动通信领域自智网络运营运维需求，包括分级、架构、意图、闭环技术等系列标准；3GPP TSG SA2（Technical Specification Group Service and System Aspects Working Group 2，技术规范组的服务和系统第2工作组）的主要目标是开发3GPP整体系统架构和服务，包括用户设备、接入网、核心网和IP多媒体子系统，其中包括控制面网元实时的网络和个人数据的分析。在传送、接入与承载领域，IETF的OPS Area（Operations and Management Area，运维管理域）系列标准工作组定义了从网元到管控系统的系列自智网络标准；IRTF的NMRG（Network Management Research Group，网络管理研究组）在自智网络意图驱动技术、意图接口等方向展开了标准技术研究；ETSI ISG F5G（Industry Specification Group 5th Generation Fixed Network，第5代固定网络工作组）针对第5代固定网络的自智网络需求、架构、分级规范等给出了标准定义。

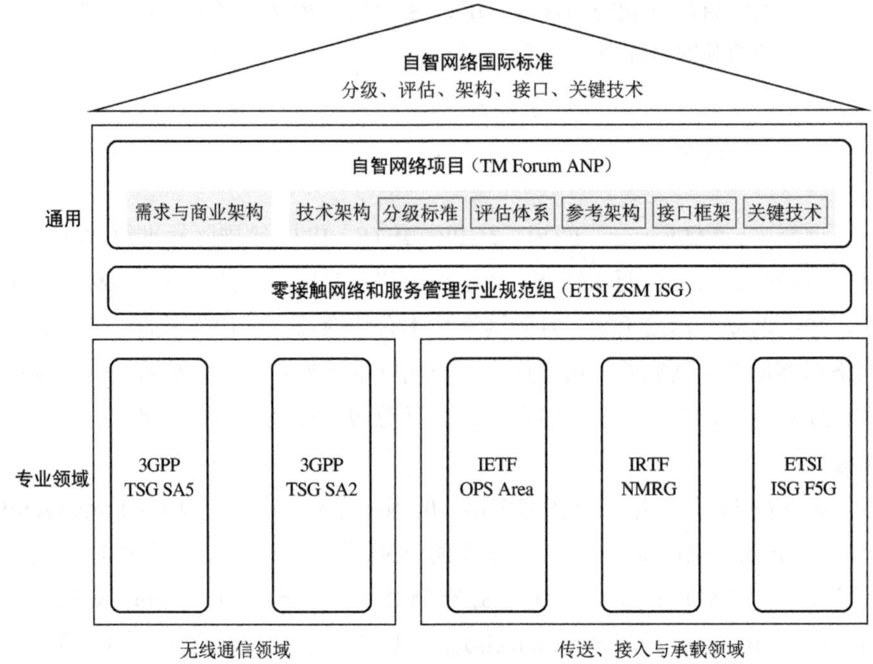

图 6–1　自智网络相关国际标准组织

6.1.1　通用标准

根据6.1节所述，当前通用自智网络标准主要分为TM Forum ANP标准和ETSI ZSM ISG标准。

1. TM Forum ANP标准

在国际标准体系中，TM Forum是较早发起自智网络标准定义的。自2019年7月TM Forum启动自智网络项目以来，迄今已发布了一系列指南和标准，给出了实现自智网络愿景所需的步骤。TM Forum ANP标准框架分为三大主题：白皮书/愿景、BA（Business Architecture，商业架构）和TA（Technical Architecture，技术架构），如图6–2所示。TM Forum ANP标准从通用的角度定义自智网络的整体方法论、参考架构等，为领域标准组织提供通用参考，同时通过多标准组织协同运作，使各个标准组织在自智网络标准核心理念上保持协同。

（1）自智网络商业需求与框架

在TM Forum IG1218[1]中定义了自智网络商业需求的核心框架，由“三层、四闭环”组成，如图6–3所示。

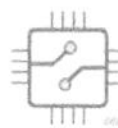

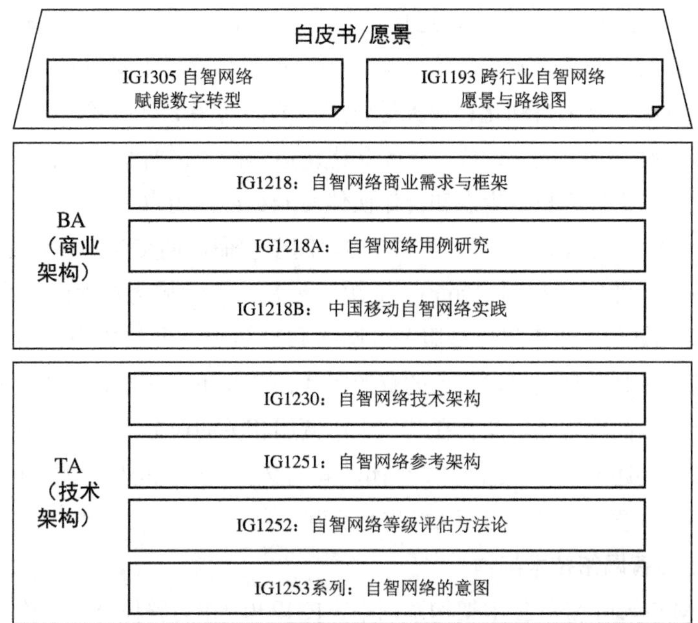

图 6-2　TM Forum ANP 标准框架

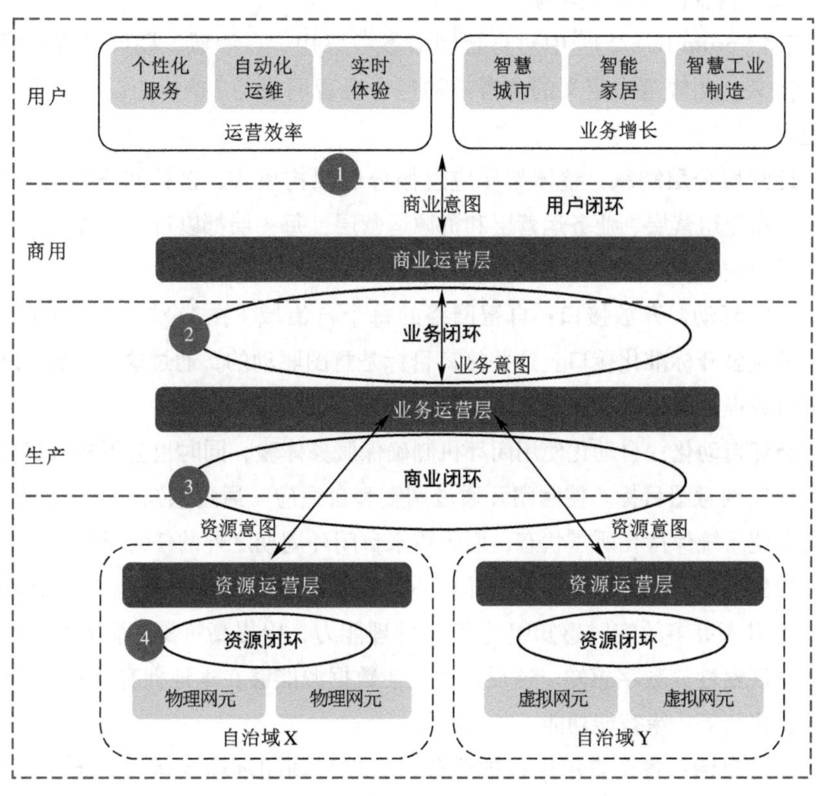

图 6-3　自智网络商业需求与框架

“三层”表示3个层级，指通用运营能力可支撑所有场景和业务需求，分为资源运营层、业务运营层和商业运营层。资源运营层主要面向单个自治域，提供网络资源和能力自动化；业务运营层主要面向多个自治域，提供IT服务、网络规划、设计、上线、发放、保障和优化运营能力；商业运营层主要面向自智网络业务，提供客户、生态和合作伙伴使能和运营能力。

“四闭环”表示4个闭环，实现3层之间全生命周期交互，分为资源闭环、业务闭环、商业闭环和用户闭环。资源闭环是以自治域为粒度的网络与IT资源运营间的交互；业务闭环是服务、网络和IT资源运营层之间的闭环，业务闭环可能会在其实现中触发相关的资源闭环；商业闭环是指商业和业务运营层之间的交互，商业闭环可能会在其实现中调用相关的业务闭环和资源闭环；用户闭环则是上述3个层级之间和3个闭环间的交互，以支持用户服务的实现。3个层级间通过意图驱动式极简API进行交互。

（2）自智网络技术架构

在TM Forum ANP技术架构系列中，IG1230[2]作为整体技术架构文档对自智网络涉及的关键技术进行了定义。

（3）自智网络参考架构

TM Forum IG1251[3]中对自智网络参考架构、自治域、接口参考点等进行了定义。此规范中定义的参考架构包含自智网络的7条核心设计原则，如下说明。

运营层分层解耦：整体架构应遵循分层架构模式，自智网络架构分为3层，即商业运营层、业务运营层和资源运营层，每一层都以自治模式运行，对消费者隐藏实现、操作和内部功能等细节。

意图驱动，开放接口：自智网络的每个自治域（在3个层级中的任何一个）都应公开标准化接口。这些接口目标是意图驱动的，通过这些开放API为上层服务提供简化的交互功能。

闭环自动化：自动化使用闭环机制确保服务体验，同时也会不断自我调整以确保实现意图目标。控制闭环通过调整和自适应（通过感知、分析、决策、执行）使系统保持在所需状态，而无需来自闭环周期之外的任何干预。

内生智能：自治域和网元内部具备本地智能和本地知识能力。在自治域和网元中引入更多的实时感知组件和AI推理能力，以提高资源、服务和周围环境的可观察性或数字感知。这反过来又使数据源能够在本地拥有感知、分析、决策、执行等边缘智能功能。

单域自治：各个自治域根据业务目标以自动闭环模式运行，通过API抽象，向自治域的用户屏蔽域内技术方案、运营流程和单元功能等细节。

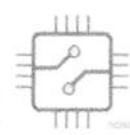

跨域协同：多个自治域可以通过意图接口与上层系统交互实现跨域协同，实现网络/ICT服务的生命周期管理。

跨等级的自治域支持互操作：不同等级的自治域具有不同的网络自治能力和相应的接口，从架构的角度来看，应允许不同等级的域之间的交互，每个域的演进（L0到L5）也是如此。

基于自智网络的这7条核心设计原则，IG1251[3]给出了自智网络参考架构，如图6-4所示。

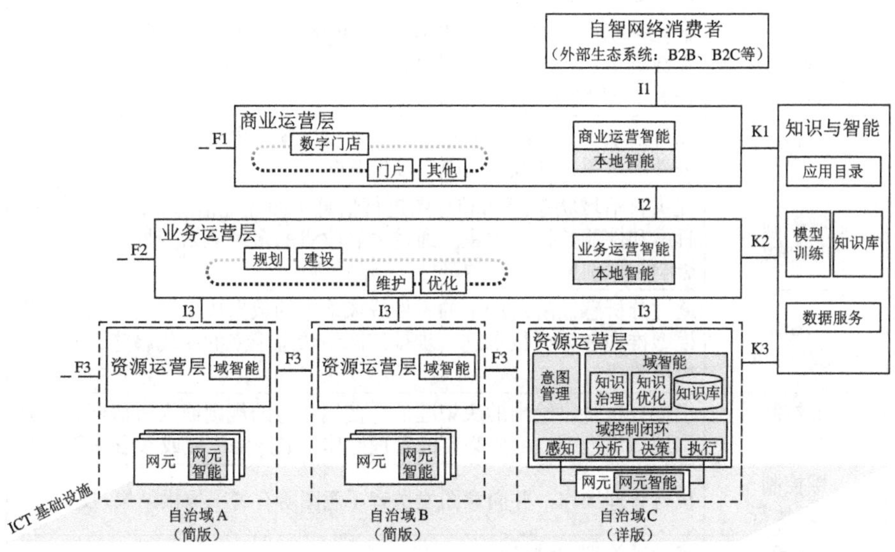

图 6-4　自智网络参考架构

该参考架构中定义了自智网络关键架构单元，包括自智网络消费者、自治域、知识与智能单元等，还定义了3类核心接口参考点，即“I”“F”“K”。其中，自治域单元的功能说明如表6-1所示，知识与智能单元的功能说明如表6-2所示，3个核心接口参考点说明如表6-3所示。

TM Forum IG1251[3]对TM Forum的自智网络参考架构和ETSI ZSM ISG中的参考架构进行对比分析，给出了两者的映射关系，如图6-5所示。

表 6-1　自治域单元功能说明

功能块	说明
意图管理	意图管理单元实现外部意图API交互处理，包括系统类（意图处理程序注册、能力释放、其他意图实体的发现和连接建立等）和意图交互类（接收、协商和报告），以及意图实例生命周期管理

（续表）

功能块	说明
域智能	提供本地知识治理能力，基于本地知识库提供本地AI推理，优化本地参数
域智能知识治理	提供本地知识治理能力，包括本地推理（包括本地AI推理和知识推理）和持续的本地模型训练
域智能知识优化	本地AI参数优化、知识优化，提供现场模型开发和模型再训练能力。现场模型开发提供轻量级开发服务，快速获取适用于站点的个性化模型。基于现网样本，定期进行模型再训练，获取新的模型，以保证模型的准确性
域智能知识库	本地知识库。提供本地知识库和AI资产管理能力，资产包括模型和数据等，可收集和发布AI资产、演示模型应用结果（含意图报告）、模型解释等
域控制闭环	在自治域中提供闭环处理能力，通过感知、分析、决策和执行来处理外部意图，并在自治域中维护意图
域控制闭环感知	提供自治域状态感知和意图进行信息（如环境信息、故障、事件、日志和性能数据）收集。通过关联收集的多维原始数据，分析业务影响，识别影响业务的事件，预测风险
域控制闭环分析	通过分析感知阶段产生的事件或风险中的数据或上下文信息，利用模型推理和分析技术进一步预测网络状态未来的变化趋势，并提出决策建议
域控制闭环决策	根据分析阶段给出的决策建议，使用特定的规则或人机协同，结合本地知识推理，生成必要的管理操作，如网络配置或参数调整
域控制闭环执行	执行管理操作，并向意图发送者（意图所有者）提供结果/反馈
网元	表示被管理的设备
网元智能	网元的人工智能推理单元

表 6-2　知识与智能单元功能说明

功能块	说明
知识与智能	为所有3个操作层提供智能服务，包括（AI/ML）模型训练、数据服务、知识库和AI应用目录，与域本地智能配合使用，其中本地数据和训练服务由各层平台提供。知识与智能单元和域智能使用在K1、K2、K3参考点定义的接口参考点进行交互
应用目录	管理发布的AI应用/AI模型，包含有关单个模型的所有权和执行要求的详细信息
模型训练	为一站式训练设计环境、模型开发服务、领域模型服务、联邦学习提供集成开发环境。训练平台将模型交付给运营平台中的本地化域智能，并接收离线数据以调整其训练算法（可选，根据所涉运营层，酌情使用K1、K2、K3参考点）
知识库	知识存储系统
数据服务	可以包括统一数据建模、数据集开发和安全数据集增强、数字网络分析和模拟

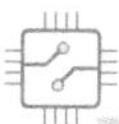

表 6-3　3 类核心接口参考点说明

参考点	说明
I1	自智网络消费者平台和商业运营层之间交互的参考点。在此参考点需要意图驱动的交互，包括消费者应用系统与商业运营层系统之间的意图下发接口、意图报告接口
I2	商业运营层和业务运营层之间交互的参考点。在此参考点需要意图驱动的交互，包括商业运营层与业务运营层系统之间的意图下发接口、意图报告接口
I3	业务运营层和资源运营层之间交互的参考点。在此参考点需要意图驱动的交互，包括业务运营层与资源层系统之间的意图下发接口、意图报告接口
F1	商业运营层自治域之间交互的参考点，意图驱动的交互可用于组装联合自治域
F2	业务运营层自治域之间交互的参考点，意图驱动的交互可用于组装联合自治域
F3	资源运营层自治域之间交互的参考点，意图驱动的交互可用于组装联合自治域
K1	商业运营层系统和离线知识与智能训练系统之间的训练样本数据采集接口，AI 离线训练系统与商业运营层系统之间的 AI 推理模型下发接口
K2	业务运营层系统和离线知识与智能训练系统之间的训练样本数据采集接口，AI 离线训练系统与业务运营层系统之间的 AI 推理模型下发接口
K3	资源运营层系统和离线知识与智能训练系统之间的训练样本数据采集接口，AI 离线训练系统与资源运营层系统之间的 AI 推理模型下发接口

（4）自智网络等级评估方法论

为了实现和衡量客户体验和SLA，TM Forum IG1218[1]中定义了自智网络等级，以指导网络和服务的自动化、智能化，评估自智网络服务的价值和优势，并指导运营商和厂商的等级评估。IG1252中定义了自智网络等级评估方法，描述了自智网络等级评估方法和操作流程、任务评估标准及评分方法等。

IG1252[4]给出了自智网络分级评估的核心方法论，即从意图/体验到感知、分析、决策、执行组成的闭环维度，评估人机协同的自动化程度。TM Forum定义的自智网络分为如下6个等级，L0是初始等级。

L0——人工运维：系统提供辅助监控能力，所有动态任务都需要人工执行。

L1——辅助运维：系统可根据预先配置，执行特定的重复性子任务，以提高执行效率。

L2——部分自智网络：在特定外部环境中，系统可以根据预定义的规则/策略，面向特定单元使能自动化闭环运维。

L3——条件自智网络：在L2的基础上，系统可以实时感知环境变化，并在特定网络专业中进行自优化和自调整，以适应外部环境。

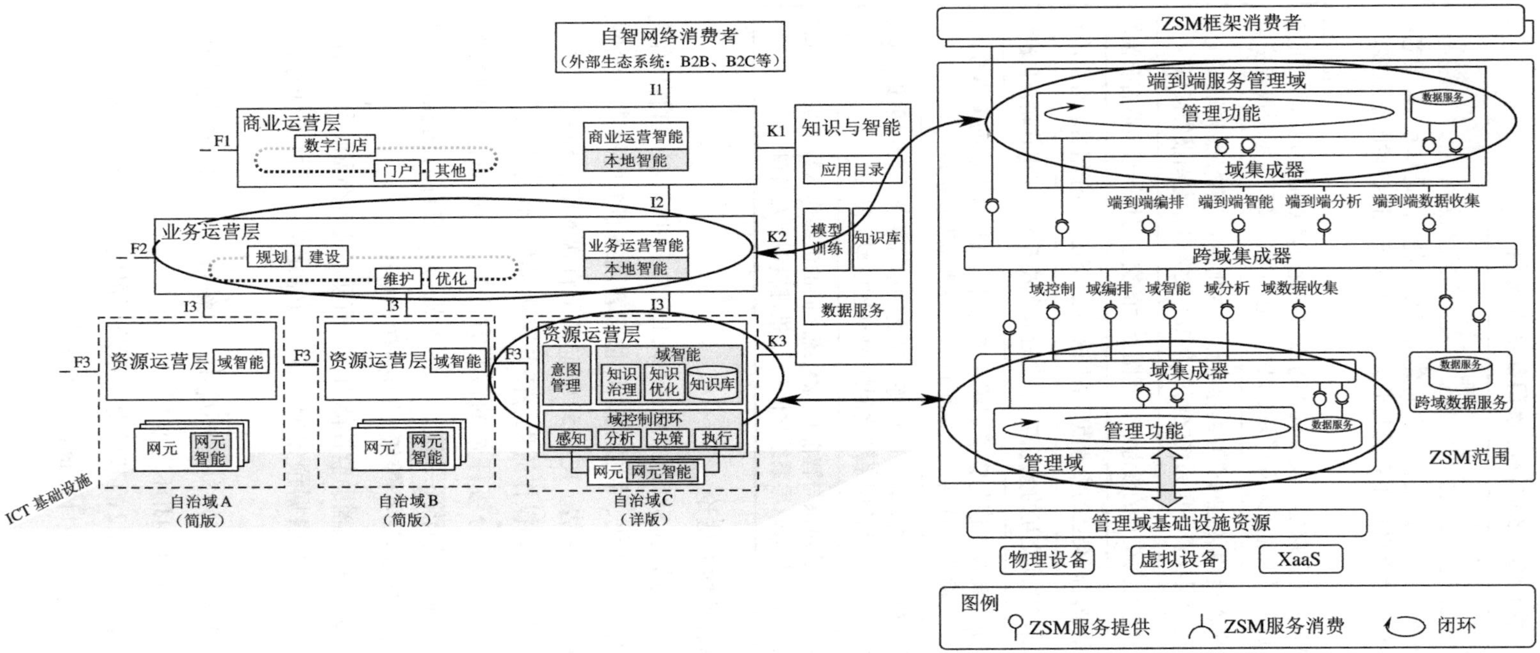

图 6-5 TM Forum IG1251[3] 参考架构与 ZSM 参考架构映射

注：Xaas为X as a Service，一切皆服务。

 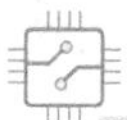

L4——高度自智网络：在L3的基础上，系统可在更复杂的跨多网络领域环境中，实现业务和客户体验驱动网络的预测式或主动式的闭环管理，从而进行分析并做出决策。

L5——完全自智网络：在L4的基础上，系统具备面向多业务、多领域、全生命周期的全场景闭环自治能力。

同时，IG1252 v1.1[4]中也给出了自智网络等级评估流程。在自智网络等级评估流程中，首先需要确定评估对象；IG1252 v1.1[4]定义了自智网络评估对象选择的三维模型，即从业务域、技术域和运维流程3个维度确定评估对象，7.3节将给出示例，此处不赘述。

（5）意图驱动交互

在TM Forum IG1253[5]系列中对自智网络中的意图技术进行了定义，包括意图概念（IG1253[5]）、意图通用模型（IG1253A[6]）、意图扩展模型（IG1253B[7]）、意图生命周期管理与接口（IG1253C[8]）、意图管理器能力（IG1253D[9]）等。TM Forum意图接口对应的OpenAPI在TM Forum921A[10]给出了定义，需要参考TM Forum意图接口的读者可以在这篇文档中查阅。对于意图概念，在IG1253[5]中给出了如下定义：意图是对期望的形式化规范定义，包括对技术系统的要求、目标和约束。

图6-6给出了基于意图驱动的自智网络框架示例。意图接口是分层的，自智网络的每一个运营层都有自己对应的意图接口，这对应自智网络参考架构中的接口参考点I1、I2、I3。图中示意接口的箭头是双向的，分别代表意图请求的方向以及意图报告方向。在该接口上提出的方法在IG1253[5]第10章和IG1253C[8]中有详细说明，读者可以自行参考。在此示例中，业务运营层中的意图管理功能单元从商业运营层接收意图请求，在业务运营层由意图驱动该层自治域的闭环，对于需要触发资源运营层的需求，通过意图接口下发到资源运营层的自治域。资源运营层由多个自治域组成，使用意图机制，业务运营层可以通过意图接口与每个自治域交互。资源层自治域接收到业务层意图请求后，通过资源层自治域的闭环控制管理单元实现该意图，并通过意图报告接口向业务运营层上报意图执行情况。

IG1253[5]中对意图的定义是，意图模型是一种形式化的规范表达，关于这一点，多个标准组织基本达成共识，但是在元模型定义语言的选择上，不同的标准组织有所不同，比如3GPP是基于UML（Unified Modeling Language，统一建模语言）定义的，IETF是基于YANG（Yet Another Next Generation，下一代数据建模语言）模型定义的。TM Forum IG1253A[6]中以RDFS为基础模型语言，对意图元模型的通用模型部分进行了定义，意图通用模型类结构如图6-7所示，意图通用模型分为两类，即意图和意图报告。其意图主要由“Expectation”和“Context”组成，“Expectation”定义期望，包含期望作用的目标对象以及期望的参数；“Context”中携带与期望相关的附加条件和适用性范围，具体请参考TM Forum IG1253A[6]。

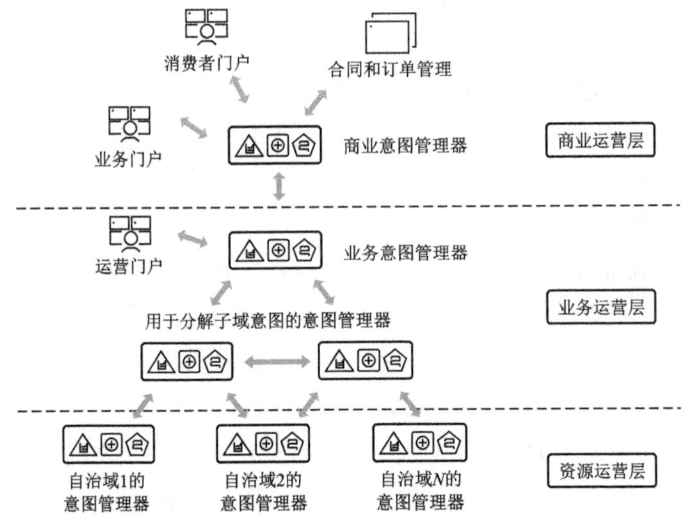

图6-6　基于意图驱动的自智网络框架示例

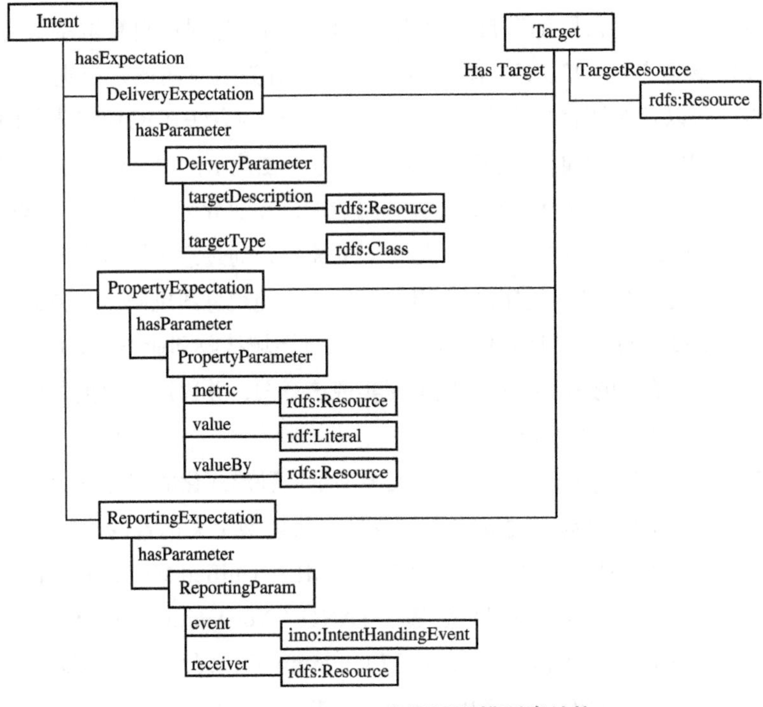

图6-7　TM Forum意图通用模型类结构

为方便读者理解不同组织之间意图模型的映射关系，TM Forum IG1253[5]最新版本的附录中给出了TM Forum意图模型与3GPP意图模型的映射关系，如表6-4所示。

表6-4　TM Forum意图模型与3GPP意图模型的映射关系

TM Forum意图期望[IG1253A[6]]	3GPP意图期望[TS 28.312[19]]
icm:target	expectationObject.ObjectInstance
icm:propertyParams	expectationTargets
	expectationContexts
icm:deliveryParams	expectationObject.ObjectType
	expectationObject.ObjectContexts

2. ETSI ZSM ISG标准

ETSI ZSM ISG与TM Forum ANP定义的自智网络通用标准体系形成呼应，聚焦资源运营层管理域以及端到端跨域协同管理域，对自智网络的关键使能技术标准进行了定义。ZSM中定义的标准框架如图6-8所示。

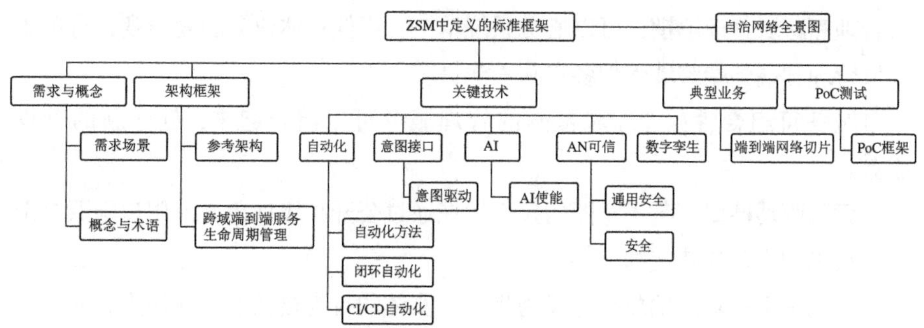

图6-8　ZSM中定义的自智网络标准框架

ZSM参考架构在ZSM002[12]中定义，包括架构原则、架构需求与参考架构；ZSM001[11]中定义了用户场景和需求。

(1) ZSM架构设计原则

ZSM架构设计时需要参考多个原则，下面简要介绍一下。

模块化：模块化架构避免了单体和紧耦合，由自包含的松耦合服务组成，每个服务都具有有限的范围，这些范围在定义好的接口上进行交互。

可扩展性：可扩展的架构允许添加新的服务、服务功能和服务端点，而不会破坏向后兼容性，并要求更改现有的服务设计、实现和交互。

可伸缩性：可扩展的架构根据被管实体不断增加或减少的需求进行部署，

这些实体可以分布在不同地域，可以是各种规模。基于模块化原则，可以独立部署和扩展模块。

模型驱动，开放接口：基于模型驱动方法的架构通过使用信息模型来获取在属性和支持的操作方面被管实体的定义，来执行服务和资源的管理。模型的定义独立于管理实体的实现，以便促进可移植性、可重用性，并允许对资源和服务进行中立管理。

闭环管理自动化：闭环管理自动化是一个反馈驱动的过程。它力求在不进行具体循环以外的任何干预的情况下实现一套目标并保持。

支持无状态管理功能：该架构支持将处理与数据存储分离的管理功能。

韧性：管理服务旨在尽可能在基础设施和其他管理服务劣化的情况下，将其提供的功能保持在可配置的级别。当劣化问题被解决后，可以恢复正常运行。

管理关注点分离：在ZSM框架中，区分定义了两个管理概念——单域管理和端到端跨域管理。在实践中，可以存在层次化的多管理域。对于单域管理，主要是定义基于被管对象的资源和服务。对于端到端跨域管理，则主要实现跨多个管理域的端到端业务管理，以及通过编排实现管理域之间的协同。单域管理和跨域管理解耦，可以避免系统单一，降低整体业务的复杂度，有利于单域管理和端到端跨域管理各自独立演进。

服务可组合性：管理域暴露的管理服务可以组合起来，创建新的管理服务。

意图驱动接口：基于意图的接口旨在通过公开高级抽象，向用户隐藏复杂性、技术和实现的特定细节。

功能抽象：功能抽象被定义为将相关实体的行为概括起来的能力，允许将这些实体多个变体的细节封装到一个变体中。功能抽象支持其他几个原则，如可复制性、可伸缩性和可组合性。

简单性：该架构在满足功能和非功能需求的同时，具有最小的复杂性。

为自动化而设计：ZSM框架组件和功能支持网络、业务管理的自动化以及技术演进的集成。

（2）ZSM架构需求

基于场景以及架构原则定义了架构需求，比如支持资源和服务管理能力、支持自适应的闭环管理能力、支持管理域间标准化接口等。感兴趣的读者可以参考ZSM002[12]架构需求章节，此处不赘述。

（3）ZSM参考架构

ZSM参考架构遵循行业架构趋势，与行业标准组织架构形成呼应，比如

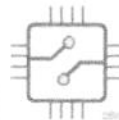

TM Forum自智网络参考架构建立了与ZSM架构的映射，3GPP在其基于服务的管理架构中也声明其是该架构的一种实例。

ZSM参考架构由分布式管理服务和数据服务组成的管理域通过跨域集成框架来集成，如图6-9所示。每个管理域以及端到端服务管理域通过管理功能提供一组ZSM服务能力，这些管理功能公开和/或使用一组服务端点。跨域集成结构便于跨域提供能力和访问端点。部分服务仅在管理域内本地提供和消费。每个管理服务的逻辑组都包含具有相关功能的服务，分组并不意味着特定的实现。ETSI ZSM ISG规范定义了管理域外部可见的ZSM服务集以及域集成框架，用于负责控制管理域对外服务开放能力的一组功能。域集成框架还可以为管理域内的管理功能提供进一步的集成服务。管理域和端到端服务管理域不仅是ZSM服务的提供者，还可以是其他管理域提供ZSM服务的消费者。ZSM框架消费者（如提供消费者和业务管理自动化的数字店面、BSS应用、Web门户、其他ZSM框架实例，或者是通过用户界面操作的用户）可以消费端到端服务管理域和管理域提供的ZSM服务。

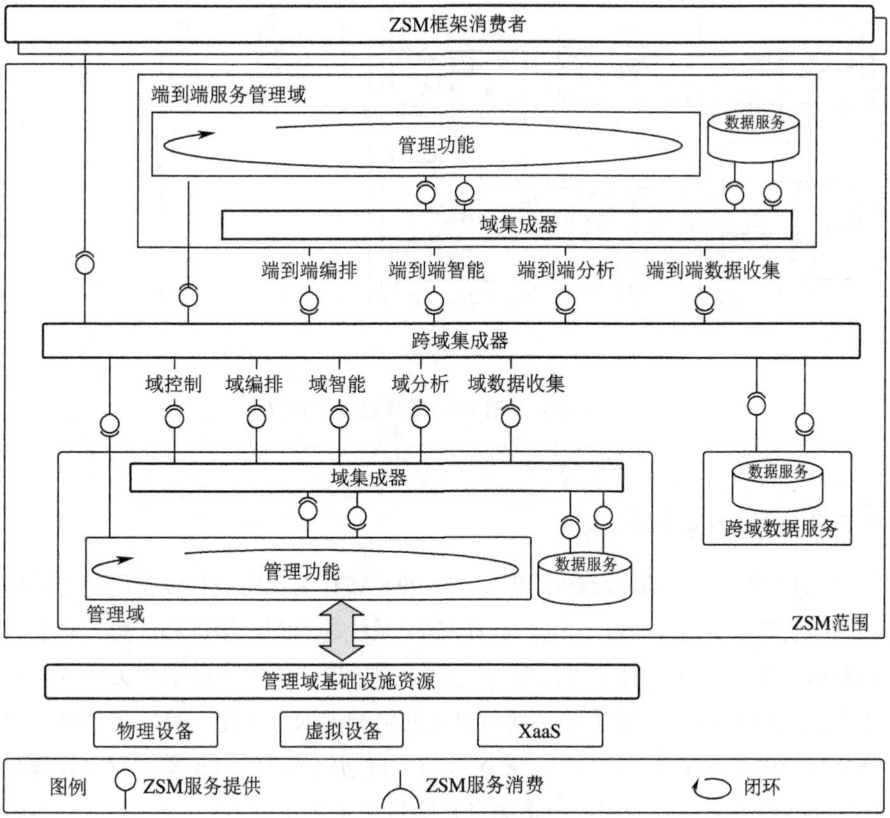

ZSM框架消费者
端到端服务管理域
管理功能
数据服务
域集成器
端到端编排　端到端智能　端到端分析　端到端数据收集
跨域集成器
域控制　域编排　域智能　域分析　域数据收集
域集成器
管理功能
数据服务
管理域
数据服务
跨域数据服务
ZSM范围
管理域基础设施资源
物理设备　虚拟设备　XaaS
图例　ZSM服务提供　ZSM服务消费　闭环

图 6-9　ZSM 参考架构

ZSM002[12]中进一步定义了各架构构建单元内的逻辑功能服务，这里就其定义的管理域包含的能力在图6-10中给出了示例，其他部件的定义请读者进一步参考ZSM002[12]文档。

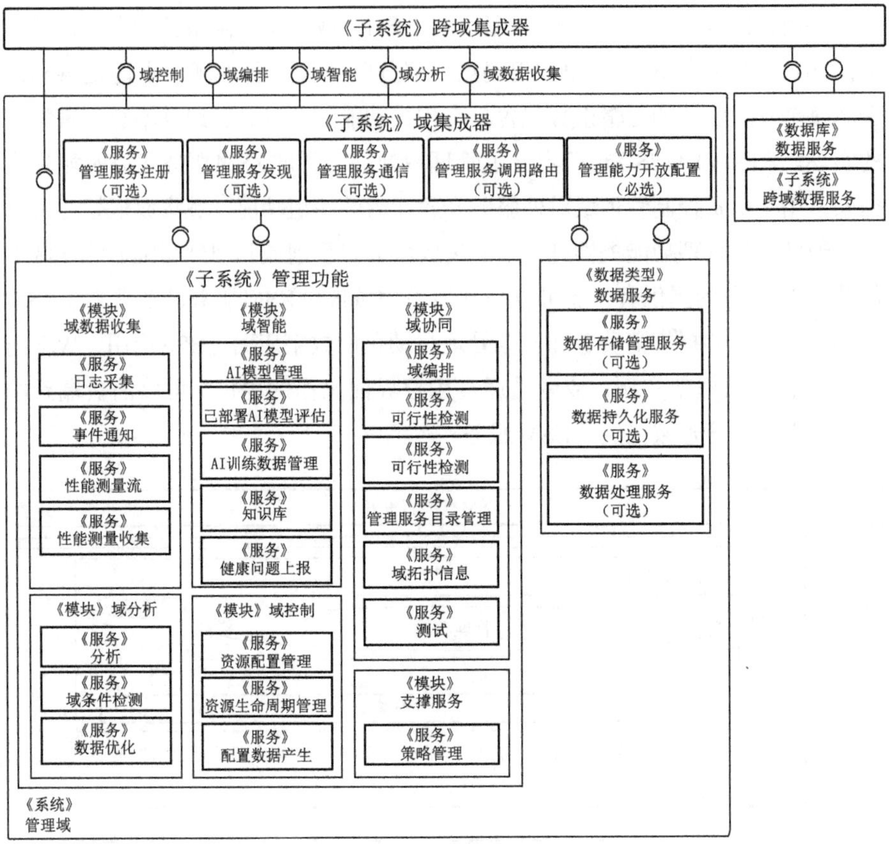

图6-10　ZSM002管理域功能定义

6.1.2　移动通信领域

3GPP是移动通信领域标准组织，3GPP SA5作为运营商与设备厂商之间移动网络管理业务的主要工作组，负责3GPP系统的管理、编排和计费，涵盖功能和服务相关标准，同时涉及5G核心网、5G NR、切片等运维相关标准。近年来，3GPP SA5已开展了一系列与自智网络相关的标准化项目，覆盖移动网络全生命周期。在自动化分级、意图极简、自动化运维、对接垂直行业管理系统等重点技术方向上牵引业界走向自智网络。3GPP R17（Release 17，发布版17）工作项目包括移动网络的意图驱动管理服务、通信服务保障的管理服务，

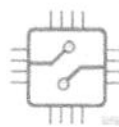

以及关于增强管理数据分析和SON的研究。当前已达成的标准共识包括：分层分域的实现架构，自智网络分级的概念、用例和解决方案，自智网络分级能力定义，自智网络控制闭环，意图驱动的概念、场景和解决方案等。

1. 3GPP基于服务的管理架构

3GPP TS（Technical Specification，技术规范）28.533[13]定义了分层分域的管理架构——SBMA（Service Based Management Architecture，基于服务的管理架构），如图6-11所示，跨域管理和单域管理作为架构组件功能，基本构件块是MnS（Management Service，管理服务）。MnS是一组提供用于管理和协调网络和服务的功能。MnS生产者通过MnS组件的标准化服务接口提供服务。MnF（Management Function，管理功能）是扮演MnS消费者或MnS生产者角色的逻辑实体。SBMA定义的架构实例化ZSM的分层分域框架中，无线电接入网管理域和核心网管理域是ZSM框架的管理域，跨管理域就是ZSM框架中的服务管理域或服务管理域的一部分。

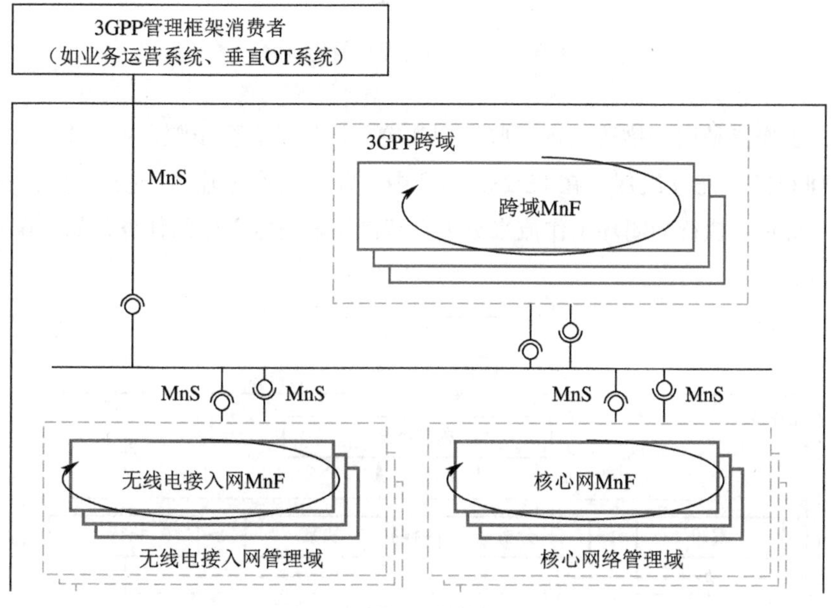

图 6-11　3GPP SBMA 架构

2. 3GPP自智网络分级定义

3GPP自智网络分级定义标准应用于无线通信领域，包括核心网与无线电接入网。在3GPP R16（Release 16，发布版16）中，SA5对自智网络进行了标准研究，相应内容在TR（Technical Report，技术报告）28.810[14]中。在3GPP

R17中，SA5正式发布了自智网络分级标准规范TS 28.100[15]，其中包括自智网络等级的概念、用例和解决方案，并明确自治网络的复杂程度取决于其管理范围，自治网络的管理范围如图6-12所示。3GPP的网络自治通用流程、自治等级评估方法论与TM Forum自智网络分级规范保持了协同。

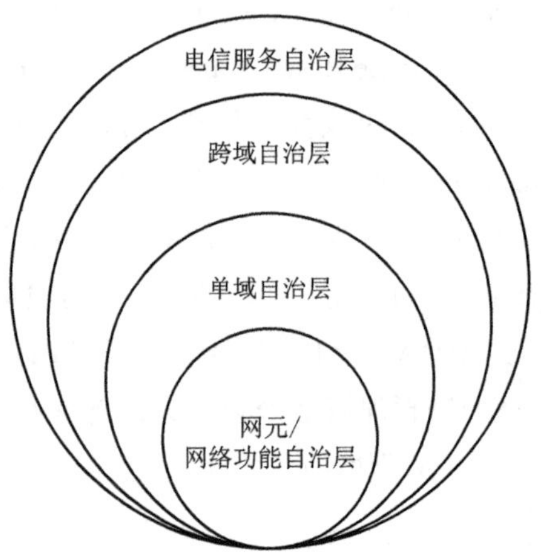

图6-12　不同管理范围的自治

工作流是用于描述实现某些管理和控制目的的必要步骤，由一个或多个管理和控制任务组成。在TS 28.100[15]中，以意图作为输入，按照感知、分析、决策、执行的闭环工作流来分类自智网络等级定义中的任务，如图6-13所示。

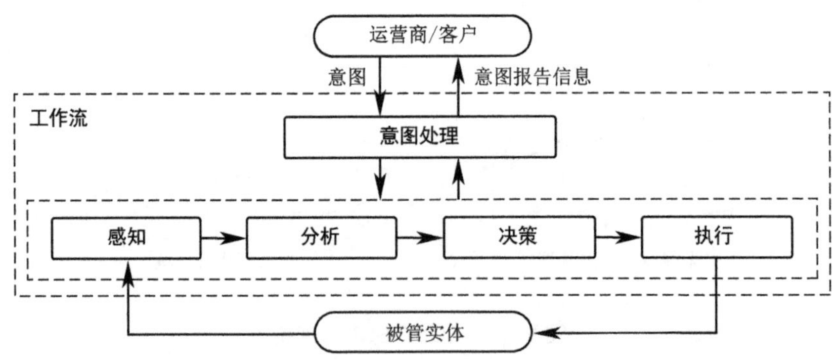

图6-13　用于评估自智网络等级的工作流中任务分类

每个工作流任务可以由人工完成，也可以由通信系统在人工协助下完成，还可以由通信系统在没有人工干预的情况下完成。工作流中任务的自治功能可能会影响自智网络等级。这些等级描述了自治能力在网络管理工作流中的应用

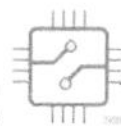

级别，人和通信系统在网络管理工作流程中的参与是评估网络自治水平的重要因素。对于每个等级，需要明确哪些任务可以由通信系统执行，哪些任务可以由人执行，哪些任务可以由人和通信系统合作执行，其基于人机分工与闭环流程的分级定义逻辑参考了TM Forum分级框架。TS 28.100[15] 自智网络等级定义在TM Forum分级方法论的基础上，进一步细化了本领域的分级能力，图6–14给出了网络优化方面的一个示例。

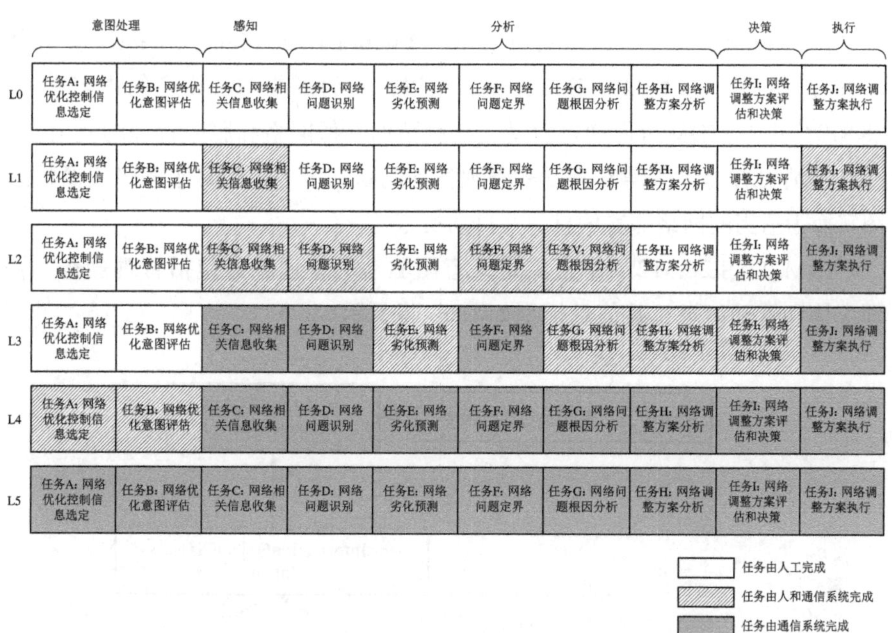

图 6–14　用于网络优化的通用自智网络等级分类示例

3. 3GPP 自智网络闭环管理

在3GPP R16中，SA5定义了开放控制环路和封闭控制环路的概念、相关用例，以及闭环通信服务保障的要求和模型（相应内容在TS 28.535[16] 和TS 28.536[17] 中）。在3GPP R17中，SA5启动了一个关于增强闭环业务要求保障的项目即SLS（Service Level Specification，服务等级规范）。通信服务保障适用于通信业务生命周期的不同阶段，包括准备、调测、操作和退网。对于通信服务保障，有两种管理控制环路：在CSC（Communication Service Customer，通信服务消费者）与CSP之间，以及在CSP与NSP（Network Slice Provider，网络切片提供者）之间。控制环路由监测、分析、决策、执行4个环节组成，如图6–15所示。

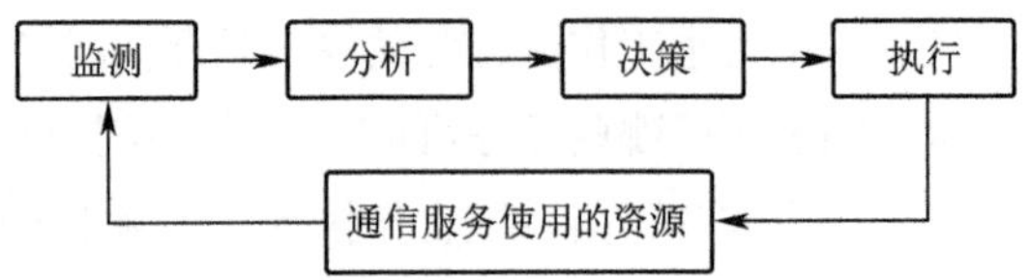

图 6-15　管理控制环路通信服务保障总体流程

4. 3GPP 自智网络意图驱动管理

在3GPP R17中，SA5研究了IDM（Intent Driven Management，意图驱动管理）的概念、场景和解决方案，用以简化管理接口（相应的内容在TR 28.812[18]中）。IDM可以通过自动化机制帮助降低网络和服务管理的复杂性，允许其消费者提供所需的意图来管理移动网络和服务。IDM服务供应商将意图转换为适当的网络部署信息，并自动实施。

IDM在TS 28.312[19]中正式定义意图驱动的管理服务包括管理操作、管理实体和管理信息，其信息模型如图6-16所示。

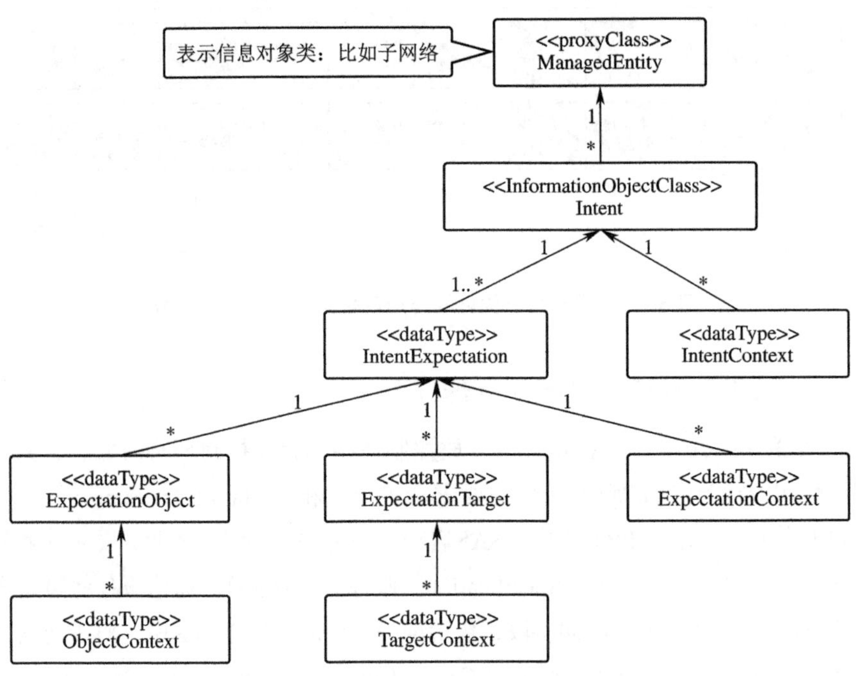

图 6-16　意图信息模型 UML 关系图

5. 3GPP SON 自动化

SON 自动化对运营商管理复杂的5G网络非常重要，尤其是在保持最佳性

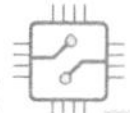

能效率方面。随着人工智能和大数据的发展，5G SON能够处理数天、数周、数月及以后收集的大量管理数据，以创建提高网络性能和效率所需的自配置和自修复、自优化操作。在3GPP R16中，SA5明确了5G SON的概念、用例、需求和解决方案，包括ANR（Automatic Neighbour Relation，自动邻区关系）管理、PCI（Physical Cell Identifier，物理小区标识）配置、RACH（Random Access Channel，随机接入信道）、MRO（Mobility Robustness Optimization，移动鲁棒优化）和节能（相应内容在TS 28.313[20]和TS 28.541[21]中）。在3GPP R17中，SA5继续研究5G SON的用例、需求和解决方案，包括3GPP网络功能自建立、集中容量和覆盖优化、负载均衡优化、NSI（Network Slice Instance，网络切片实例）资源分配优化、MRO增强和切换优化增强。

6. 3GPP 自智网络数据分析服务

在3GPP R17中，SA5 TS 28.104[22]定义了MDAS（Management Data Analytics Service，管理数据分析服务）的概念、用例、需求和解决方案的规范，包含管理功能MDAF（Management Data Analytic Function，管理数据分析功能）和对应的标准接口。MDAS构成管理环路的一部分，结合人工智能和机器学习技术，实现网络服务管理和编排的智能化及自动化。

SA2在5G阶段1中引入控制面网元NWDAF，定位为实时的个人数据、会话和切片网络数据分析。图6-17所示是R17中5G核心网智能化总体框架。

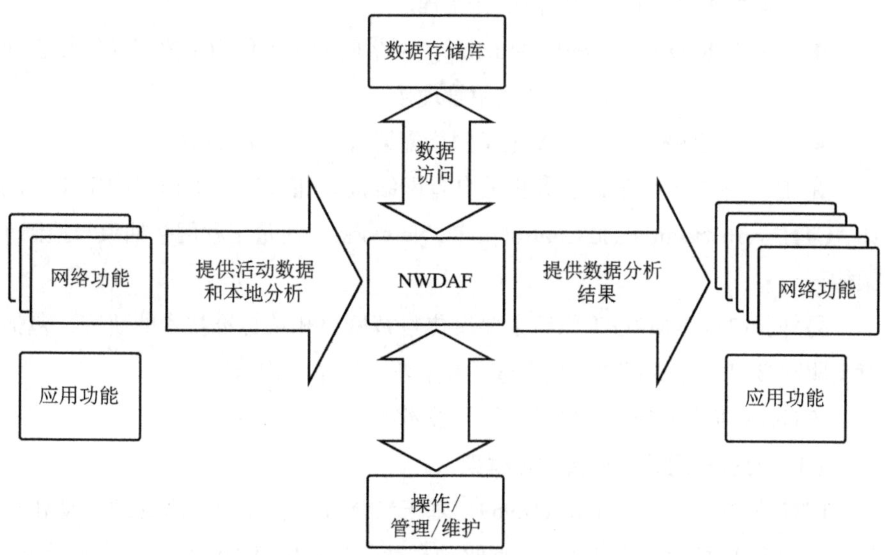

图 6-17　5G 核心网智能化总体框架

NWDAF可以与OAM（Operation，Administration and Maintenance，运行、管理与维护）、AF（Application Function，应用功能）和NF（Network Function，网络功能）交换信息，还可以从UDR（Unified Data Repository，统一数据存储库）访问网络数据。根据收集的数据，NWDAF进行数据分析，并将分析结果提供给AF、NF和OAM。NWDAF可以服务属于一个或多个域的用例，例如QoS、流量引导、维护、安全。

6.1.3 传送、接入与承载领域

传送、接入与承载领域的自智网络国际标准涉及多个标准组织，主要包括IETF OPS Area相关工作组、IRTF NMRG、ETSI ISG F5G。

1. IETF/IRTF组织自智网络标准

IETF OPS Area是IETF中负责运营和管理域标准制定的组织，其中多个工作组定义了自智网络相关标准。

- OPS Area工作组OPSAWG（Operations and Management Area Working Group，运维域工作组）是该领域的联合工作组，定义了自智网络模型架构与相关意图模型接口。
- ANIMA（Autonomic Networking Integrated Model and Approach，自主网络集成模型与方法）工作组主要聚焦于定义自动网络管理和控制专业管理网络的互操作协议和流程。
- NETMOD（Network Modeling，网络模型）工作组主要定义网络管理相关的接口元模型以及通用管理接口模型。
- NETCONF工作组主要定义网络配置管理协议相关标准。

在IETF标准组织中，业务相关自智网络接口在各领域工作组中定义，比如ACTN（Abstraction and Control of TE Networks，流量工程网络抽象与控制）架构。

另外，IRTF NMRG工作组主要聚焦自智网络相关标准技术的研究，包括意图驱动接口、性能管理意图模型、数字孪生网络架构研究等。

IETF/IRTF定义的自智网络的主要技术如下。

（1）业务和网络管理自动化框架

IETF在2021年发布了RFC 8969[23]基于YANG的业务和网络管理自动化框架（如图6-18所示），定义了模型驱动自动化自智网络架构设计理念和目标：模型分层和内容表达、自顶向下业务发放流程、自底向上业务保证、模型编排协同、实现端对端跨层、跨域的业务发放等内容。该自动化框架的编排器对应

TM Forum的业务运营层，控制器和设备等对应TM Forum的资源运营层。

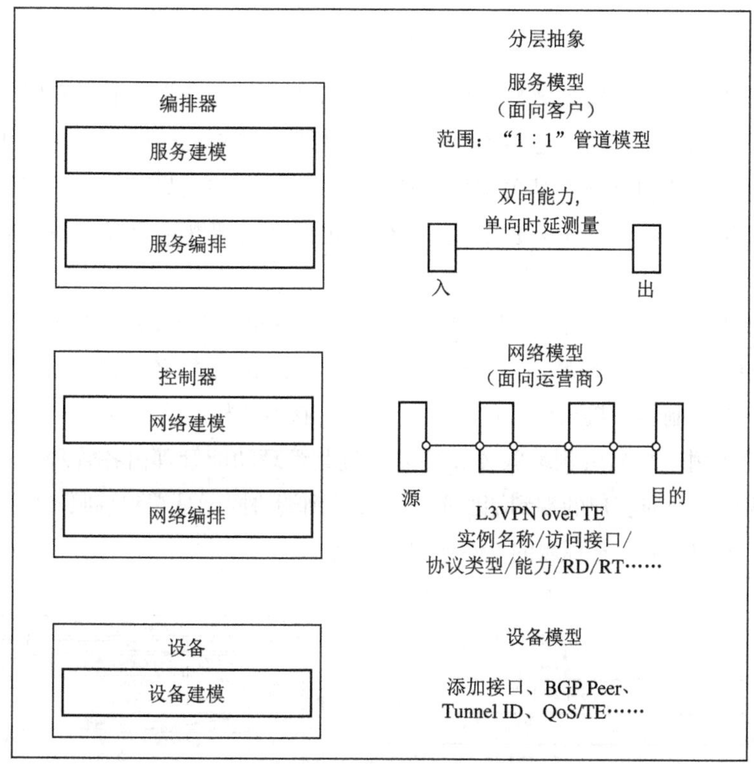

图 6-18　基于 YANG 的业务和网络管理自动化框架

（2）自智网络关键技术研究

2015年IRTF NMRG发布了RFC 7575[24]自主网络定义和设计目标，在这篇标准中给出了意图的定义：用于操作网络的抽象、高级策略，它的范围是一个自治域（如企业网络），不包含特定节点的配置或信息。2017年，IRTF NMRG启动意图驱动网络定义标准化，采纳了意图驱动网络的理念，意图驱动也成为NMRG标准化的一个重要方向。目前，NMRG 自智网络相关工作包括意图分类、数字孪生网络、基于意图的测量等。

（3）意图驱动接口

在意图驱动接口定义方面，IETF并不限于概念定义，也定义了系列意图接口。比如，2018年发布的RFC 8299[25]中定义了L3SM（Layer 3 Virtual Private Network Service Model，L3VPN服务模型），2018年发布的RFC 8466[26]定义了L2SM（Layer 2 Virtual Private Network Service Model，L2VPN服务模型），2022年发布的RFC 9182[27]定义了L3NM（Layer 3 Virtual Private Network

Network Model，L3VPN网络模型），二层VPN的网络接口模型的定义工作也已经被OPAWG接纳。

2. ETSI ISG F5G 自智网络标准

ETSI ISG F5G聚焦第5代固定网络的标准，从端到端的角度发展基于光纤的网络标准化，确定主要的使用案例和要求。ETSI ISG F5G于2020年成立之初就把自智网络作为其关键研究课题之一，当前主要聚焦F5G端到端管理与控制架构等标准，未来也会就第5代固定网络自智网络等级评估标准进行定义。

F5G006[28]定义的端到端管理与控制架构与ZSM架构关系如图6-19所示。在ZSM架构中，管理域通过其管理功能管理其域内的服务。F5G域控制器包括用户网控制器、接入网控制器、汇聚网控制器和核心网控制器，是ZSM管理域的实例。ZSM端到端服务管理域通过其管理功能管理由各管理域管理的服务组成的面向客户的端到端服务，F5G端到端协同器是端到端服务管理域的实例，管理跨多个管理域的F5G端到端业务。

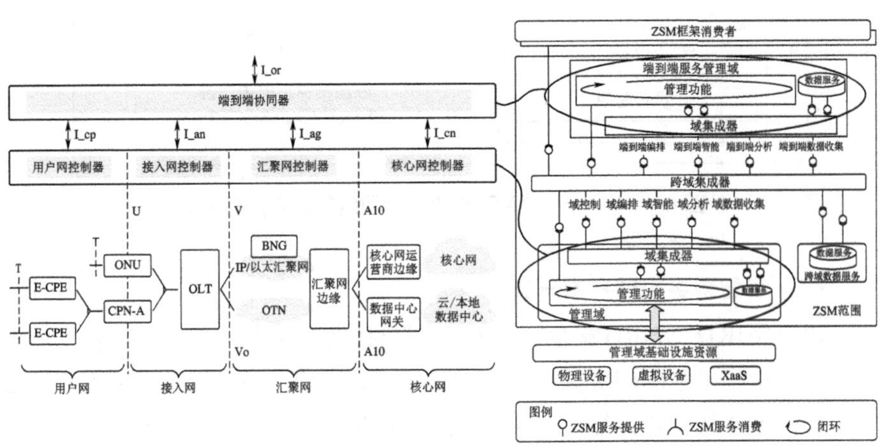

图 6-19　F5G 端到端管理与控制架构与 ZSM 架构关系

6.2　国内标准概况

2021年7月，CCSA TC7（Technical Working Committee 7，第7技术工作委员会）召开了自智网络专题联席会议，中国的三大运营商和众多厂商、国内高校、智库等与会，共同制定了“信息与通信网络智能运营管理”系列标准的框架，同年CCSA正式确定将“自智网络”作为该系列标准的国内统一术语。随后在2021年和2022年，先后召开了多次自智网络专题联席会议，进一步完

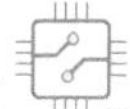

善了标准体系框架，立项内容覆盖分级、评估、架构、接口、关键技术等多个方向。其中分级标准包括分级和分级评估两个系列，每个系列都包含通用部分和专业部分，部分标准已进入报批或者送审阶段。作为产业发展推动组织，CCSA TC610已宣布要立项自智网络相关项目，确定了具体工作内容、目标、思路和规划。CCSA TC7自智网络标准组织如图6-20所示。

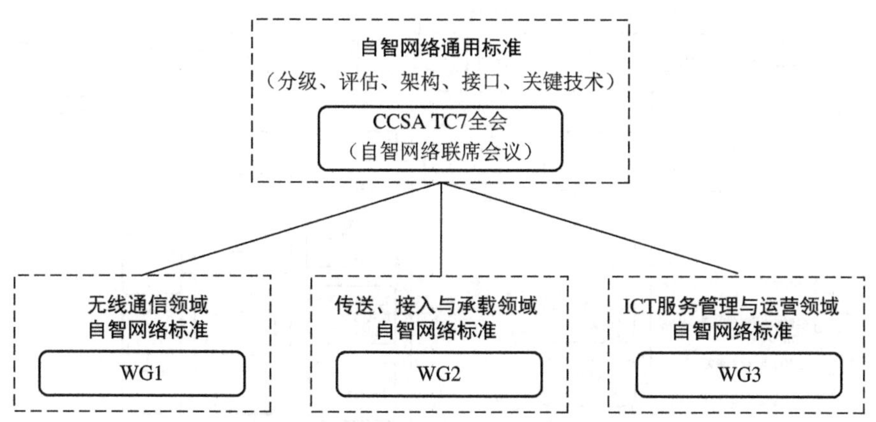

图 6-20　CCSA TC 7 自智网络标准组织

CCSA TC7 自智网络联席会议聚焦自智网络通用标准，包括分级、架构、评估、接口、关键技术等标准。CCSA TC7 WG1（Working Group 1，第1工作组）聚焦无线通信领域自智网络标准、CCSA TC7 WG2聚焦传送、接入与承载领域自智网络标准，WG3聚焦ICT服务管理与运营领域自智网络标准。CCSA TC7第5次联席会刷新了自智网络标准体系，如图6-21所示。

信息通信网智能化运营管理标准体系由若干子系列标准组成，包括信息通信网智能化运营管理架构系列标准、智能化运营管理需求与用例系列标准、运营管理智能化水平分级系列标准、运营管理智能化水平评估方法系列标准、智能化运营管理接口系列标准和智能化关键技术系列标准。

6.2.1　通用标准

在CCSA TC7中，通用自智网络标准在TC7联席会议中被定义和讨论，当前其系列标准正处于征求意见和送审阶段，通用分级已经报批，此处以表格的形式给出相关标准，如表6-5所示，具体请参考CCSA标准网站。

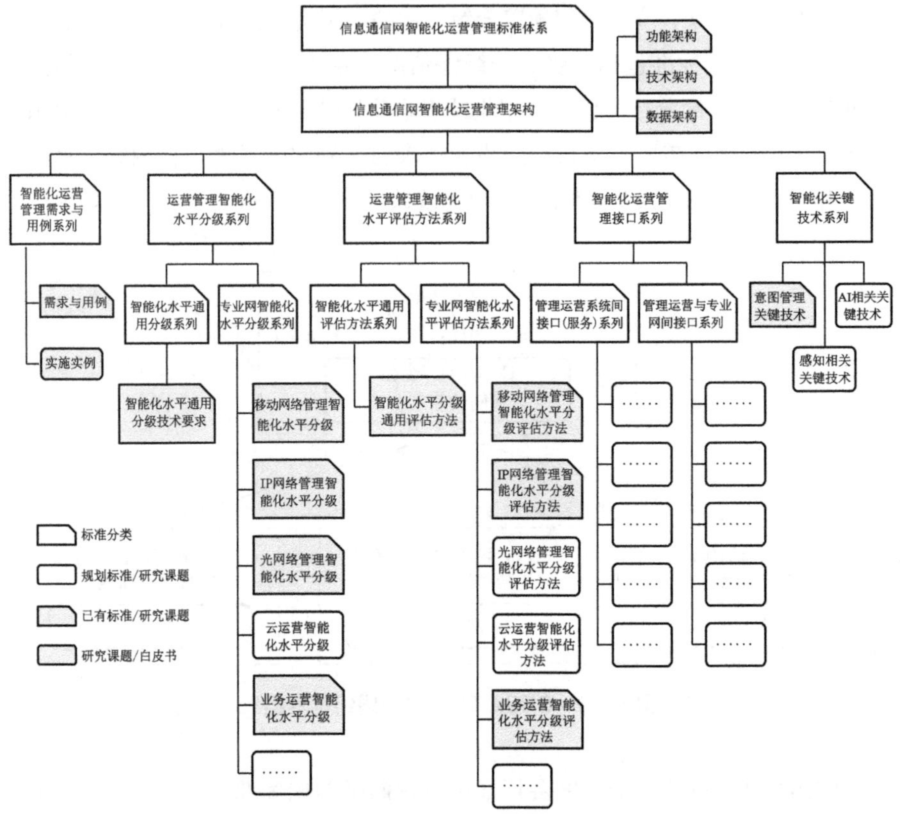

图 6-21　自智网络标准体系（信息通信网智能化运营管理）

表 6-5　CCSA 通用自智网络标准

标准分类	标准项目名称	项目类型
架构	信息通信网智能化运营管理架构　功能架构	行业标准
	信息通信网智能化运营管理架构　技术架构	行业标准
	信息通信网智能化运营管理架构　数据架构	行业标准
	自智网络体系架构	行业标准
分级	信息通信网运营管理智能化水平分级技术要求　通用部分	行业标准
	信息通信网运营管理智能化水平分级评估技术要求　通用部分	行业标准
意图	自智网络中意图转译的方法与流程研究	研究课题
	自智网络通用意图管理技术研究	研究课题

（续表）

标准分类	标准项目名称	项目类型
关键技术	自智网络知识管理技术要求	行业标准
	自智网络异常及风险管理技术研究	研究课题
	自智网络可信评估技术研究	研究课题

6.2.2　移动通信领域

无线通信领域自智网络标准由CCSA TC7 WG1定义，已经覆盖需求用例、分级、意图接口等方向，当前分级标准已经报批，其他文稿正处于征求意见和送审阶段，此处以表格的形式给出相关标准，如表6-6所示，具体请参考CCSA标准网站。

表 6-6　CCSA TC7 WG1 无线通信领域自智网络标准

标准分类	标准项目名称	项目类型
需求用例	信息通信网智能化运营管理需求与用例　无线网络运维	行业标准
	信息通信网智能化运营管理需求与用例　5G RAN节能管理	行业标准
分级	信息通信网运营管理智能化水平分级评估技术要求　移动通信网	行业标准
	信息通信网运营管理智能化水平分级技术要求　移动通信网（第一阶段）	行业标准
	信息通信网运营管理智能化水平 5G核心网分级技术研究	研究课题
意图接口	核心网络意图管理研究报告	研究课题
	无线意图管理服务技术要求	行业标准

6.2.3　传送、接入与承载领域

传送、接入与承载领域自智网络标准由CCSA TC7 WG2定义，已经覆盖需求用例、分级、意图接口等方向，当前分级标准已经报批，其他文稿正处于征求意见和送审阶段，此处以表格的形式给出相关标准，如表6-7所示，具体请参考CCSA标准网站。

表 6-7　CCSA TC7 WG2 传送、接入与承载领域自智网络标准

标准分类	标准项目名称	项目类型
需求用例	信息通信网智能化运营管理需求与用例　光网络维护	行业标准
	信息通信网智能化运营管理需求与用例　切片分组网络（SPN）维护	行业标准
分级	PTN/SPN 网络运营管理智能化水平分级能力研究	研究课题
	光网络管控与运营智能化水平分级能力研究	研究课题
	信息通信网运营管理智能化水平分级技术要求　IP 网络	行业标准
	信息通信网运营管理智能化水平分级评估技术要求　IP 网络	行业标准
意图接口	信息通信网智能化运营管理的接口技术研究　光网络	研究课题
	信息通信网智能化运营管理的接口技术研究　切片分组网络（SPN）	研究课题

6.3　跨组织标准合作

TM Forum认为，对自智网络的概念、愿景、框架和关键议题进行跨组织对齐，并就未来工作的职责和协作进行讨论，能更好地推进自智网络产业。2020年9月28日至今，TM Forum召集多方标准组织的自智网络技术合作会议已经例行化，GSMA、NGMN（Next Generation Mobile Network，下一代移动网）、ETSI ISG ENI（Industry Specification Group Experiential Networked Intelligence，体验式网络智能工作组）、ETSI ISG NFV（Industry Specification Group Network Functions Virtualization，网络功能虚拟化工作组）、ETSI ISG OSM（Industry Specification Group Open Source Management and Orchestration，开源管理域编排器工作组）、ETSI ISG MEC（Industry Specification Group Multi-access Edge Computing，多路访问边缘计算工作组）、ETSI ISG F5G、ETSI ZSM ISG、3GPP SA5、CCSA TC7、IRTF NMRG、ITU-T FG-AN（ITU-T for ITU Telecommunication Standardization Sector Focus Group on Autonomous Networks，国际电信联盟电信标准化部门自智网络焦点组）、IEEE等组织与会。讨论分为如下两个系列。

第一，跨组织管理事务的管理会议，由各组织的领导者参加。

第二，公开的技术研讨会，面向各组织的公司代表，重点讨论以下议题：

- 标准化全景图；
- 自智网络的运维用例；

◆ 通用运维原则；

◆ 关键技术，如意图、闭环、自治级别、自治/管理域。

全球技术专家在AN Multi-SDO上的交流，使各组织对行业中正在开展的自智网络标准化活动有了及时和广泛的了解，也识别出了具体的技术合作方向。目前在AN Multi-SDO的协同支撑下，自智网络分级标准在业界达成广泛共识，TM Forum、3GPP等已经发布自智网络分级标准，CCSA通用分级标准也已经进入报批阶段。从2022年开始，多标准组织之间的合作协同逐步深入，推敲细节，也希望更多的相关组织能够积极加入进来，期待能够为业界端到端实践给出更全面的指导和牵引。

参考文献

[1] TM Forum. Autonomous networks business requirements and framework v2.0.0 [R/OL]. (2021−07−26) [2022−09−22]. IG1218.

[2] TM Forum. Autonomous networks technical architecture v1.0.0 [R/OL]. (2021−01−19) [2022−09−22]. IG1230.

[3] TM Forum. Autonomous networks reference architecture v1.0.0 [R/OL]. (2021−11−20) [2022−09−22]. IG1251.

[4] TM Forum. Autonomous network levels evaluation methodology v1.1.0 [R/OL]. (2021−12−17) [2022−09−22]. IG1252.

[5] TM Forum. Intent in autonomous networks v1.0.0 [R/OL]. (2021−07−26) [2022−09−22]. IG1253.

[6] TM Forum. Intent common model v1.0.0 [R/OL]. (2021−07−26) [2022−09−22]. IG1253A.

[7] TM Forum. Intent extension models v1.0.0 [R/OL]. (2021−07−24) [2022−09−22]. IG1253B.

[8] TM Forum. Intent life cycle management and interface v1.0.0 [R/OL]. (2021−01−26) [2022−09−22]. IG1253C.

[9] TM Forum. Intent mmanager capability profiles v1.0.0 [R/OL]. (2021−01−24) [2022−09−22]. IG1253D.

[10] TM Forum. Intent management API profile v1.1.0 [R/OL]. (2022−05−30) [2022−09−22]. TMF921A.

[11] ETSI. Zero-touch network and service management (ZSM) ; Requirements based on documented scenarios v1.1.1 [R/OL]. (2019−10) [2022−09−22]. GS ZSM 001.

[12] ETSI. Zero-touch network and service management (ZSM) ; Reference Architecture

v1.1.1 [R/OL]. (2019–08) [2022–09–22]. GS ZSM 002.

[13] 3GPP. Architecture framework v17.2.0 [R/OL]. (2022–03–22) [2022–09–22]. TS 28.533.

[14] 3GPP. Study on concept, requirements and solutions for levels of autonomous network v17.0.0 [R/OL]. (2020–09–25) [2022–09–22]. TR 28.810.

[15] 3GPP. Levels of autonomous network v17.1.0 [R/OL]. (2022–03–22) [2022–09–22]. TS 28.100.

[16] 3GPP. Management services for commu-nication service assurance; Requirements v17.5.0 [R/OL]. (2022–06–16) [2022–09–22]. TS 28.535.

[17] 3GPP. Management services for communication service assurance, Stage 2 and stage 3 v17.4.0 [R/OL]. (2022–06–24) [2022–09–22]. TS 28.536.

[18] 3GPP. Telecommunication management, study on scenarios for Intent driven management services for mobile networks v17.1.0 [R/OL]. (2020–12–26) [2022–09–22]. TR 28.812.

[19] 3GPP. Intent driven management services for mobile networks v17.1.0 [R/OL]. (2022–06–15) [2022–09–22]. TS 28.312.

[20] 3GPP. Self-organizing networks (SON) for 5G networks v17.5.0 [R/OL]. (2022–06–16) [2022–09–22]. TS 28.313.

[21] 3GPP. 5G network resource model (NRM), stage 2 and stage 3 v17.7.0 [R/OL]. (2022–06–23) [2022–09–22]. TS 28.541.

[22] 3GPP. Study on enhancement of management data analytics v17.1.0 [R/OL]. (2022–06–15) [2022–09–22]. TS 28.104.

[23] IETF. A framework for automating service and network management with YANG [R/OL]. (2021–03–31) [2022–09–22]. RFC 8969.

[24] IETF. Autonomic networking: definitions and design goals [R/OL]. (2018–12–20) [2022–09–22]. RFC 7575.

[25] IETF. YANG data model for L3VPN service delivery [R/OL]. (2019–05–14) [2022–09–22]. RFC 8299.

[26] IETF. A YANG data model for layer 2 virtual private network (L2VPN) Service Delivery [R/OL]. (2020–01–21) [2022–09–22]. RFC 8466.

[27] IETF. A YANG network data model for layer 3 VPNs [R/OL]. (2022–02–15) [2022–09–22]. RFC 9182.

[28] ETSI. Fifth generation fixed network (F5G) ; End-to-end management and control [R/OL]. (2022–09–08) [2022–09–22]. GS F5G 006.

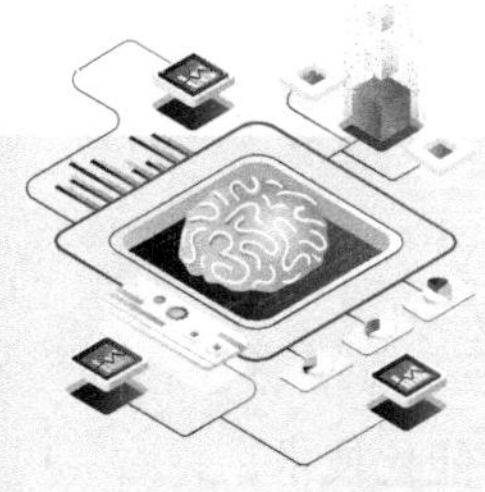

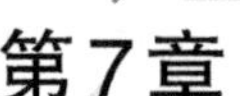

第7章 自动驾驶网络的分级评估

本书1.5节对华为自动驾驶网络的代际定义和整体分级框架进行了简要说明，第6章的业界标准部分对自智网络分级标准的产业共识进行了相关介绍。在自动驾驶网络落地实践中，应该如何基于分级标准来牵引华为各产品领域逐步实现“自动、自愈、自优、自治”的愿景目标呢?

在TM Forum自智网络白皮书3.0[1]中，产业界提出了基于“迭代演进循环”的自智网络实现方法，如图7-1所示。

图7-1 自智网络实现方法：迭代演进循环

自智网络能力迭代演进，通过3个步骤循环，推动自智网络按照L1~L5的代际持续迭代，不断提升网络运营运维的自动化、智能化能力。

1. 分级评估与短板识别

对当前自智网络开展自动化、智能化能力的量化评估、识别共性问题和能力短板，并针对这些问题和短板制定改进措施和实施计划。

2. 系统建设与协调规划

加强跨专业网络OSS的统一规划和更新，同时进一步细化各专业网络设备的能力要求和技术规范，引导设备厂商提升设备自智能力。

3. 应用试点与复制推广

通过与设备厂商和OSS厂商合作，积极引入先进的自动化、智能化技术，在局点或子网进行试点，再进行规模推广。在新应用部署之后，循环进入第二轮等级评估，持续迭代。

由此可见，在实现自智网络的过程中，需要对自智网络进行全面、客观的分级评估，准确地测评出当前自智网络的能力等级水平，这样才能基于分级评估的输出结果，开展短板分析识别以及后续的系统能力建设等工作。

华为自动驾驶网络参考业界自智网络实现方法论，在各产品领域例行开展分级评估工作。总体来说，对自动驾驶网络进行分级评估的主要目的如下。

- 评估现状水平：全面、客观地量化测评各产品领域自动驾驶网络的当前等级水平，判断等级目标达成情况和与目标的差距。
- 识别改进需求：基于分级标准中的具体范围和要求，识别能力短板和系统改进需求，推动网络向自动化、智能化方向演进。

华为自动驾驶网络的分级标准和评估，基于TM Forum整体分级框架，在如下4个方面进行细化和实践，7.1 ~ 7.4节具体介绍这几个方面。

- 分解运维流程与运维任务：基于TM Forum认知活动闭环，分解定义运维流程/子流程和运维任务。
- 细化运维任务人机分工要求：将分级框架中的P（人工）、P/S（系统半自动）、S（系统全自动）细化为明确的人机协同分工要求。
- 明确评估对象的选定场景：将分级框架中的选定场景作为评估范围进行明确定义。
- 等级评估方法和示例：分级标准定义后，还需要明确可操作的评估方法，这样就可以基于分级标准实施等级评估活动。

7.1 分解运维流程与运维任务

对自动驾驶网络进行全面、客观的等级评估是一个非常复杂的问题，对于复杂问题，各行各业的一般处理方法是参考诺依曼思维模型对复杂问题进行分解，然后对分解后的问题进行求解，每个分解后的问题都解决了，那么复杂的问题就解决了。比如评估一颗钻石的等级，可分解为重量、净度、色泽、切工4个具体的评估项；评估一名学生的学习成绩，可以分解为数学、英语、语文、物理、化学等各科成绩；评估一辆汽车自动驾驶等级，要从加速、刹车、

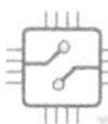

转向、环境监测、紧急情况决策和处理等驾驶任务进行评估；等等。

而自动驾驶网络的等级评估问题比以上问题更复杂，需要对自动驾驶网络全生命周期运维活动进行分解。经过业界实践和讨论，在TM Forum IG1252标准[2]中，针对自智网络的分级标准定义，提出了基于运维流程（Operation Flow）→运维子流程（Sub Operation Flow）→运维任务（Task）的3层分解架构，分解架构如图7-2所示。基于此架构分解完成后，"自智网络如何评级"这一复杂问题就被分解为很多个类似"故障识别的任务是不是自动化的"相对简单的问题，这样就比较容易给出相对客观的评估结果。

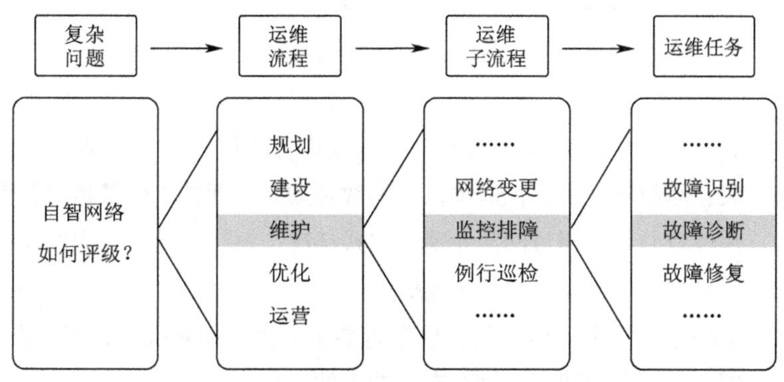

图 7-2　分解架构

自动驾驶网络分级标准也参考了这一分解架构，并结合华为各产品领域的相关运维流程和任务进行细化。

运维流程/子流程到运维任务的分解过程中的目的和原则如下。

1. 划分运维流程/子流程

目的：识别网络运维的主要生产实践活动，归纳运维流程（如规划、建设、维护、优化、运营等）和子流程（如网络变更监控排障、例行巡检等），便于针对这些运维流程/子流程制定分级标准。

原则：完整性和可闭环。

- 完整性：运维流程/子流程需要覆盖向自动化、智能化演进的网络运维的主要生产流程和活动。
- 可闭环：每个运维子流程可以覆盖"意图/体验、感知、分析、决策、执行"的认知闭环，比如"定界定位"不是一个运维子流程，只是一个"分析"类型的运维任务。

2. 将运维子流程展开到运维任务

目的：准确、全面、客观地评估运维子流程等级，需要将运维子流程进一步分解为运维任务。

原则：完整性、均衡性、唯一性。

- ◆ 完整性：参照TM Forum定义的认知活动（意图/体验、感知、分析、决策、执行），对各运维子流程进行运维任务分解，不存在关键运维任务遗漏。例如，在监控排障中，将“分析”活动细分为“定界定位”“方案生成”等运维任务。另外，运维任务本身无须再细分为认知活动，如果认为某个运维任务粒度比较大，可以在定义运维任务时根据需要细分为两个任务，在评估过程中无须再细分。
- ◆ 均衡性：每个运维任务的划分粒度相对均衡，不存在划分粒度过大或者过小的情况。粒度太大时，运维任务不够具象，评估误差相对较大；而粒度太小时，运维任务的数量太多，评估工作量相对较大且通用性较差。根据目前产业落地实践情况，每个运维子流程的运维任务数量建议控制在5~10个比较合适。
- ◆ 唯一性：每个运维任务在整个运维子流程中相对唯一，不存在重复，即运维任务之间不应该存在功能上的交集。

基于以上分解过程和原则，结合华为各产品领域业务情况，自动驾驶网络运维流程/子流程划分建议如表7-1所示。

表 7-1　自动驾驶网络运维流程 / 子流程划分

运维流程/子流程		描述
规划	01 网络规划	根据客户商业意图、业务发展目标、网络建设/扩容计划、分析预测的网络容量等需求，输出网络规划方案，并根据网络规划方案结合现网勘测情况、设备采购选型、解决方案组网技术要求等因素，输出网络设计方案
建设	02 设计部署	根据网络规划结果，完成集成设计与数据制作、软硬件安装、网络配置与调测/优化等，输出验收报告，通过验收标准，满足运维条件
维护	03 监控排障	根据客户运维策略（如重保地区），结合设计部署、业务开通结果，设置监控规则，对网络状态、质量进行实时监测，及时发现网络故障或隐患，并进行定界定位，分析问题根因并进行业务快速恢复、故障修复或隐患消除

（续表）

运维流程/子流程		描述
维护	04 例行巡检	根据现网维护目标，对网络基础设施进行主动定期巡检与测试等，及时发现并消除存在的故障或隐患，维持网络的健康水平，从而使网络能够长期安全、稳定、可靠地运行，满足业务需求
	05 网络变更	根据监控排障、网络优化、设计部署产生的网络变更诉求（如业务割接、软件升级/打补丁、设备替换、拓扑调整等），分析对用户业务的影响，输出变更约束（如时间窗、业务可中断时间等），制定网络变更方案（如变更时间、变更网元、操作步骤、验证方案、回退方案等）并实施，完成变更请求处理和验证
优化	06 网络优化	根据网络性能测试、客户投诉/反馈、专题分析、资源利用情况等，制定网络优化方案并实施，满足用户的业务体验、运营商的资源（如带宽、能耗等）利用率等要求
运营	07 业务开通	根据用户业务开通/变更请求，进行资源分配/决策、下发相关配置到网络并进行业务激活和SLA验证，完成用户业务开通/变更
	08 网络投诉	针对用户对网络类投诉（如业务重点故障、质差问题等）的情况，进行相关网络故障分析和处理，并进行投诉预警预测
资源管理	09 资源数据管理	针对规划、建设、维护、优化、运营中相关的有源资源和无源资源数据，统一进行采集、关联分析、核查等管理

其中，以“03 监控排障”为例，其运维任务展开如表7–2所示。

表 7–2　监控排障运维任务

运维任务	描述
①意图翻译	根据重保业务/重保客户等监控保障诉求，以及设计部署、业务开通流程的SLA保障策略，确定网络监控规则［如监控区域、监控对象（如网元或业务）、告警类别、告警级别、KPI类别、KPI异常上报告警策略等］，系统基于网络监控规则进行监控
②故障识别	对网络运行数据及外部时空数据进行监测和分析，及时发现网络中已经发生的计划外的服务中断或服务质量下降
③隐患预测	对网络运行数据及外部时空数据进行监测和分析，预测网络软硬件状态发展趋势，提前发现可能导致异常的潜在隐患
④定界定位	根据识别的故障和隐患相关信息进行问题定界。对于跨域场景定界到具体的技术域，对于单域场景定界到具体的网元。根据问题定界结果进一步定位到问题发生的具体的软硬件原因（配置、单板、光模块等），能够支撑修复方案的生成，尽快修复业务。同时，分析故障/隐患带来的业务影响（如影响哪些基站、哪些用户），并进行相应的影响性通告

（续表）

运维任务	描述
⑤方案生成	根据问题定界定位结果生成若干备选修复（包括业务抢通恢复）方案（如修改配置、重启网元、更换单板、网元隔离等）
⑥评估决策	对备选修复方案进行综合评估（如修复方案是否可以解决问题、修复代价是否可以接受、对网络是否有其他影响等），并给出最优方案
⑦方案实施	按照评估决策后的最优方案执行故障修复和隐患消除动作，对于远程可修复故障/隐患，下发修复操作到网络或对硬件类故障进行网元/链路隔离；对于不可远程修复的故障/隐患，通过人工下站更换/插拔单板/光模块等方式解决（注：必须人工下站的换板等操作不在自动驾驶网络评估范围内）
⑧业务验证	故障修复和隐患消除动作执行后，对执行结果进行验证和确认，如业务中断是否恢复、质量劣化是否恢复、告警和KPI异常是否消除

以上是华为自动驾驶网络运维流程/子流程与运维任务的通用划分，各产品领域可根据实际业务诉求和范围进行一定的定制及扩展。

7.2 细化运维任务人机分工要求

在自动驾驶网络分级框架中，P（人工）、P/S（系统半自动）、S（系统全自动）只对人机分工方式进行了类型划分，没有明确人与系统的职责分工以及如何进行协同和配合，如“系统基于运维人员定义的静态规则（如固定阈值等），自动完成故障识别”就是对“P/S（系统半自动）”的细化分工和协同描述。所以，运维流程/子流程与运维任务分解完成后，下一步需要参考自动驾驶网络代际划分，细化定义各等级中运维任务的人机分工要求。

定义运维任务人机分工要求的目的和原则如下。

目的：对自动驾驶网络L1~L5等级的各运维任务人机分工要求和协同方式进行细化定义，有效指导后续的等级评估活动。

原则：人机分工、用户感知、抽象原则。

- 人机分工：参考分级框架，依据人和系统的分工来细化定义，而不是通过其他因素（如成效指标）来定义。
- 用户感知：从用户可感知的角度描述，不限制系统内部采用哪种具体的技术方案（如知识图谱、数字孪生等）。
- 抽象原则：需要具有一定的抽象性和普适性，能适应不同的产品领域与业务场景。

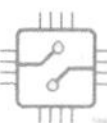

以7.1节中的“03 监控排障”运维子流程为例，其运维任务在各等级下的人机分工要求细化定义如表7-3所示（注：该示例中暂未定义L5的人机分工要求）。

表 7-3　监控排障的人机分工要求定义

任务	L1的人机分工要求	L2的人机分工要求	L3的人机分工要求	L4的人机分工要求
①意图翻译	人工配置监控规则	人工设计监控规则模板，系统根据人工选择的模板进行监控	人工输入业务意图（如监控区域、重保客户、KQI等），系统自动转换监控规则建议，由人工调整	人工输入业务意图（如监控区域、重保客户、KQI等），系统自动转换监控规则进行监控
②故障识别	系统采集数据（如告警、KPI），人工识别故障	人工定义规则（如告警相关性、KPI阈值），系统自动识别故障	系统自动识别故障	系统自动识别故障
③隐患预测	系统采集数据，人工逐项排查，人工判断潜在隐患	人工定义规则（如健康性检查规则、KPI阈值），系统自动检查，人工判断潜在隐患	系统预测网络状态趋势，定性粗略识别潜在隐患（如某端口可能发生弱光故障），由人工确认	系统预测网络状态趋势，定量精准识别潜在隐患［如某端口90%的可能性（置信度）在一周内出现弱光故障］
④定界定位	人使用系统辅助定界定位（如连通性测试、报文/操作日志分析等）	人工定义规则（如关联规则），系统自动定界定位，由人工确认	系统自动给出一个或多个疑似原因并排序，由人工确认；自动给出受影响的业务列表和影响程度（如是不是群障）	系统自动给出唯一准确原因；自动给出受影响的业务列表和影响程度（如是不是群障）
⑤方案生成	人工制定备选方案	系统给出方案建议（如系统出厂预置的告警处理方案建议），人工制定备选方案	系统自动生成备选方案，由人工调整	系统自动生成备选方案
⑥评估决策	人工选择最优方案	基于系统实时数据，人工评估并选择最优方案	系统基于实时数据在线评估，自动给出评估结果，人工决策最优方案	系统基于实时数据在线评估，系统自动决策最优方案

（续表）

任务	L1的人机分工要求	L2的人机分工要求	L3的人机分工要求	L4的人机分工要求
⑦方案实施	人使用系统（如界面操作、脚本导入等）完成故障修复（含抢通恢复）和隐患消除的执行动作	系统自动完成故障修复（含抢通恢复）和隐患消除（必须上站处理的除外）的执行动作	系统自动完成故障修复（含抢通恢复）和隐患消除（必须上站处理的除外）的执行动作	系统自动完成故障修复（含抢通恢复）和隐患消除（必须上站处理的除外）的执行动作
⑧业务验证	人工判断故障是否修复、隐患是否消除	系统基于实时数据（告警或KPI）自动判断故障是否修复、隐患是否消除；人工进行业务测试验证	系统自动进行业务测试，并基于实时数据（告警或KPI）和业务测试结果，自动判断故障是否修复、隐患是否消除	系统自动进行业务测试，并基于实时数据（告警或KPI）和业务测试结果，自动判断故障是否修复、隐患是否消除

7.3 明确评估对象的选定场景

在自动驾驶网络分级框架中，L1~L4等级均要求在选定场景下适用，但没有明确具体选定的场景有哪些，例如在无线监控排障中，4G网元脱管、5G网元脱管等故障就可以作为选定场景。在评估是否达到某个等级时，除了评估任务是否满足等级的人机分工要求，还要评估是否覆盖选定的目标场景。

选定场景建议参考独立性和完整性原则。

- 独立性：选定场景划分维度一致，评估对象内的场景是独立、唯一的，不存在重复或交集。如“5G基站故障”和“基站脱管故障”之间存在交集，不具有独立性。
- 完整性：选定场景能够覆盖运维子流程中的所有相关活动和任务。如“时钟故障诊断”不是一个完整的选定场景，仅覆盖分析活动。

选定场景的选取不需要面面俱到，而需要从各产品领域当前运维的痛点和价值出发进行识别，聚焦高价值的主要场景。同时，随着自动驾驶网络的不断演进，可根据业务发展情况和新的运维痛点对选定场景进行扩展和调整。另外，选定场景本身应该与是否自动化无关，不应该在识别、定义选定场景的过程中体现其自动化水平，如“变更无人值守”不是一个合适的选定场景。

我们以评估对象“移动2C-无线网-监控排障”（评估对象选择方法参见7.4节）为例，其场景定义如表7-4所示。

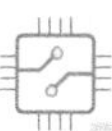

表 7–4　“移动 2C– 无线网 – 监控排障”场景定义

场景编号	场景名称	场景描述	场景权重
场景 1	基站脱管故障	供电、传输、设备等故障，导致网元和网图断链，进而导致脱管	20%
场景 2	前传 / 光口故障	供电、传输、设备等故障，导致射频单元和网元断链脱管	20%
场景 3	时钟故障	基站时钟不同步等故障，导致失步基站下行干扰周边基站上行，造成大面积基站 KPI 恶化	20%
场景 4	小区异常故障	基站小区服务能力下降、小区不可用等故障	20%
场景 5	驻波故障	接头制作不规范、连接松动、进水、有金属屑、腐蚀、内导体和外导体划伤、弯折半径过小等，导致基站发射功率经过天馈后，一部分功率反射回来，产生驻波故障	20%

7.4　等级评估方法和示例

前文对如何基于自动驾驶网络分级框架细化定义分级标准进行了说明，下面结合一个具体的评估对象，简要举例说明基于上述分级标准完成等级评估的过程和方法。

1. 选择评估对象

在自动驾驶汽车等级评估中，评估对象是非常具象化和显而易见的，但“网络”是一个相对泛化的概念。从技术或专业角度，网络可以分为无线网、传输网、核心网等；从网络承载的业务角度，可以分为个人业务、家庭业务、政企业务等。同时，自动驾驶网络需要对规划、建设、维护、优化、运营等各运维流程 / 子流程进行全面评估。所以，在开始评估之前，需要明确如何识别和划分出自动驾驶网络等级评估中的评估对象。

在 TM Forum IG1252 标准 [2] 中，产业界提出了一个选择评估对象的三维模型，如图 7–3 所示，其基本思路是：基于麦肯锡 MECE（Mutually Exclusive Collectively Exhaustive，相互独立、完全穷尽）原则，基于“业务域”“技术域”“运维流程”三维选择一个待评估的对象，保证评估对象识别的完备性和唯一性。

- 完备性：为了全面地评估自动驾驶网络的等级水平，应该梳理相对完备的评估对象，不存在应评未评的情况。

◆ 唯一性：各评估对象之间不应该存在重叠和交集。比如无线网和5G专网两者存在重叠，不满足唯一性。

例如图7-3中，“移动2C-无线网-监控排障”是一个评估对象，而单独的“监控排障”不能作为一个评估对象。

一个评估对象中可以包含若干个选定场景（参见7.3节）。

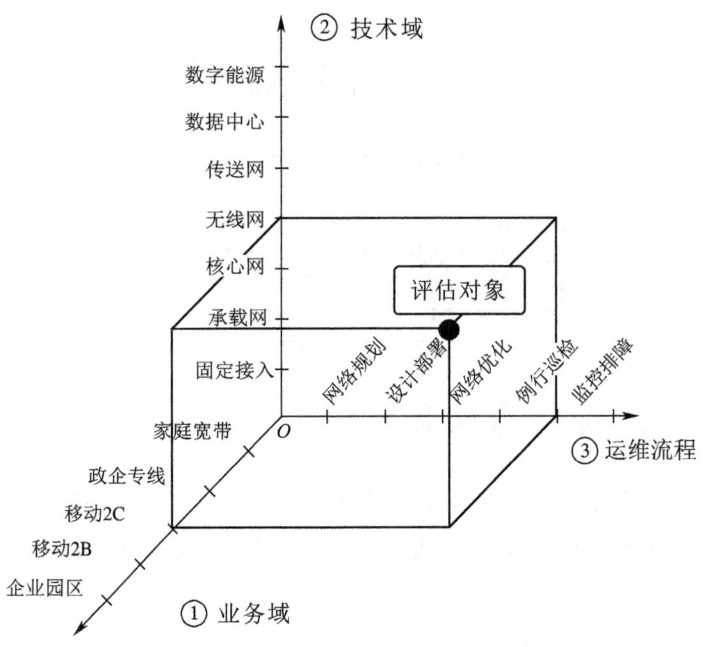

图7-3 评估对象选择模型

2. 评估场景/任务等级

在评估对象选择完毕后，需要对评估对象“移动2C-无线网-监控排障”的选定场景（参见7.3节）基于分级标准（参见7.2节）进行评估，形成表7-5所示的评估结果矩阵。

表7-5 评估结果矩阵

运维任务	场景1：基站脱管故障	场景2：前传/光口故障	场景3：时钟故障	场景4：小区异常故障	场景5：驻波故障
场景权重	20%	20%	20%	20%	20%
①意图翻译	1	2	2	1	1
②故障识别	2	2	4	4	2

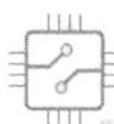

（续表）

运维任务	场景1：基站脱管故障	场景2：前传/光口故障	场景3：时钟故障	场景4：小区异常故障	场景5：驻波故障
③隐患预测	2	2	2	3	2
④定界定位	4	3	3	2	1
⑤方案生成	3	3	3	3	2
⑥评估决策	2	2	2	2	2
⑦方案实施	1	1	1	1	1
⑧业务验证	2	2	2	2	2

3. 计算评估对象等级

根据表7-5的评估结果矩阵，可计算出评估对象等级，这里选择两种计算方法。

方法1，先采用平均法计算出每个运维任务的等级（基于本任务的每个场景等级），再平均计算出评估对象等级，即先基于表7-5横向计算。

方法2，先采用平均法计算出每个选定场景的等级（基于本场景的每个任务等级），再平均计算出评估对象等级，即先基于表7-5纵向计算。

方法1的过程数据可识别运维任务视角的长短板，方法2的过程数据可识别选定场景视角的长短板。从数学上可以证明，这两种计算方法得出的评估对象等级是完全相同的。我们以方法1为例，可计算出每个运维任务等级，如表7-6所示。

表 7-6　运维任务等级

运维任务	运维任务等级
①意图翻译	1.4
②故障识别	2.8
③隐患预测	2.2
④定界定位	2.6
⑤方案生成	2.8
⑥评估决策	2.0
⑦方案实施	1.0
⑧业务验证	2.0

评估对象等级取运维任务等级的平均值，“移动2C-无线网-监控排障”最终等级结果为2.1。

以上对华为自动驾驶网络的等级评估过程进行了简要介绍，可以用类似方法完成其他评估对象的等级评估。在各产品领域实施过程中，还会根据情况进一步细化，比如“定义场景权重”“举证评估依据”“能力短板分析”等过程和要求，本书不赘述。

参考文献

[1] TM Forum. Autonomous networks：empowering digital transformation[R/OL]. (2021-09-20) [2022-09-15].

[2] TM Forum. Autonomous network levels evaluation methodology[R/OL]. (2021-07-30) [2022-09-15]. IG1252.

第8章 自动驾驶网络的解决方案

自2018年在UBBF上首次提出自动驾驶网络的理念以来，华为经过近5年的创新实践，已经形成了系列化自动驾驶网络解决方案，涵盖无线、核心、接入、传输、IP、数据中心和企业园区等多个领域。秉承“Intelligence for ICT”的理念，致力于把AI系统地应用于ICT基础设施，应对关键挑战，更好地支持智能世界愿景的实现。

华为在不同的产业方向形成了自动驾驶网络解决方案，如图8-1所示。各产业方向自动驾驶网络解决方案通过架构性创新，不断提升智能化水平，面向运维复杂度不断提升、多样性业务体验保障、绿色节能等各种挑战，助力电信网络乃至整个ICT基础设施跨上新台阶。

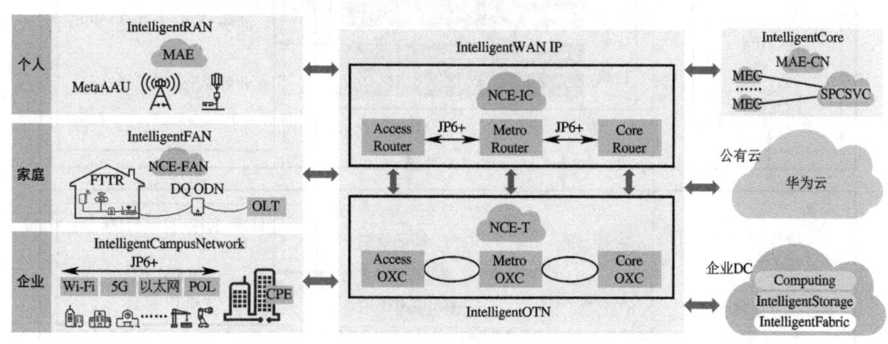

图8-1 自动驾驶网络方案产品及方案全景

如下为各产业方向自动驾驶网络解决方案：

- IntelligentRAN无线自动驾驶网络；
- IntelligentCore核心网自动驾驶网络；
- IntelligentWAN IP自动驾驶网络；
- IntelligentCampusNetwork企业园区自动驾驶网络；
- IntelligentFabric数据中心自动驾驶网络；
- IntelligentFAN全光接入自动驾驶网络；
- IntelligentOTN全光传送自动驾驶网络；
- IntelligentServiceEngine数智化运营运维方案。

8.1 IntelligentRAN无线自动驾驶网络

作为华为自动驾驶网络解决方案在无线网络的承载，IntelligentRAN将开启无线网络从运维自动化向网络智能化的演进之路。IntelligentRAN聚焦和承载无线电接入网络侧智能化功能，通过iMaster MAE（MBB Automation Engine，移动网络自动操作引擎）实现单域单厂家无线域基础运维，同时引入MIE（Mobile Intelligent Engine，移动智能引擎），协同网元智能提供智能化用例，如图8-2所示。智能化原子能力通过意图接口向云端智能开放。

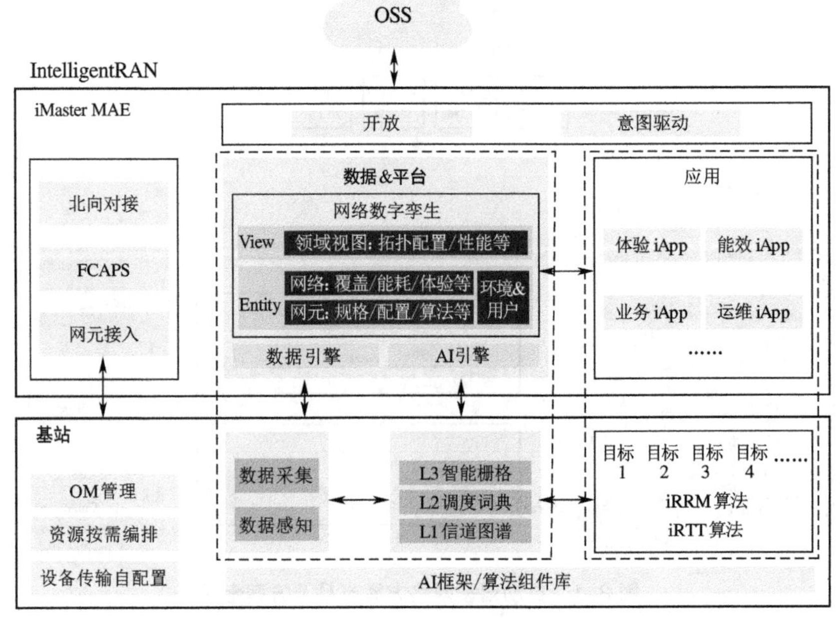

图8-2　无线自动驾驶网络解决方案全景

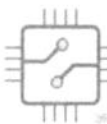

1. 方案价值

随着移动网络持续发展，从2G、3G、4G走向5G、5.5G、6G，移动网络能力将进一步升级，承载的业务越来越丰富，网络复杂度也在持续提升，移动网络面临的3个结构性挑战将更加突出。第一个挑战是如何在网络复杂度持续提升的情况下实现极简运维；第二个挑战是如何以微增的能耗应对百倍流量增长；第三个挑战是如何在业务多样性的同时保证业务体验最优。

为了迎接这些挑战，IntelligentRAN通过把智能能力融入无线网络业务、体验、运维和绿色等方面，助力运营商建设一张具有运维智简、网络智优、业务智营特征的无线自动驾驶网络。

运维智简基于专家知识库、预测算法、神经网络等关键技术，使能无线域智能告警管理，实现告警精准识别、问题快速定位、故障预测预防等能力，助力运营商从响应式运维走向预测预防式运维，达成网络零故障的目标。

网络智优引入网元智能化，实现资源智能调度，使能多频段多站异构组网的体验与容量达到最优，最大化利用频谱效率，并基于网络级智能引擎实现基于多意图多目标的智能协同，助力运营商从性能最优走向性能、能耗双优，在保证网络性能稳定的基础上，最大化保证网络节能效果。

业务智营面向差异化业务SLA需求，通过用户级动态仿真，实现基于覆盖、速率、时延等多目标的精准网络规划，使能业务快速开通和发放，并基于预测能力，实现实时动态资源调度，保障业务体验，实现网随业动。

2. 关键用例

建设自动驾驶网络的过程中，IntelligentRAN在运维智简、网络智优和业务智营3个方面取得如下成果。

（1）运维智简

基于预测的故障管理，故障处理从被动响应走向主动排障。移动网络所承载的2C和2B业务需要保持永远在线。而传统采用事后工单的响应式运维已经远远不能满足新业务的要求。iMaster MAE一方面通过加深加强故障感知能力，做到告警的精准识别和问题定位；另一方面通过引入AI，利用网管和网元协同的长短周期感知数据，对网络中软硬件故障和性能劣化（比如单板高温、光模块故障、备电时长等）进行预测和判断，提前规避风险，实现网络的零故障和性能的高可靠。

（2）网络智优

基于智能栅格实现多频载波智选，实现整网性能最优。无线网络由多个频段共同构成，不同的频段有不同的特点，多个频段的协同配合和统筹使用对于整网的频谱效率提升至关重要。在复杂的多频网络中，通过智能化解决方案提升多频协同的效率，将不同频段的优势互补，从而实现整网性能最佳。

基于多意图的多维协同节能，实现性能和节能双优。绿色低碳已经成为通信产业乃至全社会共同关切的问题，能效成为衡量移动通信网络的重要指标之一。基于智能算法和模型，寻求基于话务和环境的最佳动态多维协同节能策略，做到“网络场景自适应、一站一策、多网协同”。在保证网络性能稳定的基础上，实现网络节能效果最大化，实现能耗与KPI的最佳平衡，实现从性能最优到性能、能耗双优转变。

（3）业务智营

面向业务SLA的网络精准评估规划，助力业务精准快速开通。5GtoB业务种类多、SLA要求高、应用环境复杂，基于专家经验人工完成网络规划的传统模式难以满足千行百业的确定性网络规划要求。公网专用场景，通过准确评估指定区域的网络覆盖和速率，大大降低运营商上门实测评估的成本；行业专网场景，通过行业画像、环境建模、用户级仿真评估和实现基于业务SLA的精准规划，满足现网不同业务SLA需求，提升网络规划效率。

基于预测的切片SLA保障，使能网随业动。传统的切片SLA保障主要采用资源预留的方式，为了保障有足够的网络资源使业务稳定运行，往往会预留实际需求数倍的资源，从而造成资源闲置。引入预测能力，实现自适应切片SLA保障，在保障切片SLA的同时提升资源利用率。

8.2 IntelligentCore核心网自动驾驶网络

华为核心网自动驾驶网络解决方案秉承“网络高稳，运维智简，体验质优”的云化运维转型理念，对核心网诸多产品和专业服务工具进行融合创新，实现全网数据资产的可视、可管、可溯源，并引入数据原生、智能分析、模型训练、AI推理、意图洞察等AI，在不同网络层级（电信云底座、网元层5GC和SVC、管控层iMaser MAE-CN）引入相应的自动化和智能化能力，助力运营商建设全流程自动化，提供“自动、自愈、自优”的核心网，如图8-3所示。

1.方案价值

面向云化运维转型和5G新业务的需求，华为核心网自动驾驶网络解决方案在网络维护、操作交付和体验闭环3个方面重点构筑能力，助力运营商实现数智化转型。

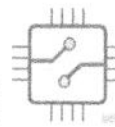

业务永在线的高稳能力基于专家经验、知识图谱、AI 自学习、数字仿真，从而实现电信云、核心网网元的单域故障维护工作环节的闭环；构建网元/模块级故障管理能力，实现亚健康预测、故障精准定界、快速自愈，向消费者和企业用户提供永远在线的通信服务，使能运营商云化基础设施从被动响应到主动强身、体检、预测、诊疗的运维转型。

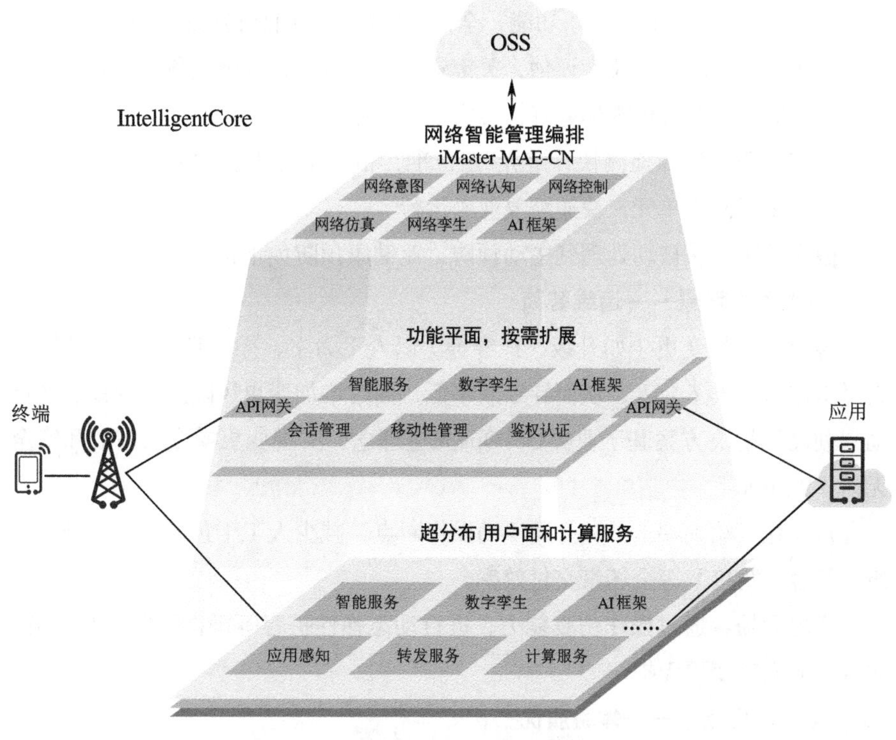

图 8-3　核心网自动驾驶网络解决方案全景

端到端网络操作自动化能力面向升级、扩容、割接、测试等运营商日常操作场景，基于数字孪生理念，构建基于数字孪生技术和云化CICD（Continuous Integration Continuous Delivery，持续集成持续交付）工具链的智简交付能力，指数级降低云化网络日常操作的复杂性；通过用户意图驱动，打穿交付作业断点；基于工作流完成全流程自动化交付，实现变更操作无损安全。

精细化、个性化体验优化能力通过系统AI内生，实现从网络质量管理到个性化用户体验管理（业务体验标准、体验感知、体验闭环）转型，提供面向不同行业客户的企业级业务SLA保障，支撑运营商实现体验变现。

2. 关键用例

建设自动驾驶网络的过程中，IntelligentCore在网络高稳、运维智简和体验质优3个方面取得了如下成果。

（1）故障场景——网络高稳

核心网网络位置高，承载用户容量大，故障影响范围广，保障核心网高稳一直是重中之重。华为核心网自动驾驶网络解决方案引入智能化手段，提供“强身、体检、预测和诊疗”功能，全方位保障核心网高稳可靠，说明如下。

健康检查：网络可靠性评估，关键资源永远可用，故障应急不慌张。

日常演练：全程可视体验好，容灾演练效率高。

专家诊断：故障检测快，定界/定位准，精准定界直达故障点。故障定界到风险最小可操作单元，快速恢复业务运行。

健康预防：从被动处理到主动预防，亚健康预防免干预。

（2）动网场景——运维智简

传统的网络变更（如升级、扩容等）以人工为主，操作步骤多、流程长，大量工作需要人工介入，从而导致效率低，同时增加变更风险。华为核心网自动驾驶网络解决方案基于业界DevOps先进理念，实现变更操作的高效和安全无损，说明如下。

自动化：端到端工具链打通手动操作断点，减少人工干预环节，提升“升级、扩容、割接”等全场景交付效率。

变更无损：通过操作仿真能力，进行动态弹性扩容等操作的低成本试错，实现业务操作变更无损。

（3）优化场景——体验质优

用户体验管理在5G商用的不同阶段面临各种新的挑战，用户感知良好是保证满意度的基础。华为核心网自动驾驶网络解决方案将从以网络为中心的目标转变为以用户体验为中心、以价值为中心，实现“让客户满意，让市场放心”，说明如下。

体验优化：对VoNR（Voice over New Radio，NR语音）/ViNR（Video over New Radio，NR视频）关键业务体验，通过内生AI和优化工具链，实现业务打得通、通话接得快、语音听得清、用户留得住、交流不掉话。

8.3 IntelligentWAN IP自动驾驶网络

华为IP自动驾驶网络解决方案的核心部件包括智能IP网络路由器设备和

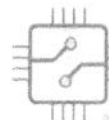

iMaster NCE（Network Cloud Engine，网络云化引擎）智能管控系统，如图8-4所示。iMaster NCE面向IP网络提供算路网元、智能运维、网络开放可编程能力，实现对网络流量的全生命周期自动化调度，帮助运营商客户构建领先的下一代端到端智能IP网络。

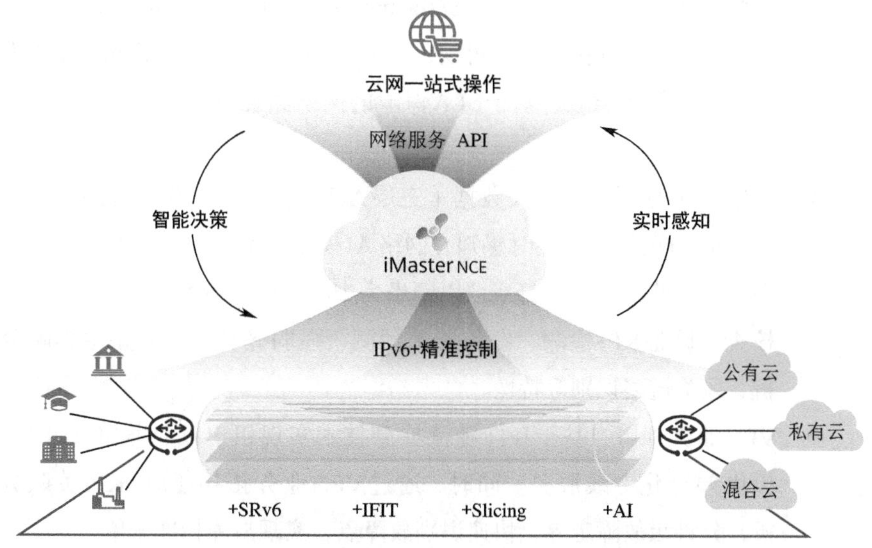

图 8-4　IP 自动驾驶网络解决方案全景

1. 方案价值

华为IP自动驾驶网络解决方案针对算路网元、在减少集成复杂度、面向故障体系化、网络开发可编程等几个方面重点提升，助力运营商构建智能IP网络。

算路网元，一连可视，减少50%集成复杂度：提供网络数字地图实时呈现时延、带宽利用率等多维指标，同时通过“15+”因子的组合算路及调优能力实现对网络流量的全生命周期自动化调度。

网络无拥塞，使能故障“0-1-3-5”：面向故障“预防-识别-定界和定位-恢复”的“0-1-3-5”体系化闭环方案，打造自优化、自修复的最佳体验IP承载网。

网络开放可编程，3个“1”加速业务上线：以YANG模型驱动为基础，提供端到端的开放可编程能力，包括设备驱动可编程、网络业务可编程，开放设备和业务北向接口，实现“一周原型、一月测试、一季度商用”，助力运营商运维人员转型。

2. 关键用例

建设自动驾驶网络的过程中，IntelligentWAN IP取得了网络数字地图、网络隐患分析、VPN业务保障、移动承载拥塞分析、网络切片、智能故障管理和AOC（Agile Open Container，敏捷开放容器）等成果。

- ◆ 网络数字地图：基于BGP-LS/Telemetry等技术实现网络时延、带宽、利用率等指标的拓扑实时可视，“导航地图式”路径计算和一站式发放，配置简化高效，基于SLA保障的网络路径自动优化，持续保障用户体验。
- ◆ 网络隐患分析：基于大数据＋三层AI架构（设备/网络/云端），通过设备AI内置芯片实时感知、网络AI模型、本地知识库以及云端AI训练平台联邦学习，打造“以隐患为中心”的预测性运维，提供配置核查、设备KPI检测、设备资源预测、强弱光分析、同路由影响分析、风险链路识别等特性。
- ◆ VPN业务保障：基于IFIT随流检测技术实现租户级业务SLA可视，提供差异化专线服务。同时，通过VPN业务拓扑还原+KPI关联分析，分钟级故障定界，快速识别故障点，实现故障精准派单。
- ◆ 移动承载拥塞分析：看基站，全网/区域基站质量趋势可视，端到端拓扑还原+SLA关联分析，识别拥塞位置，并提供典型根因分析及优化建议；看承载网，主动识别拥塞瓶颈，指导规划。四大类典型拥塞分析+承载网KPI关联基站影响分析，主动识别承载网瓶颈点，为网络规划提供依据。
- ◆ 网络切片：通过10k级切片精细化规划，一键式切片自动化部署，全网切片可视化管理，切片按需一键式无损扩缩容，实现网络切片全生命周期自动化管理，给“5G和云时代”提供差异化SLA保障。
- ◆ 智能故障管理：通过华为海量的运维数据在线训练叠加智能算法，实现从面向海量告警的运维到面向故障的“一故障一工单”运维，告警压缩率99%以上，极大提升了派单准确率，从而提升运维效率及用户体验。
- ◆ AOC：用户自行定义业务YANG模型，通过积木式的极简编程，完成新业务快速开发上线、“一周原型、一月测试、一季度商用”的敏捷开发目标。同时，基于YANG模型驱动自动生成北向标准化API和南向设备配置脚本，实现业务分钟级端到端的全自动化发放。

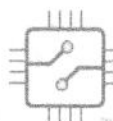

8.4　IntelligentCampusNetwork企业园区自动驾驶网络

华为企业园区自动驾驶网络解决方案核心部件包括CloudEngine园区交换机、AirEngine无线接入点设备与iMaster NCE-Campus智能管控系统，实现园区网络管理、控制和分析的全融合管理，并在业界率先实现L3自动驾驶网络能力，实现园区网络全生命周期的自动化管理及智能运维，如图8-5所示。

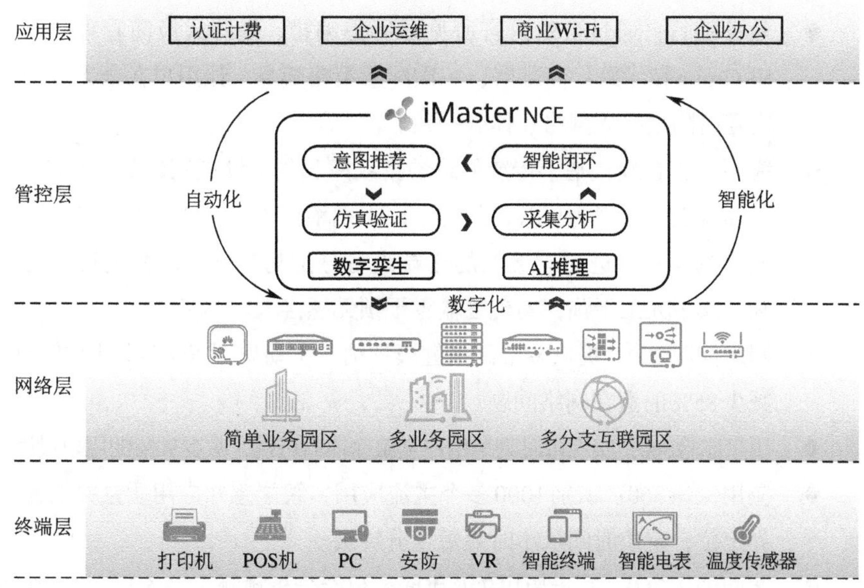

图 8-5　企业园区自动驾驶网络解决方案全景

1. 方案价值

华为企业园区自动驾驶网络解决方案实现了零等待、零干预、零中断，助力企业构建智能园区网络。

- 零等待：网络管理从经验依赖到自动管理的转变，实现零等待网络开通，降低85%的OPEX。
- 零干预：终端接入策略控制从人工管理到自动控制的转变，实现零干预的秒级无感接入。
- 零中断：网络运维从被动响应到自动优化的转变，实现零中断分钟级自动优化网络。

2. 关键用例

企业园区自动驾驶网络解决方案实现了意图开局、智能校验、业务随行、终端智能管理、网络健康360、用户体验360、应用保障360和智能调优360等成果。

- 意图开局：基于场景知识库和协同推荐算法，实现业务场景与网络模型精准映射和个性化推荐结合，为业务意图推荐最佳网络方案，降低网络开通对人员的依赖，实现分钟级网络开通。
- 智能校验：通过仿真校验，实现连通性验证接入仿真，提高验证速度，缩短验证时间，解决传统方案中“变更10分钟、验证4小时、验证不充分”被重复投诉的问题，实现网络的零差错变更。
- 业务随行：通过自然语言所见即所得编排、矩阵式极简管理，结合IP-Group技术跨厂商部署，一次配置策略随身，让用户在全无线园区内随时随地接入网络、体验一致。
- 终端智能管理：基于传统的终端指纹库和创新性应用聚类识别能力，已知类型识别率为98%，新型未知识别率为95%，精准识别接入网络的终端设备，进而对接入的终端设备分配对应网络，并进行仿冒识别，减少人工干预，实现终端零干预无感接入。
- 网络健康360：提供多维网络健康评估，主动识别200多个典型问题，减少85%的潜在网络问题。
- 用户体验360：实现每时刻每用户全旅途体验可视，减少90%的用户投诉。
- 应用保障360：识别1000多个主流应用，智能感知应用质量并快速定界定位，定位时间从小时缩短至分钟级。
- 智能调优360：基于历史7天数据，智能分析预测未来AP负载，从而自动进行智能调优，提升整网性能；业界独家AI漫游，通过强化学习算法持续训练终端画像，基于不同终端类型差异化引导漫游，漫游成功率提升70%，漫游中速率提升30%。

8.5 IntelligentFabric数据中心自动驾驶网络

华为数据中心自动驾驶网络解决方案核心部件包括CloudEngine数据中心交换机与iMaster NCE智能管控系统，如图8-6所示，实现计算网络、存储网络、业务网络三网全IP架构，支持IPv6，并在业界率先实现L3.5自动驾驶网络能力，支持数据中心网络全生命周期自动化管理与全网智能运维，可降低30%的OPEX，使能企业智能化升级。

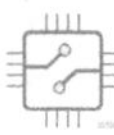

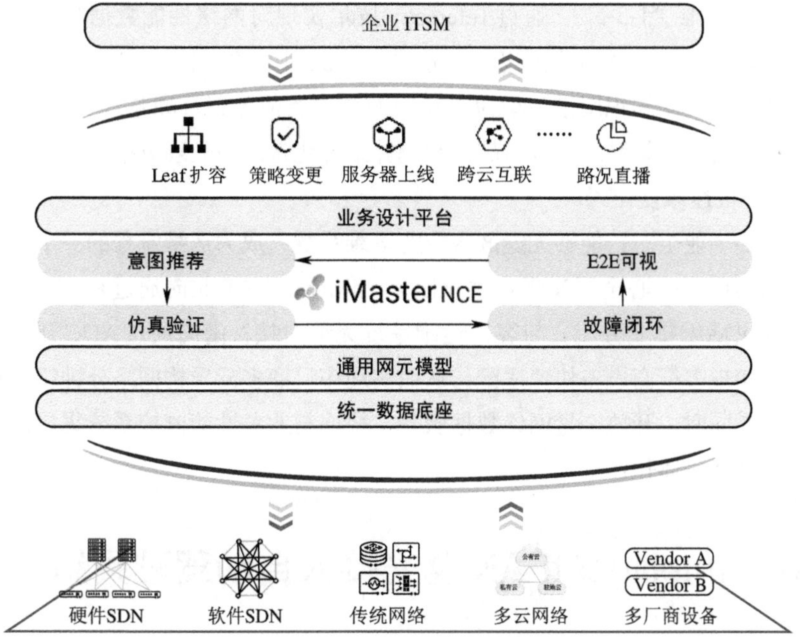

图 8-6　数据中心自动驾驶网络解决方案全景

1. 方案价值

华为数据中心自动驾驶网络解决方案实现零等待、零失误、零中断，助力企业迈向智能化。

- 零等待：助力业务部署和上线时间缩短到分钟级，大幅缩减运维人员工作量，提高运维人员工作效率。
- 零失误：评估网络变更风险，建立预防人为引发故障的保障机制，杜绝人为操作差错，提高安全生产率。
- 零中断：预测网络趋势，预防网络质量劣化和故障，最大限度减少问题发生。一旦发生故障，快速定界定位和精确排障。

2. 关键用例

意图驱动规划部署：iMaster NCE 与客户业务结合，通过对客户业务和网络意图的理解和翻译，自动选择最佳网络部署方案，使能业务端到端自动化，实现意图的全生命周期自动化闭环。

网络变更仿真评估：以现网设备配置、拓扑和资源信息作为输入，通过网络建模和形式化验证算法，评估变更风险，彻底解决设计逻辑漏洞、配置误操作等人为问题，保障配置错误不入网。

智能运维“1-3-5”：通过Telemetry技术实现对网络性能数据收集，基于业务体验全面评估网络健康度，1分钟主动识别60多项隐患和风险、90多个典型故障；基于知识图谱和华为独有AI算法进行故障聚合溯源，3分钟定位根因；基于智能决策系统，分析故障影响并推荐优选故障处理方案，实现典型故障5分钟快速修复。

使能产业生态：能够无缝嵌入企业运维系统，成为运维流程的一个关键环节，助力数据中心全网实现自动化闭环。iMaster NCE北向通过Runbook业务设计器灵活编排业务流，与客户运维系统无缝对接；南向通过AOC开放可编程平台实现多厂商设备快速适配，从而实现多厂商多云异构网络分钟级全自动化开通；同时，开放全量网络数据服务，快速与业务性能监控系统集成，实现业务与网络一体化运维。

8.6 IntelligentFAN全光接入自动驾驶网络

华为全光接入自动驾驶网络解决方案的核心部件包括全光接入网络和iMaster NCE智能管控系统，如图8-7所示，通过对全光接入网络进行数字化建模以及引入云化、大数据、AI，“点亮”ODN及家庭网络，并提供全生命周期的智能化运维，满足全光接入的差异化应用场景和高品质的宽带体验需求，最终实现对全光接入网络的单域自治。

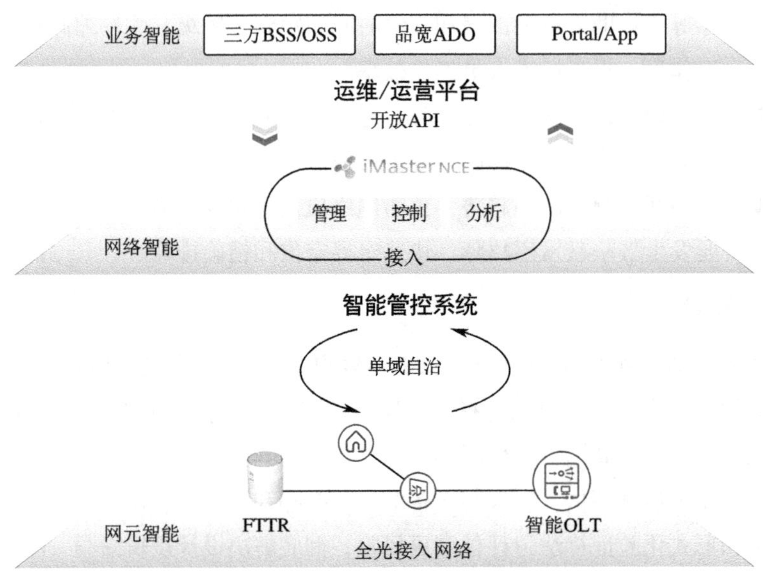

图8-7　全光接入自动驾驶网络解决方案全景

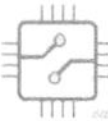

1. 方案价值

开通“零等待”：DQ ODN、FTTR（Fibre To The Room，光纤到房间场景）一站式规验，资源准确、业务一次性快速成功开通。

业务“零故障”：智能化运维，PON+Wi-Fi故障及体验质差自识别、自诊断、自优化，宽带体验可承诺。

服务“零接触”：基于行为、体验、瓶颈、组网进行四维洞察用户自助管理家庭网络，使能精准营销、辅助运营。

2. 关键用例

ODN资源可视化管理：基于图像识别与DQ ODN的光虹膜解决方案，自动分析、还原ODN拓扑，实现ODN可视可管、资源准。

ODN远程验收及精准定位：结合OLT智能单板及光虹膜解决方案，在iMaster NCE上就可以自动、远程进行ODN验收及实现光路米级定位。

家庭Wi-Fi质差自识别：家庭Wi-Fi是家庭宽带问题的主要来源之一，全光接入自动驾驶网络解决方案依托OLT的智能单板高精度抓取无失真的流量特征，同时通过Wi-Fi体验智能分析算法，全面识别全网用户的Wi-Fi弱覆盖和干扰问题，真正实现让Wi-Fi体验问题看得清。

质差根因定位：首创分段测速能力，对质差问题进行“终端−Wi-Fi路由器−调制解调器−ODN−OLT−承载网”5段精准定界，并通过自研的时空关联智能诊断算法，快速找出Wi-Fi网络拥塞、百兆网线、光路弱光在内的30多种家庭宽带体验质差根因，从而大幅节省运维工程师上门诊断、排查的工作量。

家庭宽带潜在客户精准识别：通过对“行为、体验、瓶颈、组网”的四维洞察，识别用户潜在诉求，生成潜在客户标签，助力识别宽带升套、Wi-Fi组网、场景化潜在客户诉求，大幅提升营销成功率，帮助家庭宽带高质量发展。

FTTR一站式验收：通过FTTR装维App，对包括组网、速率、时延、漫游在内的10多类宽带关键性能指标进行一站式验收，同时自动生成验收报告，保障组网标准化，避免二次上门。

FTTR主动保障：针对FTTR“光+Wi-Fi”的全新组网，提供两大创新能力，一是能够远程管理全网拓扑和设备状态，同时提供7×24小时回放功能，类似于给网络配备了“CT检查”，捕捉网络劣化的瞬间，从而解决疑难问题；二是通过测速保障方案，运维人员可以远程一键测试从终端到从FTTR、主FTTR、互联网各段的网速，识别带宽不达标的隐患，以便在用户感知到网络问题之前进行处理，做到时刻保障用户体验。

8.7 IntelligentOTN全光传送自动驾驶网络

华为全光传送自动驾驶网络解决方案的核心部件包括全光传送网络和iMaster NCE智能管控系统，如图8-8所示，通过对全光传送网络进行数字化建模以及引入云化、大数据、AI，点亮纤缆“哑资源”，构建一个绿色、智能、高可靠的全光底座，并为千行百业提供高品质的专线业务体验。

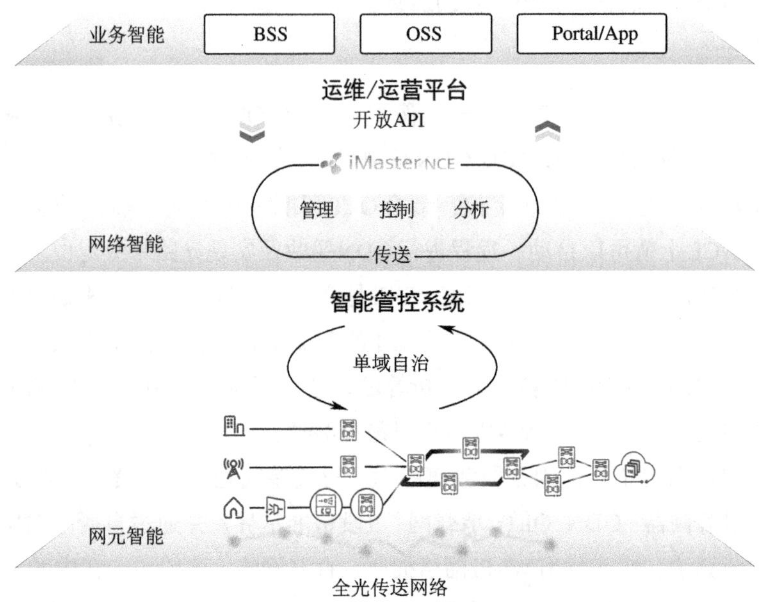

图 8-8　全光传送自动驾驶网络解决方案全景

1. 方案价值

点亮“哑资源”：光纤健康状态可视、可预测、可定位，光纤同缆风险智能识别，光缆网GIS（Geographic Information System，地理信息系统）化呈现，解决光缆网“哑资源”管理难题。

智能极简运维：覆盖“规建维优营”全生命周期，变被动运维为主动运维，打造99.999%的网络可靠性，为千行百业提供超宽带、低时延、高可靠的运力传输。

智能品质体验：售前业务SLA可视可管，售中专线业务自动发放，售后业务SLA保障，使能业务SLA可承诺。

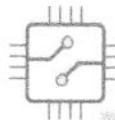

2. 关键用例

光网资源保障：通过对光网资源数据、规划设计数据的统一管理和分析，实现对网络资源的统一可视、分析预测、在线资源核查以及扩容规划，协助客户及时、直观了解资源使用情况，提前识别网络资源瓶颈、精准扩容，实现资源“零等待”及缩短业务 TTM。

光网健康保障：针对波分网络的OTS（Optical Transmission Section，光传输段）光纤和OCh（Optical Channel，光信道）通道性能劣化类故障，结合设备侧的秒级感知及边缘推理能力，进行光网亚健康智能预测分析，实现对光纤及OCh健康状态的可视、可预测、可定位，化被动运维为主动运维，减少光路中断隐患。

可用率保障：自动评估分析光纤、业务可用率，识别现网可用率隐患及瓶颈，并给出优化建议，支撑可用率提升。

光纤同缆智能识别：基于光网元内置的智能传感器，实时感知及分析由光纤瑞利散射效应、布里渊散射效应、拉曼散射效应等产生的各种性能数据变化，自动识别工作、保护光纤同缆风险，以便提前进行业务整改，消除事故隐患。

智能故障管理：通过告警压缩、告警聚合、根因分析三级智能告警压缩，大幅提升故障处理效率，缩短故障发现、诊断、修复时长，使能“一故障一工单”。

时延地图：提供微秒级、实时动态的网络级时延地图，将过去针对专线时延的无法感知及准确度量变成可感知、可精准度量，就像地图导航一样，运营商市场人员能通过时延地图来评估站点间时延、带宽是否满足客户需求，以便实现网络资源的快速匹配及专线业务差异化SLA的灵活销售。

敏捷业务发放：支持多场景，选择源、宿，自动完成业务配置，并通过ACTN标准API全面开放网络能力，简化与OSS/BSS的集成，快速融入运营商专线业务生产流程，实现专线业务自动化开通及自助服务水平的提升。

专线业务SLA：实时监控专线业务SLA，越限主动预警，以便提前处理、消除潜在违约风险。

8.8　IntelligentServiceEngine数智化运营运维方案

华为数智化运营运维方案面向运营商实现从业务目标到各网络域目标的闭环，由领域知识引擎、商业智能引擎、超自动化引擎、领域应用开发引擎、网络与环境数字孪生等关键模块组成，助力运营商打造体系化、场景化的数字化转型之旅，如图8-9所示。针对打造高效运维、成就极致体验、使能商业敏捷三大典型场景，华为基于与全球100多个运营商的数智化转型实践，推出了AUTIN、SmartCare、ADO三大数智化运营运维方案。

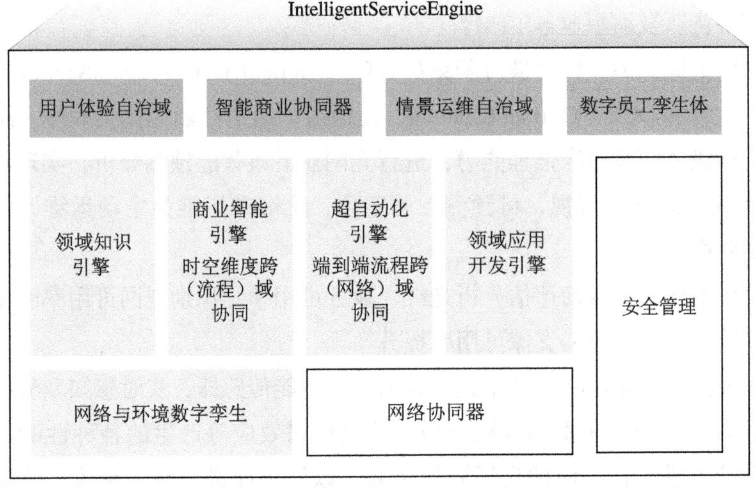

图8-9　数智化运营运维方案全景

1. AUTIN智能运维

华为智能运维解决方案AUTIN，面向运维场景的提质、增效、加速人才转型3个关键诉求，助力运营商加速迈向“三零”的运维数智化转型。

第一，面向提质。在5GC场景下，重大故障影响范围大、定界定位时间长。华为AUTIN实现面向业务影响事件的智能预测，可提前预测风险，同时可实现分钟级的机器自动诊断，明显缩短重大故障MTTR。

第二，面向增效。网管中心日常70%以上为重复作业，效率低且依赖专家个人经验。华为AUTIN帮助网管中心通过“监维一体”自动化、诊断智能辅助、手机数字化辅助现场作业自动闭环，可实现故障自动诊断、故障自动闭环，降低每网元工单量，大幅提升运维效率。

第三，面向运维人才转型。运维作业实现自动化以后，传统的运维人才转型将成为新的挑战。华为开放平台和丰富的运维知识资产提供可编排的低代码运维应用开发平台，降低运维人才转型门槛，提供体系化的人才转型伴飞和赋能服务，实现运维应用开发周期从月降到周，加速运维人才转型。

通过持续的专家经验封装以及华为持续迭代的领域自动化和数智化引擎，让智能化运维平台越用越自动化，越用越智能。

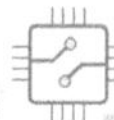

2. SmartCare极致体验

为客户提供高质量的用户体验是大部分运营商发展战略的核心。以打造领先的场景化极致体验为目标，运营商可以通过构建性能领先的网络实现商业成功和领先。

场景1，最佳VoLTE体验。当前运营商都面临2G/3G退网和建设一张精品VoLTE语音打底网的诉求。华为SmartCare解决方案通过多域多接口的数据关联分析和切片能力，实现了VoLTE体验问题精准定位，在用户投诉前进行主动保障，避免大规模投诉。通过部署VoLTE体验保障方案，运营商可实现语音投诉大幅下降，同时通过融合数据平台，关联无线网、核心网、终端和开户等信息，支撑客户VoLTE用户迁移。

场景2，最佳5G体验。快速跨越5G用户和流量的裂谷，是运营商实现5G商业正循环的关键。将以往基于覆盖的算法改进为最优体验的算法，让更多的用户驻留在5G上，并始终保持最好的速率体验。SmartCare帮助运营商大幅提升驻留比；通过融合数据平台，结合“机、网、套”的洞察，帮助运营商精准发展5G用户，提升5G分流比。

场景3，最佳体验排名。网络体验排名是运营商树立品牌的关键。SmartCare进行了传统低效的路测优化，关联第三方众测数据进行分析，通过“端管云”协同调优，将网络资源发挥到极致，帮助运营商实现5G网络排名领先，从而实现市场份额提升。

华为SmartCare的融合数据平台高效地融合分析多域数据，并辅以内置的智能算子、开箱即用的智能预测模型以及丰富的领域专家知识模型，帮助运营商通过构建体验数字孪生，实现以数据驱动的高效网络运营，从而达到网络性能领先，最终实现商业领先。

3. ADO商业使能

ADO品质家宽解决方案通过深入感知用户级业务体验指标，对质差用户、质差原因、潜在客户等进行业务建模，提供上网质量分析、单用户质量查询、潜在客户识别及VIP体验保障等功能特性，支撑质差整治闭环和精准营销。

家庭宽带极致体验从用户投诉、用户体验、用户行为、上网质量等方面构建用户体验模型，建立服务管理标签，质差预测准确率达80%，实现主动运维，从而降低投诉率、提升家庭用户体验。

网格化精准运营针对个人、家庭和政企业务需求，基于网格化的业务洞察目标对网络的承载能力进行分析和预测，匹配现网的资源能力，做出扩容计划，提前做好网络规划；基于网格进行质差识别和整治，实现网格化精准业务发展。

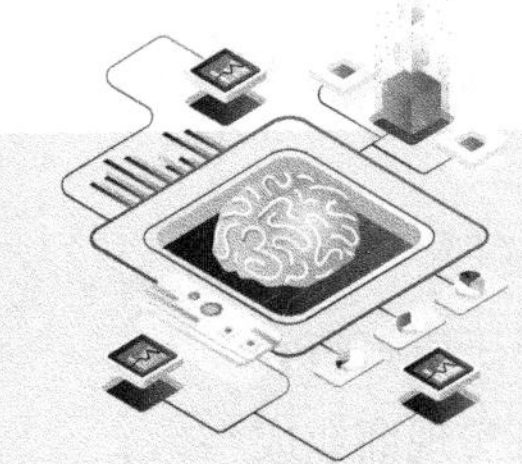

第9章 总结和展望

自动驾驶网络是华为在信息通信领域面向2030年的核心战略，也是华为未来十年奋斗的方向和目标。华为希望携手全产业伙伴，共同推动信息通信网络朝着“超级自动化、智能化自治系统”的方向持续演进，共创未来。在此过程中，需要研究多领域、多学科的基础理论，需要构建新理念、新视图的参考架构，需要攻关多方向、高精尖的前沿技术。对此，本书进行了梳理和阐述。

首先针对自动驾驶网络的基础理论，分别从驱动力、基本理论、关键要素等方面介绍了网络自适应控制理论、网络认知理论、用户和环境模型理论，同时针对基础理论在不同领域已经取得的进展和实践进行了总结说明。然后根据自动驾驶网络的愿景确定顶层架构，并分别对顶层架构的部件自智网络引擎、网图、AI Native网元、分布式AI和可信架构从基本概念、设计关键原则、目标参考架构、模块部件和关键特征等方面进行详细说明。接着，还对实现自动驾驶网络需要突破的关键技术进行了深入探索，主要包括网络可信任AI、网络分布式AI、网络数字孪生、网络仿真、网络知识和专家经验数字化、网络人机共生、网元内生智能和网络内生安全。

自动驾驶网络要持续发展壮大，必须与自智网络产业发展相辅相成。自智网络作为一个新兴产业，其发展壮大不只是单纯的技术问题，商业成功、产业协同、标准牵引、持续演进是更重要的决定性因素，除了要确保理论研究和技术攻关成果的持续产生，更需要为经济社会、通信行业和最终用户持续贡献价值，需要以运营商的商业成功带动全产业链的持续健康发展，需要产业和标准组织以及全产业伙伴的高效协同，需要与新场景、新业务、新网络同步演进、持续创新。为此，呼吁全产业伙伴勠力同心、聚焦自智网络可持续健康发展的5个关键因素，为自智网络产业的繁荣贡献智慧和力量。

第一，促进科技成果持续产生、完善科技成果的转移体系。自智网络不仅涉及多领域、多学科的前沿技术，而且技术方向和演进路线依然存在较大的不确定性。所以，一方面要加大政策扶持和科研资源、人才的投入，加强产业链上下游的联合创新，确保理论研究和技术攻关成果的持续产生，并不断完善“沿途下蛋”机制，日有所进、终达目标；另一方面，建设和完善科技成果转移体系，提升全产业链的科研效能，推动科技成果更快速、更广泛地应用到信息通信网络各专业的“规建维优营”生产全过程，推动学术创新和生产的良性循环。

第二，持续为数字经济、通信行业和最终用户创造价值。自智网络之于经济社会，要以赋能数字经济和加速行业数字化转型为使命，加快满足“智慧城市、智慧工厂、智慧医疗、交互式住宅、裸眼3D”等生产生活场景对网络的更高或全新要求，带动数字产业的蓬勃发展；自智网络之于信息通信业，要支撑行业“由大向强”跃升，提升网络自智能力，助力双千兆网络的高质量发展，释放网络及ICT基础设施的价值，牵引网络向数字化、智能化、绿色化发展；自智网络之于最终用户，要以更高品质的网络和服务兴业惠民。例如通过构建10 Gbit/s的泛在连接，为用户提供沉浸式体验，为垂直行业的生产经营场景提供99.9999%的超高可靠、5~10 ms的超低时延、1×10^6个/km^2的超密连接；为企业客户提供按需灵活订购、分钟级开通、弹性带宽和可视运维的服务，提供专属安全的确定性网络，让行业客户和消费者感受到网络升级带来的便利和实惠。

第三，以运营商的商业成功带动全产业链的持续健康发展。自智网络为运营商的网络数字化转型指明方向并提供体系化的方法，我们坚信，未来几年，会有更多的运营商开启自智网络的规划和部署。能否为运营商的商业成功、业务发展和高效运维持续注入动能，是决定自智网络产业能否持续健康发展的关键。TM Forum的2022年“自智网络调研报告”显示，37.1%的受访运营商认为，将在未来3年内达到L3自智网络并带来显著的商业价值。建议全产业伙伴各展其能，面向“规建维优营”全网络流程，面向5GtoB、企业上云、FTTR等高价值场景，持续开展应用创新，为产业贡献丰富的、成熟的商用解决方案；建议运营商加快引入、实验自智网络的新技术、新产品、新方案，成熟之后加快复制和推广，以便更好地把握行业数字化转型新机遇，并以商业正循环促进产业繁荣。

第四，推动产业和标准组织以及全产业伙伴的高效协同。未来几年，自智网络相关标准将聚焦目标架构、领域分级与评估、意图接口、API地图等热点方向，持续深化并不断扩展标准的范围和内涵，加速标准的应用推广，这需要多方标准化组织进一步深化合作。建议全面发挥AN Multi-SDO的标准协同作用，通过顶层设计和跨组织沟通，加快各个专业领域标准之间的协同，建立标准共建互认机制。从短期来看，面向L3自智网络，进一步细化分级标准细节工作、完善目标架构和关键技术，充分发挥上下游伙伴各自的技术优势；从中期来看，面向L4启动技术预研，并通过丰富场景和引入新功能来牵引及验证技术与标准的成熟度；从长期来看，通过开展理论研究和前沿技术项目，为L5演进储备势能。未来几年，自智网络产业将进入快速发展期，产业链上下游的联动和协同会更加频繁和深入，需要充分利用产业组织的平台效应，从产业高度拉通各方，整合资源和力量，推动产业－标准协同、产学研用协同、多厂商技术协同，推动产业各方下场，联合创新、同频共振、携手演进，打好自智网络规模发展的“团体赛”。

第五，与新场景、新业务、新网络同步演进、持续创新。自智网络产业要实现可持续繁荣发展，必须与时俱进、持续创新。首先，持续丰富自智网络的应用场景。面向元宇宙、沉浸式XR、交互式教育、居家办公、精准控制、自动驾驶等娱乐、生活和生产场景，加快应用创新，凸显网络自动化、智能化价值。其次，不断提升自智网络的业务使能价值。未来几年，算力网络、5GtoB、行业专网、FTTR等高价值业务必将迎来规模发展，同时也会涌现出一大批全新业务，自智网络需要能够使能运营商的业务创新和规模发展，例如利用自智网络提高运营商商业敏捷度，支撑“同品同质、协同生产，异品异质、差异定价”的市场环境和产业增量，奠基电信产业的数字生态。最后，全面赋能新兴网络。通信网络正逐步向6G/F6G演进，逐步演变为高速泛在、天地一体、绿色低碳的智能化、综合性数字经济基础设施，自智网络需要紧跟网络代际演进、伴随网络形态扩张，融入新兴网络的规划和运营之中，构筑新兴网络的原生、内生自智能力。

未来已来，自动驾驶网络注定会成为未来数字世界的一部分，将具备融合感知能力和认知智能，像高等生命一样感觉敏锐、头脑灵活，最终实现高度智能、完全自治、绿色低碳、自主演进的L5自动驾驶网络，支撑智能世界的全面到来，赋能社会可持续发展！

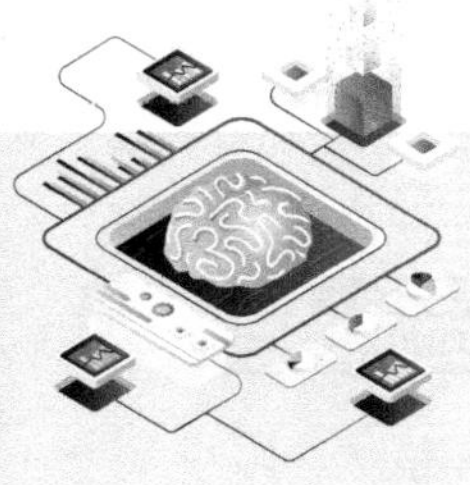

缩略语表

缩写	英文全称	中文名称
3GPP	3rd Generation Partnership Project	第3代合作伙伴计划
ABAC	Attribute based Access Control	基于属性的访问控制
ACTN	Abstraction and Control of TE Networks	流量工程网络抽象与控制
AENS	Average Energy Not Supplied	平均停电缺供电量
AF	Application Function	应用功能
AGPS	Assisted Global Positioning System	辅助全球定位系统
AI	Artificial Intelligence	人工智能
AN	Autonomous Networks	自智网络
ANE	Autonomous Network Engine	自智网络引擎
ANIMA	Autonomic Networking Integrated Model and Approach	自主网络集成模型与方法
ANP	Autonomous Networks Project	自智网络项目
ANR	Automatic Neighbour Relation	自动邻区关系
AOC	Agile Open Container	敏捷开放容器
API	Application Program Interface	应用程序接口
App	Application	应用
APT	Advanced Persistent Threat	高级可持续性攻击，业界常称高级持续性威胁
AS	Autonomous System	自治系统
ATO	Automatic Train Operation	自动列车运行装置
AutoML	Automated Machine Learning	自动化机器学习
B2C	Business to Consumer	业务对客户
BA	Business Architecture	商业架构

（续表）

缩写	英文全称	中文名称
BAZ	Business Autonomous Zone	商业自治域
BBS	Broadband Service	宽带业务
BGP	Border Gateway Protocol	边界网关协议
BIOS	Basic Input Output System	基本输入输出系统
B/S	Browser/Server	浏览器 / 服务器
BSP	Board Support Package	板级支撑包
BSS	Business Support System	业务支撑系统
CARTA	Continuous Adaptive Risk and Trust Assessment	持续自适应风险与信任评估
CBD	Central Business District	中央商务区
CCSA	China Communications Standards Association	中国通信标准化协会
CCVPN	Cross Domain and Cross Layer Virtual Private Network	跨域和跨层虚拟专用网
CICD	Continuous Integration Continuous Delivery	持续集成持续交付
CNN	Convolutional Neural Network	卷积神经网络
CPE	Customer Premises Equipment	用户驻地设备
CPS	Cyber-Physical System	信息物理系统
CPU	Central Processing Unit	中央处理器
C/S	Client/Server	客户 / 服务器
CSC	Communication Service Customer	通信服务消费者
CSP	Communication Service Provider	通信服务提供者
CT	Communications Technology	通信技术
DARPA	Defense Advanced Research Projects Agency	美国国防部高级研究计划局
DC	Data Center	数据中心
DCAE	Data Collection, Analytics and Events	数据采集、分析与事件上报
DevOps	Development & Operations	开发和运维
DFX	Design For X	面向产品生命周期各环节的设计
DGG	Discrete Global Grid	全球离散网格
DIR	Detection, Isolation, Recovery	检测、隔离、恢复

（续表）

缩写	英文全称	中文名称
DJEDLNA	Deep Joint Entity Disambiguation with Local Neural Attention	基于局部神经注意的深度关联实体消歧
DKRL	Description-Embodied Knowledge Representation Learning	描述－体现知识表示学习
DNN	Deep Neural Networks	深度神经网络
DPI	Dot Per Inch	点每英寸
DPU	Data Processing Unit	数据处理单元
DSL	Digital Subscriber Line	数字用户线
DSRM	Deep Semantic Relatedness Model	深度语义关联模型
DSV	Delivery Service Vendor	交付服务供应商
DT	Digital Twin	数字孪生
DTN	Digital Twin Network	数字孪生网络
ECA	Event-Condition-Action	事件－条件－动作
EDNS	Expected Demand Not Satisfied	用户网络服务不满足度
EMS	Element Management System	网元管理系统
EPON	Ethernet Passive Optical Network	以太网无源光网络
ETSI	European Telecommunications Standards Institute	欧洲电信标准组织
F5G	5th Generation Fixed Network	第5代固定网络
FCAPS	Fault, Configuration, Charging, Performance, Security	故障、配置、计费、性能、安全
FMC	Fixed Mobile Convergence	固定移动网络融合
FOCALE	Foundation, Observation, Comparison, Action, and Learning Environment	基础、观测、比较、行动和学习环境
FTTR	Fibre To The Room	光纤到房间场景
FTTx	Fiber To The x	光纤到x
GAN	Generative Adversarial Network	生成对抗网络
GANA	Generic Autonomic Network Architecture	通用自治网络架构
GE	Gigabit Ethernet	千兆以太网
GIS	Geographic Information System	地理信息系统
GNN	Graph Neural Network	图神经网络
GPON	Gigabit-capable Passive Optical Network	千兆无源光网络

（续表）

缩写	英文全称	中文名称
GPU	Graphics Processing Unit	图形处理单元
gRPC	Google Remote Procedure Call	谷歌远程过程调用
GSMA	Global System for Mobile Communications Association	全球移动通信系统协会
HAL	Hardware Abstraction Layer	硬件抽象层
HAT	Human-Agent Teaming/Human-Autonomy Teaming	人－智能体组队或人－自治体组队
HCCL	Huawei Collective Communication Library	华为集合通信库
HMS	Human-Machine Symbiosis	人机共生
HMT	Human-Machine Teaming	人机组队
IBO	In-Building Operator	楼内运营商
ICT	Information and Communications Technology	信息通信技术
IDM	Intent Driven Management	意图驱动管理
IDS	Intrusion Detection System	入侵检测系统
IEC	International Electrotechnical Commission	国际电工委员会
IEEE	Institute of Electrical and Electronics Engineers	电气电子工程师学会
IETF	Internet Engineering Task Force	因特网工程任务组
IID	Independent Identically Distributed	独立同分布
IoT	Internet of Things	物联网
IPDRR	Identify, Protect, Detect, Respond and Recover	识别、保护、检测、响应、恢复
IPS	Intrusion Prevention System	入侵防御系统
IRTF	Internet Research Task Force	互联网研究任务组
ISO	International Organization for Standardization	国际标准化组织
ISV	Independent Software Vendor	独立软件供应商
ISV	Integration Service Vendor	集成服务供应商
IT	Information Technology	信息技术
ITU	International Telecommunication Union	国际电信联盟

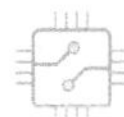

（续表）

缩写	英文全称	中文名称
ITU-T	International Telecommunication Union-Telecommunication standardization sector	国际电信联盟电信标准化部门
KGC	Knowledge Graph Completion	知识图谱补全
KIP	Kernel Integrity Protection	内核完整性保护
KPI	Key Performance Indicator	关键性能指标
KQI	Key Quality Indicator	关键质量指标
L2M	Lifelong Learning Machines	终身机器学习
L2SM	Layer 2 Virtual Private Network Service Model	L2VPN 服务模型
L3NM	Layer 3 Virtual Private Network Network Model	L3VPN 网络模型
L3SM	Layer 3 Virtual Private Network Service Model	L3VPN 服务模型
LED	Light Emitting Diode	发光二极管
LFM	Latent Factor Model	隐语义模型
LIME	Local Interpretable Model-agnostic Explanations	不可知模型的局部解释
LPG	Labeled Property Graph	标签属性图
LSTM	Long Short Term Memory	长短期记忆
MAC	Media Access Control	媒体接入控制
MAE	MBB Automation Engine	移动网络自动操作引擎
MAPE-K	Monitor-Analyze-Plan-Execute over a shared Knowledge	基于共享知识的监控-分析-计划-执行
MBB	Mobile Broadband	移动宽带
MDAF	Management Data Analytic Function	管理数据分析功能
MDAS	Management Data Analytics Service	管理数据分析服务
MEC	Multi-Access Edge Computing	多接入边缘计算
MECE	Mutually Exclusive Collectively Exhaustive	相互独立、完全穷尽
MIE	Mobile Intelligent Engine	移动智能引擎
MIMO	Multiple-Input Multiple-Output	多输入多输出
ML	Machine Learning	机器学习
MnF	Management Function	管理功能

（续表）

缩写	英文全称	中文名称
MnS	Management Service	管理服务
MPI	Multi-Point Interface	多点接口
MRO	Mobility Robustness Optimization	移动鲁棒优化
MTTR	Mean Time To Repair	平均修复时间
NAS	Neural Architecture Search	神经架构搜索
NCCL	Nvidia Collective Communication Library	英伟达多GPU集合通信库
NCE	Network Cloud Engine	网络云化引擎
NE	Network Element	网元
NETCONF	Network Configuration	网络配置
NetGraph	Network Graph	网图
NETMOD	Network Modeling	网络模型
NF	Network Function	网络功能
NFV	Network Functions Virtualization	网络功能虚拟化
NGMN	Next Generation Mobile Network	下一代移动网
NIST	National Institute of Standards and Technology	美国国家标准和技术研究院
NLP	Natural Language Processing	自然语言处理
NMRG	Network Management Research Group	网络管理研究组
NP	Network Processor	网络处理器
NRE	Neural Relation Extraction	神经关系抽取
NSI	Network Slice Instance	网络切片实例
NSP	Network Slice Provider	网络切片提供者
NWDAF	Network Data Analytics Function	网络数据分析功能
OAM	Operation, Administration and Maintenance	运行、管理与维护
OCh	Optical Channel	光信道
ODN	Optical Distribution Network	光分配网
OLT	Optical Line Terminal	光线路终端
OMC	Operation and Maintenance Center	操作维护中心
ONAP	Open Network Automation Platform	开放的网络自动化平台
ONT	Optical Network Terminal	光网络终端

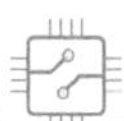

（续表）

缩写	英文全称	中文名称
OOD	Out-of-Distribution	分布外
OPEX	Operating Expense	运营成本
OPS Area	Operations and Management Area	运维管理域
OPSAWG	Operations and Management Area Working Group	运维域工作组
OS	Operating System	操作系统
OSS	Operations Support System	运营支撑系统
OTS	Optical Transmission Section	光传输段
OTT	Over-The-Top	超值应用
OWL	Web Ontology Language	Web本体语言
PCI	Physical Cell Identifier	物理小区标识
PDP	Partial Dependence Plot	部分依赖图
PLM	Product Lifecycle Management	产品生命周期管理
PNF	Physical Network Function	物理网络功能
PON	Passive Optical Network	无源光网络
PRA	Path Ranking Algorithm	路径排序算法
PUE	Power Usage Effectiveness	能源利用效率
QoS	Quality of Service	服务质量
RACH	Random Access Channel	随机接入信道
RAN	Radio Access Network	无线电接入网
RBAC	Role based Access Control	基于角色的访问控制
RDF	Resource Description Framework	资源描述框架
RDFS	Resource Description Framework Schema	资源描述框架模式
RNN	Recurrent Neural Network	循环神经网络
RPA	Robotic Process Automation	机器人流程自动化
RPC	Remote Procedure Call	远程过程调用
RSRP	Reference Signal Receiving Power	参考信号接收功率
RTOS	Real-Time Operating System	实时操作系统
SBMA	Service Based Management Architecture	基于服务的管理架构
SDN	Software Defined Network	软件定义网络
SIMD	Single Instruction Multiple Data	单指令流多数据流

（续表）

缩写	英文全称	中文名称
SISD	Single Instruction Single Data	单指令流单数据流
SLA	Service Level Agreement	服务等级协定
SLS	Service Level Specification	服务等级规范
SNMP	Simple Network Management Protocol	简单网络管理协议
SOAR	Security Orchestration, Automation and Response	安全编排、自动化与响应
SOC	Security Operation Center	安全运营中心
SoC	System on a Chip	系统级芯片 / 片上系统
SON	Self-Organizing Network	自组织网络
SRCON	Simulation Reality Communication Networks	通信网络仿真现实
SSO	Single Sign-On	单点登录
STA	Static Timing Analysis	静态时序分析
STU	Situation-Task-User	情境 – 任务 – 用户
SVM	Support Vector Machine	支持向量机
sVNFM	specialized Virtualized Network Function Manager	专用虚拟网络功能管理
TA	Technical Architecture	技术架构
TAZ	Traffic Autonomous Zone	流量自治域
TCO	Total Cost of Ownership	总拥有成本
TM	Terminal Multiplexer	终端复用器
TM Forum	TeleManagement Forum	电信管理论坛
TR	Technical Report	技术报告
TS	Technical Specification	技术规范
TTM	Time To Market	产品上市周期
TWAG	Trusted WLAN Access Gateway	可信 WLAN 接入网关
UBBF	Ultra-Broadband Forum	全球超宽带高峰论坛
UDR	Unified Data Repository	统一数据存储库
UEBA	User and Entity Behavior Analytics	用户与实体行为分析技术
UML	Unified Modeling Language	统一建模语言
UPF	User Plane Function	用户面功能

 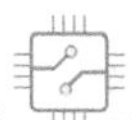

（续表）

缩写	英文全称	中文名称
URLLC	Ultra-Reliable Low-Latency Communication	超可靠低时延通信
UST	User-Situation-Task	用户－情境－任务
UWB	Ultra-Wideband	超宽带
vCPE	virtual Customer Premises Equipment	虚拟用户驻地设备
ViNR	Video over New Radio	NR 视频
VIP	Very Important Person	重要客户
VLAN	Virtual Local Area Network	虚拟局域网
VM	Virtual Machine	虚拟机
VoLTE	Voice over Long Term Evolution	长期演进语音承载
VoNR	Voice over New Radio	NR 语音
VPN	Virtual Private Network	虚拟专用网
VPWN	Virtual Private Wireless Network	虚拟专用无线网络
VR/AR	Virtual Reality/Augmented Reality	虚拟现实/增强现实
WDM	Wave-Division Multiplexing	波分复用
XaaS	X as a Service	一切皆服务
XR	eXtended Reality	扩展现实
YANG	Yet Another Next Generation	下一代数据建模语言